外保温技术理论与应用

（第二版）

北京建筑节能与环境工程协会
住房和城乡建设部科技与产业化发展中心
北京中建建筑科学研究院　主编
山东省建筑科学研究院
北京振利节能环保科技股份有限公司

中国建筑工业出版社

图书在版编目（CIP）数据

外保温技术理论与应用/北京建筑节能与环境工程
协会等主编. —2 版. — 北京：中国建筑工业出版社，
2015.7
ISBN 978-7-112-18276-3

Ⅰ. ①外⋯　Ⅱ. ①北⋯　Ⅲ. ①建筑物-外墙-保温
Ⅳ. ①TU111.4

中国版本图书馆 CIP 数据核字(2015)第 145141 号

《外保温技术理论与应用（第二版）》是在第一版的基础上，经过四年多的实践与发展，主编单位组织业内多名专家学者总结几年的成果和经验，在第一版的基础上经过一年多的整理与修订而成，本书将第一版中实用的技术与理论进一步完善，并增添了新的内容，使得外墙外保温技术得以发展，成为我国建筑节能的经典用书，可供建筑节能界技术人员和大中专学生学习使用。

责任编辑：孙立波　曲汝铎
责任校对：姜小莲　党　蕾

外保温技术理论与应用

（第二版）

北 京 建 筑 节 能 与 环 境 工 程 协 会
住房和城乡建设部科技与产业化发展中心
北 京 中 建 建 筑 科 学 研 究 院 主编
山 东 省 建 筑 科 学 研 究 院
北 京 振 利 节 能 环 保 科 技 股 份 有 限 公 司

*

中国建筑工业出版社出版、发行（北京西郊百万庄）
各地新华书店、建筑书店经销
北京红光制版公司制版
北京建筑工业印刷厂印刷

*

开本：880×1230 毫米　1/16　印张：21½　字数：664 千字
2015 年 6 月第二版　　2015 年 6 月第四次印刷
定价：**59.00** 元
ISBN 978-7-112-18276-3
（27495）

第二版主编单位：北京建筑节能与环境工程协会
　　　　　　　　住房和城乡建设部科技与产业化发展中心
　　　　　　　　北京中建建筑科学研究院
　　　　　　　　山东省建筑科学研究院
　　　　　　　　北京振利节能环保科技股份有限公司
第二版参编单位：中国建筑科学研究院
　　　　　　　　公安部天津消防研究所
　　　　　　　　清华大学
　　　　　　　　中国建筑标准设计研究院有限公司
　　　　　　　　哈尔滨工业大学
　　　　　　　　嘉兴学院土木工程研究所
　　　　　　　　北京建筑材料检验研究院有限公司
　　　　　　　　北京市房地产科学技术研究所
　　　　　　　　中国建筑节能减排产业联盟
　　　　　　　　北京建筑技术发展有限责任公司
　　　　　　　　中国建筑材料企业管理协会
　　　　　　　　中国民营科技促进会建筑建材专家委员会

第一版编写委员会

主　编：黄振利
副主编：涂逢祥　梁俊强
编写者：（按姓氏笔画顺序排列）

王　川　王立乾　王满生　付海明　朱春玲　任　琳
刘　锋　刘祥枝　孙晓丽　李文博　李志国　李春雷
宋长友　吴希晖　何柳东　邹海敏　张　君　张　明
张　磊　张磊磊　陈志豪　林燕成　季广其　郑金丽
居世宝　胡永腾　高汉章　涂逢祥　曹德军　续俊峰

第一版审定委员会

主　审：杨　榕
副主审：金鸿祥　朱　青　杨西伟
审　核：（按姓氏笔画顺序排列）

丁万君　于青山　马　恒　马韵玉　王　健　王公山
王汉义　王庆生　王国君　王国辉　王春堂　王绍军
王振清　王满生　尤晓飞　方　明　方展和　叶金成
田灵江　冯　雅　冯金秋　冯葆纯　曲振彬　朱传晟
朱盈豹　刘小军　刘加平　刘幼农　刘怀玉　刘念雄
刘振东　刘振贤　刘晓钟　刘敬疆　安艳华　江成贵
许锦峰　孙四海　孙克放　孙洪明　苏　丹　苏向辉
李东毅　李金保　李晓明　李浩杰　李熙宽　杨宏海
杨惠忠　吴　钢　吴希晖　宋　波　张巨松　张国祥
张树君　张剑峰　张瑞晶　陆善后　陈　星　陈丹林
陈殿营　林国海　林海燕　郑义博　郑德金　郑襄勤
赵士琦　赵立华　赵成刚　郝　斌　胡小媛　祝根立
秦　钢　秦　铮　秦佑国　贾冬梅　顾泰昌　徐卫东
郭　丽　栾景阳　唐　亮　涂逢祥　陶驷骥　梅英亭
曹永敏　崔荣华　梁晓农　梁俊强　蒋　卫　粟冬青
韩宏伟　游广才　廖立兵　魏永祺

第 一 版 序 一

　　近二十年来，我国建筑节能的社会实践有了很大的发展。在墙体保温的各种技术发展过程中，外墙外保温技术发展最快，已经进入技术成熟期，成为我国建筑墙体节能领域的技术主导，形成了从设计、施工、材料、验收、评定等全过程的技术标准。成为实现节能减排这一基本国策的重要技术保障。

　　《外保温技术理论与应用》一书的出版，表明建筑节能的社会实践催生了建筑节能技术理论的发展。外墙外保温技术是研究热应力、水、火、风、地震作用等五种自然力在自身运动中对外保温系统造成影响的一门科学。研究这五种自然破坏力的运动，分析其内在的规律，提出适应其规律的技术措施，就是外保温技术从实践到理论的发展，是由必然王国向自由王国的进步。

　　外墙外保温构造为建筑结构提供了合理的温度场，外保温使建筑结构受环境温度的影响变化最小，外保温的技术构造延长了建筑的寿命，是墙体节能技术的主要手段。

　　研究延长外墙外保温的使用寿命，使外墙外保温的使用能与建筑结构寿命同步，是外保温技术进步的又一阶段。本书在研究五种自然力对外保温的影响方面开了个好头。

　　墙体保温技术还需要有大的发展，对外墙外保温技术也要有更多的探索，总结实践的经验上升为理论，可以更好地指导实践。让实践插上理论的翅膀，就能不断推进外保温技术的发展，拓宽外保温技术的应用领域，为建筑节能作出更大的贡献。

住房和城乡建设部建筑节能与科技司

2011 年 3 月

第 一 版 序 二

《外保温技术理论与应用》一书出版了，这是节能行业应该庆贺的一件事。中国建筑节能领域关于外保温技术实践的路程走过二十多年了，在这前无古人的社会大实践中，我们一路攀登、一路抛洒着艰辛。本书中所述的两个减少，即"减少能源消耗量，减少垃圾生成量"，体现党的基本国策深植民心。在这个节能减排的社会大实践中产生了建筑节能方面的各种技术标准。在建筑节能领域有着巨大的标准宝库，这些标准门类繁多、配套齐全，外保温技术在其中居重要位置。这些标准功能巨大，成为以政府为主导的节能减排社会实践得以全面、广泛、深入开展的有力法宝。这些标准从节能实践中来，又对节能实践产生着指导、规范、提高和再发展的作用。

在编写标准的过程中，不断摸索那些带有规律性的实践经验，人们把这些成熟的实践经验归纳总结成为标准的条文，用这些标准来指导规范实践，在实践中这些标准又在不断被修改完善。在不断地否定中，不断认识新的规律，将标准中所包含的内在科学规律不断上升为理论。标准的社会实践催生了节能技术理论的形成。

理论是实践飞跃的产物，是内在规律的揭示和提炼，是在动态发展中反复被验证的，其轨迹是可由数学公式计算的。

近几年标准编制工作的不断发展，推进外保温技术理论的深化研究。特别是基础理论的研究，成为强势企业科研关注的焦点。相关基础理论的研究将促使标准成为科学、严谨的应用工具，构成先进生产力的优良要素。

本书的内容表述了我国外保温领域的一些技术理论，是建筑节能实践阶段性的标志。没有技术理论的形成，就没有技术领域连续不断地发展。本书集中了行业内很多人的科研成果，但是作为技术理论仍显稚嫩，还要在社会实践中碰撞，在不断探索过程中成熟发展。

节能减排基本国策的成功实践，要求我们都要搞点理论。理论能使强势企业不断在竞争中胜出，能使弱小企业跟进行业龙头企业飞舞，能使行政管理者正确决策实现科学行政。创新型国家鲜活的重要特征是：社会大实践中不断有阶段性的理论形成。注重理论研究无疑是科学发展观的重要事项。

住房和城乡建设部标准定额司

2011 年 3 月

第 二 版 前 言

《外保温技术理论与应用》一书出版后，承蒙业内读者欢迎，很多地方建筑单位将该书作为干部再教育的培训用书，众多大专院校也作为学习建筑节能的辅助教材。出书至今的四年间多次重印，已成一本畅销书，书中见解得以广泛流传，我们也颇受鼓舞。

本书出版的第二年，美国 ASTM 协会副总裁专程来到北京，了解本书中关于五种自然破坏力对外保温的影响的相关科研工作，参观了外保温系统的大型耐候试验情况，访问了外保温系统关于构造防火、窗口火及墙角火的科研现场。随后美国 ASTM 标准委员会总裁又为本书作者颁发著作优秀论文奖，这是对我们国家这方面研究成果的一种肯定。

中国建筑和世界建筑的历史证明，建筑技术研究的灵魂和核心就是实现长寿命，做到百年，甚至超百年建筑，当然，长寿命建筑所达到的节能减排效果也是无与伦比的。

本书的基本内容和核心思想，无论是关于建筑温度场的研究，还是外保温延长建筑结构寿命的分析等方面，都是为了高效建筑节能，同时也是为了实现长寿命建筑，或者说百年建筑的目标。

在墙体保温的各项技术发展过程中，外墙外保温技术应用最有成效，也最受欢迎，最为广泛，合格的外墙外保温建筑就会是长寿命建筑，理所当然地成为我国建筑墙体节能领域的主导技术，已经形成了从设计、施工、材料，到验收、评定等全过程的技术标准，成为实现节能减排这一基本国策的重要技术支柱。中国建筑规模世界最大，有着世界最宏大的建筑节能市场，有着世界最众多的节能应用技术。从这世界最丰富的节能实践经验中，实事求是地科学地总结出来的应用技术精华及其理论，不仅会推动中国建筑节能技术的进步，还将使全世界受益。

目前我国社会道德滑坡，急功近利突出，拜金主义盛行，人心浮躁，市场经济还很不成熟。一些追求利润最大化的建筑企业往往不择手段，以劣质低价竞争，中标后偷工减料，导致工程质量低下；一些企业只顾赚钱，缺少技术研发投入，只是简单"山寨"，往往是使用多种不同材料，却全都套用一种薄抹灰构造；某些政府管理部门滥用权力，无视技术规律，随意颁发文件，规定准用或禁用某些产品、材料、技术，甚至对一些不成熟的技术也下令推广，对一些常用技术产生的个别问题则肆意夸大，并粗暴地全盘否定。这些市场乱象造成了一些工程质量事故，工程寿命缩短。由于保温工程事故时有发生，影响很坏，于是有的地方行政部门未作全面深入分析和调查研究，就草率地发出了不许做外保温，只许做内保温或夹心保温的错误规定，造成了诸多难以弥补的损失。

错误和挫折给了我们极大的警示，宣扬科学的节能技术思想多么重要，多么必要。为了把建筑节能保温的机理与实用技术更加深入普及，为了实现科学行政，在建筑节能减排领域减少行政职能对节能技术的误导、误判，也为了控制低价竞争造成保温工程质量的破坏，加强对建筑节能技术和理论的研究，一些专家建议将这本《外保温技术理论与应用》修订再版。

既然准备再版，就应该把近期取得的一些进展补充进去。为此，这次再版书的修订编写工作经历一年半的时间，邀请了不少专家和科技人员参与。

再版时对原书中技术理论部分作了一些增补，主要增补的内容有：清华大学张君教授关于温度应力、温度场对建筑结构运动状态的影响；还增加了北京振利公司科研机构对外保温系统 48 种大型耐候试验结果的分析；关于防止水分相变破坏外保温构造层的原理；负风压对外保温层内连通空腔的破坏作用；低弹性模量墙体释放地震破坏力的验证。

与此同时，这次再版增加了外保温技术应用的篇幅。其中，第11章外保温工程案例分析的内容，是从120篇征文中筛选出来的7篇代表作。这些文字论述了近些年来外墙外保温发生工程事故的情况。从事故中分析案例所反映出来在构造设计原理、材料热稳定性能差异、施工方法有别等方面的原因，同时给出了解决问题的设计思路、构造做法的调整、施工方法的改善等。

　　新增第9章的内容，主要介绍了胶粉聚苯颗粒外保温做法的技术内涵，胶粉聚苯颗粒复合保温板技术系统的构造设计原理，提出了控制外保温保温层、抗裂层裂缝产生的技术路线。这章是技术理论与应用的密切结合，也是本书再版的亮点所在。

　　本书第二版主要编写人员如下：

　　第1章　执笔：林燕成，修改：黄振利、涂逢祥、金鸿祥；

　　第2章　执笔：张君、王川、王满生，修改：黄振利、金鸿祥；

　　第3章　执笔：居世宝、王川，修改：黄振利、金鸿祥；

　　第4章　执笔：王川，修改：黄振利、金鸿祥；

　　第5章　执笔：朱春玲、季广其；王川，修改：黄振利、金鸿祥；

　　第6章　执笔：王川，修改：黄振利、金鸿祥；

　　第7章　执笔：王川，修改：黄振利、金鸿祥；

　　第8章　未修订；

　　第9章　执笔：付海明，修改：黄振利、金鸿祥；

　　第10章　未修订；

　　第11.1节　执笔：洪梅，修改：黄振利、方展和、王庆生、金鸿祥、涂逢祥；

　　第11.2节　执笔：高巍、林燕成，修改：黄振利、方展和、王庆生、金鸿祥、涂逢祥；

　　第11.3节　执笔：林燕成、任琳，修改：黄振利、金鸿祥；

　　第11.4节　执笔：林燕成、罗淑湘、孙桂芳、邱军付、王永魁，修改：黄振利、方展和、王庆生、金鸿祥；

　　第11.5节　执笔：黄凯、林燕成，修改：黄振利、冯金秋、李东毅、金鸿祥；

　　第11.6节　执笔：周红燕、林燕成，修改：黄振利、金鸿祥；

　　第11.7节　执笔：孙佳晋、林燕成，修改：黄振利、金鸿祥；

　　第12章　执笔：涂逢祥，修改：金鸿祥。

编　者
2015 年 4 月

第 一 版 前 言

建筑物消耗了全球约1/3的自然资源和能源。随着人民生活条件的改善，我国的建筑能耗占社会总能耗的比例正在逐年提高，目前超过了1/4，在不久的将来将会达到更高的水平，因此推进建筑节能刻不容缓。外保温技术是建筑节能技术的一个重要组成部分，研究发展外保温技术，必将对建筑节能技术进步做出有益的贡献。

我国的外保温技术在经过二十多年的发展，取得了很大的成就。在我国节能减排基本国策的指引下，外保温技术不仅要求保温隔热、节约能源、绿色环保，满足低碳经济的需要，还必须十分重视工程质量，确保安全与使用寿命，众多的专家为此做出了不懈的努力。

《外保温技术理论与应用》一书的出版，是外保温技术发展到现阶段的产物，本书以十几年的工程实践和大量的试验数据为基础，研究五种自然破坏力（热应力、火、风、水和水蒸气、地震力）对外保温墙体的影响，总结了外保温技术发展至今的一些规律性认识，并结合工程应用对其技术理论进行研究讨论，让人们从过去着重关注墙体热阻发展到当前更加关注外保温的安全、耐久等各项性能指标和整体寿命的提高。

本书通过有限元法、有限差分法建立温度场热应力的数学模型进行数值模拟，研究保温层构造位置及构造措施对建筑物稳定性和安全性的影响；在五种自然破坏力中，以湿热应力和火灾对建筑外墙保温系统的影响和损害是十分严重的，本书以外保温系统整体构造为主的防火技术路线开展研究，积累和分析了燃烧试验过程中所采集的120万个数据，提出了外保温系统抗火灾攻击能力和适用建筑高度的技术数据；而湿热应力对建筑的影响和损害也不容低估，它不仅可能引起墙面开裂、起鼓，而且还可能造成饰面材料脱落，以致砸环地面财物或导致人员伤亡，本书从理论和实践的结合上对其中影响最大的外饰面贴面砖做法进行了研究和探讨。本书还对外保温的资源综合利用进行了专项论述，体现了外保温技术与低碳经济相结合的思路，而采用低碳绿色技术可使我们的建筑更节能。

建筑节能技术的发展与外保温的技术理论研究与应用，需要得到社会各界人士的广泛关注，需要产、学、研各方面的共同支撑与协作，让我们共同努力，使建筑节能及外保温技术在自主创新的道路上更快、更好地发展。

本书主要编写及审查人员如下：

第1章执笔：林燕成、张君、任琳、宋长友；编审：梁俊强、涂逢祥、金鸿祥、杨西伟、王庆生、冯葆纯、孙克放、顾泰昌、祝根立、刘小军、方展和、游广才、郑襄勤、王国君

第2章执笔：张君、王满生、刘锋、吴希晖；编审：林海燕、金鸿祥、涂逢祥、杨西伟、许锦峰、冯雅、田灵江、刘幼农、张巨松、张树君、孙四海

第3章执笔：居世宝、刘锋；编审：刘念雄、秦佑国、刘加平、朱盈豹、金鸿祥、涂逢祥、杨西伟、苏向辉、赵立华、郝斌、刘敬疆、唐亮、韩宏伟、杨宏海、陈丹林

第4章执笔：胡永腾、刘锋、郑金丽；编审：宋波、冯金秋、杨西伟、涂逢祥、金鸿祥、孙洪明、方明、张国祥、魏永祺、张剑峰、刘怀玉、徐卫东

第5章执笔：朱春玲、季广其、张明、胡永腾、张磊磊、曹德军；编审：梁俊强、马恒、崔荣华、王国辉、赵成刚、金鸿祥、涂逢祥、杨西伟、丁万君、刘振东、贾冬梅、王绍军、陈星、苏丹、梅英亭、曹永敏、梁晓农、吴钢、王健、吴希晖、尤晓飞

第 6 章执笔：刘锋、邹海敏；编审：金鸿祥、涂逢祥、杨西伟、王春堂、李东毅、李晓明、李熙宽、蒋卫、陶驷骥、李金保、曲振彬、秦铮、安艳华、郭丽、林国海

第 7 章执笔：李文博、刘锋、孙晓丽；编审：金鸿祥、涂逢祥、杨西伟、王满生、秦钢、江成贵、朱传晟、李浩杰、马韵玉

第 8 章执笔：付海明、张磊、续俊峰、刘锋、刘祥枝、陈志豪、李春雷；编审：金鸿祥、涂逢祥、杨西伟、杨惠忠、陆善后、刘晓钟、郑德金、陈殿营、张瑞晶、王汉义、王公山、王振清、粟冬青

第 9 章执笔：王川、何柳东、孙晓丽；编审：金鸿祥、涂逢祥、杨西伟、栾景阳、胡小媛、刘振贤、廖立兵、于青山、郑义博

第 10 章执笔：涂逢祥；编审：金鸿祥、梁俊强、叶金成、赵士琦

本书可供从事外墙保温技术的研究人员、设计人员和施工技术人员参考学习。

外墙保温技术发展迅速，存在许多尚待解决的问题，对于书中存在的一些不足和错讹之处，欢迎读者批评指正。

编　者

2011 年 3 月

目　　录

1 概　　述

1.1　外墙外保温技术的发展

1.1.1　我国建筑能耗的现状

国家有关资料显示，我国化石能源资源中 90% 以上是煤炭，人均储量为世界平均水平的 1/2，人均石油储量为世界平均水平的 11%，天然气仅为 4.5%；煤炭消耗量占世界总量的 40%，石油消费仅次于美国，位居世界第二，中国对海外能源的依赖程度达 50% 以上。

在我国能源短缺的情况下，随着经济建设持续快速发展，我国能源消耗量和 CO_2 等温室气体排放量已高居世界第一位，由此造成的环境污染和生态破坏十分严重。全球气候变暖以及化石能源的日益枯竭，使全世界经济社会的可持续发展，以及包括中国在内的所有发展中国家实现现代化的愿望和努力，与生态环境承受能力和地球自然资源供给能力之间的矛盾日益尖锐，减排温室气体，缓解地球变暖，保护生存环境，减少生态破坏，以及节约使用和有效利用化石能源，都是全人类和中国面临的重大课题。2014 年 12 月 12 日，在北京 APEC 峰会上签署的《中美气候变化联合声明》中提出：中国计划 2030 年左右 CO_2 排放达到峰值且将努力早日达峰，并计划到 2030 年非化石能源占一次能源消费比重提高到 20% 左右。中国的承诺让世界倍受鼓舞，也是我们应当承担的国际义务。

"节能减排"已成为我国的基本国策。我国气候冬寒夏热，建筑规模浩大，采暖和空调能耗高，建筑能耗已经占到我国社会总能耗的 30% 左右；如果加上建材生产、建筑建造的能耗，建筑领域的能耗已占到社会终端能耗的 46%，超过了工业能耗。随着中国城镇化的快速发展，人民生活水平的不断提高，建筑能耗的总量还会增长。如此巨大的能源消耗，不光是大量耗用煤炭，还造成了空气污染和生态破坏的恶果。因此，要求我们共同努力，继续积极大力做好建筑节能工作，推进节能减排技术和产业大发展。节约建筑用能是保证我国国民经济持续发展与人民生活不断提高的迫切需要，是我国节能减排的一个关键领域。经过近 30 年的努力，建筑节能工作已在全国各地深入展开，对新建建筑全面实施建筑节能设计和施工，并对数量巨大的高能耗既有建筑有计划地推行节能改造，为节约能源、保护环境、应对全球气候变化、推进国家经济社会可持续发展做出了重大贡献。

在建筑能耗中，建筑围护结构的能耗所占比例较大，而外墙面积又占围护结构的大部分。因此，对外墙进行保温隔热处理是降低建筑能耗的重要手段。随着建筑节能要求的不断提高，外墙保温隔热技术也有了长足的发展。按照基层墙体与保温层的位置关系，外墙保温可分为外保温、内保温、夹芯保温和自保温几类。纵观国内外墙体保温发展历史，无论是理论分析研究还是工程实践验证，外墙外保温都是节能墙体最合理的方式。

1.1.2　国外外墙外保温技术的发展

外墙外保温技术起源于 20 世纪 40 年代的欧洲，1950 年，德国发明了膨胀聚苯板（EPS 板），1957 年应用于外墙外保温，1958 年研发成功具有真正工程意义的 EPS 板薄抹灰外墙外保温系统；60 年代，这种外墙外保温技术流行于欧洲，进行了第一次耐候性测试。

外保温技术最初是用于修补第二次世界大战中受到破坏的建筑物外墙裂缝，通过实际应用后发现，当把这种板材粘贴到建筑墙面以后，不仅能够有效地遮蔽外墙出现的裂缝等问题，还发现这种复合墙体具有良好的保温隔热性能。同时,重质墙体外侧复合轻质保温系统又是最合理的墙体结构组合方式,不但解决了保温问题,又减薄了对结构要求来说过于富足的墙体厚度,减少了土建成本,使得复合墙体在满足结构要求的同时还在隔声、防潮、热舒适性等方面具有最佳性能。

20世纪60年代,美国从欧洲引入外墙外保温技术,并根据本国的具体气候条件和建筑体系特点进行了改进和发展。由于建筑节能要求的提高,外墙外保温及装饰系统在美国的应用不断增加,至90年代末,其平均年增长率达到了20%～25%。外墙外保温技术从美国南部的炎热地区到寒冷的北部地区均有广泛的应用,效果显著。除了EPS板薄抹灰外墙外保温系统外,美国以轻钢或木质结构填充保温材料居多,对保温材料的防火性能要求较高。

外墙外保温技术真正得到快速发展是在1973年世界能源危机以后。因为能源短缺,在欧美各国政府的大力推动下,外墙外保温技术的市场容量以每年15%的速度递增。欧美在几十年的应用历史中,对外墙外保温技术进行了大量的试验研究,如:薄抹灰外墙外保温系统的耐久性、防火安全性、含湿量变化问题、在寒冷地区应用的结露问题、不同类型的系统在不同冲击荷载下的反应、实验室的性能测试结果与工程应用中实际性能的相关性等。

在大量的试验研究的基础上,欧美国家对外墙外保温技术开展了立法工作,包括建立外墙外保温系统的强制认证标准,以及对于系统中相关组成材料的技术标准等。由于这些国家有着健全的标准和严格的立法,可以保证外墙外保温系统有25年的耐久性和使用年限。事实上,这种系统在上述地区的实际应用历史已大大超过25年,最早的工程已经超过50年。2000年欧洲技术许可审批组织EOTA发布了名称为《具有抹面复合的外墙外保温系统欧洲技术认定指南》(ETAG 004)的标准,这个标准是欧洲外墙外保温技术几十年来成功实践的技术总结和规范。

迄今为止,在欧洲国家广泛应用的外墙外保温技术仍然是外贴保温板薄抹灰技术,主要采用两种保温材料:阻燃型的EPS板及不燃型的岩棉板,通常以涂料为外饰面层。以德国为例,EPS板薄抹灰外墙外保温系统应用比例达82%,岩棉薄抹灰外墙外保温系统应用比例达15%。外墙外保温技术已有70年的发展历史,但后50年的研究、应用与发展更为快速,外墙保温技术也不断走向成熟和完善。

1.1.3 国内外墙外保温技术的发展

我国的建筑节能起步比较晚,因此外墙外保温技术的应用和发展也比欧美等国家要晚许多。1986年我国颁布实施节能率为30%的《民用建筑节能设计标准(采暖居住建筑部分)》(JGJ 26—86),标志着我国建筑节能正式起步。在此之前,我国科研、设计、施工和建材生产单位就开展了多种形式外墙保温的技术研究,也对外墙外保温技术试验研究。从20世纪80年代后期到90年代初,以EPS板与石膏复合保温板为代表的多种外墙内保温技术,因其生产和施工比较简单,工程造价比较低,能满足当时30%节能率的需要,而成为外墙保温的主要形式,主要应用于我国北方采暖地区。此外,膨胀珍珠岩、复合硅酸盐保温砂浆等产品,也占有一定的市场。经过实践,外墙内保温技术在北方寒冷、严寒地区的缺陷日益显露,生产和施工质量难以控制,致使工程出现的问题较多,如室内外温差过大易形成冷凝结露、内墙发霉等问题,因而外墙内保温技术逐渐被市场所淘汰。

1995年,我国发布实施50%建筑节能设计标准。1996年召开的全国第一次建筑节能工作会议,总结了前一阶段的工作经验,提出了努力的方向,把推广外墙外保温技术作为工作的重点。1998年1月1日,我国颁布实施了《中华人民共和国节约能源法》,明确提出:"节能是国家发展经济的一项长远战略方针"。自此,我国加大了外墙外保温技术的研究和应用力度,自主开发了多种外墙外保温系统,包括:粘贴EPS板薄抹灰外墙外保温系统,胶粉聚苯颗粒外墙外保温系统、现浇混凝土复合有网/无网EPS板外墙外保温系统,EPS钢丝网架板后锚固外墙外保温系统等,适应了建筑节能50%对外墙保温的要求。

21世纪初,北京、天津等一些城市先后实施建筑节能65%,促进了外墙外保温技术的进一步发展。我国又自主开发了一些新的外墙外保温系统,包括:喷涂硬泡聚氨酯外墙外保温系统、胶粉聚苯颗粒贴砌聚苯板外墙外保温系统等。外墙保温相关的技术标准和图集也得到了不断地完善和充实,推动了外墙外保温技术和产业的发展。多种外墙外保温系统在工程中得到了大面积应用，行业内成立了外墙外保温协会，有关单位还编撰出版了《外墙外保温技术》、《外墙保温应用技术》、《外墙外保温技术百问》、《墙体保温技术探索》、《外墙外保温施工工法》、《外墙外保温系统中的质量问题及对策》、《建筑节能工程施工技术》等众多专著，从理论与实际的结合上对外墙外保温技术进行了论述；同时，行业内开始了对外墙外保温防火技术和耐候性试验等基础试验研究，取得了相应的技术成果，出版了《外墙外保温体系防火等级评价标准的技术研究》等书籍，发展了外墙外保温技术，在技术领域与欧美全面接轨的基础上，又结合我国国情进行了新的探索。

2008 年 4 月 1 日，新修订通过的《中华人民共和国节约能源法》颁布实施，"节约资源是我国的基本国策。国家实施节约与开发并举、把节约放在首位的能源发展战略"，新节能法进一步明确了节能执法主体，强化了节能法律责任。国务院制定的《民用建筑节能条例》也于 2008 年 10 月 1 日施行，该条例要求在保证民用建筑使用功能和室内热环境质量的前提下，降低其使用过程中能源消耗。

2009 年哥本哈根世界气候大会上，中国政府做出承诺：到 2020 年单位国内生产总值 CO_2 排放比 2005 年下降 40%～45%，作为一个负责任的大国，从承诺的那一刻起，解决节能减排与经济持续增长协调问题将一直是我们要解决的重要课题。

近十年来，我国根据国情的需要，在学习和引进国外先进技术的基础上，又研究发展了粘贴保温板薄抹灰外墙外保温系统、保温装饰板外墙外保温系统、岩棉板外墙外保温系统、胶粉聚苯颗粒贴砌增强竖丝岩棉板外墙外保温系统、无机保温砂浆外墙外保温系统、真空绝热板外墙外保温系统等，初步形成了一套完整的外墙外保温技术体系，适应了各地建筑节能设计标准对外墙保温的需要。

2013 年，北京市发布实施了节能 75% 的居住建筑节能设计标准；2015 年，山东等地也将发布实施节能 75% 的建筑节能设计标准。我国的建筑节能已达到发达国家先进水平，我国的外墙外保温技术的发展也基本与发达国家保持同步，而我国的建设规模和建筑节能规模则无疑是国际领先。

1.2 我国建筑节能标准化概况

1.2.1 建筑节能设计标准

我国从 20 世纪 80 年代已经着手开展了建筑节能工作，并制定了一批标准。1986 年颁布实施《民用建筑热工设计规程》（JGJ 24—86）和《民用建筑节能设计标准（采暖居住建筑部分）》（JGJ 26—86），节能率为 30%；1987 年颁布实施《采暖通风与空气调节设计规范》（GBJ 19—87），1993 年颁布实施《民用建筑热工设计规范》（GB 50176—1993）。这些标准的颁布实施，对于节约能源、改善环境、提高经济和社会效益，起到了重要作用。

1995 年，我国颁布实施《民用建筑节能设计标准（采暖居住建筑部分）》（JGJ 26—95），节能率提高到 50% 左右；2010 年，我国发布了《严寒和寒冷地区居住建筑节能设计标准》（JGJ 26—2010），将我国北方地区的居住建筑节能提高到新的水平，节能率在 65% 左右。2001 年，我国颁布实施了《夏热冬冷地区居住建筑节能设计标准》（JGJ 134—2001），2003 年颁布实施了《夏热冬暖地区居住建筑节能设计标准》（JGJ 75—2003），将我国的建筑节能事业从北方扩展到南方，要求南方地区的节能率也达到 50% 左右。2010 年以来，南方地区的节能设计标准也进行了修订，完善了相应的内容，相继发布了《夏热冬冷地区居住建筑节能设计标准》（JGJ 134—2010）和《夏热冬暖地区居住建筑节能设计标准》（JGJ 75—2012）。2005 年，我国颁布实施了《公共建筑节能设计标准》（GB 50189—2005），要求在保证相同的室内环境参数条件下，与未采取节能措施前相比，全年采暖、通风、空气调节和照明的总能耗应减少 50%，目前该标准的修订版即将发布。部分省、直辖市、自治区为了更好地实施这些节能设计标标准还制订了本地区的地方标准，北京市 2012 年发布了《居住建筑节能设计标准》（DB11/891—2012），将居住建筑的节能率率先提高到了 75%。

1.2.2　建筑节能工程建设标准

为了配合建筑节能设计标准的有效实施，我国还编制发布了相应的构造图集，主要有：《外墙外保温建筑构造》（02J121-1、99J121-2、06J121-3、10J121）、《外墙内保温建筑构造》（03J122、11J122）、《墙体建筑节能构造》（06J123）、《既有建筑节能改造（一）》（06J908-7）、《公共建筑节能构造（严寒和寒冷地区）》（06J908-1）、《公共建筑节能构造（夏热冬冷和夏热冬暖地区）》（06J908-2）、《屋面节能建筑构造》（06J204）、《建筑围护结构节能工程做法及数据》（09J908-3）、《房屋建筑工程施工工法图示（一）——外墙外保温系统施工工法》（11CJ26/11CG13-1）等。各省、直辖市、自治区也编制了相应的建筑节能构造图集，如北京市的《外墙外保温》（08BJ2-9）、《公共建筑节能构造》（88J2-10）、《A级不燃材料外墙外保温》（12BJ2-11）、《建筑外保温（节能75％）》（13BJ2-12）等。我国还发布了相应的检验标准和施工质量验收标准，主要有：《采暖居住建筑节能检验标准》（JGJ 132—2001）、《居住建筑节能检测标准》（JGJ/T 132—2009）；《公共建筑节能检测标准》（JGJ/T 177—2009）；《建筑节能工程施工质量验收规范》（GB 50411—2007）等。部分省市也编制了建筑节能施工质量验收的地方标准，如北京市《居住建筑节能保温工程施工质量验收规程》（DBJ 01—97—2005）、《公共建筑节能施工质量验收规程》（DB11 510—2007）、《民用建筑节能现场检验标准》（DB11/T 555—2008）等。

2003年以前，我国外保温工程出现过一些质量问题，主要是保护层开裂和瓷砖空鼓脱落，雨水通过裂缝渗透到外墙内表面，也有个别工程出现外保温被大风刮掉等严重问题。为了规范外墙外保温工程技术要求，保证工程质量，做到技术先进、安全可靠、经济合理，由建设部科技发展促进中心主编，众多行业内科研单位和企业共同参与，编制了《外墙外保温工程技术规程》（JG 144—2004），该规程编制的目的，一是借鉴先进国家的成熟经验指导我国外保温技术的研究和应用；二是控制外保温工程质量，促进外保温行业健康发展。该标准收入了5种外保温系统，分别是EPS板薄抹灰外墙外保温系统、胶粉EPS颗粒保温浆料外墙外保温系统、EPS板现浇混凝土外墙外保温系统、EPS钢丝网架板现浇混凝土外墙外保温系统、机械固定EPS钢丝网架板外墙外保温系统。该标准不仅规定了外保温工程的基本要求，还规定了外保温系统及其组成材料的性能要求和相应的试验方法、设计及施工要点，以及上述外墙外保温系统构造和技术要求、工程验收等内容。该标准是外保温行业中最重要的一本工程建设标准，对于规范各种外保温系统甚至新开发的外保温系统都具有指导性和可操作性，对于外保温行业的发展则具有保驾护航的功效。目前该标准已经启动了修订程序，将增加一些新的外墙外保温系统，并重点关注外保温防火问题。随着外墙保温技术的发展，又相继编制发布了一些技术规范或技术规程，如《硬泡聚氨酯保温防水工程技术规范》（GB 50404—2007）、《无机轻集料砂浆保温系统技术规程》（JGJ 253—2011）、《建筑外墙外保温防火隔离带技术规程》（JGJ 289—2012）、《外墙内保温工程技术规程》（JGJ/T 261—2011）、《既有居住建筑节能改造技术规程》（JGJ/T 129—2012）等。

1.2.3　建筑节能产品标准

为了推动建筑节能事业的发展，特别是推动外墙外保温事业的健康发展，国家针对不同的外墙外保温系统编制了相应的系统产品标准，还编制了一些配套产品标准及系统试验方法标准，标准体系日趋完善，见表1-2-1。

下面对外墙保温影响最重要的三个外墙外保温系统产品标准逐一进行简单介绍。

1.2.3.1　《膨胀聚苯板薄抹灰外墙外保温系统》（JG 149—2003）

《膨胀聚苯板薄抹灰外墙外保温系统》（JG 149—2003）是我国第一个外墙外保温系统产品行业标准，该标准非等效采用《有抹面层的复合外墙外保温系统欧洲技术认定指南》（EOTA ETAG 004）、《膨胀聚苯乙烯泡沫塑料与面层组成的外墙复合绝热系统》（NORM B6110）、《膨胀聚苯乙烯外墙外保温复合系统规范》（CEN/TC 88/WG18 N 166）、《外墙外保温及饰面系统的验收规范》（ICBO ES AC24）、并根据我国国情，调整了部分技术性能指标。在试验方法上，该标准非等效采用《外保温与装饰系统抗快速变形冲击标准试验方法》（EIMA 101.86）、《有机涂层抗快速变形试验方法（冲击）》（ASTM D 2794—93）、《建筑保温产品外墙外保温复合系统的抗冲击性规定》（PrEN 13497）、《外保温及饰面系统抗冻融试验方法》（EIMA101.01）、《外保温及饰面系统拉伸黏接强度测定方法》（ASTM E 2134—01）、《建筑用保温产品胶黏剂和抹面胶浆与保温材料之间的拉伸黏接强度测定》（PrEN 13494）、《外墙外保温及饰面系统 PB 类用增强玻璃纤维网布在氢氧化钠溶液中浸泡后的拉伸断裂强度测试》（ASTM E 2098—00）、《建筑保温产品玻璃纤维网布机械性能测定》（PrEN 13496）。该标准已经修编完毕，上升为国家标准 GB/T 29906—2013，已发布实施。

外墙保温系统产品、配套产品及系统试验方法相关标准　　　　　表 1-2-1

类别	标准号	标准名称	备注
系统产品标准	GB/T 29906—2013	模塑聚苯板薄抹灰外墙外保温系统材料	为 JG 149—2003 升级版
	GB/T 30595—2014	挤塑聚苯板（XPS）薄抹灰外墙外保温系统材料	
	GB/T 30593—2014	外墙内保温复合板系统	
	JG/T 158—2013	胶粉聚苯颗粒外墙外保温系统材料	为 JG 158—2004 修订版
	JG/T 228—2007	现浇混凝土复合膨胀聚苯板外墙外保温技术要求	修订稿已经通过审查，即将发布
	JG/T 287—2013	保温装饰板外墙外保温系统材料	
	JG/T 420—2013	硬泡聚氨酯板薄抹灰外墙外保温系统材料	
	JG/T 469—2015	泡沫玻璃外墙外保温系统材料技术要求	
单一产品标准	GB 26538—2011	烧结保温砖和保温砌块	
	GB/T 29060—2012	复合保温砖和复合保温砌块	
	GB/T 10801.1—2002	绝热用模塑聚苯乙烯泡沫塑料	
	GB/T 10801.2—2002	绝热用挤塑聚苯乙烯泡沫塑料（XPS）	
	GB 26540—2011	外墙外保温系统用钢丝网架模塑聚苯乙烯板	
	GB/T 19686—2005	建筑用岩棉、矿渣棉绝热制品	
	GB/T 11835—2007	绝热用岩棉、矿渣棉及其制品	
	GB/T 25975—2010	建筑外墙外保温用岩棉制品	
	GB/T 20219—2006	喷涂硬质聚氨酯泡沫塑料	
	GB/T 21558—2008	建筑绝热用硬质聚氨酯泡沫塑料	
	GB/T 20473—2006	建筑保温砂浆	
	GB/T 26000—2010	膨胀玻化微珠保温隔热砂浆	
	GB/T 20974—2014	绝热用硬质酚醛泡沫制品（PF）	
	JG/T 407—2013	自保温混凝土复合砌块	
	JG/T 314—2012	聚氨酯硬泡复合保温板	
	JG/T 360—2012	金属装饰保温板	
	JG/T 432—2014	建筑结构保温复合板	
	JG/T 435—2014	无机轻集料防火保温板通用技术要求	
	JG/T 438—2014	建筑用真空绝热板	
	JG/T 366—2012	外墙保温用锚栓	
	JG/T 229—2007	外墙外保温柔性耐水腻子	
	JG/T 206—2007	外墙外保温用环保型硅丙乳液复层涂料	
	JC/T 992—2006	墙体保温用膨胀聚苯乙烯板胶粘剂	
	JC/T 993—2006	外墙外保温用膨胀聚苯乙烯板抹面胶浆	
	JC/T 2084—2011	挤塑聚苯板薄抹灰外墙外保温系统用砂浆	

类别	标准号	标准名称	备注
系统试验	GB/T 29416—2012	建筑外墙外保温系统的防火性能试验方法	
方法标准	JG/T 429—2014	外墙外保温系统耐候性试验方法	

1.2.3.2 《胶粉聚苯颗粒外墙外保温系统》（JG 158—2004）

《胶粉聚苯颗粒外墙外保温系统》（JG 158—2004）是我国第二个外保温系统产品行业标准。该标准中的产品是结合我国国情开发的具有自主知识产权的胶粉聚苯颗粒外保温系统，非等效采用了《灰浆和面涂　由矿物胶凝剂和聚苯乙烯泡沫塑料（EPS）颗粒复合而成的保温浆料系统》（DIN 18550 第三部分）和《有抹面层的复合外墙外保温系统欧洲技术认定指南》（EOTA ETAG 004），根据我国的工程实际，调整和增加了组成材料的部分技术性能指标。该标准发布实施后，应用效果良好，充分消纳了粉煤灰及废旧聚苯等固体废弃物，发挥了资源综合利用的优势，迅速消灭了猖獗一时的废旧聚苯板形成的全国性白色污染，使其变废为宝，促进了我国外墙外保温技术的发展，对我国实施建筑节能 50％设计标准起到了重要作用。通过几年的应用和实践，胶粉聚苯颗粒外保温技术又有了新的发展，不仅在防火技术和产品技术性能上有了一定的提升，还在构造做法上创新，开发出了胶粉聚苯颗粒浆料六面或五面包裹聚苯板的复合保温技术，拓宽了胶粉聚苯颗粒浆料和聚苯板的应用范围，可满足更高节能设计标准的要求。该标准已进行了修订，名称变更为《胶粉聚苯颗粒外墙外保温系统材料》（JG/T 158—2013），增加了胶粉聚苯贴砌浆料复合聚苯板外墙外保温系统的内容，已发布实施。

1.2.3.3 《现浇混凝土复合膨胀聚苯板外墙外保温技术要求》（JG/T 228—2007）

《现浇混凝土复合膨胀聚苯板外墙外保温技术要求》（JG/T 228—2007）是我国第三个外保温系统产品行业标准。该标准中的外模内置膨胀聚苯板现浇混凝土外墙外保温系统产品是我国自主开发研制的，其材料性能、构造做法已达到国际先进水平。外模内置膨胀聚苯板现浇混凝土外墙外保温系统采用将聚苯板与混凝土墙体一次浇筑成型的方式固定保温层，保温层与墙体紧密地结合。该系统包括外模内置竖向凹槽膨胀聚苯板现浇混凝土的外墙外保温系统和外模内置钢丝网架膨胀聚苯板现浇混凝土的外墙外保温系统两种。该系统产品在膨胀聚苯板保温层和抗裂防护层之间增加了特殊功能层——防火透气过渡层，由胶粉聚苯颗粒浆料构成，提高了保温系统的防火透气功能、耐候性能，并有利于材料导热系数的过渡，以及对施工误差进行纠偏。该标准的发布实施有效规范了外模内置膨胀聚苯板现浇混凝土外墙外保温技术，并提高系统的防火安全性。目前，该标准也进行了修订，修订时增加了现浇混凝土复合挤塑聚苯板（XPS板）外保温系统的内容和防火隔离带构造，防火隔离带材料推荐采用性能稳定的增强竖丝岩棉复合板，该标准于 2014 年 12 月完成了标准修订稿的审查，将于 2015 年完成报批并发布实施。

1.3　国内外墙外保温技术理论研究

1.3.1　外墙外保温技术理论的基本点

外墙外保温技术理论研究的基本点主要有：

（1）外墙外保温工程应能适应基层的正常变形而不产生裂缝或空鼓；

（2）外墙外保温工程应能承受自重、风荷载和室外气候的长期反复作用而不产生有害的变形和破坏；

（3）外墙外保温工程应与基层墙体有可靠连接，避免在地震时脱落；

（4）外墙外保温工程应具有防止火焰蔓延的能力；

（5）外墙外保温工程应具有防水渗透性能；

（6）外保温复合墙体应具有良好的保温、隔热和防潮性能；

（7）外墙外保温工程各组成部分应具有物理－化学稳定性；

（8）外墙外保温工程应具有耐久性，使用寿命长。

从这些基本点可以看出，外墙外保温是一门研究五种自然破坏力对建筑墙体影响的科学。五种自然破坏力包括热应力、水、火、风压、地震作用。

（1）热应力：不同保温做法对结构层内一年四季温度变化影响显著，采用外墙外保温做法的建筑结构层温度变化小，而采用外墙内保温做法、夹芯保温做法、自保温做法的建筑结构层温度变化大，进而引发较大的温度应力是引起建筑结构层开裂的重要因素之一。保温层的构造位置不合理产生的温度应力对建筑结构的损害是目前墙体保温工程需要注意，并需投入人力、物力加以系统研究的课题之一。此外，在外墙外保温做法中，因保温层各构造层材料的性能设计不合理而造成墙体表面因温度应力引发的面层开裂、面砖脱落也是目前外墙保温工程急需解决的问题之一。

（2）水：水以三种形式存在于自然环境之中，水的三相变化以及水的各种形式在外墙外保温系统内外之间的运动与迁徙，甚至发生在系统内部的相转变都将对外墙外保温系统的耐久性和功能性造成重大影响。如何使得外墙外保温系统做到防水透气和防结露是外墙外保温系统基础理论研究非常重要的一个内容。

（3）火：目前，外墙外保温系统中，采用高效有机保温材料的比例高达80％以上，这就带来了外墙外保温系统防火安全性较差和外墙外保温施工火灾时有发生的问题，而随着建筑节能设计标准和建筑高度的提高，防火问题将更加凸显。因此，外墙外保温系统的防火安全性是外墙外保温工程合理使用的重要技术要求。如何正确看待和合理解决外墙外保温防火问题，应从哪几个路径作外保温防火技术研究，以及外墙外保温防火是否需要分级等问题在本书中都将讨论。

（4）风压：外墙外保温系统被大风刮掉的现象在实际工程中并不少见，尤其是饰面为面砖的系统出现风压破坏后的安全性更是要重点解决的技术问题。

（5）地震作用：地震作用通常只针对面砖饰面外墙外保温系统。外墙外保温系统是附着于外墙的非承重构造，不分担主体结构承受的荷载或地震作用。但需要研究外墙外保温系统应具有什么样的变形能力，才能适应主体结构的位移，当主体结构在较大地震荷载作用下产生位移时，应不至于使外墙外保温系统产生过大的内应力和不能承受的变形。

另外，对于行业内重点关注的，比如面砖系统是否具备足够的安全性以及如果做面砖饰面系统，对材料有哪些技术要求？固体废弃物在外保温系统中是如何应用并能节能环保兼顾？在外保温材料生产过程中到底消耗了多少能源或带来了多少污染？诸如此类的问题在本书中都有提及。

1.3.2　外保温技术理论研究的进展

目前，我国的外墙外保温技术研究已经开始向纵深发展：从缺乏基础研究资料和数据，到积累了大量相关信息；从直接引进国外先进技术，到结合我国国情开展研发工作；从自主研发适合我国国情的外墙外保温系统，到对技术体系的逐步完善。一些基础研究工作的空白不断得到填补，如不同保温构造导致产生热应力进而对外保温系统产生影响的技术研究，各种外墙外保温系统防火安全性试验研究，外保温系统耐候性试验研究，面砖饰面的外墙外保温系统安全性研究等。

尽管有了不错的工作基础，外保温基础试验研究还处在探索阶段，还有大量的工作要做，或者是对以前的研究成果加以丰富，或者对其验证、修正。总之，外墙外保温技术要得到长足的发展，外墙外保温工程要保证有优异的耐久性，对基础试验的研究工作就应该坚持不懈地做下去。政府应该在这方面有所投入，支持相关研究课题。企业也应为求行业及自身的可持续发展，在此方面有所投入。同时，应积极地将基础理论研究与工程实践经验结合起来，推动外墙外保温技术的发展，为社会提供与建筑寿命相适应的外墙外保温产品，努力减少社会成本，为社会节约有限的能源做出贡献。

2　保温外墙体的温度场理论研究

保温外墙体属于复合墙体，包括结构层和保温层，结构层就是建筑物中承重受力的外墙体，称为基层墙体，目前最常用的是混凝土或砌体材料；保温层是用保温隔热材料做成的非承重构造层，比较常见的有聚苯乙烯泡沫塑料板、保温砂浆等。复合墙体中的基层墙体与保温层要通过一定的技术手段黏接在一起，外表面还要进行保护和装饰，因此，在基层墙体与保温层之间和保温层的外表面，还有黏接层、保护层及饰面层等附加层。

按照保温层与基层墙体在复合墙体中的相对位置划分，建筑外墙保温的具体形式有四种：保温层在基层墙体室内一侧的外墙内保温；保温层在基层墙体室外空气一侧的外墙外保温；保温层处于两层基层墙体之间的夹芯保温；不做保温层，基层墙体自身具有保温隔热效果的自保温。外墙内保温由于保温层在墙体结构层之内，墙体结构层温度变化较大，墙体结构层相应的温度应力变化也会较大。外墙外保温由于保温层在墙体结构层之外，保温层的隔热、隔寒作用使墙体结构层温度相对稳定，相应的温度应力变化也较小，可以对墙体保护，有利于提高建筑寿命。

工程的红外热像图表明，不同保温做法对墙体结构层内一年四季的温度变化影响显著，外保温做法的墙体结构层温度变化小，而内保温做法、夹芯保温做法、内外保温结合做法和不完全外保温做法的墙体结构层温度变化大，进而引发较大的温度应力，这是引起墙体结构开裂的重要因素之一。因此，保温层的位置不仅影响保温效果，而且会影响墙体结构层内部的温度场。不合理的保温层构造位置会产生有损于建筑结构的温度应力，所以选取合理的保温层构造位置是目前墙体保温工程需要注意的。

在建筑物的实际使用过程中，外界环境包括太阳辐射、大气温度等都在不断地发生变化，因此，常用的稳态传热分析方法得到的保温墙体内部温度场的分布结果与实际情况会存在较大差异。而随着计算机技术的发展和数值模拟理论的进步，数值模拟越来越多地应用于实际工程的分析，研究表明：对保温墙体的温度场进行实时数值计算分析是可行的，也是必要的。

本章前两节讨论保温层的构造位置对建筑外墙温度场（考虑成一维传热）及温度应力的影响，主要探讨了不同季节、方位（东西南北）的建筑外墙，采用典型外保温、内保温、夹芯保温、自保温等保温技术时墙体内温度场和温度应力随时间、位置的变化规律。通过理论计算，得到了不同保温层构造位置的建筑外墙温度场和温度应力的分布规律，通过对比基层墙体的温度场和温度应力，得出了对建筑结构寿命最有利的外墙保温是外墙外保温。

本章第三节用 ANSYS 软件计算外保温外墙的某些出挑部位（热桥）的二维温度场和温度应力，得出外保温外墙出挑部位必须做外保温，否则墙体可能会出现空鼓、开裂和脱落等质量问题。

2.1　保温外墙体的温度场数值模拟

2.1.1　保温外墙体温度场计算模型

2.1.1.1　热传导方程

计算在大气温度变化及太阳辐射、空气对流等复杂边界条件下保温墙体内部温度场是对保温墙体进行应力及耐久性分析的基础。本章建立典型保温墙体在外界大气温度变化等条件下温度场的计算模型，包括外墙内保温、外墙外保温、夹芯保温、自保温，选取了各个季节典型天气条件下四个朝向墙体结构作为研究对象，同时为便于比较，对没有施加保温的普通墙体也建立了计算模型。模型中假设墙体为均匀连续、多层复合结构；层间紧密，并忽略层间热阻。墙体中任何时刻 t，任意位置（x，y，z）处的温度 T 满足：

$$\frac{\partial T}{\partial t} = \frac{\lambda}{c\rho}\left(\frac{\partial^2 T}{\partial x^2} + \frac{\partial^2 T}{\partial y^2} + \frac{\partial^2 T}{\partial z^2}\right) \tag{2-1-1}$$

式中　λ——导热系数，kJ/（m·h·℃）；

　　　c——材料的比热，kJ/（kg·℃）；

　　　t——时间，h；

　　　ρ——材料的密度，kg/m³。

对于建筑外墙（忽略门窗、出挑构造等部位的影响，针对门窗、出挑构造等热桥部分的传热过程将在本章的第 2.3 节用 ANSYS 软件进行数值模拟），其内部温度在长度（y）和宽度（z）两个方向的温度变化很小，即 $\partial T/\partial y = \partial T/\partial z \approx 0$，仅在其厚度方向温度变化剧烈，所以通常条件下建筑外墙的热传导方程可简化为沿墙厚方向的一维的热传导方程，即：

$$\frac{\partial T}{\partial t} = \frac{\lambda}{c\rho}\frac{\partial^2 T}{\partial x^2} \tag{2-1-2}$$

墙体内部沿厚度方向温度场的求解就是在给定边界条件和时间下对偏微分方程（2-1-2）的求解问题。

2.1.1.2　初始条件和边界条件

热传导方程建立了物体内部温度与时间、空间的关系。但满足热传导方程的解有无限多，为了确定需要的温度场，还必须知道初始、边界条件。初始条件为在初始瞬时物体内部的温度分布，边界条件为外墙体表面与周围介质（如空气或水）之间温度相互作用的规律，初始条件和边界条件合称边值条件（或定解条件）。

热传导问题的边界条件通常有四类，本章中只有以下两类：

1. 第一类边界条件

经过物体表面的热流量与物体表面温度 T 和空气温度 T_a 之差成正比，即：

$$-\lambda \frac{\partial T}{\partial n} = \beta(T - T_a) \tag{2-1-3}$$

式中　β——表面换热系数（单位面积物体单位时间内温度变化 1℃ 时放出或吸收的热量），kJ/（m²·h·℃）。

2. 第二类边界条件

当两种性质不同的固体相互接触时，如果接触良好，则在接触面上温度和热流量都是连续的，边界条件如下：

$$T_1 = T_2,\ \lambda_1 \frac{\partial T_1}{\partial n} = \lambda_2 \frac{\partial T_2}{\partial n} \tag{2-1-4}$$

2.1.2　有限差分法求解保温外墙体的一维热传导方程

采用有限差分方法，对外墙保温系统温度场求解。有限差分法是求解微分方程的基本数值方法，其思想是把连续的定解区域用有限个离散点构成的网格来代替，这些离散点称作网格的节点；把连续定解区域上的连续变量的函数用在网格上定义的离散变量函数来近似；把原方程和定解条件中的微商用差商来近似，于是原微分方程和定解条件就近似地代之以代数方程组，即有限差分方程组，解此方程组就可以得到原问题在离散点上的近似解。

保温墙体结构按照其构成分成若干层面，对应各层面输入几何尺寸、材料性质等，为了对比内保温、外保温两种常见的保温模式的保温性能，在建立模型的过程中，将内保温和外保温的相对应各层的材料属性取相同的数值。图 2-1-1 为典型胶粉聚苯颗粒外墙外保温墙体个功能层结构图，以此为例，建立温度场求解的有限差分方程。

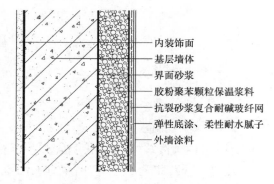

内装饰面
基层墙体
界面砂浆
胶粉聚苯颗粒保温浆料
抗裂砂浆复合耐碱玻纤网
弹性底涂、柔性耐水腻子
外墙涂料

图 2-1-1　典型外保温墙体结构模型

保温墙体沿厚度方向的节点可分为内部节点（同一材料内部）、内表面节点、外表面节点和两种不同性质的材料的交汇点。内表面边界条件主要包括室内空气对流换热，外表面的边界条件包括太阳辐射、外表面辐射和室外空气对流等。

2.1.2.1　外墙体内表面的对流换热边界条件

对流是指流体内部各部分发生相对位移，依靠冷热流体互相混杂和移动引起的热量传递方式。墙体表面和流体之间在对流和导热同时作用下进行的能量传递称为对流换热。对流换热热流密度与壁面（墙体表面）和主流区（大气）温度之差成正比。对墙体内表面，设室内空气温度为 $T_{in}(t)$，室内空气与墙体内表面对流换热系数为 β_{in}，墙体内表面温度为 $T_1(t)$（第一个节点），忽略室内和墙体内表面之间以及各层墙体材料的相互热辐射。此时，墙体内表面与室内空气的对流热交换量可表达为：

$$q_{in} = \beta_{in}\left[T_{in}(t) - T_1(t)\right] \tag{2-1-5}$$

在我国《民用建筑热工设计规范》（GB 50176—1993）中，详细规定了换热系数 β_{in} 的取值，在后续计算中，取 $\beta_{in} = 8.7$ W/（m² · ℃）（见表 2-1-1）。

2.1.2.2　外墙体外表面的对流换热边界条件

与墙体内表面类似，对墙体外表面，设室外空气温度为 $T_{out}(t)$，室外空气与墙体外表面对流换热系数为 β_{out}，墙体外表面温度为 $T_n(t)$（第 n 个节点），忽略室内和墙体内表面之间以及各层墙体材料的相互热辐射。此时，墙体外表面与室外空气的对流热交换量可表达为：

$$q_{out} = \beta_{out}\left[T_{out}(t) - T_n(t)\right] \tag{2-1-6}$$

同样，我国《民用建筑热工设计规范》（GB 50176—1993）中，详细规定了室换热系数 β_{out} 的详细取值问题。β_{out} 与室外建筑物表面风速 V_e 有关，在后续计算中，β_{out} 的取值见表 2-1-1。

2.1.2.3　太阳辐射热环境的数值模拟

对于建筑物的热环境来说，太阳辐射是一项非常重要的外部影响因素。在寒冷季节，太阳辐射为人们提供免费的热源，而在气温较高的季节，人们又不得不花费一定的代价，以抵消其对房间温度的干扰。

到达地面的太阳辐射由两部分组成，一部分是方向未经过改变的，叫作直射辐射；另外一部分是由于大气中气体分子、液体或固体颗粒反射，达到地面时没有特定的方向，这部分叫散射辐射。直射辐射和散射辐射之和就是达到地面的太阳总辐射，简称太阳辐射。太阳辐射强度大小用单位面积、单位时间内接收的太阳辐射的能量来表示，分别叫作太阳直射辐射照度、太阳散射辐射照度和太阳总辐射照度，后者也简称作太阳辐射照度。

太阳辐射的问题实际上比较复杂，影响太阳辐射的因素很多。由于地球自转形成昼夜，地球公转形成四季，不同时间、不同季节的太阳入射角度、地球与太阳的距离等都有变化，直接影响太阳辐射强度；天气阴晴雨雪，大气透明度，地面情况，建筑物表面材料特性等对太阳辐射的影响也都比较大。本章的出发点是对典型条件下的保温墙体结构内部的温度场与应力场进行研究，因此在考虑各种因素时尽可能地避免特殊情况，对一些次要影响因素等作合理的简化和处理，避免研究过程复杂化，并保证最终的结果具有普遍性。下面描述太阳辐射强度的具体计算方法。

1. 直射辐射照度

直射辐射照度与大气透明度等因素有关，地球上某一垂直于太阳光线表面上的直射辐射照度可表达为：

$$I_{DN} = I_0 P^m \tag{2-1-7}$$

其中，I_{DN} 为太阳直射辐射照度；I_0 为太阳常数；m 为大气光学质量，$m = \dfrac{1}{\sin(h_s)}$；h_s 为太阳高度角；P 为大气透明度。

水平面上和垂直面上的太阳直射照度 I_{DH} 的 I_{DV} 可分别表达为：

$$I_{DH} = I_{DN}\sin(h_s) \tag{2-1-8}$$

$$I_{DV} = I_{DN}\cos(h_s)\cos\gamma \tag{2-1-9}$$

其中，γ 为墙面法线在水平面上的投影与太阳光线在水平面投影之间的夹角，$\gamma = A_s - A_w$，A_s 与 A_w 分别为壁面太阳方位角（太阳光线在水平面投影与南向的夹角）和墙面方位角（壁面法线在水平面上的投影与正南向的交角）；h_s 为太阳高度角（地球表面上某点和太阳的连线与地平面之间的夹角），可由下式计算：

$$\sin(h_s) = \sin\phi \cdot \sin\delta + \cos\phi \cdot \cos\delta \cdot \cos\omega \tag{2-1-10}$$

其中，ϕ 为地理纬度（某点与地球中心连线与地球赤道平面的夹角）；δ 为太阳赤纬角（地球中心与太阳中心连线与地球赤道平面的夹角）；ω 为时角，由下式计算

$$\omega = 15(t - 12) \tag{2-1-11}$$

其中，t 为地方太阳时。

太阳方位角 A_s 由下式计算：

$$\cos A_s = \frac{\sin h_s \sin\phi - \sin\delta}{\cos h_s \cos\phi} \tag{2-1-12}$$

2. 散射辐射照度

墙体外表面从天空中所接受的散射辐射包括了三个部分：天空散射辐射，地面反射和大气长波辐射。

（1）天空散射

天空散射辐射时阳光经过大气层时，由于大气层中薄雾、尘埃的作用，使光线向各个方向反射和折射，形成一个由整个天穹所照射的散射光。对于晴天水平地面的天空散射辐射照度，一般由贝拉格公式近似计算，即：

$$I_{SH} = 0.5 I_0 \frac{1 - P^m}{1 - 1.4\ln P} \sin h_s \tag{2-1-13}$$

各朝向的垂直墙面上所受到的散射辐射照度为：

$$I_{SV} = 0.5 I_{SH} \tag{2-1-14}$$

（2）地面反射

太阳光线辐射到达地面之后，其中的一部分被地面反射。垂直墙面受到的地面反射辐射为：

$$I_{RV} = 0.5\rho_s(I_{DH} + I_{SH}) \tag{2-1-15}$$

其中，ρ_s 为地面对太阳辐射的反射率，一般城市地面反射率可近似取 0.2，有雪条件下取 0.7。

（3）长波辐射

大气吸收太阳直射辐射的同时，还吸收地面和墙面的反射辐射，具有一定的温度。考虑大气和地面、墙面之间辐射换热，这部分辐射称为长波辐射。其计算依照下式：

$$q_c = C_{a-e}\left[(T_c/100)^4 - (T_e/100)^4\right] \tag{2-1-16}$$

其中，q_c 为地面或墙面与大气之间辐射换热的辐射热流；C_{a-e} 为当量辐射系数；T_c、T_e 分别为墙面绝对温度和大气层的长波辐射温度。

3. 太阳总辐射照度

计算垂直墙面的辐射照度时，要考虑地面对墙面的辐射，所以垂直墙面的太阳辐射照度为：

$$I_Z = I_{DV} + I_{SV} + I_{RV} \tag{2-1-17}$$

其中，I_{DV}、I_{SV}、I_{RV} 分别为垂直墙面上的太阳直射辐射照度、天空散射辐射照度和地面反射辐射照度。

按上述计算过程，即可得到不同地区、不同方向上太阳辐射照度。同时，不同的表面材料对太阳辐射的吸收能力，即吸收率也各不相同。所以垂直墙面外表面的热流边界条件即太阳辐射边界条件为：

$$q_r = \alpha_s I_Z = \alpha_s (I_{DV} + I_{SV} + I_{RV}) \tag{2-1-18}$$

其中，α_s 为墙体外表面太阳辐射吸收率。

图 2-1-2 为按上述模型计算获得的北京地区一年四季东、西、南、北垂直墙面上的太阳辐射强度与时间关系图，太阳辐射常数及纬度取值见表 2-1-1。可见，墙面接收的太阳辐射强度受季节、朝向、时间影响异常显著，冬、春、秋季节南墙辐射强度最大，而夏季东西墙辐射强度较南墙大，四季中，北墙辐射强度最低。各墙面太阳辐射的时间在各季节也不相同。

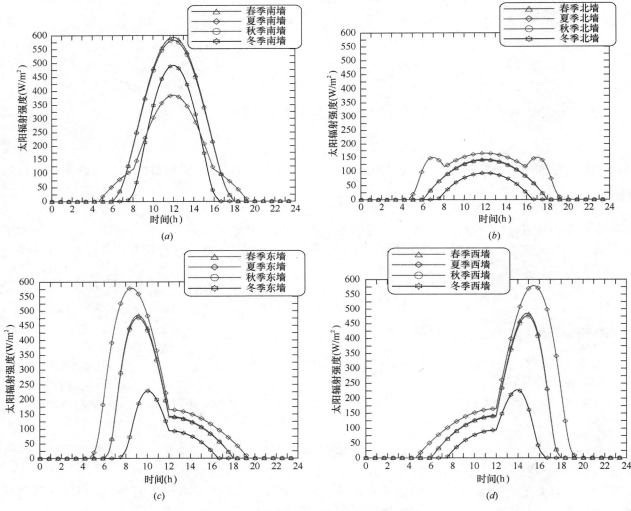

图 2-1-2　不同朝向、不同季节太阳辐射强度

（a）南墙；（b）北墙；（c）东墙；（d）西墙

季节	对流换热系数[W/(m²·K)]		赤纬角	太阳常数 (W/m²)
	内表面	外表面		
春季（3月）	8.7	21.0	0	1365
夏季（6月）	8.7	19.0	+23.45°	1316
秋季（9月）	8.7	21.0	0°	1340
冬季（12月）	8.7	23.0	-23.45	1392

对流及辐射参数 表 2-1-1

2.1.2.4 保温外墙体温度场计算的有限差分方程

根据保温墙体的结构，可将有限差分计算节点分成四类，即内部节点（同一材料内部）、内表面节点（墙体内表面）、外部节点（墙体外表面）和两种性质相异的材料的结合点。节点图 2-1-3 为外墙体一维温度场求解中典型四类节点示意图，下面分别导出每类节点的差分方程。

1. 墙体内部节点

对内部节点 m（图 2-1-3a 所示），依据有限差分原理，t 时刻温度 T 对位 x 的二阶微分可近似表达为：

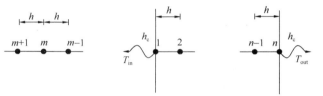

图 2-1-3 墙体中典型节点示意图
(a) 内部节点；(b) 墙体内表面节点；(c) 墙体外表面节点

$$\left(\frac{\partial^2 T}{\partial x^2}\right)_{m,t} \cong \frac{1}{h^2}(T_{m+1,t} + T_{m-1,t} - 2T_{m,t}) \tag{2-1-19}$$

节点 m 处温度 T 对时间 t 的变化率可近似为：

$$\frac{\partial T}{\partial t} \cong \frac{T_{m,t+\Delta t} - T_{m,t}}{\Delta t} \tag{2-1-20}$$

将式（2-1-19）、式（2-1-20）式代入到一维热传导方程（2-1-2）中，得到节点 m 经过时间间隔（Δt）后温度计算表达式为：

$$T_{m,t+\Delta t} = (1-2r)T_{m,t} + r(T_{m+1,t} + T_{m-1,t}) \tag{2-1-21}$$

其中，$r = \lambda \Delta t/(c\rho h^2)$。

利用式（2-1-21），根据 t 时刻相邻三个节点的温度，就可以直接求出 $t+\Delta t$ 时刻 m 点的温度 $T_{m,t+\Delta t}$，而不必求解方程组，故被称为显式差分法。由式（2-1-21）获得稳定解的条件为 $1-2r \geqslant 0$，即 $\Delta t \leqslant c\rho h^2/(2\lambda)$。

2. 墙体内表面节点

对与空气接触的墙体内表面节点（图 2-1-3b 所示），设混凝土表面对流换热系数为 β_{in} [kJ/(m²·℃)]，由能量平衡原理有：

$$T_{1,t+\Delta t} = (1-2r-2rB_1)T_{1,t} + 2r(T_{2,t} + B_1 T_{in,t}) \tag{2-1-22}$$

其中，$r = \lambda \Delta t/(c\rho h^2)$；$B_1 = \beta_{in}h/\lambda$；获得稳定解须满足 $\Delta t \leqslant c\rho h^2/2(\lambda + \beta_{in}h)$。

3. 墙体外表面节点

对与空气接触的墙体外表面节点（图 2-1-3c 所示），墙体表面换热需增加太阳辐射部分。设墙体外表面对流换热系数为 β_{out} [kJ/(m²·℃)]，太阳总辐射量为 I_z [单位面积、单位时间内接收的太阳辐射能，kJ/(m²·h)]，墙体表面对太阳辐射的吸收系数为 α_s，同样由能量平衡有：

$$T_{n,t+\Delta t} = (1-2r-2rB)T_{n,t} + 2r(T_{n-1,t} + BT_{out,t}) + \frac{2\alpha_s I_z \Delta t}{c\rho h} \tag{2-1-23}$$

其中，$r = \lambda \Delta t/(c\rho h^2)$；$B_1 = \beta_{out}h/\lambda$；获得稳定解须满足 $\Delta t \leqslant c\rho h^2/2(\lambda + \beta_{out}h)$。

4. 墙体内不同性能材料之间的连接点

设第 n 个节点左侧材料导热系数为 λ_1，节点间距为 h_1，右侧材料导热系数为 λ_2，节点间距为 h_2（与图

2-1-3a 所示类似），由前面所述的第二类边界条件，有：

$$T_{n,t+\Delta t} = \frac{\frac{\lambda_1}{h_1}(4T_{n-1,t+\Delta t} - T_{n-2,t+\Delta t}) + \frac{\lambda_2}{h_2}(4T_{n+1,t+\Delta t} - T_{n+2,t+\Delta t})}{3\left(\frac{\lambda_1}{h_1} + \frac{\lambda_2}{h_2}\right)} \qquad (2\text{-}1\text{-}24)$$

由式（2-1-24）即可由非界面节点（$t+\Delta t$）时刻的温度求出界面节点（$t+\Delta t$）时刻的温度。

2.1.3 温度场计算结果及分析

2.1.3.1 计算的墙体保温形式

应用以上计算模型，对北京地区采用胶粉聚苯颗粒保温浆料涂料饰面的外墙外保温做法（图 2-1-4 所示），及相对应的外墙内保温做法（调整各功能层位置使保温层位于墙体基层内侧），以及加气混凝土自保温墙体（以 20mm 厚水泥砂浆＋200mm 厚加气混凝土＋20mm 厚水泥砂浆复合墙体为例）、夹芯保温墙体（以 50mm 厚混凝土板＋50mm 厚岩棉板＋50mm 厚混凝土板复合保温墙体为例）的一年四季、东西南北四面墙体在室外太阳辐射及气温变化下的实时温度场全面计算。

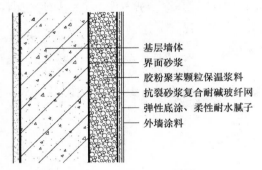

图 2-1-4 胶粉聚苯颗粒涂料饰面
外墙外保温结构

基层墙体
界面砂浆
胶粉聚苯颗粒保温浆料
抗裂砂浆复合耐碱玻纤网
弹性底涂、柔性耐水腻子
外墙涂料

2.1.3.2 室内外空气温度

为研究方便，对室内温度根据春、夏、秋、冬季节的变化各取一个典型温度，设定这个温度为恒定，具体见表 2-1-2。

室内、室外温度参数　　　　　　　表 2-1-2

季节	室内气温（℃）	室外最高温度（℃）	室外最低温度（℃）
春季（3 月）	23.0	25.3	4.4
夏季（6 月）	25.0	39.0	23.0
秋季（9 月）	23.0	26.5	9.7
冬季（12 月）	20.0	1.5	−11.5

而室外温度随着昼夜交替不断变化，由于天气（阴晴雨雪、风力等）和季节的影响，这个数值并不是理想地周期性变化。为了研究方便，取各个季节典型天气状态的日最高（T_{max}）和最低（T_{min}）温度数值（具体见表 2-1-2），并利用下式模拟大气温度的日周期性变化：

$$T_a = -\sin\left(\frac{2\pi(t_d + 2)}{24}\right)\left(\frac{T_{max} - T_{min}}{2}\right) + \left(\frac{T_{max} + T_{min}}{2}\right) \qquad (2\text{-}1\text{-}25)$$

其中，T_a 为室外大气温度（时间及日最高、最低温度的函数）；t_d 为时间。

本研究选取北京市春夏秋冬四个季节典型日最高、最低气温为计算输入参数（气温资料来自气象部门，见表 2-1-2），通过式（2-1-25）式模拟日气温变化。北京市春夏秋冬四个季节典型日气温（24h）变化如图 2-1-5 所示。

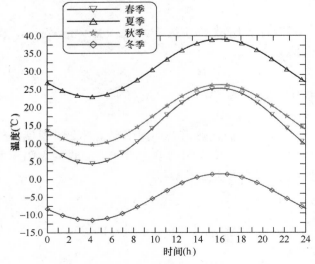

图 2-1-5 北京地区四季典型日气温变化模拟

2.1.3.3 初始条件及加载时间

在对外墙体温度场计算之前，需要设定 $t = 0$ 时刻外墙体内部的温度场。由于室外温度、太阳照度等边界条件是以24h为周期变化的，而在通过计算模型计算之前的特定时刻，外墙体内部的温度场是无法准确获得的。人为指定的初始条件与实际情况会存在一定的偏差，而这一偏差会影响到通过计算模型得到的结果的准确性。

如果设定的计算总时间为一个周期，即24h，那么很显然初始条件的偏差会对计算结果产生较大的影响。对此，可以通过延长计算时间的方法，加载总时间越长，初始条件的偏差对最后一个周期的计算结果的影响就越小。当然，加载总时间延长也会造成计算量增加。因此，不可能无限延长下去，这就需要通过试算选择一个比较适中的加载时间，计算量既不会太大，计算结果的偏差也在可以接受的范围内。

以北京地区某建筑夏季南墙温度场分析为例，太阳辐射照度数据，各层材料参数，室内温度取25℃恒定，加载时间初步设为5个周期，即120h。计算得到5个周期内的墙体温度变化曲线如图2-1-6所示。通过计算结果可以看出，随着时间增长，墙体内温度变化越来越具有规律性，第4、5个周期的温度变化已经非常接近，说明从第4个周期开始初始条件造成的影响已经可以忽略。本节后续分析中采用计算得到的第5个周期的数据作为稳定的数据。

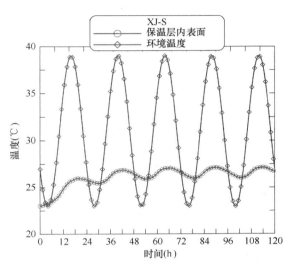

图 2-1-6　5个周期内墙体内表面温度变化

2.1.3.4 材料参数

按前面所述墙体保温的典型形式，计算温度场，计算过程采用的相关材料热物理参数及内外环境温度参数列于表2-1-3和表2-1-4中。

材料的物理参数之一（胶粉聚苯颗粒单一保温）　　　　　　　　　　表 2-1-3

结构形式	材料名称	厚度（mm）	密度（kg/m³）	比热[J/(kg·K)]	导热系数[W/(m·K)]
胶粉聚苯颗粒外墙外保温涂料饰面	内饰面层	2	1300	1050	0.60
	基层墙体	200	2300	920	1.74
	界面砂浆	2	1500	1050	0.76
	保温浆料	60	250	1070	0.06
	抗裂砂浆	5	1600	1050	0.81
	涂料饰面	3	1100	1050	0.50
胶粉聚苯颗粒外墙内保温涂料饰面	内饰面层	2	1300	1050	0.60
	抗裂砂浆	5	1600	1050	0.81
	保温浆料	60	250	1070	0.06
	界面砂浆	2	1500	1050	0.76
	基层墙体	200	2300	920	1.74
	涂料饰面	3	1100	1050	0.50

结构形式	材料名称	厚度（mm）	密度（kg/m³）	比热 [J/(kg·K)]	导热系数 [W/(m·K)]
加气混凝土自保温墙体涂料饰面	内饰面层	2	1300	1050	0.60
	内抹面砂浆	20	1800	1050	0.93
	加气混凝土	200	700	1050	0.22
	外抹面砂浆	20	1800	1050	0.93
	涂料饰面	3	1100	1050	0.50
混凝土岩棉夹芯保温墙体涂料饰面	内饰面层	2	1300	1050	0.60
	混凝土板	50	2300	920	1.74
	岩棉板	50	150	1220	0.045
	混凝土板	50	2300	920	1.74
	涂料饰面	3	1100	1050	0.50

2.1.3.5 计算结果与分析

采用表 2-1-3、表 2-1-4 中所列参数为模型输入数值，计算各类典型内保温、外保温、夹芯保温、自保温墙体的温度场，下面详细描述计算结果并对其对比分析。图 2-1-7、图 2-1-8 分别为胶粉聚苯颗粒涂

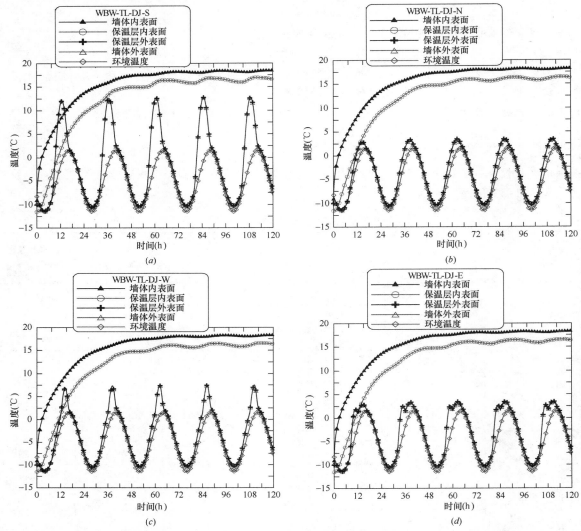

图 2-1-7　冬季不同朝向的胶粉聚苯颗粒涂料饰面外保温墙体不同层的温度随时间变化

（a）南墙；（b）北墙；（c）西墙；（d）东墙

料饰面的内外保温做法夏冬（春秋两个季节墙体温度相对较为平缓，在这里不给出结果）两个季节的东西南北各朝向墙体的典型位置温度随时间变化关系图。

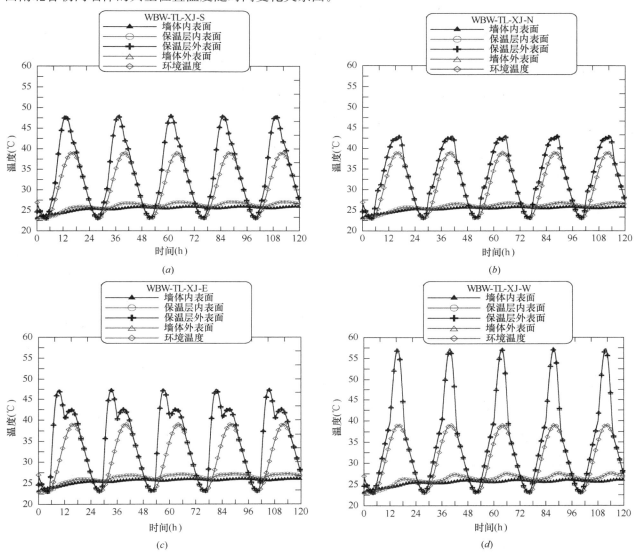

图 2-1-8　夏季不同朝向的胶粉聚苯颗粒涂料饰面外保温墙体不同层的温度随时间变化
(a) 南墙；(b) 北墙；(c) 东墙；(d) 西墙

1. 胶粉聚苯颗粒涂料饰面保温墙体

图 2-1-7 所示是冬季北京地区采用胶粉聚苯颗粒涂料饰面外保温做法的外墙体内部各层的温度在 5 天内随时间变化图。图中给出了墙体内各层由内到外，即墙体内表面（相当于结构层内表面）、保温层内表面（相当于结构层外表面）、保温层外表面、墙体外表面及外部环境温度随时间的发展变化曲线。从图示结果首先可以看出，本研究所建模型成功模拟了室外环境温度变化对墙体温度场的影响。

墙体内温度随室外大气温度的周期性变化而变化，变化幅度与墙体内位置有关。保温材料的使用大大减小了墙体与外部环境的热量传递，使室内温度受室外变温影响明显减小。例如，墙体内表面的温度随时间的变化程度最小，日变化量在 3℃ 以内，越靠近墙体外表面，节点温度受大气温度的影响程度越大。因此，墙体外表面温度变化幅度最大。且外墙体外表面温度变化幅度高于环境温度变化的幅度，具体差值与墙体方位有关；其次，太阳辐射强度及作用时间对墙体温度场影响明显，尤其是保温层以外的部分。各方位墙体太阳辐射强度及作用时间见图 2-1-2。在冬季，各朝向墙体表面最高温度次序为南墙（12.7℃）＞西墙（7.5℃）＞东墙（3.4℃）≈北墙（3.4℃），各朝向最低温度与环境最低温度基本相同

（－11.4℃）。因此，在冬季墙体外表面昼夜最大温差为24℃。在夏季，各朝向墙体表面最高温度次序为西墙（57℃）＞南墙（48℃）＞东墙（47℃）＞北墙（43℃），各朝向最低温度与环境最低温度基本相同（23℃）。因此，在夏季墙体外表面昼夜最大温差达34℃。

为了研究保温层位置对外墙保温系统温度场的影响，对计算胶粉聚苯颗粒涂料饰面内保温墙体的温度场。内保温墙体结构参数见表2-1-3。计算中除了保温层位置变化外，其他相关材料参数与外保温均相同（见表2-1-3）。图2-1-9、图2-1-10为胶粉聚苯颗粒涂料饰面内保温墙体夏冬两个季节的东西南北各朝向墙体的典型位置温度随时间变化关系图。

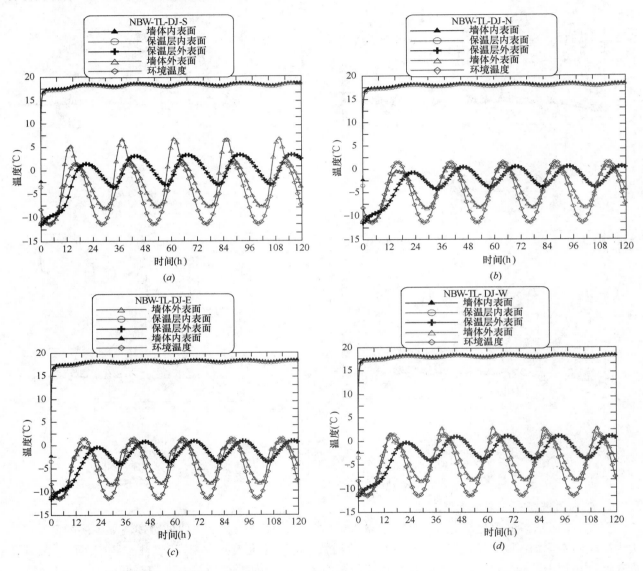

图 2-1-9　冬季不同朝向的胶粉聚苯颗粒涂料饰面内保温墙体不同层的温度随时间变化
（a）南墙；（b）北墙；（c）东墙；（d）西墙

从胶粉聚苯颗粒涂料饰面内保温墙体不同层的温度随时间变化图可以看出：

（1）由于保温层的作用，墙体内表面温度随时间的变化程度仍然很小，与外保温形式的墙体接近，也就是说，从墙体保温效果上看，只要保温层材料、厚度相当，内外保温墙体的保温效果相差很小。

（2）与外保温类似，越靠近墙体外表面，墙体节点温度受大气温度的影响程度越大。但是，由于采用内保温形式，墙体结构层靠近外部，结构层内的温度变化明显大于外保温墙体结构层的温度变化。

（3）同样季节，同样朝向的墙体外表面最高温度，内保温较外保温低，例如采用胶粉聚苯颗粒涂料

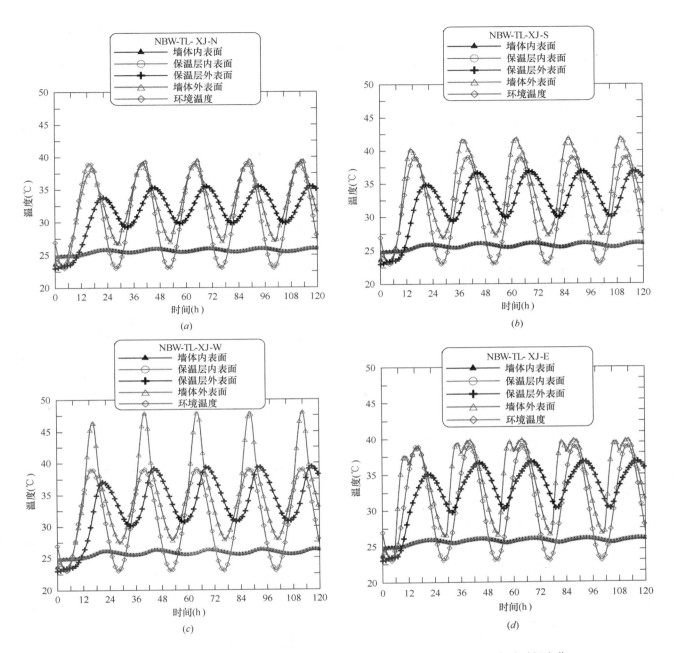

图 2-1-10　夏季不同朝向的胶粉聚苯颗粒涂料饰面内保温墙体不同层的温度随时间变化

(*a*) 北墙；(*b*) 南墙；(*c*) 西墙；(*d*) 东墙

饰面内保温墙体外表面夏季最高温度次序为：西墙（48℃）＞南墙（42℃）＞东墙（40℃）＞北墙（39℃），而相应外保温墙体外表面温度为：西墙（57℃）＞南墙（48℃）＞东墙（47℃）＞北墙（43℃）。其原因在于外保温形式外墙体靠近外表面的是保温材料，由于其热阻较大，使得热量从外表面向墙体内部传递非常缓慢，即热量比较集中于墙体外表面。而采用内保温形式的墙体，接近外表面材料的热阻较小，热量能够比较快速地传递分散到墙体内部，避免了热量集中，从而降低了墙体外表面温度。

（4）采用外保温的墙体结构层内温度即使在冬季，在室内正常采暖条件下也能保持在水的冰点之上（16～17℃），而采用内保温形式的墙体结构层绝大部分在冬季处于0℃以下（-2.5℃左右）。况且在24h内有部分墙体将经受一个正负温度循环，结构层将材料经受冻融循环的耐久性考验。此外，采用内保温墙体外表面最低温度明显高于相应外保温墙体的外表面最低温度。在这一点上，外保温的饰面材料和砂浆防护层要能够满足比较高的温度变化范围而性能不发生明显变化，即要在温度变化幅度较大的条件下，保证原有的材性设计要求。

（5）采用内保温的各个方位的墙体，其温度变化规律与外保温墙体类似，但温度数值不同。

墙体保温形式（内、外）对墙体温度场的影响将更明显地体现在给定时刻温度沿墙体厚度方向的分布上。图 2-1-11 所示为胶粉聚苯颗粒涂料饰面保温墙体西墙的冬季、夏季在温度稳定变化后墙体表面温度最高、最低时沿墙体厚度方向的温度分布图，其中横坐标零点为墙体内表面（室内）。保温墙体在其他季节、任意时刻的温度沿墙体厚度分布都将落在图中两条边界线之内。

从图 2-1-11 所示结果可以看出：

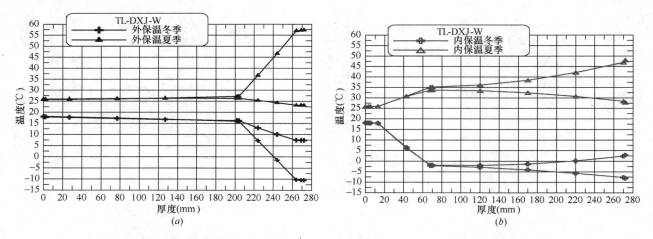

图 2-1-11 冬季、夏季西面墙体表面温度最高、最低时保温墙体沿墙厚方向温度分布
（a）外保温；（b）内保温

（1）无论内保温形式还是外保温形式，保温层内温度变化均是最剧烈的，但相对而言，外保温层温度变化幅度更大，同样夏季西墙，外保温时为 26～57℃，而内保温时为 25～35℃；冬季西墙，外保温时为 −10～17℃，而内保温时为 −2.5～17℃。

（2）基层墙体内温度变化幅度明显不同。采用外保温形式，结构层（基层）温度变化幅度很小，仅为 8℃（16～24℃），而采用内保温时，结构层（基层）温度变化幅度较大，为 55℃（−8～47℃），因此从这方面看外保温墙体将更有利于基层墙体的稳定。从后续温度应力的计算中也会发现外保温墙体相应的温度应力也会更小。

（3）外保温墙体保温及其装饰层内一年四季、白天黑夜温度变化较内保温大很多，因此对外保温墙体，其保温层、装饰层抵抗温度变形及疲劳温度应力的能力应该更强。其他方位的墙体的温度分布与西墙类似，但变化幅度低于西墙。

2. 不加保温层时墙体温度场

为比较保温层对变温动态条件下墙体温度场的影响，也对不加保温层的相应墙体温度场计算，结果列于图 2-1-12 和图 2-1-13 中。

由计算结果可以看出：

（1）与有保温层时相比，无保温层时墙体内表温度与室内恒定温度之间差距变大，温度波动变强。因此，通过墙体传递的热量变大，维持室内恒定温度时需要的能量增大，能耗增加。

（2）墙体外表面夏季最高温度较有保温层时降低了近 10℃。冬季墙体外表面温度提高了近 3℃（有保温层时为 −8℃，无保温层时为 −5℃）。

图 2-1-14 为无保温墙体西墙在冬季、夏季温度稳定变化后墙体表面温度最高、最低时沿墙体厚度方向的温度分布图，其中横坐标零点为墙体内表面（室内）。其基层墙体内温度分布与内保温、外保温明显不同。其一为墙体内表面温度变化范围变大，无保温时为 10～30℃（室内春夏秋冬温度取恒定值），采用内、外保温时为 19～25℃，因此这类墙体必然是冬季采暖能耗高，夏季制冷能耗也高。其二为无保温时，墙体外表面夏季最高温度降低，冬季最低温度升高。墙体外表面装饰层所承受的温度变形及温

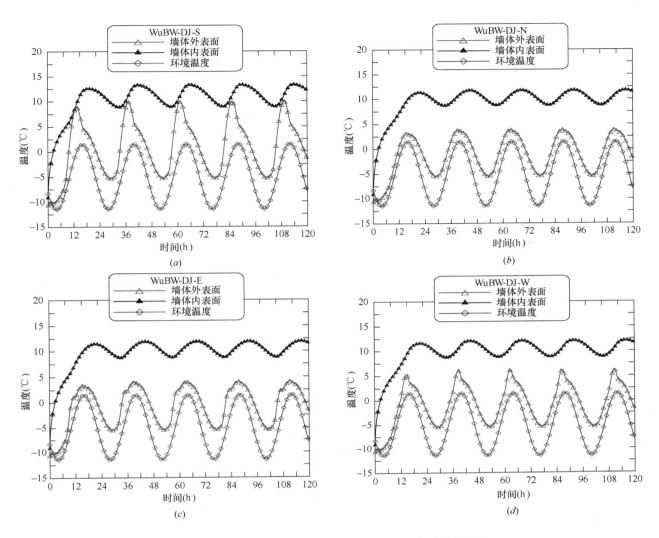

图 2-1-12　冬季不同朝向无保温墙体不同层温度随时间变化

(a) 南墙；(b) 北墙；(c) 东墙；(d) 西墙

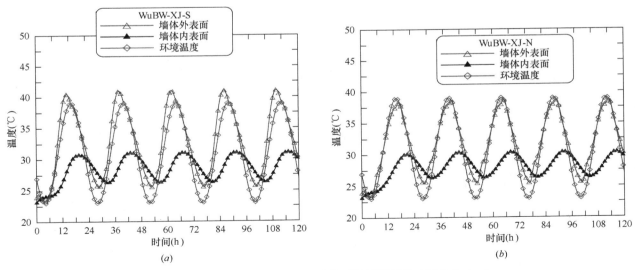

图 2-1-13　夏季不同朝向无保温墙体不同层温度随时间变化（一）

(a) 南墙；(b) 北墙

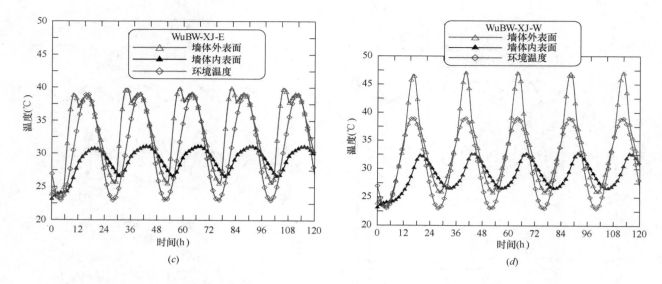

图 2-1-13 夏季不同朝向无保温墙体不同层温度随时间变化（二）

（c）东墙；（d）西墙

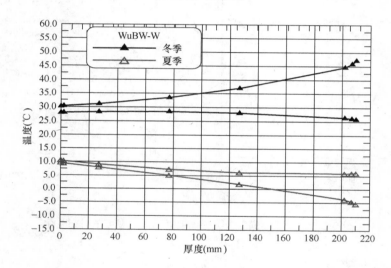

图 2-1-14 无保温层时冬夏季西面墙体表面温度最高、最低时墙体沿墙厚方向温度分布

度应力会有所下降。

3. 加气混凝土自保温墙体温度场

为比较不同保温形式对墙体温度场的影响，计算对自保温墙体（见表 2-1-3）冬夏两季的温度场，结果列于图 2-1-15 和图 2-1-16 中。

由计算结果可以看出：

（1）与施加内外保温层的外墙相比，200mm 厚加气混凝土自保温墙体内表温度与室内恒定温度之间差距大，温度波动稍强。自保温墙体的保温效果取决于加气混凝土的厚度。

（2）墙体外表面夏季最高温度和冬季墙体外表面最低温度与有保温层的墙体相比变化不大。

图 2-1-17 所示为加气混凝土自保温墙体在冬季、夏季温度稳定变化后，西面墙体外表面温度最高、最低时沿墙体厚度方向的温度分布图。自保温墙体内侧年温差为 8℃，而外侧温差可达 65℃，外侧年温差是内侧年温差的 8 倍，内侧变形应力小，而外侧变形应力大，导致墙体收缩膨胀的不一致，致使产生大量的温度应力，破坏了墙体的稳定性。

4. 混凝土岩棉夹芯保温墙体温度场

为比较不同保温结构对墙体温度场的影响，对岩棉夹芯保温墙体（见表 2-1-3）冬、夏两季的温度

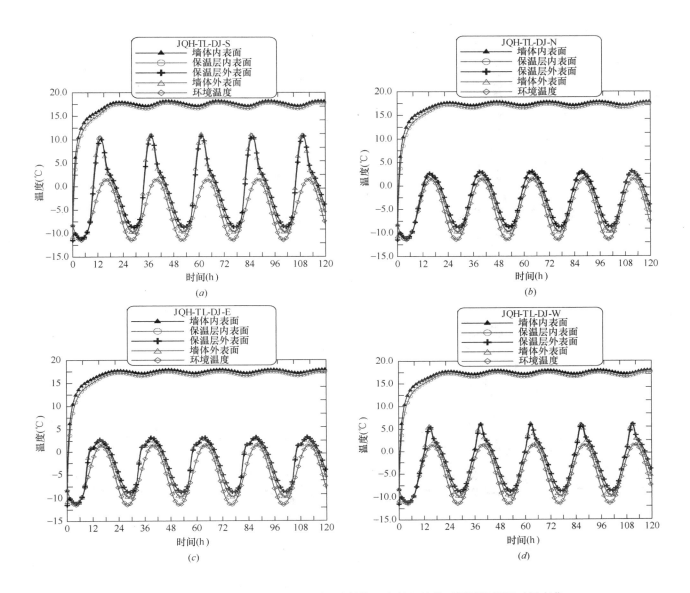

图 2-1-15　冬季不同朝向的加气混凝土涂料饰面自保温墙体不同层温度随时间变化
(a) 南墙；(b) 北墙；(c) 东墙；(d) 西墙

场进行计算，结果列于图 2-1-18 和图 2-1-19 中。

由上述计算结果可以看出，夹芯保温墙体只要保温层厚度得当，就可以达到预期的墙体保温效果。温度沿墙体厚度方向分布规律与外保温墙体类似。

图 2-1-20 为岩棉夹芯保温西面墙体在冬季、夏季墙体外表面温度最高、最低时沿墙体厚度方向的温度分布。外叶墙年温差变化 65℃，而内叶墙的温度变化为 8℃，外叶墙的年温差是内叶墙的 8 倍，其温度应力及变温下的结构稳定性应引起重视。

5. 四种保温形式墙体关键构造位置随不同时间的温差分析

将图 2-1-11～图 2-1-20 中各保温形式墙体关键位置温度随时间变化的温度变化整理，对比结果如图 2-1-21～图 2-1-24 所示（其中夹芯保温做法的墙体外表面为外叶墙的外表面，墙体内表面为内叶墙的内表面）。

各保温形式墙体关键位置年温差如图 2-1-21 所示，外保温做法、自保温做法、夹芯保温做法的结构墙体内表面的年温差较小，内保温做法的年温差较大；外保温做法的结构墙体外表面年温差较小，其他三种做法的年温差均非常大；无论保温形式如何，保温层内表面的年温差均较小，保温层外表面年温差均较大。

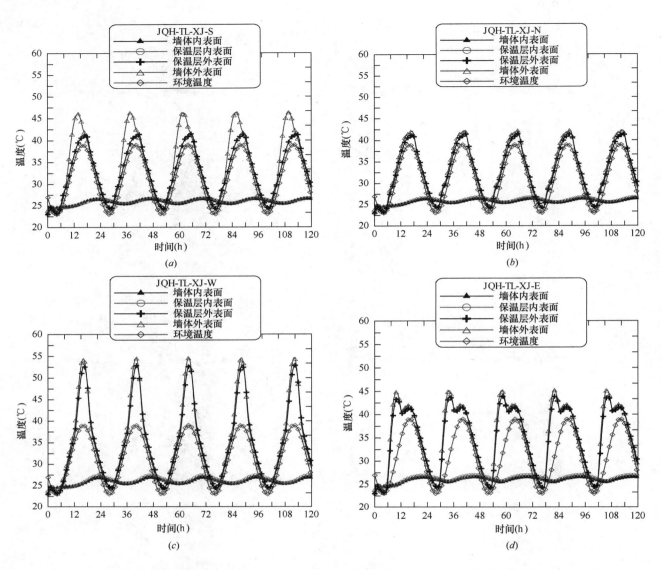

图 2-1-16　夏季不同朝向的加气混凝土涂料饰面自保温墙体不同层温度随时间变化

（a）南墙；（b）北墙；（c）东墙；（d）西墙

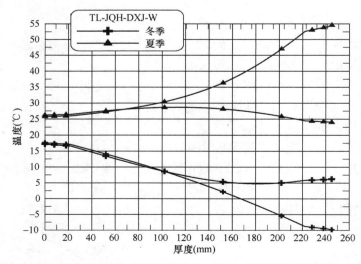

图 2-1-17　冬季、夏季西面墙体表面温度最高、最低时保温墙体沿墙厚方向温度分布

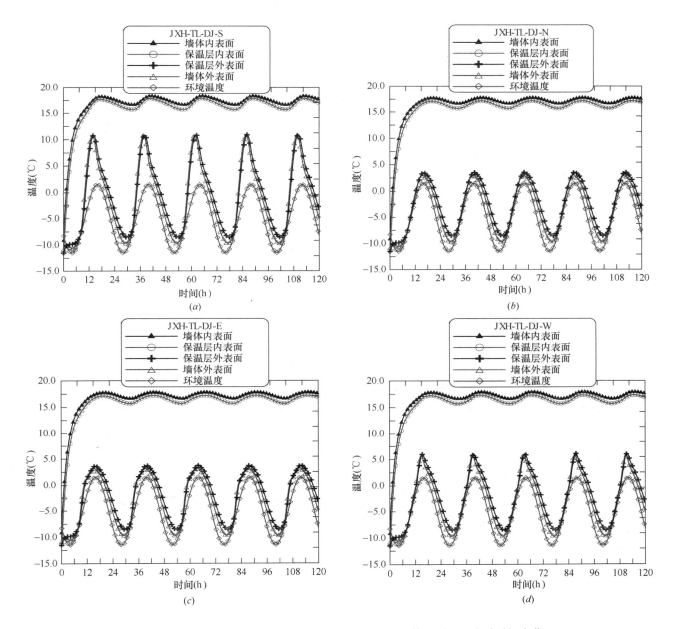

图 2-1-18　冬季不同朝向的岩棉夹芯保温涂料饰面墙体不同层温度随时间变化
(a) 南墙；(b) 北墙；(c) 东墙；(d) 西墙

如图 2-1-22 所示，在夏季不同保温形式墙体各关键位置的昼夜温差有很大差别。结构墙体内表面的昼夜温差均较小；外保温做法的结构墙体外表面昼夜温差最小，小于 2℃，其他三种做法的昼夜温差约在 19~30℃；保温层内表面昼夜温差均较小；内保温的保温层受墙体保护，保温层外表面昼夜温差较小，约为 2℃，其他保温形式的昼夜温差都非常大，约在 25~35℃。

图 2-1-23 为冬季不同保温形式墙体各关键位置的昼夜温差。从图 2-1-22 和图 2-1-23 可以看出，冬季和夏季的昼夜温差较为类似，而冬季的外界温度环境和室内温度变化幅度小于夏季，其产生的昼夜温度变化略小于夏季。

图 2-1-24 是不同季节温度最高和最低时，结构墙体的内表面和外表面的温差，从图中可以看出，外保温在各种情况下，结构墙体的内表面和外表面温差均较小；内保温无论在何种情况下，其结构墙体内表面与外表面总是存在温差；自保温和夹芯保温在夏季最热和冬季最冷时，其结构墙体内外表面的温差非常大。

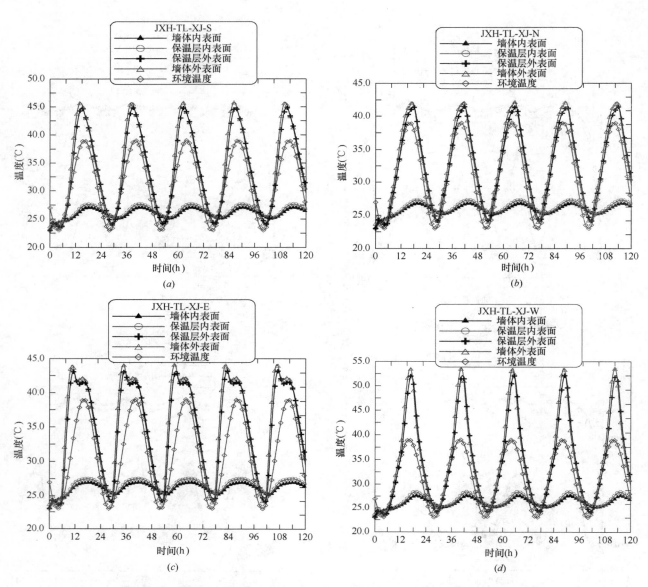

图 2-1-19 夏季不同朝向的岩棉夹芯保温涂料饰面墙体不同层温度随时间变化

(a) 南墙；(b) 北墙；(c) 东墙；(d) 西墙

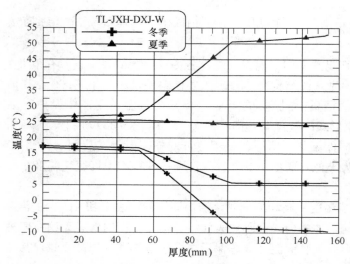

图 2-1-20 冬季、夏季西面墙体表面温度最高、最低时保温墙体沿墙厚方向温度分布

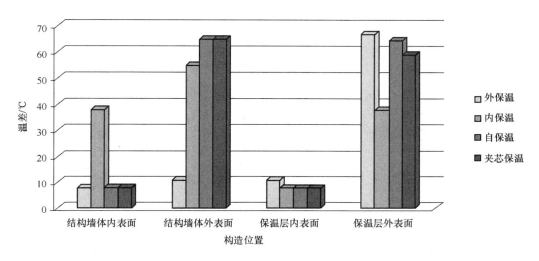

图 2-1-21　不同保温形式各墙体关键位置年温差

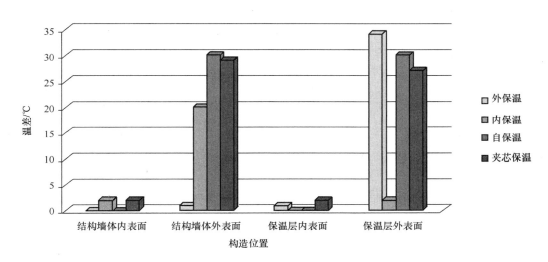

图 2-1-22　不同保温形式各墙体关键位置昼夜温差（夏季）

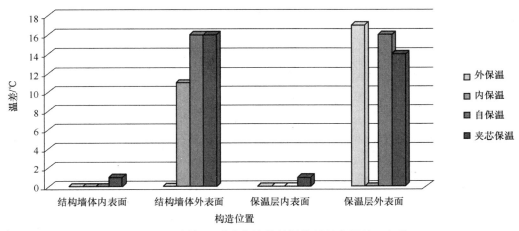

图 2-1-23　不同保温形式各墙体关键位置昼夜温差（冬季）

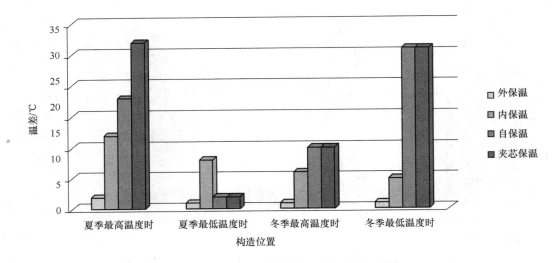

图 2-1-24　不同季节结构内表面与外表面温差

保温层的位置会影响结构墙体的温度变化，产生的温度应力会影响系统稳定性，不合理的保温形式，会加剧结构墙体的温度应力破坏，降低结构墙体寿命。

在四种保温形式中，外保温结构墙体内表面年温差和外表面年温差均是最小的，内表面温差为8℃，外表面温差为11℃；内保温的墙体内表面温差为38℃，外表面温差为55℃，是外保温结构墙体外表面温差的5倍，不稳定性远大于外保温；自保温和夹芯保温的内表面温度虽然也较为稳定，年温差可以达到8℃，但是其结构墙体外表面温差却高达65℃。因此，内保温、自保温和夹芯保温的结构墙体温度变化非常剧烈，长期处于不稳定的运动状态。

外保温在环境温度变化时，结构墙体内表面和外表面温度始终一致，自身不致产生内表面和外表面变形不一致的情形，温差小于2℃（见图2-1-21）。其他保温形式，内表面和外表面的温度变化始终不能统一，导致内外表面变形速度和变形量的不同，最终影响结构墙体寿命。例如，夹芯保温在夏季温度最高时，外侧结构墙体外表面温度和内侧结构内表面温度相差30℃，外表面膨胀应力明显大于内表面，产生的温差较外保温高28℃，影响结构稳定性。

外保温系统的保温层外侧年温度变化均非常剧烈。

外保温墙体的抹面层及其装饰层一年四季、白天黑夜温度变化较其他保温形式（达到同样的节能要求）都要大，其中外保温外饰面年温度变化达到67℃（−10～57℃）。

因此，对外保温墙体的抹面层、装饰层抵抗温度变形及疲劳温度应力的能力，应有更高的要求。

2.1.4　小结

综合对北京地区不同季节、不同朝向的各种保温形式墙体的温度场随时间及沿墙体厚度方向的变化规律计算、分析，可以得出如下结论：

（1）建立了考虑太阳辐射作用、环境温度变化条件下建筑外墙实时温度场的数值计算模型。利用该模型，可以方便快捷地计算各时刻墙体的温度分布及其随时间的变化规律。该模型的建立为外墙保温系统各功能层温度应力的计算，打下了基础。

（2）建筑外墙温度分布受太阳辐射影响显著，其影响程度与季节、朝向密切相关。夏季西墙表面温度峰值最高，温度波动最大；冬季南墙表面温度峰值最高，温度波动较大；所有季节北面墙体的平均温度最低，温度波动也最小；春秋两季墙体温度介于冬夏季之间。

（3）无论内保温形式还是外保温形式，或者加气混凝土自保温形式、岩棉夹芯保温形式，保温层内温度变化均是最剧烈的，但外保温保温层温度变化幅度更大。保温层以外部分温度变化大，保温层以内部分温度变化小。

（4）外墙内保温墙体年温差变化量是外墙外保温墙体年温差变化量的5倍，夹芯保温构造外叶墙的年温差是内叶墙的 8 倍，自保温墙体的墙体外侧是内侧年温差的 8 倍。因此，内保温、夹芯保温和自保温做法会降低结构墙体的稳定性，缩短结构墙体的寿命。

（5）目前，混凝土结构设计寿命是 70 年左右，外墙外保温对于混凝土墙体的保护可以使其更为稳定。为了实现百年建筑设计目标，应大力推行外墙外保温做法。

（6）外保温做法有利于抹面层及其饰面层的维护和修缮，当外保温面层，甚至保温层出现问题时，可以通过维修和翻新方式，继续发挥节能保温功能，继续保护结构墙体。

（7）外墙外保温表面温度变化最为强烈，对其抹面层、装饰层抵抗温度变形及疲劳温度应力的能力，应有更高的要求。

2.2 保温墙体的温度应力计算

在上一节中，对带有保温结构的建筑物外墙的温度场作了数值模拟，获得了北京地区在外界变温环境和太阳辐射作用下内保温、外保温、无保温、自保温、夹芯保温等不同形式的墙体的温度场变化规律。温度场的计算除了分析墙体温度变化、保温层保温效果、不同保温形式的差异，以及保温结构设计需要外，另外一个目的就是研究在各类保温形式下墙体内因温度变化引发的温度应力的大小及其变化规律；研究保温层及其附加功能层在使用条件下因温度变化而引发的长期耐久性问题。本节将对各种保温形式的墙体在外界变温环境下各层的温度应力进行数值模拟，分析因温度应力可能引发的墙体开裂以及饰面层的安全、耐久性问题。

2.2.1 保温墙体温度应力计算模型

2.2.1.1 墙体的温度应力模型

一般建筑外墙的长度、宽度比厚度大很多（通常 15～20 倍以上），在外部变温环境条件下，温度只在厚度方向（z）变化，因此墙体温度场（T）可以认为只是时间（t）和墙体厚度（z）的函数，即：

$$T = f(t, z) \tag{2-2-1}$$

不考虑局部带有门窗等构件的影响的前提下，可以认为建筑外墙是沿长度和高度两个方向无限大的墙体。因此，本研究将重点分析沿墙体厚度方向的温度应力分布及其大小。

设一建筑墙体的平面尺寸大于墙体厚度的 10 倍（平面应力问题），高度方向为 y，宽度方向为 x，厚度方向为 z（图 2-2-1）。在给定时刻，温度只沿厚度方向变化。设材料弹性模量为 E，泊松比为 μ，热变形系数为 α，初始温度（弹性模量为零时）为 T_0，$T_0 = f(z, t_0)$。根据广义虎克定律，有：

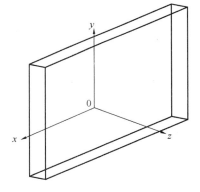

图 2-2-1　墙体温度应力计算
坐标示意图

$$\begin{cases} \varepsilon_x = \dfrac{1}{E}(\sigma_x - \mu\sigma_y) + \alpha(T - T_0) \\ \varepsilon_y = \dfrac{1}{E}(\sigma_y - \mu\sigma_x) + \alpha(T - T_0) \end{cases} \tag{2-2-2}$$

下面根据墙体的约束情况分类计算因温度变化（$T - T_0$）引发温度应力的大小。

1. 嵌固墙体的温度应力

嵌固墙体是指墙体的四周完全被约束（x、y 方向），既不能上下、左右移动，也不能转动。在完全嵌固条件下，$\varepsilon_x = 0$，$\varepsilon_y = 0$。将上述条件代入式（2-2-2）有：

$$\begin{cases} \dfrac{\sigma_x - \mu\sigma_y}{E} + \alpha(T - T_0) = 0 \\ \dfrac{\sigma_y - \mu\sigma_x}{E} + \alpha(T - T_0) = 0 \end{cases} \tag{2-2-3}$$

解此方程组，有：

$$\sigma_x = \sigma_y = -\frac{E\alpha(T-T_0)}{\mu-1} \tag{2-2-4}$$

温度应力正负号规定如下：温度升高，$(T-T_0)$ 为正，σ_x 或 σ_y 为负，为压应力；温度降低，$(T-T_0)$ 为负，σ_x 或 σ_y 为正，为拉应力。后续温度应力的符号规定均与此相同。

2. 自由墙体的温度应力

自由墙体是完全不受外界约束，在各个方向都可以自由变形的墙体，自由墙体内的温度应力纯粹是由于墙体内温度分布不均匀而产生的自生应力。墙体内的正应力和正应变为：

$$\begin{cases} \sigma_x = \sigma_y = \sigma_3 \\ \sigma_z = 0 \\ \varepsilon_x = \varepsilon_y = \varepsilon \end{cases} \tag{2-2-5}$$

将上述条件代入式（2-2-5）有：

$$\sigma_x = \sigma_y = \sigma_3 = \frac{E[\varepsilon - \alpha(T-T_0)]}{1-\mu} \tag{2-2-6}$$

墙体因温度变形后，应变沿墙体厚度的分布应符合平截面假设，即 ε 可表达为：

$$\varepsilon = \alpha(A + Bz) \tag{2-2-7}$$

其中，A，B 为与坐标 z 无关的参数，把式（2-2-7）代入式（2-2-6），有：

$$\sigma_3 = \frac{E\alpha}{1-\mu}[A + Bz - (T-T_0)] \tag{2-2-8}$$

在自由墙体内，任意时刻，任意截面上的轴向力和弯矩都应等于零，即：

$$\int_{-d/2}^{d/2} \sigma \cdot \mathrm{d}z = \int_{-d/2}^{d/2} \frac{E\alpha}{1-\mu}[A + Bz - (T-T_0)]\mathrm{d}z = 0$$

$$\int_{-d/2}^{d/2} \sigma \cdot z\mathrm{d}z = \int_{-d/2}^{d/2} \frac{E\alpha}{1-\mu}[A + Bz - (T-T_0)]z\mathrm{d}z = 0 \tag{2-2-9}$$

其中，d 为墙体厚度。

注意截面原点位于截面中心，由式（2-2-9）解得：

$$A = \frac{1}{d}\int_{-d/2}^{d/2}(T-T_0)\mathrm{d}z = T_a$$

$$B = \frac{12}{d^3}\int_{-d/2}^{d/2}(T-T_0)z\mathrm{d}z = \frac{12}{d^3}S = \frac{T_d}{d} \tag{2-2-10}$$

其中，$T_d = \frac{12S}{d^2}$；$S = \int_{-d/2}^{d/2}(T-T_0)z\mathrm{d}z$；$T_a$ 为截面（沿 d）平均温度变化，即参数 A 为平均温度变化；T_d 为等效线性温度变化差；S 为沿断面 d 温度变化 $(T-T_0)$ 的力矩。

将式（2-2-10）代入式（2-2-8），有自由墙体温度应力：

$$\sigma_3 = \frac{E\alpha}{1-\mu}A + \frac{E\alpha}{1-\mu}Bz - \frac{E\alpha(T-T_0)}{1-u}$$

$$= -\left(-\frac{E\alpha}{1-\mu}A\right) - \left(-\frac{E\alpha}{1-\mu}Bz\right) + \left[-\frac{E\alpha(T-T_0)}{1-\mu}\right] \tag{2-2-11}$$

$$= -\sigma_1 - \sigma_2 + \sigma_T$$

其中，σ_1 为平均温度变化引发的应力；σ_2 为线性温度变化引发的应力；σ_T 为嵌固墙体温度应力（完全约束）。

对（2-2-11）式进行简单变换，非线性温度场下嵌固墙体的温度应力 σ 由三个应力分量构成，即：

$$\sigma_T = \left(-\frac{E\alpha}{1-\mu}A\right) + \left(-\frac{E\alpha}{1-\mu}Bz\right) + \left[-\frac{E\alpha[(T-T_0)-A-Bz]}{1-u}\right] \tag{2-2-12}$$

$$= \sigma_1 + \sigma_2 + \sigma_3$$

其中，自由墙体温度应力 σ_3 亦可称为非线性温度变化应力。

式（2-2-12）表明，完全约束墙体的温度应力可表达为平均温度变化引发的应力（σ_1）、线性温度变化引发的应力（σ_2）和非线性温度变化引发的应力（σ_3）之和。如果温度分布为线性，则 $\sigma_3 = 0$。

实际墙体中温度应力的大小取决于临近结构对墙体四周的约束情况，通常可能遇到有如下四种情况：

（1）墙体既能伸缩，又能转动（自由墙体），则：

$$\sigma = \sigma_3 = \sigma_T - \sigma_1 - \sigma_2 \tag{2-2-13}$$

（2）墙体不能伸缩，只能转动，则：

$$\sigma = \sigma_T - \sigma_2 \tag{2-2-14}$$

（3）墙体不能转动，只能伸缩，则：

$$\sigma = \sigma_T - \sigma_1 \tag{2-2-15}$$

（4）墙体既不能伸缩，又不能转动，则：

$$\sigma = \sigma_T \tag{2-2-16}$$

上述自由墙体温度应力表达式确定了无限墙体中的温度应力，对于有限墙体，在靠近墙体的四边，应力分布与上式有所不同。但根据圣维南原理，在离墙体的边缘的距离超过墙体的厚度时，上述结果即可适用。

2.2.1.2 复合墙体的温度应力模型

对实施内保温或外保温的外墙体，墙体材料沿墙体厚度方向并不是单一材料，而是多种功能材料复合的建筑外墙体。其主要功能层包括内外装饰层、结构层、保温层及保温功能附加层等。下面建立时变温度场下多层复合墙体的温度应力计算模型。

假设各层间粘结完好，每层温度分布函数为 $T_i = f(z_i, t)$，$z_i = 0$ 位于每层的中间位置。根据平截面假定，设每层应变为：

$$\begin{cases} \varepsilon_1(z) = \alpha_1(A_1 + B_1 z_1) \\ \varepsilon_2(z) = \alpha_2(A_2 + B_2 z_2) \\ \varepsilon_3(z) = \alpha_3(A_3 + B_3 z_3) \\ \cdots\cdots \\ \varepsilon_n(z) = \alpha_n(A_n + B_n z_n) \end{cases} \tag{2-2-17}$$

其中，每层温度分布参数 A_i，B_i 可通过每层温度场获得，即：

$$\begin{cases} A_1 = \dfrac{1}{h_1} \displaystyle\int_{-d_1/2}^{d_1/2} \left[T_1(z_1) - T_{10} \right] \mathrm{d}z_1 \\ B_1 = \dfrac{12}{d_1^3} \displaystyle\int_{-d_1/2}^{d_1/2} \left[T_1(z_2) - T_{10} \right] z_2 \mathrm{d}z_2 \\ \cdots\cdots \\ A_n = \dfrac{1}{h_n} d \displaystyle\int_{-d_n/2}^{d_n/2} \left[T_n(z_n) - T_{n0} \right] \mathrm{d}z_n \\ B_n = \dfrac{12}{h_n^3} \displaystyle\int_{-d_n/2}^{d_n/2} \left[T_n(z_n) - T_{n0} \right] z_n \mathrm{d}z_n \end{cases} \tag{2-2-18}$$

因此，第 i 层墙体内温度应力分量可分别表达为：

$$\sigma_{iT} = -\frac{E_i \alpha_i (T_i - T_{i0})}{1 - \mu} \tag{2-2-19}$$

$$\sigma_{i1} = -\frac{E_i \alpha_i}{1 - \mu} A_i \tag{2-2-20}$$

$$\sigma_{i2} = -\frac{E_i \alpha_i}{1 - \mu} B_i z_i \tag{2-2-21}$$

其中，σ_{iT} 为第 i 层墙体完全约束的温度应力；σ_{i1} 为第 i 层墙体平均温度变化引发的应力；σ_{i2} 为第 i 层墙体线性温度变化引发的应力。

根据实际墙体所受约束情况，通常可能遇到有如下四种情况：

(1) 墙墙体既能伸缩，又能转动（自由墙体），则：

$$\sigma_i = \sigma_{i3} = \sigma_{iT} - \sigma_{i1} - \sigma_{i2} \qquad (2\text{-}2\text{-}22)$$

(2) 墙体不能伸缩，只能转动，则：

$$\sigma_i = \sigma_{iT} - \sigma_{i2} \qquad (2\text{-}2\text{-}23)$$

(3) 墙体不能转动，只能伸缩，则：

$$\sigma_i = \sigma_{iT} - \sigma_{i1} \qquad (2\text{-}2\text{-}24)$$

(4) 墙体既不能伸缩，又不能转动，则：

$$\sigma_i = \sigma_{iT} \qquad (2\text{-}2\text{-}25)$$

具有保温层的复合墙体，根据约束和受力情况，大体上可以划分成以混凝土或砌块基层为主体的结构层，和以保温层以及在保温层之上附着的防护构造等部分（可称之为附加层）。其约束多数来自于和墙体基层之间的锚固等粘结手段，对比结构层，在力学性能上差异较大。对于以保温层为主体的附加层而言，一方面，他本身往往没有牢固的约束作用，更多的是随结构层一起发生形变，另一方面，附加层一般体积较小，材料的弹性模量等力学性能比结构层的混凝土等材料低得多，两者对比，明显可以看出一刚一柔，结构层对附加层的影响是占主导地位的，而反过来看，附加层对于结构层的作用则比较有限。建筑结构对结构层的约束比较复杂，通常可能来自楼板、相连接的梁板及相邻墙体的相互约束。这是通常条件下建筑结构内温度应力不好定量的基本原因。总之，对附加层的约束主要来自结构层，结构层与附加层的温度变形差异是在附加层内引发温度应力的主要原因之一。

下面将按上述温度应力计算模型，定量计算各种简单约束条件下各构造层内的温度应力大小。同时定性研究不同朝向、不同季节、不同时刻墙体内温度应力的分布及发展规律。为保温墙体结构设计，尤其是外保温装饰层材料设计及选择提供理论指导。

2.2.1.3 材料参数

按前文所述墙体保温的典型形式和所建模型，对温度应力进行计算。计算过程采用的相关材料热力学性能参数列于表 2-2-1、表 2-2-2 中。

材料热力学参数之一（胶粉聚苯颗粒单一保温）　　　　　　　表 2-2-1

结构形式	材料名称	厚度 (mm)	密度 (kg/m³)	热变形系数 ×10⁻⁶ (1/K)	弹性模量 (GPa)
胶粉聚苯颗粒外墙外保温涂料饰面	内饰面层	2	1300	10	2.00
	基层墙体	200	2300	10	20.00
	界面砂浆	2	1500	8.5	2.76
	保温浆料	60	200	8.5	0.0001
	抗裂砂浆	5	1600	8.5	1.50
	涂料饰面	3	1100	8.5	2.00
胶粉聚苯颗粒外墙内保温涂料饰面	内饰面层	2	1300	10	2.00
	抗裂砂浆	5	1600	8.5	1.50
	保温浆料	60	200	8.5	0.0001
	界面砂浆	2	1500	10	0.76
	基层墙体	200	2300	10	20.00
	涂料饰面	3	1100	8.5	2.00

结构形式	材料名称	厚度 （mm）	密度 （kg/m³）	热变形系数 ×10⁻⁶（1/K）	弹性模量 （GPa）
胶粉聚苯颗粒外墙外 保温面砖饰面	内饰面层	2	1300	10	2.00
	基层墙体	200	2300	10	20.00
	界面砂浆	2	1500	8.5	2.76
	保温浆料	60	200	8.5	0.0001
	抗裂砂浆	10	1600	10	3.87
	粘结砂浆	5	1500	10	5.00
	面砖饰面	8	2600	10	20.00
胶粉聚苯颗粒外墙 内保温面砖饰面	内饰面层	2	1300	10	2.00
	抗裂砂浆	5	1600	10	3.87
	保温浆料	60	200	8.5	0.0001
	界面砂浆	2	1500	8.5	2.76
	基层墙体	200	2300	10	20.00
	粘结砂浆	10	1500	10	5.00
	面砖饰面	8	2600	10	20.00

材料的热物理参数之二（加气混凝土自保温与岩棉夹芯保温墙体） 表 2-2-2

结构形式	材料名称	厚度 （mm）	密度 （kg/m³）	热变形系数 ×10⁻⁶（1/K）	弹性模量 （GPa）
加气混凝土自保温 墙体涂料饰面	内饰面层	2	1300	10	2.00
	内抹面砂浆	20	1800	10	20.00
	加气混凝土	200	700	10	2.00
	外抹面砂浆	20	1800	10	20.00
	涂料饰面	3	1100	8.5	2.00
混凝土岩棉夹芯 保温墙体涂料饰面	内饰面层	2	1300	10	2.00
	混凝土板	50	2300	10	20.00
	岩棉板	50	150	8.5	0.10
	混凝土板	50	2300	10	20.00
	涂料饰面	3	1100	8.5	2.00

2.2.2 保温墙体温度应力计算结果及分析

利用前面温度场计算结果，采用表 2-2-1、表 2-2-2 中所列参数作为模型输入数值，计算各类典型内外保温墙体、加气混凝土自保温墙体和混凝土岩棉板夹芯保温墙体的温度应力。计算中初始温度 T_0 取 15℃。该参数的真正物理意义为材料内温度应力为零时的温度数值。而这个数值在实际结构中是较难确定的，对现场浇注的混凝土或砂浆，该值为混凝土或砂浆初凝（水泥浆由塑性向弹性转变的转变点）时的温度，该温度通常与施工季节、时间密切相关。由于高温季节、时刻施工的混凝土结构更容易产生开裂。因此，通常采用原材料降温处理的方法，即降低 T_0 值。

对保温墙体，由于结构层、保温层及其附加层均在不同时刻施工完成，这给保温墙体温度应力计算中 T_0 的取值带来更大的困难。为统一比较计算结果，计算中各层材料的初始温度选取为一个相同的数值。

由于冬季、夏季温度变化最大。因此，在这两个季节墙体内因温度变化引发的应力最大，所以计算中仅对冬夏两个季节中温度变化最大的墙体中的温度应力计算。

2.2.2.1 胶粉聚苯颗粒涂料饰面外保温墙体

图 2-2-2～图 2-2-4 分别为胶粉聚苯颗粒外保温涂料饰面墙体（西墙）在冬季、夏季典型气候条件下外装饰表面、抗裂砂浆外表面、承重基层外表面温度应力与时间（24h 内）关系图，图中给出了处于四种典型约束状态时相同温度变化条件下墙体表面温度应力的大小。这四种典型约束状态为：①墙体既不能伸缩，又不能转动（嵌固墙体）；②墙体不能伸缩，只能转动；③墙体不能转动，只能伸缩；④墙体既能伸缩又能转动（自由墙体）。

由图 2-2-2 可以看出：

(1) 装饰层外表面在①、②两种约束情况时温度应力的差异很小，说明墙体外表面弯曲应力很小，装饰层内外表面温度相差很小，温度应力主要来自于横纵方向的约束。

(2) 自由墙体温度应力接近于零，表明外装饰层内温度分布的非线性度很小（非线性度越大，自由应力越大）。

(3) 温度升高，温度应力减小，温度降低，温度应力增大。温度峰值对应应力峰值。

(4) 冬季墙体表面应力为拉应力，夏季为压应力，因此墙体表面冬季开裂风险大。

(5) 初始温度 15℃时，冬季面层受拉，最大拉应力达 0.54MPa，夏季面层受压，最大拉应力为 0.9MPa；冬季墙体表面层应力每天变化幅度 0.54～0.16MPa，夏季墙体表面层应力每天变化幅度 −0.90～−0.17MPa，因此一年内（冬夏季）表面层应力变化幅度将达 0.54～−0.90MPa。

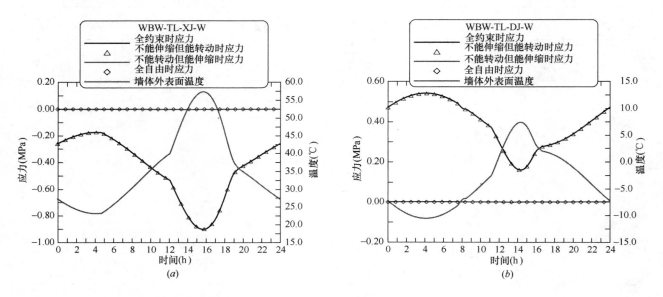

图 2-2-2　胶粉聚苯颗粒外保温涂料饰面墙体外表面应力随时间变化
(a) 冬季；(b) 夏季

实际的温度应力值将介于全约束温度应力与自由变形温度应力之间，大小取决于实际约束程度（尽管实际约束程度不好确定，但所计算应力数值仍可作比较，其大小顺序不变）。

由图 2-2-3 可以看出：

(1) 与装饰层类似，①、②两种约束情况时温度应力的差异很小，说明该层内弯曲应力也比较小，即抗裂砂浆层内外表面温度差也比较小，温度应力主要来自于横纵方向的轴向约束作用。

(2) 自由墙体温度应力同样接近于零，说明抗裂砂浆层内温度分布的非线性度很小（非线性度越大，自由应力越大）。

(3) 温度升高，温度应力减小，温度降低，温度应力增大。温度峰值对应应力峰值。

(4) 初始温度 15℃时，冬季抗裂砂浆层表面应力为拉应力，夏季为压应力，但拉、压应力幅值比外饰面层有所降低，24h 内最大拉、压应力分别为 0.35MPa 和 −0.57MPa。

（5）初始温度15℃时，冬季墙体表面层应力每天变化幅度0.35~0.10MPa，夏季墙体表面层应力每天变化幅度-0.57~-0.11MPa，因此一年内表面层应力变化幅度为0.35~-0.57MPa。

由图2-2-4可以看出：

（1）尽管基层内外表面温度相差不大，但由于基层厚度较大，①、②两种约束情况下温度应力有所差异，说明墙体外表面弯曲应力与外饰面层、抗裂砂层相比有所增大。尽管如此，温度应力的主要部分仍来自于横纵方向的轴向约束（平均温度变化较大）。

（2）自由墙体温度应力仍接近于零，说明基层内温度分布的非线性度仍然很小。

（3）同样，温度升高，温度应力减小，温度降低，温度应力增大。温度峰值对应应力峰值，但基层内温度变化较小，所以应力变化幅度不大。

（4）初始温度15℃时，即使在冬季，全约束时基层墙体表面应力仍为压应力，因此墙体做外保温后因温度变化而引发基层开裂的风险很小。

（5）初始温度15℃时，冬季基层表面应力每天变化幅度-0.39~-0.22MPa，夏季墙体表面层应力每天变化幅度-3.44~-2.78MPa。

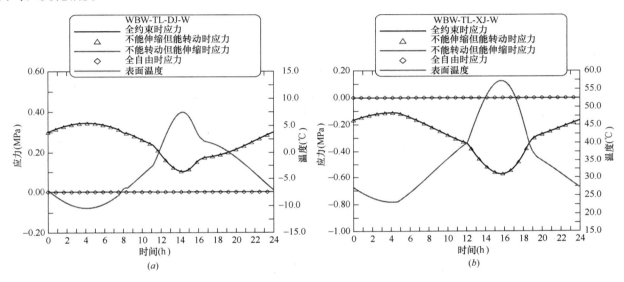

图 2-2-3　胶粉聚苯颗粒外保温涂料饰面墙体抗裂砂浆层外表面应力随时间变化

（a）冬季；（b）夏季

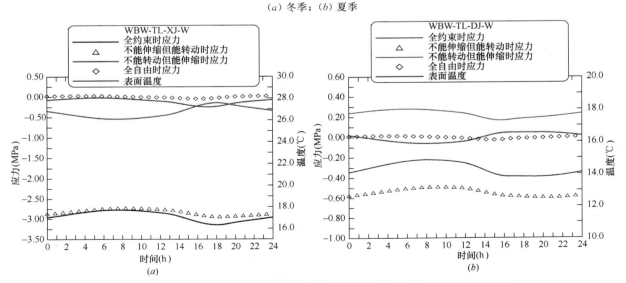

图 2-2-4　胶粉聚苯颗粒外保温涂料饰面墙体基层表面应力随时间发展关系

（a）冬季；（b）夏季

上述应力分析中均没有考虑材料徐变对温度应力的松弛作用的影响，如考虑这一因素，温度应力数值会有所降低。

图 2-2-5 为冬、夏两个季节 24h 内保温墙体内典型功能层表面全约束温度应力随时间关系变化图，从图示结果可以清晰地了解各层温度应力随时间的发展情况。

保温墙体温度应力沿墙体厚度方向的分布将更能直观地表现各层温度应力的分布规律。图 2-2-6 为胶粉聚苯颗粒外保温涂料饰面墙体在冬季外表面温度最低时、夏季外表面温度最高时全约束温度应力沿墙体厚度方向的分布图。图 2-2-5 中将该时刻温度沿墙体厚度方向分布也列于其中。

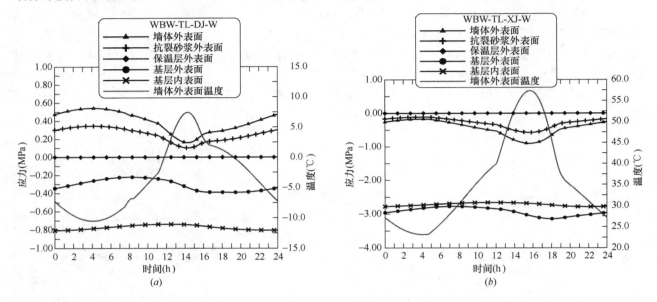

图 2-2-5 胶粉聚苯颗粒外保温涂料饰面墙体各典型层表面应力随时间关系变化图
(a) 冬季；(b) 夏季

由图 2-2-6 可见，全约束温度应力分布呈阶梯状。冬季由室内到室外，温度应力逐渐增大，基层墙体主要受压，抗裂砂浆层及装饰层受拉；保温层内应力几乎为零（保温材料弹性模量仅为 0.1MPa）；外装饰层最大拉应力为 0.54MPa。夏季由于墙体温度均高于初始温度 T_0，因此墙体主要部分均受压应力；由室内到室外，基层内温度应力逐渐增大，最大压应力为 3.44MPa；保温层内应力几乎为零，外装饰层最大压应力为 0.9MPa。

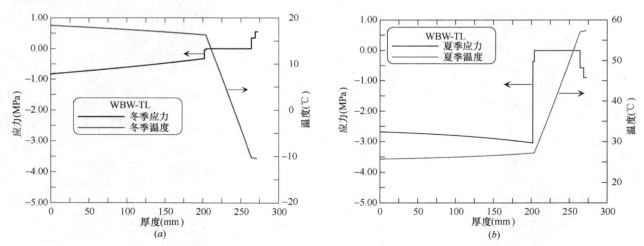

图 2-2-6 胶粉聚苯颗粒外保温涂料饰面墙体在冬、夏季外表面温度最低、
最高时刻全约束温度应力沿墙体厚度方向的分布图
(a) 冬季；(b) 夏季

2.2.2.2 胶粉聚苯颗粒面砖饰面外保温墙体

图 2-2-7～图 2-2-10 分别为胶粉聚苯颗粒外保温面砖饰面墙体在冬季（南墙）、夏季（西墙）典型气候条件下外装饰表面、抗裂砂浆外表面、承重基层外表面温度应力与时间（24h 内）关系图。图中给出了处于四种典型约束状态时相同温度变化条件下墙体表面温度应力的大小。这四种典型约束状态为：①墙体既不能伸缩，又不能转动（嵌固墙体）；②墙体不能伸缩，只能转动；③墙体不能转动，只能伸缩；④墙体既能伸缩又能转动（自由墙体）。

由图 2-2-7 可以看出：

（1）与涂料饰面类似，装饰层外表面在①、②两种约束情况下温度应力的差异很小，说明墙体外表面弯曲应力很小，装饰层内外表面温度相差很小，温度应力主要来自于横纵方向的约束。

（2）自由墙体温度应力接近于零，表明外装饰层内温度分布的非线性度很小（非线性度越大，自由应力越大），这也可以从温度场计算结果得以证实。

（3）温度升高，温度应力减小，温度降低，温度应力增大。温度峰值对应应力峰值。

（4）冬季墙体表面应力为拉应力，夏季为压应力，因此墙体表面冬季开裂风险大。

（5）初始温度 15℃时，冬季面层受拉，最大拉应力达 6.38MPa，夏季面层受压，最大拉应力为 10.48MPa。冬季墙体表面层应力每天变化幅度 6.38～0.62MPa，夏季墙体表面层应力每天变化幅度 －10.48～－0.17MPa，因此一年内（冬夏季）表面层应力变化幅度将达 6.38～－10.48MPa。

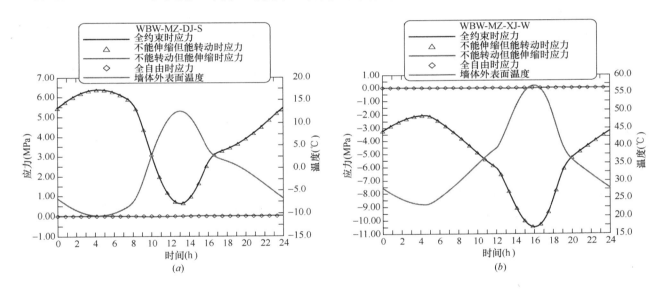

图 2-2-7 胶粉聚苯颗粒外保温面砖饰面墙体外表面应力随时间发展关系

(a) 冬季；(b) 夏季

面砖饰面与涂料饰面的面层温度应力的最大区别在于面砖饰面的面层温度应力较涂料饰面有大幅度上升，尽管二者面层温度变化幅度基本相同。这主要是由于面砖本身的弹性模量（$E \approx 20$GPa）较涂料面层（$E \approx 2$GPa）有大幅度增长，抗裂砂浆的弹性模量也有所提高（见表 2-2-1）。如果保温墙体面层装饰材料刚度过大，墙面开裂是不可避免的。例如，如果面层为普通砂浆层，则面层拉应力应该与瓷砖面层相当，达 6MPa 左右，开裂是不可避免的。

如果考虑面砖尺寸及嵌缝材料对面砖装饰层整体刚度的影响，面砖饰面的整体刚度应该比面砖本身的刚度低些。具体刚度推算如下：取面砖与嵌缝材料形成的代表单元（如图 2-2-8），设面砖弹性模量为 E_1，单块长度为 l_1，嵌缝材料弹性模量为 E_2，单块长度为 l_2。根据复合材料原理，复合后单元的弹性模量 E 可表达为：

$$E = \frac{(l_1 + l_2)E_1 E_2}{E_2 l_1 + E_1 l_2} \qquad (2\text{-}2\text{-}26)$$

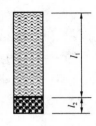

图 2-2-8　面砖与
嵌缝材料代表
单元示意图

可见，面砖饰面复合体的弹性模量是面砖、嵌缝材料的弹模及长度的函数，若 E_1 ＝20GPa，l_1＝40mm，E_2＝5GPa，l_2＝5mm，则有 E＝15GPa。以 15GPa 为面砖饰面面层弹性模量，计算得到的面层温度应力与图 2-2-7 的结果趋势一致，但值有所下降。初始温度 15℃ 时，冬季面层最大拉应力降为 4.8MPa，夏季面层最大拉应力降为 7.875Pa。冬季墙体表面层应力每天变化幅度变为 4.8～0.45MPa，夏季墙体表面层应力每天变化幅度变－7.875～－1.538MPa，一年内（冬夏季）表面层应力变化幅度变为 4.8～－7.875MPa。尽管应力幅值有所降低，但面层开裂风险仍较大，面层在冬季抗拉周期性荷载作用下易发生抗拉疲劳脱落。

图 2-2-9 所示为抗裂砂浆层外表面在各种约束条件下温度应力随时间变化关系图，其规律与涂料饰面类似，只是由于用于面砖饰面的抗裂砂浆的弹性模量较用于涂料饰面的抗裂砂浆的弹性模量高些，因此温度应力也略高。初始温度 15℃ 时，冬季抗裂砂浆层表面应力每天变化幅度 1.04～0.10MPa，夏季墙体表面层应力每天变化幅度－1.71～－0.34MPa，一年抗裂砂浆层应力变化幅度为 1.04～－1.71MPa。可见，该层内最大拉应力接近 1MPa，因此使用抗裂砂浆的抗开裂问题也是外保温墙体的一大挑战。

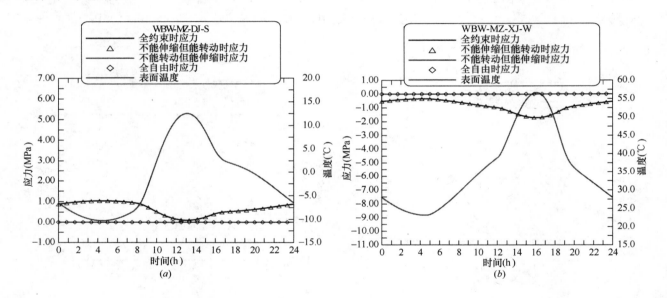

图 2-2-9　胶粉聚苯颗粒外保温面砖饰面墙体抗裂砂浆层表面应力随时间变化图
（a）冬季；（b）夏季

图 2-2-10 所示为胶粉聚苯颗粒外保温面砖饰面墙体基层外表面在各种约束条件下温度应力与时间关系图，结果与涂料饰面类似，应力相差不大。

图 2-2-11 所示为冬夏两个季节 24h 内面砖饰面保温墙体内典型功能层表面全约束温度应力与时间关系图，从图示结果可以清晰地了解各层温度应力随时间的发展情况。除了面层、抗裂砂浆层应力峰值较涂料饰面偏高外，其余与涂料饰面类似，发展规律也相同。

保温墙体温度应力沿墙厚度方向的分布将更能直观地表现各层温度应力的分布规律。图 2-2-12 所示饰面层刚度为 20GPa，胶粉聚苯颗粒外保温面砖饰面墙体在冬季外表面温度最低的时刻、夏季外表面温度最高的时刻全约束温度应力沿墙体厚度方向的分布图。图 2-2-12 中将该时刻温度沿墙体厚度方向分布也列于其中。

与涂料饰面类似，全约束温度应力分布呈阶梯状。无论在冬季还是在夏季，基层墙体均承受压应力，保温层内应力几乎为零（其弹性模量为 0.1MPa）。在冬季，保温层之外的抗裂砂浆层及装饰层受

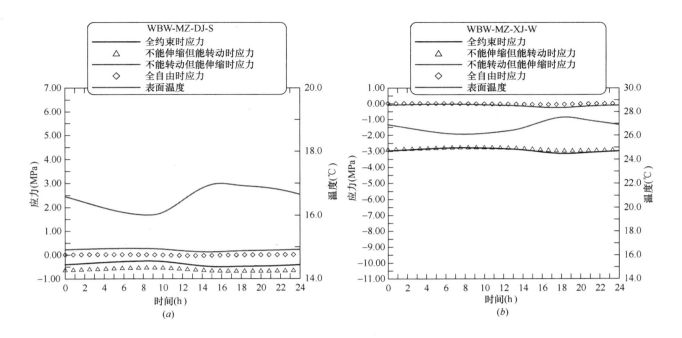

图 2-2-10　胶粉聚苯颗粒外保温涂料饰面墙体基层表面应力随时间发展关系

(a) 冬季；(b) 夏季

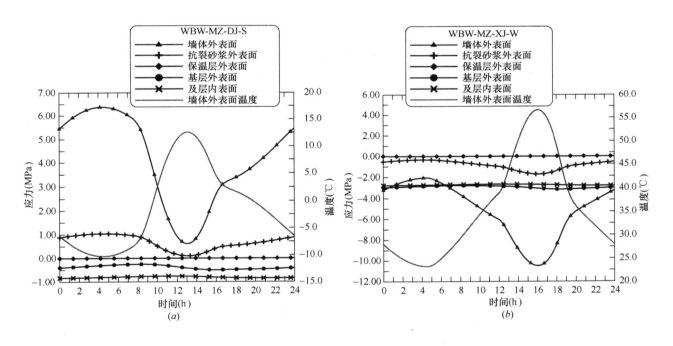

图 2-2-11　胶粉聚苯颗粒外保温面砖饰面墙体典型功能层表面应力随时间发展关系汇总

(a) 冬季；(b) 夏季

拉；在夏季，保温层之外的抗裂砂浆层及装饰层受压。外饰面层刚度对其应力大小有明显影响，面层弹性模量为 20GPa 时，饰面层最大拉、压应力分别为 6.38MPa 和 -10.48MPa。面层弹性模量为 15GPa 时，饰面层最大拉、压应力分别为 4.8MPa 和 -7.875MPa。且抗裂砂浆层内最大应力比涂料饰面内抗裂砂浆相应应力值高出许多，前者冬季最大拉应力为 1.04MPa，后者为 0.35MPa。这一差别主要是由其弹性模量（刚度）差异引起的。

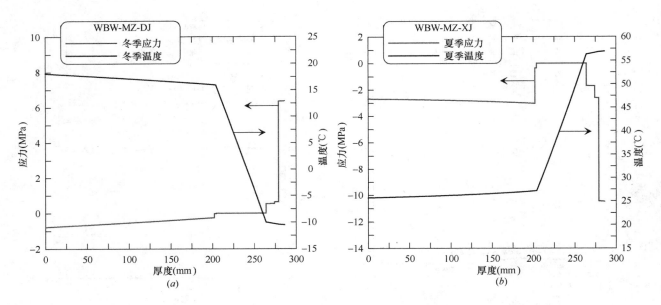

图 2-2-12　胶粉聚苯颗粒外保温面砖饰面墙体（面层刚度 20GPa）在冬、夏季外
表面温度最低、最高时刻全约束温度应力沿墙体厚度方向的分布图
(*a*) 冬季；(*b*) 夏季

2.2.2.3　胶粉聚苯颗粒涂料饰面内保温墙体

　　为了研究保温层位置对外墙保温系统温度应力的影响，本研究也计算胶粉聚苯颗粒涂料饰面内保温墙体（将保温及其附加层置于结构层之内）的温度应力场。内保温墙体结构层尺寸及热力学参数见表2-2-1。计算中除了保温层位置变化外，其他相关材料参数与外保温均相同。为了使结果的对比程度更明显，内保温各功能层做法对应于外保温形式的各功能层做法（见表2-2-1）。

　　与相对应的外保温墙体类似，对内保温墙体，首先计算了不同约束条件下24h的温度应力。图2-2-13～图2-2-15分别为胶粉聚苯颗粒外保温涂料饰面墙体（西墙）在冬季、夏季典型气候条件下外装饰表面、承重基层外表面及内装饰面温度应力与时间（24h内）关系图。图中给出了处于4种典型约束

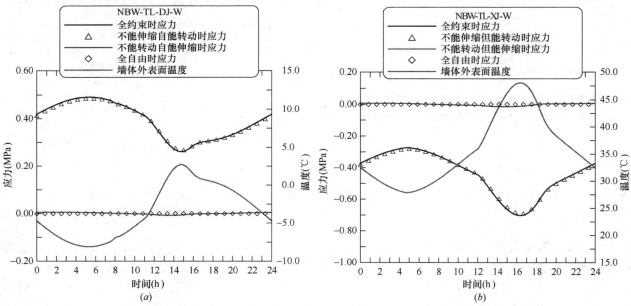

图 2-2-13　胶粉聚苯颗粒内保温涂料饰面墙体外表面应力随时间发展关系
(*a*) 冬季；(*b*) 夏季

状态时相同温度变化条件下墙体表面温度应力的大小。这四种典型约束状态为：①墙体既不能伸缩，又不能转动（嵌固墙体）；②墙体不能伸缩，只能转动；③墙体不能转动，只能伸缩；④墙体既能伸缩又能转动（自由墙体）。

由图 2-2-13 可以看出：

（1）内保温墙体外饰面（涂料）表面温度应力峰值与相应外保温墙体相比略低（因为温度峰值略低），但变化不大。其随时间变化规律二者相同。装饰层外表面①、②两种约束情况时温度应力的差异很小，说明墙体外表面弯曲应力很小，装饰层内外表面温度相差很小，温度应力主要来自于横纵方向的约束。

（2）自由墙体温度应力接近于零，表明外装饰层内温度分布的非线性度很小（非线性度越大，自由应力越大），这也可以从温度场计算结果得以证实。

（3）温度升高，温度应力减小，温度降低，温度应力增大。温度峰值对应应力峰值。

（4）冬季墙体表面应力为拉应力，夏季为压应力，因此墙体表面冬季开裂风险大。

（5）初始温度 15℃时，冬季面层受拉，最大拉应力为 0.49MPa（相应外保温墙体为 0.54MPa），夏季面层受压，最大压应力为 0.7MPa（相应外保温墙体为 0.9MPa）。冬季墙体表面层应力每天变化幅度 0.49～0.26MPa，夏季墙体表面层应力每天变化幅度 −0.70～−0.27MPa，因此，一年内（冬夏季）表面层应力变化幅度将达 0.49～−0.70MPa。

图 2-2-14 为墙体基层外表面在各种约束条件下温度应力与时间关系。由图示结果可以看出，各种约束条件下的温度应力峰值明显高于相应的外保温墙体。初始温度为 15℃时，在冬季基层内应力基本为拉应力，而采用外保温的墙体的基层表面应力为压应力，说明采用外保温形式对基层（结构层）的保护是非常明显的。因此，外保温墙体结构层因温度引发开裂的风险远低于相应内保温形式的墙体基层的开裂风险。内保温墙体冬季基层表面应力每天最大变化幅度为 5.68～3.21MPa，而相应的外保温墙体为 −0.39～−0.22MPa；夏季墙体表面层应力每天变化幅度 −8.00～−3.34MPa，而相应的外保温墙体为 −3.44～−2.78MPa。上述计算结果的分析结论在后续分析温度应力沿墙体断面分布时同样得到印证。

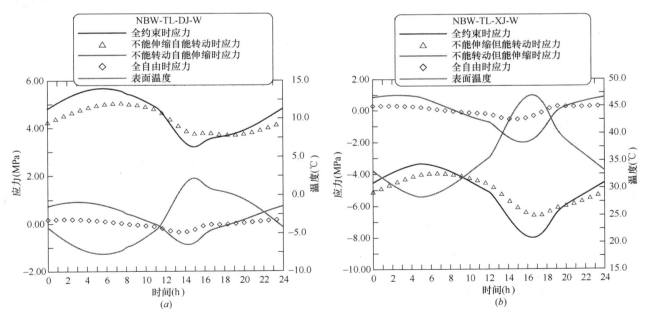

图 2-2-14　胶粉聚苯颗粒内保温涂料饰面墙体基层表面应力随时间发展关系

(a) 冬季；(b) 夏季

另外，由于基层内外表面温差较大，同时基层厚度较大，①、②两种约束情况下温度应力差异明显大于相应外保温墙体，说明墙体外表面弯曲应力大于相应外保温墙体。尽管如此，温度应力的主要部分仍来自横纵方向的轴向约束（平均温度变化较大）。自由墙体温度应力较外保温墙体有所增大，说明内保温墙体基层内温度分布的非线性度较外保温墙体大。同样，温度升高，温度应力减小，温度降低，温度应力增大。温度峰值对应应力峰值，但基层内温度变化较小，所以应力变化幅度不大。

图 2-2-15 为胶粉聚苯颗粒内保温涂料饰面墙体内饰面表面应力随时间变化图。由图可见，对内饰面而言，无论冬季还是夏季，其表面温度应力较相应外保温外饰面明显降低，因此对内饰面材料性能要求可低于外饰面。这些做法已在实际工程中采用，在此不再赘述。

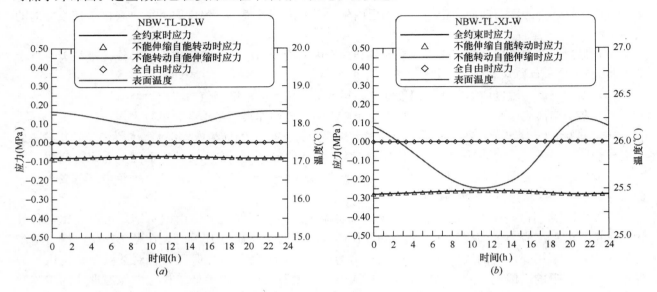

图 2-2-15　胶粉聚苯颗粒内保温涂料饰面墙体内饰面表面应力随时间变化图
(a) 冬季；(b) 夏季

图 2-2-16 所示为冬夏两个典型季节内保温墙体中典型功能层表面全约束温度应力与时间关系汇总。从图示结果可以清晰地了解各层温度应力随时间的发展情况并相互比较。与相应外保温墙体相比，主要差别在于基层应力。

保温墙体温度应力沿墙体厚度方向的分布能更直观地表现各层温度应力的分布规律。图 2-2-17 所示

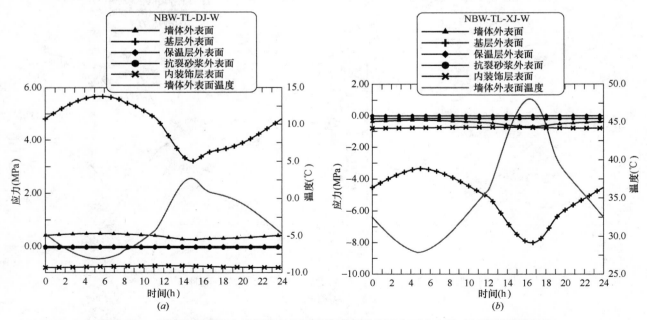

图 2-2-16　胶粉聚苯颗粒内保温涂料饰面墙体典型功能层表面应力随时间发展关系汇总
(a) 冬季；(b) 夏季

为胶粉聚苯颗粒内保温涂料饰面墙体在冬季外表面温度最低、夏季外表面温度最高时全约束温度应力沿墙体断面的分布图。图中将该时刻温度沿墙体厚度方向分布也列于其中。

由图 2-2-17 可见，与其他保温形式的墙体类似，胶粉聚苯颗粒内保温涂料饰面墙体全约束温度应力沿墙厚方向分布呈阶梯状。冬季由室内到室外，温度逐渐降低，应力分布基本上可以分为三段，即内饰面及保温层、基层和外饰面层。基层墙体全部承受拉应力（最大值达 5.68MPa）。内饰面及保温层承受应力很小；外饰面层受拉应力，但应力幅值较基层低（最大值为 0.49MPa）。夏季由于墙体温度均高于初始温度 T_0，因此墙体均受压应力。由室内到室外，温度逐渐升高，应力分布基本上可以分为三段，即：内饰面及保温层、基层和外饰面层。基层墙体全部承受压应力（最大值 8.00MPa）。内饰面及保温层承受应力很小，外饰面层受压应力较基层低（最大值为 0.70MPa）。

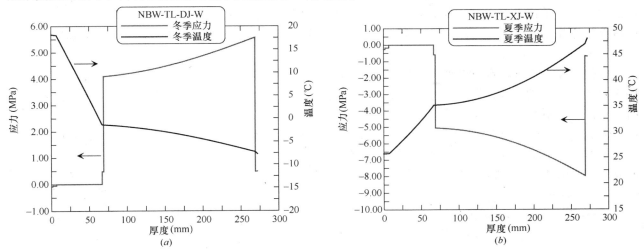

图 2-2-17　胶粉聚苯颗粒内保温涂料饰面墙体在冬、夏季外表面温度最低、
最高时全约束温度应力沿墙体厚度方向的分布图
（a）冬季；（b）夏季

为便于比较内外保温形式对温度应力的影响，图 2-2-18 所示将胶粉聚苯颗粒内外保温涂料饰面墙体

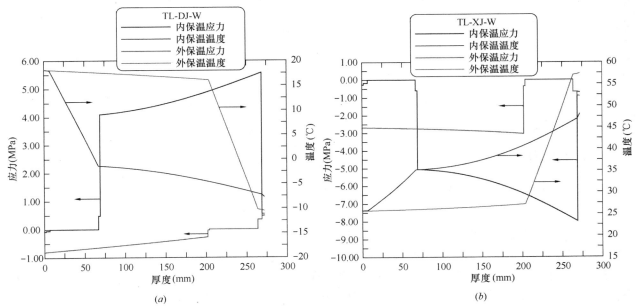

图 2-2-18　胶粉聚苯颗粒内外保温涂料饰面墙体冬、夏季外表面温度最低、
最高时全约束温度应力沿墙体断面分布的比较
（a）冬季；（b）夏季

冬、夏季外表面温度最低、最高时全约束温度应力沿墙体厚度方向变化画在一张图中，同时将温度分布也列于其中。由图可见，由于内、外保温形式不同产生的墙体温度分布上的差异，致使其温度应力分布完全不同。外保温形式可以使墙体结构层在外部变温条件下温度变化幅度降低，所受应力减小。而内保温形式加剧了结构层的温度变化（与不加保温层时比较），因而使基层内温度应力增大。外保温形式加剧了外饰面层的温度变化幅度及相应的温度应力，对外饰面及其保温、附加层材料性能提出了更高的要求，其耐高温、耐疲劳等长期耐久性能是对外保温技术发展的挑战。

2.2.2.4 胶粉聚苯颗粒面砖饰面内保温墙体

本研究也对胶粉聚苯颗粒面砖饰面内保温墙体（将保温及其附加层置于结构层之内）的温度应力进行了计算。内保温墙体结构层尺寸及热力学参数见表 2-2-1。计算中除了保温层位置变化外，其他相关材料参数与外保温均相同。为了使结果的对比程度更明显，内保温各功能层做法对应于外保温形式的各功能层做法。

与相对应的外保温墙体类似，对内保温墙体，首先计算了不同约束条件下 24h 的温度应力。图 2-2-19～图 2-2-22 分别为胶粉聚苯颗粒内保温面砖饰面墙体（西墙）在冬季、夏季典型气候条件下外装饰表面（两种面层刚度）、粘结砂浆层、承重基层、内装饰层表面温度应力与时间（24h 内）关系图。图中给出了处于四种典型约束状态时相同温度变化条件下墙体表面温度应力的大小。这四种典型约束状态为：①墙体既不能伸缩，又不能转动（嵌固墙体）；②墙体不能伸缩，只能转动；③墙体不能转动，只能伸缩；④墙体既能伸缩又能转动（自由墙体）。

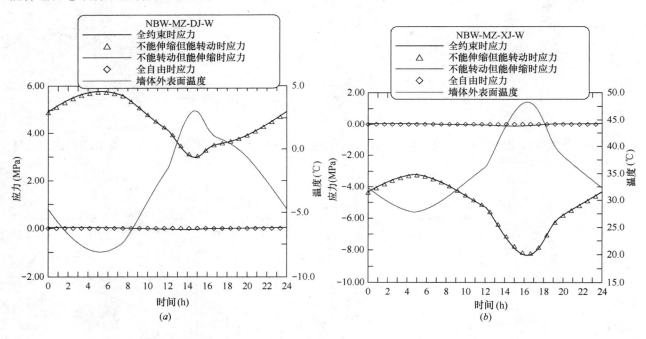

图 2-2-19 胶粉聚苯颗粒内保温面砖饰面墙体外表面（面层刚度 20GPa）应力随时间变化图
(a) 冬季；(b) 夏季

由图 2-2-19 可见，与相应外保温墙体类似，对内保温墙体，面砖饰面与涂料饰面的面层温度应力的最大区别在于面砖饰面的面层温度应力较涂料饰面有大幅度上升（冬季最大拉应力分别为 5.78MPa 和 0.49MPa），尽管二者面层温度变化幅度基本相同。这主要是由于面砖本身的弹性模量（$E \approx 20$GPa）较涂料面层（$E \approx 2$GPa）有大幅度增长，抗裂砂浆的弹性模量也有所提高所致（见表 2-2-1）。可见，如果保温墙体面层装饰材料刚度过大，墙面开裂是不可避免的。同样，如果考虑面砖尺寸及嵌缝材料对面砖装饰层整体刚度的影响，面砖饰面的整体刚度应该比面砖本身的刚度低些。面层弹性模量取 15GPa 时应力—时间关系图与图 2-2-19 变化趋势完全一致，只是相应数值都变成其 3/4。另外，比较相应的内外

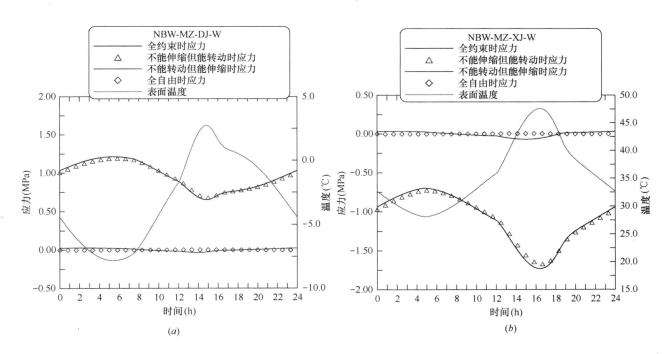

图 2-2-20　胶粉聚苯颗粒内保温面砖饰面墙体粘结砂浆表面应力随时间发展关系

（a）冬季；（b）夏季

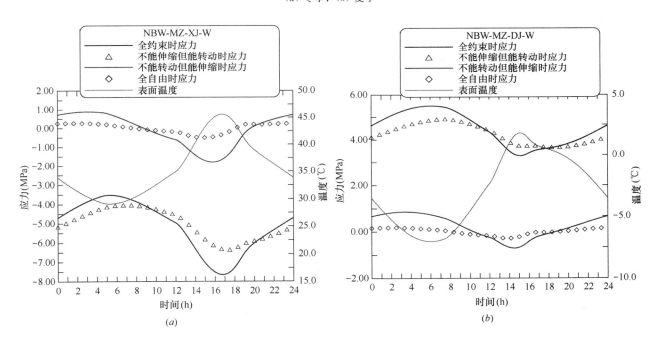

图 2-2-21　胶粉聚苯颗粒内保温面砖饰面墙体基层表面应力随时间发展关系

（a）冬季；（b）夏季

保温面砖饰面墙体表面温度应力，内保温墙体外饰面（面砖）表面温度应力峰值与相应外保温墙体相比略低（因为温度峰值略低），但变化不大。

图 2-2-20 为面砖粘结砂浆表面冬夏季全约束温度应力随时间发展关系图。可见对粘结砂浆，冬季拉应力仍然较高，面层脱落风险仍然存在。采取一定的防脱落措施是必要的。墙体基层及内饰面层温度应力发展规律与涂料饰面内保温墙体类似。

图 2-2-23 为胶粉聚苯颗粒内保温面砖饰面墙体在冬季外表面温度最低、夏季外表面温度最高时全约

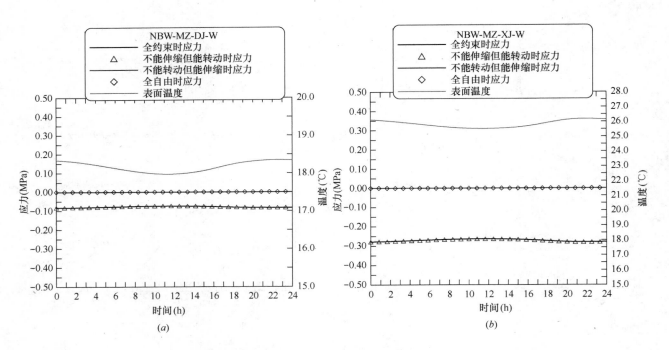

图 2-2-22　胶粉聚苯颗粒内保温面砖饰面墙体内饰面表面应力随时间发展关系
(a) 冬季；(b) 夏季

束温度应力沿墙体厚度方向的分布图。图中将该时刻温度沿墙体厚度方向分布也列于其中。基本规律与涂料饰面内外保温所作分析类似。

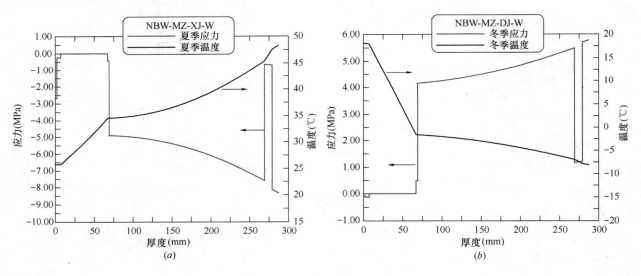

图 2-2-23　胶粉聚苯颗粒内保温面砖饰面墙体在冬、夏季外表面温度最低、
最高时全约束温度应力沿墙体厚度方向的分布图（面层刚度 20GPa）
(a) 冬季；(b) 夏季

2.2.2.5　加气混凝土自保温墙体

图 2-2-24～图 2-2-28 分别为 20mm 厚水泥砂浆＋200mm 厚加气混凝土＋20mm 厚水泥砂浆墙体在冬季、夏季典型气候条件下外装饰表面、外普通水泥砂浆层外表面、加气混凝土层外表面及内水泥砂浆层外表面温度应力与时间（24h 内）关系图。图中给出了处于四种典型约束状态时相同温度变化条件下墙体表面温度应力的大小。这四种典型约束状态为：①墙体既不能伸缩，又不能转动（嵌固墙体）；

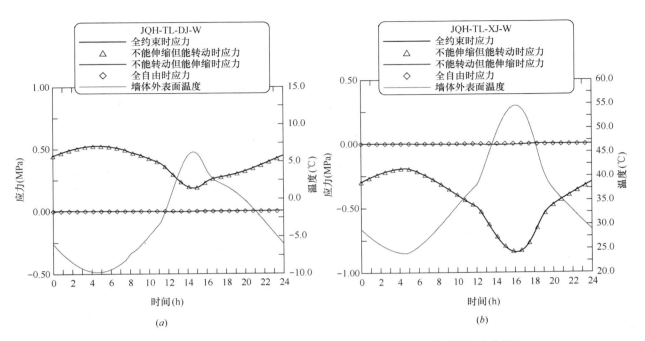

图 2-2-24　加气混凝土自保温涂料饰面墙体外饰面表面应力随时间变化图

(a) 冬季；(b) 夏季

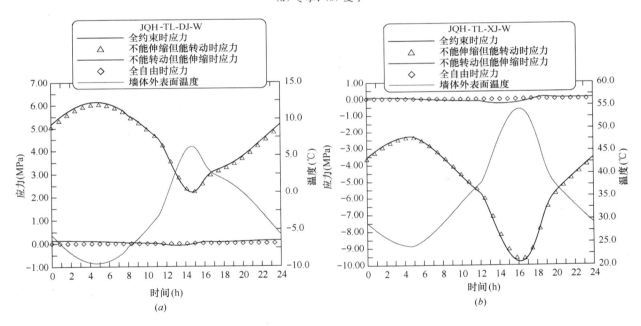

图 2-2-25　加气混凝土自保温涂料饰面墙体外砂浆层外表面应力随时间关系

(a) 冬季；(b) 夏季

②墙体不能伸缩，只能转动；③墙体不能转动，只能伸缩；④墙体既能伸缩又能转动（自由墙体）。

由图 2-2-24 所示结果可以看出：

（1）装饰层外表面温度应力大小及随时间发展规律与普通胶粉聚苯颗粒保温墙体外饰面类似，即在①、②两种约束情况时温度应力的差异很小，说明墙体外表面弯曲应力很小，装饰层内外表面温度相差很小，温度应力主要来自于横纵方向的约束。

（2）自由墙体温度应力接近于零，表明外装饰层内温度分布的非线性度很小。

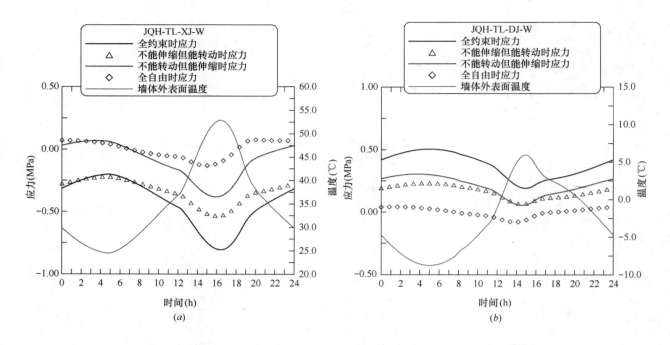

图 2-2-26　加气混凝土自保温涂料饰面墙体加气混凝土外表面应力随时间关系

(a) 冬季；(b) 夏季

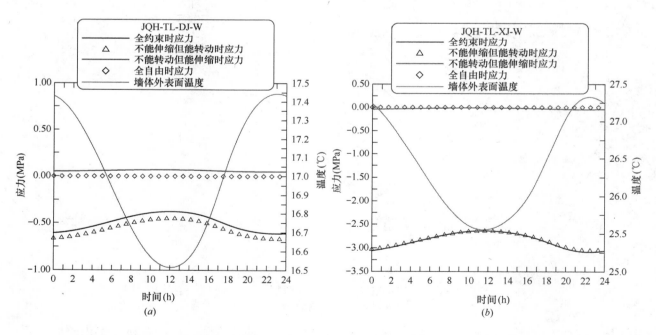

图 2-2-27　加气混凝土自保温涂料饰面墙体内砂浆层外表面应力随时间变化图

(a) 冬季；(b) 夏季

（3）温度升高，温度应力减小，温度降低，温度应力增大。温度峰值对应应力峰值。

（4）冬季墙体表面应力为拉应力，夏季为压应力。因此，墙体表面冬季开裂风险大。

由图 2-2-25 所示结果可以看出：

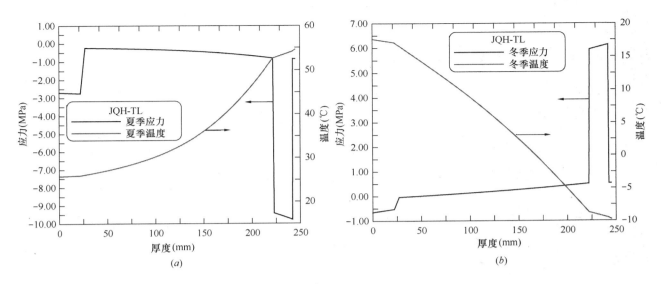

图 2-2-28　加气混凝土自保温涂料饰面墙体冬、夏季外表面温度最低、
最高时刻全约束温度应力沿墙体厚度方向的分布图
（a）冬季；（b）夏季

（1）外普通砂浆层①、②两种约束情况时温度应力的差异很小，说明该层内弯曲应力也比较小，温度应力主要来自于横纵方向的轴向约束作用。

（2）自由墙体温度应力同样接近于零，说明砂浆层内温度分布的非线性度很小。

（3）温度升高，温度应力减小，温度降低，温度应力增大。温度峰值对应应力峰值。

（4）初始温度 15℃时，冬季外砂浆层表面应力为拉应力，夏季为压应力，但拉、压应力幅值比外饰面层有很大提高，24h 内全约束条件下最大拉、压应力分别为 6.14MPa 和 -9.80MPa，表明该层冬季开裂、夏季空鼓风险明显增大。如果附加上砂浆收缩问题，加气混凝土外防护砂浆层采用普通水泥砂浆墙面因温度收缩应力引发开裂应该没有太大的疑问。

（5）初始温度 15℃时，冬季墙体外砂浆层外表面应力每天变化幅度达 6.14~2.21MPa，夏季每天变化幅度 -9.80~-2.28MPa，因此一年内表面层应力变化幅度为 6.14~-9.80MPa。

图 2-2-26 为加气混凝土外表面冬夏两季温度应力随时间变化图。由图示结果首先可以看出：

（1）加气混凝土层外表面温度应力大小及随时间发展规律与普通胶粉聚苯颗粒保温墙体基层相比，有所不同，即在①、②两种约束情况时温度应力的差异较大，说明墙体外表面弯曲应力比较大，主要因为该层内外表面温度相差大，温度应力既来自于横纵方向的约束，也有来自内外温差引发的弯曲应力。

（2）自由墙体温度应力不等于零，表明加气混凝土层内温度分布有一定非线性。

（3）温度升高，温度应力减小，温度降低，温度应力增大。温度峰值对应应力峰值。初始温度 15℃时，冬季墙体表面应力为拉应力，夏季为压应力。

图 2-2-27 为内砂浆层外表面冬夏两季温度应力随时间变化图。与外砂浆层外表面温度应力相比，由于加气混凝土隔热作用，内砂浆层温度应力大幅度降低。初始温度 15℃时，冬夏季砂浆层内应力均为压应力，且数值不大（温度变化幅度小）。对内饰面防护功能影响不大。

保温墙体温度应力沿墙体厚度方向的分布将更能直观地表现各层温度应力的分布规律。图 2-2-28 为加气混凝土自保温涂料饰面墙体冬、夏季外表面温度最低、最高时刻全约束温度应力沿墙体断面的分布图。图 2-2-28 中将该时刻温度沿墙体厚度方向分布也列于其中。

由图 2-2-28 可见，全约束温度应力分布呈阶梯状。冬季由室内到室外，温度逐渐降低，温度应力逐渐增大，内砂浆层主要受压，加气混凝土层承受一定的拉应力，外砂浆层温度应力与加气混凝土及内防护砂浆层相比，温度应力骤然增大，峰值达 6.14MPa。外装饰层最大拉应力为 0.65MPa。夏季由于墙体温度均高于初始温度 T_0。因此，墙体主要部分均受压应力，最大压应力出现在外砂浆层，最大压应力值为 9.8MPa。

2.2.2.6 混凝土岩棉夹芯保温墙体

图 2-2-29～图 2-2-31 分别为 50mm 厚混凝土板＋50mm 厚岩棉保温板＋50mm 厚混凝土板墙体在冬季、夏季典型气候条件下外装饰表面、外混凝土板外表面、内混凝土板外表面温度应力与时间（24h 内）关系图。图中给出了处于四种典型约束状态时相同温度变化条件下墙体表面温度应力的大小。这四种典型约束状态为：①墙体既不能伸缩，又不能转动（嵌固墙体）；②墙体不能伸缩，只能转动；③墙体不能转动，只能伸缩；④墙体既能伸缩又能转动（自由墙体）。

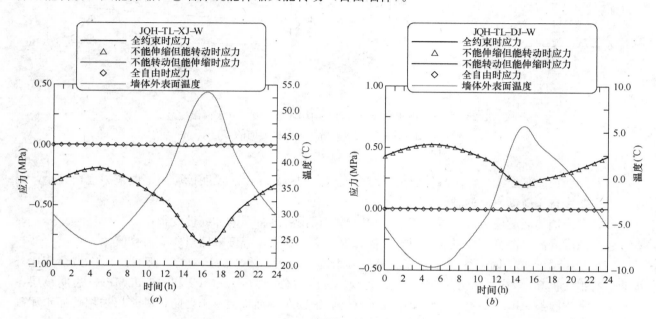

图 2-2-29　混凝土岩棉夹芯保温涂料饰面墙体外饰面表面应力随时间发展关系
(a) 冬季；(b) 夏季

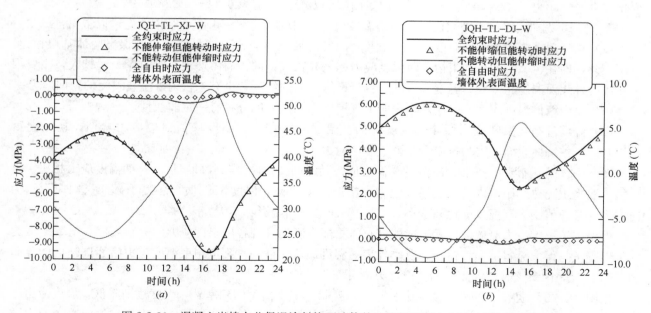

图 2-2-30　混凝土岩棉夹芯保温涂料饰面墙体外叶墙外表面应力随时间变化图
(a) 冬季；(b) 夏季

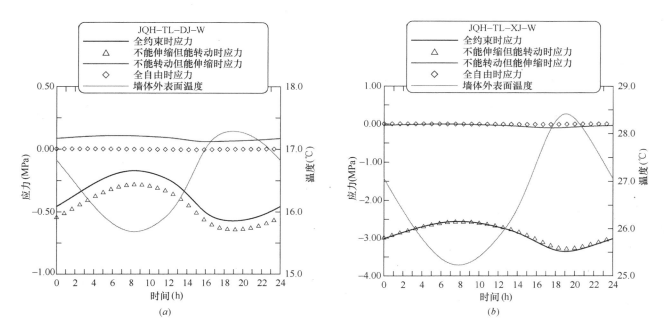

图 2-2-31　混凝土岩棉夹芯保温涂料饰面墙体内叶墙外表面应力随时间变化图
(a) 冬季；(b) 夏季

由图 2-2-29 所示结果可以看出：如预期，装饰层外表面温度应力随时间发展规律与普通胶粉聚苯颗粒保温墙体外饰面类似，即在①、②两种约束情况时温度应力的差异很小，说明墙体外表面弯曲应力很小，装饰层内外表面温度相差很小，温度应力主要来自于横纵方向的约束。由于保温效果上存在一定差异，使外饰面温度峰值与普通胶粉聚苯颗粒保温墙体相比有所不同，岩棉混凝土复合墙体略低。因此，二者温度应力值会有所不同。

由图 2-2-30 所示结果可以看出：

(1) 夹芯保温墙体外叶墙受力情况与加气混凝土外砂浆层类似，墙体表面温度应力①、②两种约束情况时差异很小，说明该层内弯曲应力也比较小，温度应力主要来自于横纵方向的轴向约束作用。

(2) 自由墙体温度应力同样接近于零，说明板内温度分布的非线性度很小。

(3) 温度升高，温度应力减小，温度降低，温度应力增大。温度峰值对应应力峰值。初始温度 15℃时，冬季外混凝土板表面应力为拉应力，夏季为压应力，但拉、压应力幅值比外饰面层有很大提高，24h 内全约束条件下最大拉、压应力分别为 6.12MPa 和 -9.55MPa，外混凝土板冬季开裂风险较大。

(4) 初始温度 15℃时，冬季墙体外混凝土板外表面应力每天变化幅度达 6.12~2.35MPa，夏季每天变化幅度为 -9.55~-2.26MPa，因此一年内表面层应力变化幅度为 6.12~-9.55MPa。

图 2-2-31 所示为芯保温墙体内叶墙外表面冬夏两季温度应力随时间变化图。与外叶墙外表面温度应力相比，由于岩棉板的隔热作用，内叶墙温度应力大幅度降低。初始温度 15℃时，冬夏季砂浆层内应力均为压应力，且数值不大（温度变化幅度较小），对墙体性能影响不大。

保温墙体温度应力沿墙体厚度方向的分布将更能直观地表现各层温度应力的分布规律。图 2-2-32 为混凝土岩棉夹芯保温涂料饰面墙体在冬、夏季外表面温度最低、最高时刻全约束温度应力沿墙体厚度方向的分布图。图 2-2-32 中将该时刻温度沿墙体厚度方向分布也列于其中。

由图 2-2-32 可见，就各层温度应力分布规律而言，混凝土岩棉夹芯保温与加气混凝土自保温墙体基本相同，只是加气混凝土仍承受一定应力，而岩棉板基本不受力。全约束温度应力分布呈阶梯状。冬季由室内到室外，温度逐渐降低，温度应力逐渐增大，内混凝土板主要受压，外混凝土板温度应力与内混凝土板相比，温度应力骤然增大，全约束应力峰值达 6.12MPa。夏季由于墙体温度均高于初始温度 T_0。

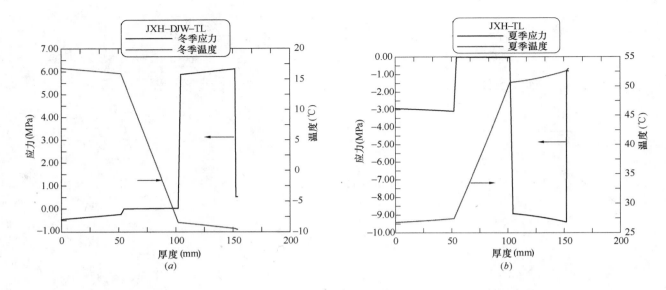

图 2-2-32　混凝土岩棉夹芯保温涂料饰面墙体冬、夏季外表面温度最低、
最高时刻全约束温度应力沿墙体厚度方向的分布图
(a) 冬季；(b) 夏季

因此，墙体主要部分均受压应力。最大压应力出现在外混凝土板外表面，最大压应力值为 9.55MPa。

2.2.3　小结

利用通过数值方法计算得到的墙体温度场结果，计算了四种约束条件下保温墙体内各功能层的温度应力。由温度应力计算结果及其分析可以得出如下结论：

（1）保温墙体全约束（即不能转动也不能伸缩）温度应力可分解成平均温度变化引发的应力（σ_1）、线性温度变化引发的应力（σ_2）和非线性温度变化引发的应力（σ_3）之和。

（2）墙体内温度应力的大小取决于初始温度（T_0）、温度变化（$T-T_0$）及其材料弹性模量等因素。当 $T_0=15℃$ 时，冬季墙体主要承受拉应力，夏季受压应力。因此，保温墙体的外层（外层是相对于保温层而言的）冬季有开裂、夏季有空鼓的风险。

（3）外保温墙体，结构层内温度变化及其梯度均较小，温度应力也小。内保温墙体的结构层内温度变化较大，温度梯度也较大，因此温度应力较大。外保温形式对于建筑物墙体基层有良好的保护作用。

（4）由于保温层的隔热作用，使保温层以外各功能层的冬夏温度变化剧烈，相应温度应力也大。保温墙体的外层（外层是相对于保温层而言的）的温度应力引发墙体开裂、空鼓是未来保温及配套材料研发中需重点考虑的问题之一。

2.3　ANSYS 软件模拟外墙外保温系统的温度场和温度应力

2.3.1　ANSYS 软件温度场和温度应力计算原理

温度场的模拟分析是从理论上诠释外墙外保温系统的节能保温效果的重要手段，采用 ANSYS 软件进行模拟分析。ANSYS 软件是融结构、流体、电场、磁场、声场分析于一体的大型通用有限元分析软件。由世界上最大的有限元分析软件公司之一的美国 ANSYS 公司开发，它能与多数 CAD 软件接口，实现数据的共享和交换，如 Pro/Engineer、NASTRAN、Alogor、I—DEAS 和 AutoCAD 等，是现代产品设计中的高级 CAE 工具之一。ANSYS 软件模拟外墙外保温系统温度场的过程，其实质问题就是对外墙外保温系统的热分析过程。ANSYS 软件的模拟优势在于能够解决外保温墙体的特殊节点部位（热桥部分）的二维、三维温度场和温度应力的求解问题。

下面简单介绍 ANSYS 软件的热分析的基本知识。

热分析用于计算一个系统或部件的温度分布及其他的热物理参数，如热量的获取或损失、热梯度、热流密度（热通量）等。在许多工程应用中都需要对结构进行热力学分析，比如内燃机、涡轮机、电子元件等。在土木工程中，混凝土浇筑时的温度场模拟、焊接时的温度场模拟等。

NSYS 软件的热分析是基于能量守恒原理的热平衡方程，利用有限元方法计算各节点的温度，并导出其他热物理参数。ANSYS 软件热分析包括热传导、热对流和热辐射三种热传递方式。此外还可以分析相变、内热源、接触热阻等问题。在 ANSYS 软件的热分析功能，一般包含于 ANSYS/Multiphysics、ANSYS/Mechanical、ANSYS/Thermal、ANSYS/FLOTRAN、ANSYS/ED5 种产品模块中，其中 ANSYS/FLOTRAN 不含相变热分析。

2.3.1.1 ANSYS 软件模拟温度场

1. ANSYS 软件热分析的分类

在 ANSYS 软件程序中，热分析主要两种。

（1）稳态传热

即系统的温度场不随时间变化。稳态传热用于分析稳定的热荷载对系统或部件的影响，通常在进行瞬态热分析以前进行稳态热分析用于确定初始温度场。稳态热分析可以通过有限元计算确定由于稳定的热荷载引起的温度、热梯度、热流率、热流密度等参数。

如果系统的净热流率为 0，即流入系统的热量加上系统自身产生的热量等于流出系统的热量：$q_{流入}+q_{生成}-q_{流出}=0$，则系统处于热稳定状态。在稳态热分析中任何一节点的温度不随时间变化。其能量平衡方程为：

$$[K]\{T\}=\{Q\} \tag{2-3-1}$$

其中，$[K]$ 为传导矩阵，包含导热系数、对流系数、辐射系数和形状系数；$\{T\}$ 为节点温度向量；$\{Q\}$ 为节点热流率向量，包含热生成。

ANSYS 软件利用模型几何参数、材料热性能参数以及所施加的边界条件，生成 $[K]$、$\{T\}$ 以及 $\{Q\}$。

（2）瞬态传热

瞬态传热过程是指一个系统的加热或冷却过程。在这个过程中系统的温度、热流率、热边界条件以及系统内能随时间都有明显变化。根据能量守恒原理，瞬态热平衡可以表达为（以矩阵形式表达）：

$$[C]\{\dot{T}\}+[K]\{T\}=\{Q\} \tag{2-3-2}$$

其中，$[K]$ 为传导矩阵，包含导热系数、对流系数、辐射系数和形状系数；$[C]$ 为比热矩阵，考虑系统内能的增加；$\{T\}$ 为节点温度向量；$\{\dot{T}\}$ 为温度对时间的导数；$\{Q\}$ 为节点热流率向量，包含热生成。

瞬态热分析用于计算一个系统随时间变化的温度场及其他热参数。在工程上一般用瞬态热分析计算温度场，并将之作为热荷载进行应力分析。

瞬态热分析与稳态热分析在 ANSYS 软件的基本步骤相似，主要区别在于瞬态热分析中的荷载是随时间变化的。为了表达随时间变化的荷载，首先必须将荷载-时间曲线分为荷载步，对于每一个荷载步，必须定义荷载值及时间值，同时必须选择载荷步为渐变或阶越式。

2. ANSYS 软件热分析的边界条件、初始条件

ANSYS 软件热分析的边界条件或初始条件可分为 7 种，即：温度、热流率、热流密度、对流、辐射、绝热、生热。

温度作为自由度约束施加在温度已知的边界上；热流率作为节点集中荷载，只能用于线单元模型上，输入正值时，代表热流流入节点，即单元获取热量，相反，则表示单元输出热量。对流作为面荷载

施加在实体的外表面或表面效应单元上，计算与流体的热交换；热流密度是通过单位面积的热流率，作为面荷载施加在实体的外表面或表面效应单元上，输入正值时，代表热流流入单元。生热率作为体荷载施加在单元上，可以模拟化学反应生热或电流生热。

3. ANSYS 软件热分析建模

根据所要分析的工程情况，建立有限元模型。进入 ANSYS 软件的前处理程序，定义单元类型，设定单元选项；定义单元实常数；定义材料热性能参数，对于稳态传热，一般只需要定义导热系数，它可以是恒定的，也可以是随温度变化。最后创建几何模型并划分有限元网格。

4. ANSYS 软件热分析常用单元

热分析涉及的单元有 40 种左右。

（1）热分析单元

专门用于热分析的单元有 14 种，见表 2-3-1。

热分析单元　　　　　　　　　　　　　　　　　　表 2-3-1

单元类型	ANSYS 单元	说　明
线性单元	LINK31	2 节点热辐射单元
	LINK32	二维 2 节点热传导单元
	LINK33	三维 2 节点热传导单元
	LINK34	2 节点热对流单元
二维实体	PLANE35	6 节点三角形单元
	PLANE55	4 节点四边形单元
	PLANE75	4 节点轴对称单元
	PLANE77	8 节点四边形单元
	PLANE78	8 节点轴对称单元
三维实体	SOLID70	8 节点六面体单元
	SOLID87	10 节点四面体单元
	SOLID90	20 节点六面体单元
壳	SHELL57	4 节点
点	MASS71	质量单元

（2）表面效应单元

表面效应单元利用实体表面的节点形成单元，覆盖在实体单元的表面。因此，表面效应单元只增加单元数量，不会增加节点数量。ANSYS 软件中有 SURF19（2D）、SURF151（2D）、SURF22（3D）和 SURF152（3D）四种可用于热分析的表面效应单元。在 ANSYS 软件热分析中，利用表面效应单元可以非常灵活地定义表面荷载。

在一表面上同时施加热流密度和热对流边界条件时，必须将其中一个施加于实体单元表面，另一个施加在表面效应单元上。

2.3.1.2　ANSYS 软件模拟温度应力

当墙体的温度发生变化时，墙体会发生膨胀或收缩。若墙体上各部位膨胀或收缩不同时，或墙体膨胀和收缩受到限制时，墙体就会产生温度应力。因此，不但要关心结构的温度场变化，而且还需要了解温度变化引起的墙体应力分布。对外墙外保温系统中由于温度应力导致系统产生裂缝而导致的工程灾害是时有发生，通过 ANSYS 软件来模拟分析外墙外保温系统的温度应力分布，了解温度应力的破坏机理，从而从工程措施上尽量避免温度应力的发生，或有效地释放产生的温度应力，这对外墙外保温整个行业的健康发展也是具有实际意义。

1. ANSYS 软件温度应力分析的分类

在 ANSYS 软件中，根据不同的情况，可以人为选择下面 3 种热应力分析方法。

（1）直接法

适用于节点温度已知的情况，在墙体温度应力分析中，将节点温度作为体荷载，通过 BF、BFE 或 BFK 命令直接施加到节点上。

（2）间接法

适用于节点温度未知的情况，应首先进行热分析，然后将求得的节点温度作为体荷载施加到墙体温度应力分析中的节点上。

（3）热-结构耦合法

考虑热－墙体的耦合作用，使用具有温度和位移自由度的耦合单元，同时得到热分析和墙体温度应力分析的结果。

本书中对外墙外保温系统的热应力分析，将采用间接法作温度应力分析。

2. 热分析与结构分析对应单元

在热分析结束后，为了能够进行温度应力计算，热分析单元与结构单元之间要进行转化，热分析单元与结构单元之间有一些对应关系，见表 2-3-2。

热分析单元与结构单元的对应关系 　　　　　　　　表 2-3-2

热分析单元	结构单元	热分析单元	结构单元	热分析单元	结构单元
LINK32	LINK1	PLANE67	PLANE42	PLANE77	PLANE82
LINK33	LINK8	LINK68	LINK8	PLANE78	PLANE83
PLANE35	PLANE2	SOLID70	SOILD45	SOLID87	SOLID92
PLANE55	PLANE42	MASS71	MASS21	SOILD90	SOLID95
SHELL57	SHELL63	PLANE75	PLANE25	SHELL157	SHELL63

2.3.2　温度场和温度应力计算实例

以下用算例来了解 ANSYS 软件对外墙外保温系统的温度场和温度应力的模拟分析过程。

由于外保温系统是置于基层墙体的外面，相对于内保温系统而言，需要更高的材料性能要求和设计要求。在工程实践中，经常可以看到由于外保温系统的某些局部节点设计处理不当，使得保温系统和基层墙体在节点处出现裂缝。比如，女儿墙外侧墙体的保温在设计中往往忽视了对女儿墙内侧的保温，图 2-3-1（a）所示是女儿墙的外侧采用外保温，但内侧未采取保温措施而产生裂缝。再

（a）　　　　　　　　　　　　　　（b）

图 2-3-1　女儿墙内侧及挑出部位未做保温时产生裂缝照片
（a）女儿墙外侧保温内侧未保温产生裂缝；（b）出挑部位与主体部位相接处产生裂缝

有，在保温设计中也常常忽视对结构挑出部位如阳台、雨罩、靠外墙阳台拦板、空调室外机搁板、附壁柱、凸窗、装饰线、靠外墙阳台分户隔墙、檐沟、女儿墙内外侧及压顶等部位的保温，也会导致裂缝的出现，图 2-3-1（b）所示是出挑部位与主体墙相接处产生的裂缝。这些裂缝不仅对用户的感官上和心理上造成不良影响，也严重影响了外墙外保温系统的稳定性和使用寿命，同时也会缩短基层墙体的使用寿命。本节 ANSYS 软件模拟墙体的温度场和温度应力，分析墙体裂缝产生的原因和机理，为外墙外保温系统的局部节点的设计以及相应工程灾害的处理，提供了科学的分析和理论依据。

2.3.2.1 计算模型

假定一出挑结构（雨篷，尺寸如图 2-3-2 所示），基层墙体外侧采用胶粉聚苯颗粒涂料饰面保温系统，保温系统参数见表 2-3-3。雨篷直接与基层墙体连接，但出挑部位没有保温处理。为了阐述问题的方便，以无出挑结构的外保温墙体的温度场和温度应力作为比较对象（如图 2-3-2）。

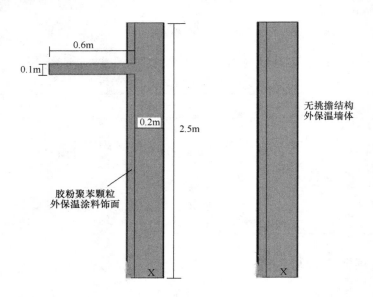

图 2-3-2　出挑结构（雨篷）和墙体的基本尺寸

材料的热物理参数　　　　　　　　　　　　　　　　　表 2-3-3

材料名称	厚度 (mm)	密度 (kg/m³)	比热 [J/(kg·K)]	导热系数 [W/(m·k)]	热膨胀系数 10⁻⁶ (1/K)	弹性模量 (GPa)
内饰面层	2	1300	1050	0.60	10	2.00
基层墙体	200	2300	920	1.74	10	20.00
界面砂浆	2	1500	1050	0.76	8.5	2.76
保温浆料	50	200	1070	0.07	8.5	0.0001
抗裂砂浆	5	1600	1050	0.81	8.5	1.50
涂料饰面	3	1100	1050	0.50	8.5	2.00

采用北京地区夏季和冬季平均外界环境温度作为结构模型的外加温度荷载，温度变化曲线如图 2-3-3 所示，这里没有考虑太阳辐射。

室内温度：夏季室内温度取 25℃；冬季室内温度取 20℃。内墙表面与室内空气形成对流换热，对

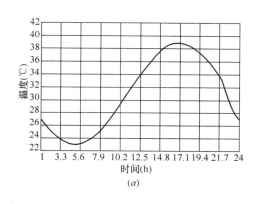
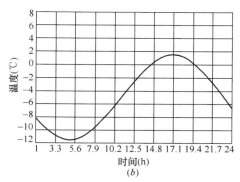

(a)

(b)

图 2-3-3　北京地区夏季和冬季温度变化曲线

（a）夏季；（b）冬季

流换热系数：8.7W/（m² · ℃）。模型初始温度取 15℃。

利用 ANSYS 工程软件模拟计算。先计算温度场，然后把计算得到的温度场作为外荷载加到结构上进行温度应力计算。

2.3.2.2　温度场计算结果分析

图 2-3-4 表示了模拟计算的结果（这里只给出夏季结果），利用温度场分布云图和温度分布曲线图来描述温度的分布。

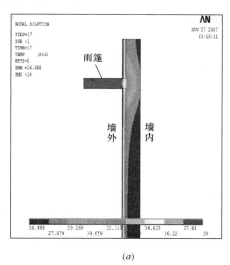
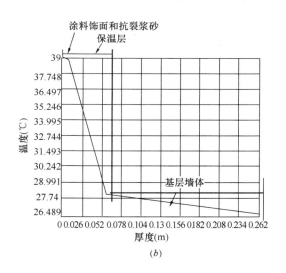

(a)

(b)

图 2-3-4　夏天（外界温度 39℃）温度场模拟结果

（a）温度场分布图；（b）沿基层墙体厚度方向的温度分布曲线

通过分析图 2-3-4（a）中的温度场分布云图，可以看到没有保温层的雨篷会产生明显的"热桥"效应，墙体传递的热能量非常大。在雨篷附近的外墙体内表面一天内温度变化幅度可以达到 9～10℃；通过模拟计算雨篷的带保温层的一般墙体，外墙体内表面一天内温度变化幅度只有 1℃左右。这种"热桥"对外保温系统和墙体的危害是非常大的，在冬季往往会在这些部位外墙外保温系统出现冷凝结露现象，也不利于整个系统的保温效果。实际工程的红外线测试显示这些被忽视的部位是明显的热桥，如图 2-3-5 所示，与被保温的部位相比，其温度受环境影响十分明显，由此而产生的温差应力引起该部位与主体部位相接处产生裂缝。同时，这些热桥的存在对综合节能效果也产生不利影响。红外线测试结果与数值模拟结果基本吻合。

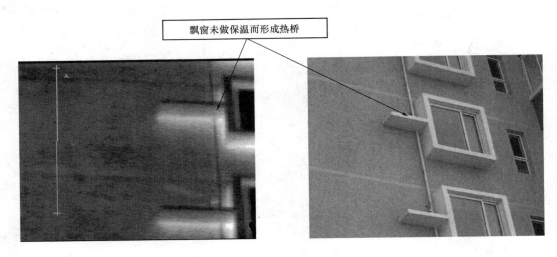

图 2-3-5　红外线测试挑出部位的热桥

2.3.2.3　温度应力计算结果分析

本节提取了夏季外界温度 39℃时（冬季条件下的温度应力都没有显示），带雨篷的墙体和一般墙体的沿墙体厚度方向上的温度应力图。

从图 2-3-6 中模拟的温度应力结果显示：有雨篷等出挑结构墙体，如果悬挑结构没有做外保温，保温系统涂料饰面层的垂直墙面方向上的应力明显要大于一般结构墙体的涂料饰面层的垂直墙面方向上的应力（甚至会达到 100 倍）。同时通过比较温度应力，两种结构在外界温度 39℃的情况下，涂料饰面都产生了比较大的沿墙面竖向的压应力（带雨篷的结构：大概为 0.425MPa；一般墙体：大概为 0.404MPa），可见由于雨篷的影响，涂料饰面的压应力要比一般结构大 0.02MPa。

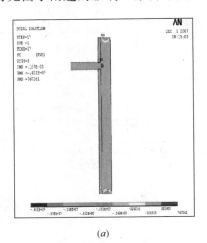
(a)

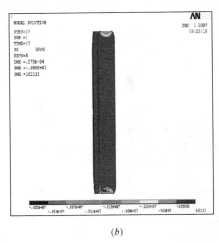
(b)

图 2-3-6　夏季（温度 39℃）温度应力的模拟结果
(a) 带雨篷结构；(b) 一般墙体

出挑结构与外保温系统接触处，由于出挑结构的热胀，导致此处的一定区域的涂料饰面层垂直墙面方向上的应力有一个突变过程，最大应力达到 0.13MPa 拉应力。如果涂料层和抗裂砂浆之间的抗拉强度不够，就容易导致涂料层脱落。同时悬挑结构与外保温系统接触处，涂料饰面层沿墙面竖向的应力有一个突变过程，最大应力达到 0.45MPa。这一区域的涂料层比其他部位的比较容易胀裂，产生裂缝，导致工程灾害。

一般墙体和带雨篷墙体产生的温度剪切应力相对于其他应力都比较小，基本可以忽略。

雨篷和基层墙体在外界环境温度作用下，会形成两个明显差异的温度场。雨篷由于没有做外保温，受外界温度影响程度大，而基层墙体由于有外保温系统，温度场基本稳定，这样雨篷产生的温度应力会对基层墙体产生损伤。下面具体分析雨篷和基层墙体连接处的温度应力大小。通过比较分析可知：夏季温度39℃时，在悬挑结构与墙体接触处，在沿墙面竖直方向和垂直墙面方向上都会出现应力突变，沿墙面竖直方向上突变值达到3.6MPa左右，在垂直墙面方向上突变值达到0.95MPa左右。在冬季－11.5℃时，在沿墙面竖直方向上突变值达到1.2MPa左右；垂直墙面方向上突变值达到0.4MPa，明显增加了接触点附近的应力负担。长年累月会导致这一区域的结构使用寿命大大降低。而且这些区域比较隐蔽，往往出现裂缝等问题还不容易发现，而被忽视掉。

2.3.2.4 温度变形

从图2-3-7所示的变形图来看，在夏季，由于雨篷没有保温，产生比较大的热胀变形，挤压雨篷附近的外保温系统，根据上面的温度应力分析，很可能会把涂料层外饰面给压脱落。冬季，雨篷又产生比较大的收缩变形，对附近的外保温系统进行"拉拽"效应，使雨篷附近的外保温系统出现裂缝，甚至如果外保温系统与雨篷连接部位处理不好，会导致外保温系统直接和雨篷分离，出现裂缝。这些工程灾害的产生会导致雨水、雪水等渗入到保温层内，严重影响外保温系统的保温效果和耐久性。

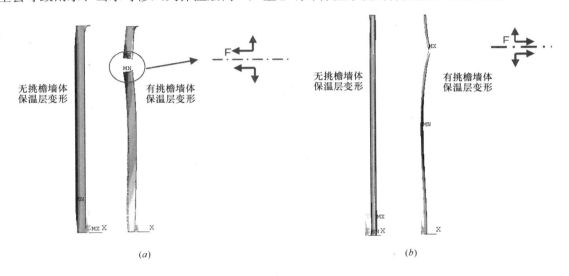

图2-3-7　冬、夏季保温层模拟变形图
(a) 夏季温度（39℃）保温层变形图；(b) 冬季温度（－11.5℃）保温层变形图

2.3.3　小结

通过对外保温外墙体的未做保温雨篷的温度场和温度应力的数值模拟分析，可以得出出挑结构不进行保温处理会带来许多不利影响，主要表现在：

（1）未作保温的出挑结构会对整个墙体带来明显的"热桥"效应，降低了系统的保温效果，同时由于冬季该处（对应的内饰面的表面）温度较低，当低于露点温度时，水蒸气往往会凝结在其表面上，形成结露。

（2）未作保温的出挑结构的热胀冷缩现象，导致保温层与出挑结构连接处的应力突变。夏天热胀时，保温层连接处沿墙面竖直方向产生比较大的压应力，而冬天冷缩时，又在沿墙面竖直方向上产生比较大的拉应力。这些应力可能会引起这些部位的保温层空鼓、开裂和脱落。

（3）未作保温的出挑结构的热胀冷缩现象，还会导致出挑结构与墙体的连接处应力集中。这种应力会使墙体的结构层受损，会影响结构的使用寿命。

通过分析可见，对出挑结构应该采取外保温措施，这将有助于出挑结构的温度和变形的稳定，有助于避免出挑结构导致的外保温系统和基层墙体裂缝这一质量通病的发生。

2.4 总 结

通过对外保温、内保温、夹芯保温、自保温等保温形式墙体内温度场和温度应力随时间、方位的变化进行数值模拟，可以看出外保温墙体具有诸多优点，主要有：

（1）外保温使外墙的主体结构的年、季节、天温差很小，大大降低其温度应力的起伏，有效地保护主体结构，提高墙体结构的耐久性，从而延长建筑物的寿命。从这个角度来说，四种外墙体保温形式中外保温是节约资源和能源最合理的建筑节能做法。

（2）基层的热容量一般远大于保温层，因此外保温对房间的热稳定性有利。在采暖期间，当供热不均匀时，基层因蓄存有大量的热量，这样可以保证外墙内表面温度不至于急剧下降，从而使室温也不至于很快下降。在夏季，室外温度升高，由于外保温系统的屏蔽作用，基层墙体升温很慢，可以提供稳定的室内温度，有利于提高人体的舒适度。总起来说，外保温墙体可以使房间冬暖夏凉，降低采暖和空调能耗。

（3）外墙外保温做法使得热桥处的热损失减少，并能防止在冬季热桥内表面温度过低造成局部结露。其他保温形式无法解决热桥部分热量散失比较严重的问题。

3 保温外墙体防水透气性能研究

在严寒和寒冷地区，广泛采用保温技术措施来提高围护结构的保温性能，改善围护结构的气密性，减少了传热损失及冷空气渗透的热损失，以满足建筑节能标准的要求，达到建筑节能的效果。但是，围护结构气密性的提高，其传湿就可能受阻，室内产生大量的生活水蒸气就很难从室内经围护结构排至室外，当围护结构中的保温材料吸收、集聚过多水分，在冬季会引发其内部冷凝、内表面结露、发霉、长菌，甚至造成结构冻胀、破坏，使建筑物的使用寿命降低。

本章首先分析了严寒和寒冷地区外墙内保温、夹芯保温、自保温3种保温构造在热湿传递方面的问题，提出了应大力倡导外墙外保温的观点，并较系统地介绍了外墙外保温材料的吸水性能、憎水性能、防水性能、透气性能。同时分析了水蒸气冷凝对外墙外保温系统使用寿命的影响，这在很大程度上是受温度、日照和空气湿度等气候条件影响外，还由于湿热反复作用的结果。另外，影响外墙保温节能的因素还有来自外部或内部的潮湿源，建筑材料自身的潮湿源或外墙内表面冷凝的潮湿源。在本章中还重点分析了影响外墙外保温粘结性能的主要因素，并建议选用有机聚合物水泥砂浆和机械锚固件，以粘为主的粘锚结合的外保温施工工艺，以提高外保温系统的综合性能。最后还对外墙外保温系统的防水、透气提出以下意见和相应措施建议：①提高材料的憎水性能（避免和减少液态水进入）；②增设防水屏障构造——高分子弹性底涂层（阻止液态水进入）；③增设水蒸气迁移扩散构造——水分散构造层（让气态水能顺利排出），使外保温系统具有良好的排湿防水功能。

外墙外保温系统的防水排湿是不可忽视的，它会对建筑节能效果、房屋的耐久性和室内环境的舒适性均会产生重要影响。

（1）影响建筑的节能效果

1）雨水侵入外墙外保温系统将降低保温层的有效热阻值；2）水蒸气的侵入造成了对外墙外保温系统内部受潮、冷凝或冻融破坏，也将降低保温性能；3）要保证室内温度达到设计要求，需增加供暖设备，从而增加了建筑能耗。

（2）影响建筑的耐久性

当雨水渗入建筑物外表层后，侵蚀建筑材料，冬季结冰产生冻胀应力，造成对建筑物外表层的冻融循环破坏，特别是面砖系统的冻融，造成了对材料粘结力的破坏，引发系统各层粘结力的衰减、系统耐候性能降低，同时也加速了有机保温材料的老化和无机材料的性能降低，进而影响了建筑的耐久性能。

（3）影响建筑物使用的舒适性

水蒸气的破坏主要来自它的迁移过程，围护结构内外的水蒸气分压力差是水迁移的原动力。外保温系统构造和材料选用不合理而造成水蒸气扩散受阻，引发墙体内侧在冬季发生冷凝，导致保温层吸湿受潮，甚至冷凝成流水，使室内装饰材料、家具受潮、变形，外墙内表面出现较大面积的黑斑、长毛、发霉等现象，由于这些霉菌长期在潮湿环境下形成污染物，从而对室内空气质量造成不良影响；水蒸气流还会对室内热环境产生不利影响，降低了居住舒适性。

综上所述，建筑的节能效果、耐久性、舒适性与其建筑外保温系统的防水透气性密切相关。为此，要研究和讨论外墙外保温系统受自然破坏力对墙体热工、结构性能、建筑寿命的影响，就必然涉及水在系统内部的运动规律，以及对水引起的系统破坏分析。要实现外墙外保温系统与建筑同寿命、满足国家建筑节能标准要求，外墙外保温系统就必须防水、透气和防冷凝。

3.1 湿迁移的基本原理

建筑材料大多为多孔材料，建筑墙体结构就是一种典型的多孔介质。多孔介质是由多相物质所占据的空间，对任意一相来说，其他相都弥散在其中。而多孔材料内部的热、水分同时移动过程的分析计算极为复杂。

多孔介质的孔隙率 ϕ 按式（3-1-1）计算：

$$\phi = \frac{v_\mathrm{p}}{v} \tag{3-1-1}$$

式中　ϕ——容积孔隙率，%；

　　　v_p——孔隙体积，m^3；

　　　v——多孔介质总体积，m^3。

多孔介质的容重 ρ_p 按式（3-1-2）计算：

$$\rho_\mathrm{p} = \frac{M}{V} \tag{3-1-2}$$

式中　ρ_p——多孔介质单位体积的质量，kg/m^3；

　　　M——多孔介质的质量，kg。

容重与密度的关系见式（3-1-3）和式（3-1-4）：

$$M = \rho_\mathrm{p} V \tag{3-1-3}$$

$$M = \rho V(1-\phi) \tag{3-1-4}$$

式中　ρ——多孔介质的密度，kg/m^3。

导致材料吸水性能差异主要原因是材料的孔隙率、孔径和表面张力不同；导致各种材料水蒸气渗透能力差异主要原因是材料的孔隙率、孔径。

（1）材料表面张力

材料按其是否易被水润湿分为亲水性、憎水性和顺水性三类材料。

1）亲水性材料的分子与水分子之间的附着力特别强。很多建筑材料都有不同程度的亲水性，这种材料表面与水面的接触角 $\theta < \pi/2$；液体与固体接触界面上的张力小于固体与气体接触界面上的张力（即固体表面张力）时，液体能润湿固体。亲水性材料能通过毛细管作用，将水分吸入材料内部。

2）憎水性材料的分子与水分子互相排斥，材料表面与水面的接触角 $\theta > \pi/2$；则液体不能润湿固体。即液体与固体接触界面上的界面张力大于固体界面张力时，则液体不能润湿固体。憎水性材料一般能阻止水分渗入毛细管中，故能降低材料的吸水作用。

3）顺水性材料表面与水面的接触角 $\theta = \pi/2$，是亲水性材料与憎水性材料的分界材料。

对于亲水性材料，当干燥后置于空气中，材料孔隙表面上的分子开始与空气中的水分子吸附，可以在材料中的孔隙表面上形成一层水分子的单分子膜，但由于分子的热运动，这一膜层上的水分子有的又要跳出膜层，同时，膜层外的水分子又要继续进入膜层。同样，如果将含湿量大的材料放入干燥的空气中，则会发生相反的过程，这就是材料的吸湿与解湿。进出膜层的水分子的多少与空气中的水分子的浓度有关，在足够长的时间内，材料与空气中的水分子运动形成动态平衡。这是外界与材料间的质交换，同时，在材料内部，由于水蒸气的分压力、水的浓度、温度差（不均匀）以及空气的渗透，也会发生水分的迁移。

（2）材料孔径

材料的孔径较大，在触水时，吸水速率较快，但吸水的高度不够高，很快即可达到饱和，材料的毛细孔较细、较多时，在触水时，吸水速率较慢，但由于毛细管的作用，吸水高度较高，难达到饱和，离水后，水沿毛细孔仍然在升高。材料的孔径大小对透气性能影响较小。

当材料内部存在压力差（水蒸气分压力或总压力）、湿度差（材料含湿量）和温度差时，均能引起材料内部所含水分的迁移。材料内所包含的水分可以以气态（水蒸气）、液态（液态水）和固态（冰）三种状态存在，其中以水蒸气、水存在的现象最为普遍。在材料内部可以迁移的只是两种相态的水，一种是以气态的扩散方式迁移（又称水蒸气渗透）；另一种是以液态水分毛细渗透方式迁移。

当材料湿度低于最大吸湿度时，材料中的水分尚属吸附水，这种吸附水分的迁移，是先经蒸发，后以气态形式沿水蒸气分压力降低的方向或沿热流方向扩散迁移。当材料湿度高于最大吸湿湿度时，材料内部就会出现自由水，这种液态水将从含湿量高的部位向低的部位产生毛细迁移。湿迁移的主要机理有：毛细作用、液体扩散、分子扩散，同时空气压差、水压差、水的重力、温差都会引起湿迁移。研究湿迁移的理论也有很多，在本章节中只介绍了液态水和气态水的湿迁移的运动规律。

3.1.1 液态水在多孔材料中的流动

Darcy 定理最初是用来阐述多孔介质中液态水的流动，水在低流量状态下，穿过一个疏松沙质柱体作等温垂直流动时，发现体积流量 Q 正比于水头之差 ΔH_d 和柱体的横截面积 A，并反比于沙柱体的高度 ΔS，即：

$$Q = \frac{K_c A \Delta H_d}{\Delta S} \tag{3-1-5}$$

式中 $H_d = Z + P/\rho g$；

K_c——比例常数，称为水力传导系数，m/d；

Z——高度，m；

p——压力，Pa；

ρ——是流体密度，kg/m³。

而 Darcy 速度的定义为：

$$V = \frac{Q}{A} \tag{3-1-6}$$

则有：

$$V = -K_c \frac{d}{ds}\left(z + \frac{p}{\rho g}\right) \tag{3-1-7}$$

式中，负号表示流动方向与水头梯度相反。

后来研究表明，水力传导系数正比于流体的密度，而反比于流体的黏度 μ，如果多孔介质固有渗透率定义为 $K = \mu K_c / \rho g$，则式（3-1-7）可改写为：

$$V = -\frac{k}{\mu}\frac{d}{ds}(p + \rho g z) \tag{3-1-8}$$

对于建筑墙体表面的吸放湿来说，只考虑水蒸气在多孔介质中的迁移，则式（3-1-8）可改写为：

$$V_v = -\frac{k}{\mu}\frac{dp}{dx} \tag{3-1-9}$$

式中 V_v——为水蒸气的速度，m/s；

p——为水蒸气分压力，Pa；

x——为垂直墙壁方向距墙体内表面的距离，m。

3.1.2 水蒸气在多孔材料中的迁移

在材料中的自然湿度，是材料与其周围环境的热与湿平衡的结果。周围空气的湿度高，材料的自然湿度高；周围空气的温度低，材料的自然湿度低。由于材料与外界存在温度差与水蒸气分压力差，水蒸气通过材料表面进出多孔材料并与材料表面形成动态平衡，而热量的传递以水蒸气的迁移又引起材料内温度和水蒸气分压力的变化，使水蒸气在温度梯度和水蒸气分压力梯度的驱动下在材料中发生迁移。水蒸气通过多孔材料迁移的处理方法是 Fick 定理，该定理表明，通过渗透率为 ε、厚度为 l 的壁面每单位面积的水蒸气流量 W_v 是水蒸气压力差 $P_{vi} - P_{vo}$ 的函数，即：

$$W_v = \varepsilon \frac{p_{vi} - p_{vo}}{l} \tag{3-1-10}$$

这个公式并不能很好反映水蒸气在材料中的迁移过程，只是在整体上给出了一个计算方法，与实际的过程有很大的不同。在某一相对湿度下，材料达到单分子膜完全形成的极限状态，此时材料吸收的水量 W_{L1} 与材料孔隙的表面积有如下关系：

$$W_{L1} = KS \tag{3-1-11}$$

式中　S——材料孔隙的表面积，m^2；

　　　K——比例系数，等于单位面积单分子水膜重量。

其中：

$$K = \left(\frac{18}{N}\right)^{\frac{1}{8}} g/cm^2 \tag{3-1-12}$$

式中　N——阿伏伽德罗常数，$6.023 \times 10^{22} / (g \cdot mol)$。

以此来解释材料吸湿和解湿特性，水蒸气渗透是以极限平衡湿度所对应的水蒸气分压力梯度进行的，只有在建筑墙体两边水蒸气都极低的情况下，才会出现水蒸气直接渗透的现象，此时，渗透过程可以用下面公式来描述：

$$q_m = -\varepsilon \frac{de}{dx} \tag{3-1-13}$$

式中　q_m——比水蒸气流，$kg/(m^2 \cdot h)$；

　　　$\dfrac{de}{dx}$——水蒸气分压力梯度。

参数渗透率 ε 一般通过一些试验来确定。

多孔材料中的水分一般以液体状态存在，但是在相对湿度为 95% 以下时，可以认为材料中的水分是以水蒸气方式扩散的。

3.2　建筑墙体的防潮

在我国夏热冬冷地区和夏热冬暖地区，一年四季建筑室内外湿度均较大，特别是夏季雨水充沛，一般情况下，采用适当的屋顶形式排除雨水、底层架空和自然通风除湿，可以大大减少高湿度带来的影响。目前国内在建筑防潮设计中，是采用露点温度法和饱和水蒸气压曲线/水蒸气分压力曲线交叉法。

3.2.1　水蒸气渗透

当室内外空气中的含湿量不等，也就是建筑墙体两侧存在着水蒸气分压力差时，水蒸气分子就会从压力高的一侧通过建筑墙体向分压力低的一侧渗透扩散，这种传湿现象叫作水蒸气渗透。水蒸气渗透过程是水蒸气分子的转移过程，简称质传递或传湿。

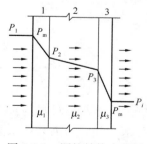

图 3-2-1　围护结构水蒸气渗透过程

分析建筑墙体的传湿，不仅有由水蒸气分压力差引起的水蒸气渗透，还由于温度差（传热）引起的水蒸气迁移，在冷凝区还存在饱和水蒸气及液态水的迁移问题，其计算十分复杂，目前在建筑中考虑建筑墙体的湿状况是按粗略分析法，即按稳态（或称准稳态——在一定时期内的平均值，如冬季或夏季等，相当于用积分中值定理，在这里若研究即时值没有实际应用意义）条件下单纯的水蒸气渗透考虑，在计算中，室内外水蒸气分压力都取为定值，不随时间而变，且忽略热湿交换（热质传递）过程中的相互影响，也不考虑建筑墙体内部液态水分的转移。稳态下纯水蒸气渗透过程的计算与稳态传热的计算方法相似，即在稳态条件下，单位时间内通过单位面积建筑墙体的水蒸气渗透量与室内外水蒸气分压力差成正比，与渗透过程中受到的阻力成反比，其计算公式如下（如图 3-2-1）：

$$\omega = \frac{1}{H_0}(P_i - P_e) \tag{3-2-1}$$

式中　ω——水蒸气渗透强度，$g/(m^2 \cdot h)$；

H_0——建筑墙体的总水蒸气渗透阻，$(m^2 \cdot h \cdot Pa)/g$；

P_i——室内空气的水蒸气分压力，Pa；

P_e——室外空气的水蒸气分压力，Pa。

建筑墙体的总水蒸气渗透阻按下式确定：

$$H_0 = H_1 + H_2 + H_3 + \cdots H_n + \Lambda = \frac{d_1}{\mu_1} + \frac{d_2}{\mu_2} + \frac{d_3}{\mu_3} + \cdots + \frac{d_n}{\mu_n} + \Lambda \tag{3-2-2}$$

式中　d_1，d_2，d_3，$\cdots$，d_n——从外墙内侧第一层算起的各构造层的厚度，m；

μ_1，μ_2，μ_3，$\cdots$，μ_n——从外墙内侧第一层算起的各构造层的水蒸气渗透系数，$g/(m \cdot h \cdot Pa)$；

H_1，H_2，H_3，$\cdots$，H_n——从外墙内侧第一层算起的各构造层的水蒸气渗透阻，$(m^2 \cdot h \cdot Pa)/g$。

水蒸气渗透系数是1m厚的物体，两侧水蒸气压力差为1Pa时，1h内通过$1m^2$面积渗透的水蒸气量。用μ表示材料的透气能力，它与材料的密实程度和气孔结构有关，材料的孔隙率、开孔率越大，透气性就越强。玻璃和金属是不透水蒸气的。还应指出，材料的水蒸气渗透系数尚与温度和相对湿度有关，但在建筑热工计算中采用的是平均值（常温和一般湿度下的）。

水蒸气渗透阻是建筑墙体或某一材料层，其两侧水蒸气分压力差为1Pa，通过$1m^2$面积渗透1g水蒸气所需要的时间，单位为$(m^2 \cdot h \cdot Pa)/g$。由于建筑墙体内外表面（外侧的空气层流层）的湿转移阻Λ极小，与结构材料层的水蒸气渗透阻本身相比是很微小的，所以在计算总水蒸气渗透阻时可忽略不计。这样，建筑墙体内外表面的水蒸气分压力可近似地取为P_i和P_e。建筑墙体内任一层内界面上的水蒸气分压力，可按下式计算（与确定内部温度相似）：

$$P_m = P_i - \frac{\sum_{j=1}^{m-1} H_j}{H_0}(P_i - P_e) \tag{3-2-3}$$

$$m = 2, 3, 4, \cdots, n$$

式中，$\sum_{j=1}^{m-1} H_j$ 从室内一侧算起，由第一层至第 $m-1$ 层的水蒸气渗透阻之和。

计算外墙内任一层内界面上的饱和水蒸气压 $P_{s,m}$（$m=1, 2, \cdots, n+1$）（单位：Pa），当 $m=n+1$ 时，是计算外墙外表面的饱和水蒸气压。在一定的大气压下（取在标准大气压下），饱和水蒸气压与温度是一一对应的关系，通过计算外墙内任一层内界面上的温度 t_m（单位：℃），通过查标准大气压时不同温度下饱和水蒸气压表得到，其计算公式如下（材料排列顺序是由室内向室外）：

$$t_m = t_i - \frac{R_i + \sum_{j=0}^{m-1} R_j}{R_0}(t_i - t_e) \tag{3-2-4}$$

$$m = 1, 2, 3, \cdots, n+1$$

式中　R_0——外墙的传热阻，$m^2 \cdot K/W$；

R_i——外墙内表面换热阻，$m^2 \cdot K/W$；

$\sum_{j=0}^{m-1} R_j$——从室内算起，由第一层至第 $m-1$ 层的热阻之和。

外墙的传热阻按式（3-2-6）计算：

$$R_0 = R_i + R_1 + R_2 + \cdots + R_n + R_e = R_i + \frac{d_1}{\lambda_1} + \frac{d_2}{\lambda_2} + \cdots + \frac{d_n}{\lambda_n} + R_e \tag{3-2-5}$$

式中　R_e——外墙外表面换热阻，$m^2 \cdot K/W$；

d_n——任一分层的厚度，m；

λ_n——任一分层材料的导热系数，$W/(m \cdot K)$；

R_n——任一分层材料的热阻，$m^2 \cdot K/W$。

材料的导热系数是材料自身的性能，只与材料自身有关。其物理含义为：1m厚的该材料，两侧的温差为1℃，1s内通过1m²面积的热量。

3.2.2 空气温湿度

3.2.2.1 相对湿度和露点温度

在一定的气压和温度条件下，空气中所能容纳的水蒸气量有一饱和值；超过这个值，水蒸气就开始凝结，变为液态水。与饱和含湿量对应的水蒸气分压力称为饱和水蒸气分压力。饱和水蒸气分压力值随空气温度的不同而改变，图 3-2-2 表示的是在常压下空气温度与饱和水蒸气分压力的关系。

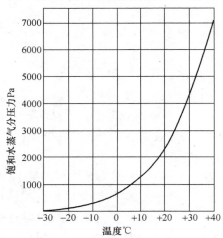

图 3-2-2　饱和水蒸气分压力与温度关系

如前所述，空气相对湿度 φ 是空气中实际的水蒸气分压力 P_i 与该温度下饱和水蒸气分压力 P_E 之比，即 $\varphi=(P_i/P_E)\times100\%$。而从图 3-2-2 中可看出，饱和水蒸气分压力值随空气温度的增减而加大或减小。因此，当空气中实际含湿量不变，即实际水蒸气分压力 P_i 值不变，而空气温度降低时，相对湿度将逐渐增高；当相对湿度达到 100% 后，如温度继续下降，则空气中的水蒸气将凝结析出。相对湿度达到 100%，即空气达到饱和状态时所对应的温度，称为"露点温度"，通常以符号 t_d 表示。

3.2.2.2 湿球温度、空气温湿图

室内空气的相对湿度，可用湿球温度计来测量。湿球温度计下端用浸水的纱布包裹（图 3-2-3）。由于纱布很潮湿，其周围水蒸气分压力大于空气水蒸气分压力，纱布中的水分向四周蒸发扩散，同时要吸收相应的汽化热，从而使纱布温度降低，低于周围空气温度，这时周围空气将传给纱布一定热量，当纱布蒸发所消耗的汽化热与空气传给纱布的热量平衡时，湿球温度计的温度将不再降低，这时读出的温度称湿球温度 t_W。由于纱布上水分的蒸发速率和周围空气的干燥程度直接相关，在测得空气的干、湿球温度后即可从空气温湿图中（图 3-2-4）粗略地得出空气相对湿度和水蒸气分压力。

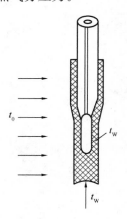

图 3-2-3　湿球温度

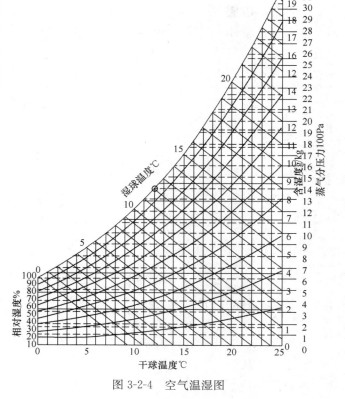

图 3-2-4　空气温湿图

空气温湿图是按照湿空气的物理性质绘制的工具图，它表示在标准大气压力下，空气温度（干球温度）、湿球温度、水蒸气分压力、相对湿度之间的相互关系。

3.2.2.3　室内空气湿度

随着室内外空气的对流，室外空气的含湿量直接影响室内空气湿度。冬季采暖房间室内温度增高，使空气饱和水蒸气分压力大大高于室外，虽然室内的一些设备和人的活动会散发水蒸气，增加室内湿度，使室内实际水蒸气分压力高于室外，但由于冬季室内外空气温度相差较大，二者的饱和水蒸气分压力有很大差距，从而使室内相对湿度往往偏低。一般是换气次数愈多，室内相对湿度会愈低，甚至要求另外加湿才能满足正常舒适要求。

3.2.3　内部冷凝和冷凝量的检验

建筑墙体的内部冷凝，危害是很大的，而且是一种看不见的隐患。设计之初应分析所设计的构造方案是否产生内部冷凝现象，以便采取措施加以消除，或控制其影响程度。

3.2.3.1　冷凝判别

（1）根据室内外空气的温度和相对湿度（t 和 φ），确定水蒸气分压力 P_i 和 P_e，然后按式（3-2-3）计算建筑墙体各层的水蒸气分压力，并作出"P"分布线。对于采暖房屋，设计中取当地采暖期的室外空气的平均温度和平均相对湿度作为室外计算参数（因为研究的是整个采暖期中的问题，不是研究某时刻的状态）。

（2）根据室内外空气温度 t_i 和 t_e，确定各层温度，做出相应的饱和水蒸气分压力"P_s"的分布线。

（3）根据"P"线和"P_s"线相交与否来判断是否出现冷凝现象，若不相交（图 3-2-5a），则内部不会产生冷凝，相交则内部会有冷凝（图 3-2-5b）。

如上所述，内部冷凝现象一般出现在复合构造的建筑墙体，若材料层布置方式是沿水蒸气渗透方向先设置水蒸气渗透阻小的材料层，后设置水蒸气渗透阻大的材料层，则水蒸气将在两材料层相交的界面处遇到较大的水蒸气渗透阻力，从而发生冷凝现象。通常把这个最易出现冷凝，而且凝结最严重的界面，叫作建筑墙体"冷凝界面"。如图 3-2-6 所示，冷凝界面一般出现在保温材料外侧与密实材料交界处。

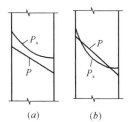

图 3-2-5　判别围护结构内部冷凝情况
（a）无内部冷凝；（b）有内部冷凝

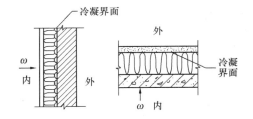

图 3-2-6　冷凝界面

3.2.3.2　冷凝强度计算

显然，当出现内部冷凝时，冷凝界面处的水蒸气分压力已达到该界面温度下的水蒸气饱和状态，其饱和水蒸气分压力为 $P_{s,c}$。设水蒸气分压力较高一侧空气进到冷凝界面的水蒸气渗透强度 ω_1，从界面渗透到分压力较低一侧空气渗透强度 ω_2，两者之差即是界面处的冷凝强度 ω_c（如图 3-2-7），即：

$$\omega_c = \omega_1 - \omega_2 = \frac{P_A - P_{s,c}}{H_{o,i}} - \frac{P_{s,c} - P_B}{H_{o,e}} \tag{3-2-6}$$

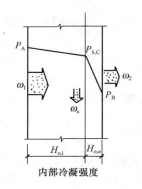

内部冷凝强度

图 3-2-7 判别内部
冷凝强度

式中　ω_c——界面处的冷凝强度，g/（m²·h）；

　　　ω_1、ω_2——界面两侧的水蒸气渗透强度，g/（m²·h）；

　　　P_A——分压力较高一侧空气的水蒸气分压力，Pa；

　　　P_B——分压力较低一侧空气的水蒸气分压力，Pa；

　　　$P_{s,c}$——冷凝界面处的饱和水蒸气分压力，Pa；

　　　$H_{o,i}$——在冷凝界面水蒸气流入一侧的水蒸气渗透阻，m²·h·Pa/g；

　　　$H_{o,e}$——在冷凝界面水蒸气流出一侧的水蒸气渗透阻，m²·h·Pa/g。

3.2.3.3　采暖期累计凝结量估算

建筑墙体内的水蒸气渗透和凝结过程一般十分缓慢，而且随着气候变化，在采暖期过后室内外水蒸气分压力接近，水蒸气不再向一个方向渗透，在其他季节建筑墙体内的凝结水还可逐步向室内外散发，因此在采暖期建筑墙体内的水蒸气凝结量如果保持在一定范围内，对保温材料影响不大，则少量凝结也可允许存在。

采暖期总冷凝量计算方法为：

$$\omega_{c,o}=24\omega_c Z_h \qquad\qquad (3-2-7)$$

式中　$\omega_{c,o}$——采暖期内建筑墙体的每平方米面积上的总凝结量，g；

　　　ω_c——界面处的冷凝强度，g/（m²·h）；

　　　Z_h——采暖天数，d。

采暖期内保温层材料重量湿度增量计算式为：

$$\Delta\omega=\frac{24\omega_c Z_h}{1000 d_i \rho_i}\times 100\% \qquad\qquad (3-2-8)$$

式中　$\Delta\omega$——材料重量湿度的增量，%；

　　　d_i——保温材料厚度，m；

　　　ρ_i——保温材料的密度，kg/m³。

应该指出，上述的估算是很粗略的，当出现内部冷凝后，必须考虑冷凝范围内的液相水分的迁移机理，方能得出较精确的结果。

应保证建筑墙体内部正常湿状况所必需的水蒸气渗透阻。一般采暖房屋，在墙体内部出现少量凝结水是允许的，这些凝结水在暖季会从结构内部蒸发出去，但为保证结构耐久性，在采暖期内，建筑墙体中的保温材料因内部冷凝受潮而增加的湿度，不应超过一定限值。表 3-2-1 列出了部分保温材料的湿度允许增量。

采暖期间保温材料重量湿度的允许增量　　　　　　　　　　表 3-2-1

保　温　材　料	［$\Delta\omega$］（%）
多孔混凝土（泡沫混凝土、加气混凝土），$\rho_o=500\sim700$kg/m³	4
水泥膨胀珍珠岩和水泥膨胀蛭石等，$\rho_o=300\sim500$kg/m³	6
沥青膨胀珍珠岩和水泥膨胀蛭石等，$\rho_o=300\sim400$kg/m³	7
水泥纤维板	5
矿棉、岩棉、玻璃棉及其制品（板或毡）	3
聚乙烯泡沫塑料	15
矿渣和炉渣填料	2

3.2.4　建筑墙体内表面冷凝及防止措施

在冬季，建筑墙体内表面的温度经常低于室内空气温度，当内表面温度低于室内空气露点温度时，空气中的水蒸气就会在内表面凝结。因此，检验内表面是否会有冷凝主要依据其温度是否低于露点温度。图 3-2-8 为建筑墙体表面冷凝过程。

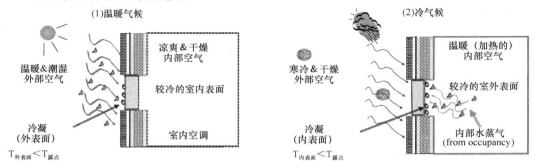

图 3-2-8　建筑墙体表面冷凝过程的示意图

防止墙和屋顶内表面产生冷凝是建筑热工设计基本要求，防止和控制具体措施如下：

（1）使建筑外墙具有足够的保温能力，其传热阻值至少应在规定最小传热阻以上，并应注意防止冷（热）桥处发生结露。

（2）如室内空气湿度过大，可利用通风降湿。

（3）普通房间的建筑墙体内表面最好用具有一定吸湿性的材料，使由于温度波动而只在一天中温度低的一段时间内产生的少量凝结水可以被结构内表面吸收。在室内温度高而相对湿度低时又返回室内空气，即"呼吸"作用。

（4）对室内湿度大，内表面可避免有冷凝的房间，如公共浴室，采用光滑不易吸水的材料作内表面，同时加设导水设施，将凝结水导出。

（5）对于"单一材料"或复合结构的轻质墙体及用轻质材料的内保温墙体，计算出的最小传热阻还应按《民用建筑热工设计规范》GB 50176—1993 表 4.1.2 的规定进行验算，对轻质外墙最小传热阻还有附加值。对节能建筑的外墙而言，几乎都能满足热阻附加值的要求，但必须验算，以防万一。

3.2.5　不同保温层位置的设置对墙体水蒸气渗透的影响

一个墙面所承受的雨水量取决于它的倾斜角度而非热工特性。但在晴朗的夜晚，露水量则决定了外墙的蓄热性能和传热性能。外墙保温系统表面和它的周围环境之间进行长波辐射交换。由于夜间没有阳光照射，而且在天气晴朗（无云）时，大气反射也大大低于墙外表面的辐射，因此，复合墙体外层表面的热量会散失被大气吸收。如果室内不再有热量供给，而且外墙内表层的蓄热能力较低，那么就会导致外墙过于冷却，以至于外墙内表面的温度低于室内空气的露点温度而出现冷凝。

在北方严寒或寒冷地区，设计者对节能建筑的设计都比较保守，致使节能建筑的冬季室温一般都比传统砖混建筑的冬季室温高，而且气密性很好，所以节能建筑冬季室内空气的绝对湿度也比传统砖混建筑室内空气的绝对湿度大；而且节能建筑都采用了节能门窗，它们的缝隙小，气密性好，墙上或窗上几乎都没有设置通风换气窗（或孔），没有良好的通风、换气、排潮设施，室内空气中的湿气不能很好地排除，使室内空气湿度居高不下，这就加大了墙体的传湿负荷，由于保温材料绝大多数都是水蒸气渗透系数大的材料，其蒸气渗透阻较小，所以保温层位置的设置对墙体传湿尤为重要。

通过墙体冷凝验算方法，分析我国严寒地区（以哈尔滨为例）采暖期内四种保温形式的墙体冷凝情况，只有外保温构造形式才具有热湿传递的合理性。按照《民用建筑热工设计规范》GB 50176—1993 中采暖期间保温材料湿度的允许增量来计算内保温、夹芯保温、自保温的湿度增量，内保温构造已经不能满足民用建筑热工设计规范要求，虽然夹芯保温、自保温构造墙体的湿度增量在一般情况下不会超过允许值，但冷凝位置（0℃以下）会对夹芯保温、自保温构造造成冻胀破坏。

3.2.5.1 外墙外保温冷凝分析

1. 构造及材料参数

现以哈尔滨（采暖期的室内温度为18℃，室内相对湿度为60%，室外平均气温为−10℃，室外平均相对湿度为66%，采暖天数为176天）为例进行分析。假设外墙的基本构造为：内饰面＋200mm厚钢筋混凝土墙＋10mm厚聚苯板粘结砂浆粘贴60mm厚EPS板＋4mm厚抹面砂浆（压入一层耐碱玻纤网布）＋柔性耐水腻子＋涂料。各层材料及其参数和计算结果见表3-2-2。

点框粘 EPS 板薄抹灰涂料饰面材料性质　　　　　　　　　表 3-2-2

结构形式	材料名称/序号	厚度 d (m)	导热系数 λ [W/ (m·K)]	材料的蒸汽渗透系数 μ [g/ (m·h·Pa) 10^{-4}]	热阻 $R=\dfrac{d}{\lambda}$ (m²·K)/W	水蒸气渗透阻 $H=\dfrac{d}{\mu}$ (m²·h·Pa)/g
点框粘EPS板薄抹灰涂料饰面外保温	内饰面层/1	0.002	0.60	0.1	0.0033	200.00
	钢筋混凝土/2	0.200	1.74	0.158	0.1149	12658.23
	EPS粘结砂浆/3	0.010	0.76	0.21	0.0132	476.19
	模塑聚苯板/4	0.080	0.041	0.162	1.95	4938.27
	抹面砂浆/5	0.004	0.81	0.21	0.0049	190.48
	涂料饰面/6	0.002	0.50	0.1	0.0040	200.00

注：以上数据参考《民用建筑热工设计规范》GB 50176—1993。

2. 计算结果

（1）室内外空气的水蒸气分压力

$t_i=18℃$ 时，$P_{s,i}=2062.5Pa$

$P_1=2062.5Pa×60\%=1237.5Pa$

$t_e=-10℃$ 时，$P_{s,e}=260.0Pa$

$P_7=260.0Pa×66\%=171.6Pa$

（2）外墙各层材料内表面的水蒸气分压力

$$P_2=1237.5-\frac{200}{18663.17}(1237.5-171.6)=1226.08（Pa）$$

$$P_3=1237.5-\frac{12858.23}{18663.17}(1237.5-171.6)=503.13（Pa）$$

$$P_4=1237.5-\frac{13334.42}{18663.17}(1237.5-171.6)=475.94（Pa）$$

$$P_5=1237.5-\frac{18272.69}{18663.17}(1237.5-171.6)=193.90（Pa）$$

$$P_6=1237.5-\frac{18463.17}{18663.17}(1237.5-171.6)=183.02（Pa）$$

（3）外墙各层材料内表面的饱和水蒸气压

$t_1=18-\dfrac{0.1100}{1.7525}[18-(-10)]=16.625℃$ 　　　　$p_{s,1}=1890.92(Pa)$

$t_2=18-\dfrac{0.1133}{2.2416}[18-(-10)]=16.58℃$ 　　　　$p_{s,2}=1885.92(Pa)$

$t_3=18-\dfrac{0.2283}{2.2416}[18-(-10)]=15.15℃$ 　　　　$p_{s,3}=1721.05(Pa)$

$t_4=18-\dfrac{0.2414}{2.2416}[18-(-10)]=14.98℃$ 　　　　$p_{s,4}=1702.21(Pa)$

$t_5=18-\dfrac{2.1926}{1.7525}[18-(-10)]=-9.39℃$ 　　　　$p_{s,5}=273.60(Pa)$

$$t_6 = 18 - \frac{2.1975}{2.2416}[18 - (-10)] = -9.45\text{℃} \qquad p_{s.6} = 272.64(\text{Pa})$$

$$t_7 = 18 - \frac{2.20159}{2.2416}[18 - (-10)] = -9.5\text{℃} \qquad p_{s.7} = 271.99(\text{Pa})$$

（4）外墙中的水蒸气分压力和饱和水蒸气分压力分布图（图3-2-9）。

3. 结果分析

在墙体沿厚度的同一位置上，饱和水蒸气分压力高于外墙中水蒸气分压力时，这种保温构造在此环境下是不会冷凝的。

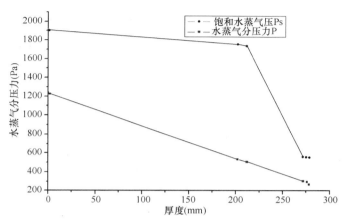

图 3-2-9 外墙外保温水蒸气分压力分布图

3.2.5.2 外墙内保温冷凝分析

1. 构造及材料参数

外墙内保温的构造为：内饰面＋25mm厚抹面砂浆（压入一层耐碱玻纤网布）＋80mm厚EPS板＋10mm厚EPS板粘结砂浆＋200mm厚钢筋混凝土墙＋柔性耐水腻子＋涂料。各层材料及其性能参数见表3-2-3。

材料性能参数   表 3-2-3

结构形式	材料名称/序号	厚度 d (m)	导热系数 λ [W/(m·K)]	材料的蒸汽渗透系数 μ [g/(m·h·Pa)×10^{-4}]
内保温	内饰面层/1	0.002	0.60	0.1
	抹面砂浆/2	0.025	0.81	0.21
	EPS板/3	0.080	0.041	0.162
	EPS板粘结砂浆/4	0.010	0.76	0.21
	钢筋混凝土/5	0.200	1.74	0.158
	涂料饰面/6	0.002	0.50	0.1

2. 计算结果

见图3-2-10。

3. 结果分析

在EPS板内会出现饱和水蒸气压小于水蒸气分压力的情况，这种保温构造在此环境下是会冷凝的，冷凝位置是在保温层外界面。围护结构中保温材料因内部冷凝受潮而产生的湿度增量小于允许湿度增量，允许湿度增量在设计规范中规定聚苯乙烯泡沫塑料为15%，按式（3-2-8）计算得到EPS板的湿度增加量为 $\Delta w = 35.8\%$（计算时，ρ 为保温材料干密度，EPS板取为20kg/m³，加气混凝土取为500kg/m³），这一数值已经远超过设计值。

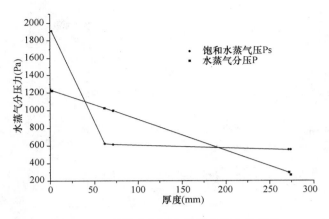

图 3-2-10　外墙内保温水蒸气分压力分布图

3.2.5.3　外墙夹芯保温冷凝分析

1. 构造及材料参数

外墙的构造为：内饰面＋160mm 厚钢筋混凝土墙＋80mm 厚 EPS 板＋40mm 厚钢筋混凝土墙＋柔性耐水腻子＋涂料。各层材料及其性能参数见表 3-2-4。

材　料　性　能　参　数　　　　　　　　　　　　　　表 3-2-4

结构形式	材料名称/序号	厚度 d (m)	导热系数 λ [W/ (m·K)]	材料的蒸汽渗透系数 μ [g/ (m·h·Pa)] ×10⁻⁴
夹芯保温	内饰面层/1	0.002	0.60	0.1
	钢筋混凝土/2	0.160	1.74	0.158
	EPS 板/3	0.080	0.041	0.162
	钢筋混凝土/4	0.040	1.74	0.158
	涂料饰面/5	0.002	0.50	0.1

2. 计算结果

见图 3-2-11。

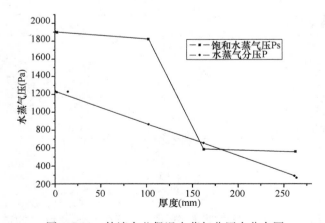

图 3-2-11　外墙夹芯保温水蒸气分压力分布图

3. 结果分析

在 EPS 板内会出现饱和水蒸气压小于水蒸气分压力的情况，这种保温构造在此环境下会冷凝，冷凝位置在保温层外界面。湿度增量为 $\Delta w = 6.1\%$，未超过规范设计值。

3.2.5.4 外墙自保温冷凝分析

1. 构造及材料参数

外墙的构造为：内饰面＋10mm厚水泥砂浆＋400mm厚加气混凝土＋20mm厚水泥砂浆＋涂料，各层材料及其性能参数见表3-2-5。

材 料 性 能 参 数   表 3-2-5

结构形式	材料名称/序号	厚度 d （m）	导热系数 λ ［W/（m·K）］	材料的蒸汽渗透系数 μ ［g/（m·h·Pa）］×10⁻⁴
自保温	内饰面层/1	0.002	0.60	0.1
	水泥砂浆/2	0.160	0.81	0.21
	加气混凝土/3	0.080	0.19	0.998
	水泥砂浆/4	0.040	0.81	0.21
	涂料饰面/5	0.002	0.50	0.1

2. 计算结果

见图3-2-12。

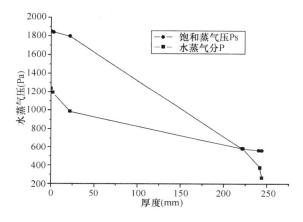

图 3-2-12　外墙自保温水蒸气压分压力分布图

3. 结果分析

在加气混凝土内会出现饱和水蒸气压小于水蒸气分压力的情况下，这种保温构造在此环境下是会冷凝的，冷凝位置在加气混凝土靠外侧附近。湿度增量为 $\Delta w=0.23\%$，未超过规范设计值。冷凝位置经常在0℃以下，由此带来结冰的冻胀破坏更为严重。

3.2.5.5 四种保温构造冷凝结果的对比分析

选用内保温、夹芯保温和自保温时都应冷凝验算，后特殊处理，按照《民用建筑热工设计规范》GB 50176—1993规定的做法——在冷凝界面内侧增加隔气层或提高已有隔气层的隔气能力。但是，在全年中存在着反向的水蒸气迁移时，隔气层又可能起到反作用。为解决这种矛盾，有些建筑会采用双侧设置隔气层的措施。设置双侧隔气层这种措施要慎用，万一内部出现冷凝或其他原因带入或进入的液态水时将很难蒸发出去，易造成更大的危害。

唯有外墙外保温是合理的设计，防止液态水进入保温系统，也允许气态水排出保温系统。

3.2.6 外保温系统露点位置分析

外保温系统在室内外水蒸气迁移过程中不会冷凝，但是在室外环境具备一定的温度和湿度情况下，也会在保温层外侧产生冷凝现象。

以北京地区为例，假定冬、夏季室内温度为20℃，湿度60％，则其冷凝温度约为12℃，夏季、冬季一昼夜的外界温度变化作为数值模拟的温度输入荷载，计算结果如图3-2-13、图3-2-14所示。

如图3-2-13所示，未做保温时，在夏季墙体内表面的温度要低于外表面，如果出现冷凝，冷凝位置只能在内表面。内墙面的温度要远远大于空气的冷凝温度，在夏季上述假定条件下，内墙面是不会出现冷凝现象的。在冬季，墙体内表面会出现冷凝时间段，在下午4点左右到第二天上午11点，墙体内表面温度要低于冷凝温度，会出现墙体冷凝现象。

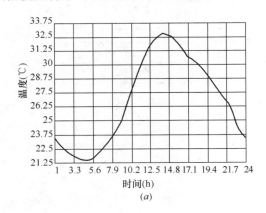
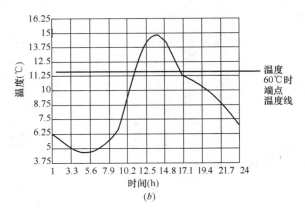

图3-2-13　未保温墙体内表面温度随外界温度的变化曲线（一天）
(a) 夏季；(b) 冬季

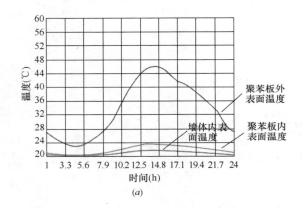
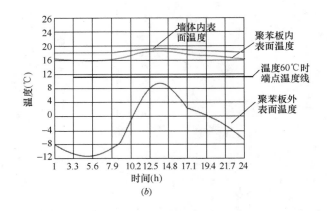

图3-2-14　外保温墙体各界面温度随外界温度的变化曲线（一天）
(a) 夏季；(b) 冬季

图3-2-14中，保温系统为外保温时，在夏季，内墙面温度远远大于空气的冷凝温度，不会出现冷凝现象。在冬季，保温层以内的温度均大于冷凝温度，不会出现冷凝，而聚苯板外表面温度低于冷凝温度，空气湿度较大时，容易在聚苯板外表面抗裂砂浆层产生冷凝。但是，抗裂砂浆厚度很薄，能吸纳的液态水量很小，处于液态水的作用下，抗裂砂浆受浸润，强度降低，粘结力下降，干燥时产生干湿形变，容易产生空鼓和脱落现象。

图3-2-15　冷凝导致的抗裂防护层脱落

如图3-2-15所示工程案例，外保温系统抗裂层位置发生冷凝，致使抗裂层在冬季产生冻融破坏，其他季节被水浸润产生粘结力下降，最终导致面层的抗裂砂浆与保温板剥离，面层破坏规整，破坏特征较为明显。因此，在相关标准制定中需要考虑抗裂砂浆耐水和耐冻融能力，并设置能够吸收冷凝水的构造，避免抗裂防护层内出现液态水。

3.3 外保温系统的防水性和透气性

外保温系统是由保温层和防护层组成（包含装饰系统）。是附着在结构墙体表面垂直于地面的非承重构造。对于防水性而言，要求该系统能够抵御外界液态水的侵入；对于透气性而言，要求室内外水蒸气分压力差导致的水蒸气迁移能够正常进行。

3.3.1 Kuenzel 外墙保护理论

1968 年，德国物理学博士金策尔（Kuenzel）博士率先提出外墙防水抹灰技术指标（Kuenzel 外墙保护理论）。后来被欧洲各种建材标准广泛引用：

$$W \leqslant 0.5 \tag{3-3-1}$$
$$S_d \leqslant 2 \tag{3-3-2}$$
$$W \cdot S_d \leqslant 0.2 \tag{3-3-3}$$

式中　W——吸水速率，kg/（$m^2 \cdot h^{0.5}$），评价材料吸水快慢的过程；

　　　S_d——等效静止空气层厚度，m，评价材料干燥能力（透气性）。

式（3-3-1）是对材料吸水能力的要求；式（3-3-2）是对材料透气性的要求，描述系统透气能力的指标还有水蒸气湿流密度、水蒸气渗透系数等，这些指标都可以相互转换；式（3-3-3）综合两者指标要求，提出统一协调的指标要求（如图 3-3-1）。

3.3.2 材料吸水性能

材料吸水性能一般以材料的吸水系数来表示，同一材料的吸水系数是恒定的，在达到饱和前，材料吸水量和时间的平方根成正比，达到饱和状态后，就是一条与时间轴线平行的直线（如图 3-3-2）。

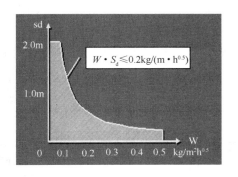

图 3-3-1　材料吸水性和透气性关系图

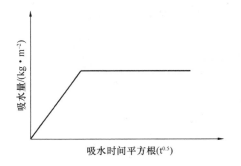

图 3-3-2　材料吸水性与吸水时间的关系

3.3.3 材料憎水性能

将液体滴在固体基材表面，当固、液表面相接触时，在界面边缘处会形成一个夹角 θ，也即常说的"接触角"。如图 3-3-3 所示，可以通过 θ 的大小来衡量液体对固体基材润湿程度，或者基材的憎水程度。

在试验过程中将砂浆放于平整台面上，用滴管滴 2～3 滴水珠在砂浆块表面，在 1min 内根据水珠在砂浆表面的静态接触角来判断表面疏水效果，判断标准见表 3-3-1。当然在衡量疏水效果时，还应考虑动态接触角，因为涉及比较复杂，暂不加以讨论。一般地，在自然界，水珠在荷叶等植物表面接触角能大于

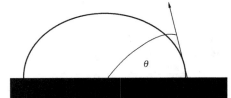

图 3-3-3　与基材表面润湿时的接触角

130°，所以当水珠在基材上接触角较大时，我们可称该基材具有"荷叶效果"。在选用憎水材料时，要充分考虑外保温系统对材料性能指标的相关规定，应将材料的憎水率控制在较合理的比率，这样既满足了各层材料间的粘结性能，又保障了系统的安全性。

表面疏水效果与初期接触角关系   表 3-3-1

疏水等级	接触角 θ	与基材润湿效果
Ⅰ级	$\theta \leqslant 30°$	完全润湿
Ⅱ级	$30° < \theta \leqslant 90°$	明显润湿
Ⅲ级	$90° < \theta \leqslant 110°$	轻微润湿
Ⅳ级	$110° < \theta \leqslant 130°$	良好憎水性
Ⅴ级	$\theta > 130°$	非常好的憎水性

3.3.4 材料透气性能

材料透气性能一般以材料的等效静止空气层厚度或材料的湿流密度来描述。

$$S_d = \mu \cdot s \tag{3-3-4}$$

式中　S_d——等效静止空气层厚度，m；

μ——扩散阻力系数，空气 $\mu = 1$；

s——涂膜厚度，m。

对于理论中所涉及的指标在试验过程中离散性是很大的，需要有大量的试验数据作为支撑，金策尔（Kuenzel）博士后来在撰文《外墙抹灰技术》中也提到对于材料吸水性和透气性研究的工程实际应用经验是占有很大的因素。透气性指标以等效空气层厚度来表示的检验方法也只有欧洲标准 EN12866 采用，其他标准都是以水蒸气湿流密度来检验，然后通过代换得到等效空气层厚度指标，数据绝对值准确率虽不高，但用同一种检验方法对比两种材料相对值是很有应用意义的。

3.3.5 外保温系统防水和透气性能

国内外颁布的各种外保温系统标准、施工技术规程等各种标准对于材料的吸水性和透气性的指标要求，摘录见表 3-3-2。

材料吸水性和透气性   表 3-3-2

标　准	吸　水　性	透　气　性	备　注
《膨胀聚苯板薄抹灰外墙外保温系统》JG 149—2003	5mm 厚防护层，浸水 24h，吸水量 $\leqslant 500\text{g/m}^2$［相当于 $0.1\text{kg}(\text{m}^2 \cdot \text{h}^{0.5})$］	防护层和饰面层一起水蒸气湿流密度要 $\geqslant 0.95\text{g}/(\text{m}^2 \cdot \text{h})$（相当于 1.2m）	吸水性按 JG 149—2003 测定；水蒸气湿流密度按《建筑材料水蒸气透过性能试验方法》GB/T 17146—1997 中的水法测定
《胶粉聚苯颗粒外墙外保温系统》JG 158—2004	浸水 1h，吸水量 $\leqslant 1000\text{g/m}^2$［相当于 $1\text{kg}(\text{m}^2 \cdot \text{h}^{0.5})$］	水蒸气湿流密度要 $\geqslant 0.85\text{g}/(\text{m}^2 \cdot \text{h})$（相当于 1.2m）	—
《外墙外保温工程技术规程》JGJ 144—2004	只有抹面层或带有全部保护层，浸水 1h，吸水量 $\leqslant 1000\text{g/m}^2$［相当于 $1\text{kg}(\text{m}^2 \cdot \text{h}^{0.5})$］	水蒸气湿流密度要符合设计要求	吸水性按 JGJ 144—2004 测定；水蒸气湿流密度按《建筑材料水蒸气透过性能试验方法》GB/T 17146—1997 中的干燥剂法测定
《膨胀聚苯板外墙外保温复合系统》EN 13499：2003	防护层：$\leqslant 0.5\text{kg}(\text{m}^2 \cdot \text{h}^{0.5})$	防护层和饰面涂层一起：$\geqslant 20.4\text{g}/(\text{m}^2 \cdot \text{h})$（相当于 1m）	吸水性按 EN 1602-3：1998 测定；透气性按 EN ISO 7783-2：1999 测定
《有抹面层的外墙外保温复合系统欧洲技术认证标准》ETAG 004：2000	浸水 24h，吸水量 $\leqslant 0.5\text{g/m}^2$［相当于 $0.1\text{kg}(\text{m}^2 \cdot \text{h}^{0.5})$］	防护层和饰面涂层一起：泡沫塑料类保温材料 $\leqslant 2\text{m}$；矿物保温材料 1m	吸水性按 EN 1609：1997《建筑用绝热产品通过部分浸水测定短期吸水性》测定

欧洲标准《色漆和清漆抹灰层和混凝土基面上的外用涂料和涂料系统分类—1. 分类》EN 1062—1：2002 规定，按《色漆和清漆抹灰层和混凝土基面上的外用涂料和涂料系统分类—3 吸水性的测定和分类》EN 1062—3：1998 测定吸水性，按表 3-3-3 将涂料分类，便于用户选用。

按吸水性分类   表 3-3-3

分类	W_0	W_1	W_2	W_3
吸水性	—	高	中	低
要求/kg/（$m^2 \cdot h^{0.5}$）	无要求	＞0.5	0.5≥W_2＞0.1	≤0.1

欧洲标准《色漆和清漆抹灰层和混凝土基面上的外用涂料和涂料系统分类—1. 分类》EN 1062—1：2002，按《色漆和清漆抹灰层和混凝土基面上的外用涂料和涂料系统分类—2. 透水汽性测定和分类》EN ISO 7783—2：1999 测定透气性，按表 3-3-4 分类作为用户选用依据。

按透气性分类   表 3-3-4

分类	V_0	V_1	V_2	V_3
透气性	—	高	中	低
g/（$m^2 \cdot d$）	无要求	＞150	15≤V^2＞150	＜15
要求/M（阻力—相当于静止空气层厚度）	—	＜0.14	0.14≤V^2＜1.4	≥1.4

根据《色漆和清漆抹灰层和混凝土基面上的外用涂料和涂料系统分类—2. 透水汽性测定和分类》EN ISO 7783—2：1999 标准中的中等透气水平，可得出这样一个方程式：

$$1/V_{EIFS} = 1/V_{砂浆} + 1/V_{涂料} \tag{3-3-5}$$

根据方程式 $S_d = 20.357/V$，可以得出一个新公式：

$$S_{d.EIFS} = S_{d.砂浆} + S_{d.涂料} \tag{3-3-6}$$

外保温生产厂家测量出砂浆 S_d 值，涂料生产厂家测量出涂料 S_d 值，就很容易算出外保温系统的 S_d 值是否符合要求。S_d 值是越小越好，对应涂料的透气性越高。

行业标准《外墙涂料水蒸气透过率的测定及分级》JG/T 309—2011 的测试方法与《建筑材料水蒸气透过性能试验方法》GB/T 17146—1997 有所不同。它用饱和的磷酸二氢铵溶液代替水，其相对湿度是恒定 93% 与实验室相对湿度 50% 差产生水蒸气流。其结果可用水蒸气透过率 V 表示，其单位是 g/（$m^2 \cdot d$），也可用透气阻力 S_d（扩散等量空气层厚度）表示，其单位是 m，两者的换算关系是 $S_d = 20.357/V$，但 S_d 值表征涂料透气性更科学和直观，因为涂膜越厚 S_d 值越大，透气性越差，所以欧洲外墙涂料均有 S_d 值这一项检测指标。

此外，在试板养护方面两者也有差别，在《建筑材料水蒸气透过性能试验方法》GB/T 17146—1997 中，其测试方法是针对所有建筑材料，涂料在户外干燥过程与实验室干燥不尽相同。行业标准《外墙涂料水蒸气透过率的测定及分级》（征求意见稿）中增加了样板老化处理。当外墙在户外暴露时，会受雨水冲刷和高温袭击。雨水会带走涂层中的可溶性成分，高温会使涂膜软化，结果涂膜更致密，透气性会变差。在《膨胀聚苯板薄抹灰外墙外保温系统》JG 149—2003 中，样板没有经过老化处理，所测数据会比实际偏小。

3.3.6 外保温系统的防水性和透气性设计原则

（1）通过对水和水蒸气迁移的影响因素分析，不难得出结论，外墙外保温系统不能采用完全闭孔或孔隙率非常低的保温材料。

（2）表面与水直接接触的装饰层或防护层材料应选用毛细孔率较高的憎水材料，水接触墙表面形成水珠滑落（荷叶效应），以达到界面防水的作用。

国外研究表明，只有当透气性和吸水性达到某一合适的比值时，建筑物保温层、防护面层才具有良好的保护功能。通常国外用吸水系数来表示材料的吸水性，即：

$$K = W/S \cdot \sqrt{t} \qquad\qquad (3\text{-}3\text{-}7)$$

式中 K——吸水系数（kg/m² $\cdot$ $\sqrt{\text{h}}$）；

　　　W——吸水量（kg）；

　　　S——吸水面积（m²）；

　　　t——吸水时间（h）。

建筑物外保温中往往用水蒸气渗透系数 μ 来表明材料透气能力，材料孔隙率越高，透气性越强，静止空气的水蒸气渗透系数 μ 为 6.08×10^{-4} g/（m $\cdot$ s $\cdot$ Pa），μ 值越高透气性能越好。

从表面防护的角度来说，吸水性越小越好，而透气性越大越好，理想的外墙保温系统表面既没有吸水性，又没有水蒸气的扩散阻力，但这是不可能的，国外通常要求吸水性与透气性较为理想的范围为：$K \leqslant 0.5$ kg/m² $\cdot$ h$^{0.5}$。

上述数据是对一般建筑用砂浆的吸水性要求，对于混凝土材料，其吸水性是达不到上述要求的，表 3-3-5 列出部分建筑外墙材料的吸水系数。从表中可以看出，上述材料若不作拒水防护是不能达到表面耐冻融要求的，进而必然会造成外墙出现裂纹。

部分建筑外墙材料的吸水系数　　　　　　　　　　　　　　表 3-3-5

材料名称	吸水系数（kg/m² $\cdot$ h$^{0.5}$）
水泥砂浆	2.0～4.0
混凝土	1.1～1.8
实心黏土砖	2.9～3.5
多孔黏土砖	8.3～8.9
加气混凝土砌块	4.4～4.7

3.4　外保温系统防水屏障和水蒸气迁移扩散构造

建筑的节能效果、耐久性、舒适性与建筑保温系统的防水透气性密切相关，保温系统必须通过设置合理的构造，做到系统防水透气，并防止冷凝水的相变破坏。

3.4.1　高分子弹性底涂层

高分子乳液弹性底层涂料是选用漆膜细密、直径较小的乳液作底漆，含有大量有机硅树脂，该树脂可在涂刷表面形成单分子憎水排列，对液态水的较大分子具有很强排斥作用，外界雨水会在其表面形成"水珠"，但不会润湿外表面；同时具有良好的防水性、透气性和渗透性，纳米级粒子沿基层的毛细孔向内部渗透，并在毛细孔壁上形成一层极薄的硅树脂网络，但并不堵塞毛细孔，使外界的水不能渗进去，而内部的水汽可以散发出来，避免了墙体排湿不畅、出现冷凝或者保温层水分增多现象。

滞留在基层表面的底涂，经过水分蒸发形成连续性封闭薄膜，使基层内部的水汽向外散发减缓，避免了新抹水泥砂浆因失水过快而产生龟裂，起到水泥砂浆养护液的作用。涂膜的透气性与涂膜的厚度成反比，因此要求高分子弹性底涂的涂膜薄而均匀为好。通过施工技术控制底涂的涂膜厚度，使它既能起到水泥砂浆养护膜的作用，又能使内部水汽缓慢散发出来。由于底漆有优良的渗透性，使弹性薄膜与水泥砂浆层紧密地嵌合在一起，为保温层构筑了一道抗裂防水屏障。同时，也为饰面装饰层提供了良好的界面基础，使得高分子弹性底涂具备了成膜封闭与渗透封闭的双重功效外，还具有防裂和防加强网腐蚀的作用。

（1）防裂

高分子弹性底涂的涂膜具有一定的柔性变形能力，即弹性，当抗裂砂浆找平层表面出现细微裂纹时，涂膜受到拉伸变形但不会造成开裂破坏，仍然保持完整的涂膜和原有的各种阻隔功能。因此在抗裂砂浆找平层表面涂装弹性底涂，可以防止部分开裂的抗裂砂浆找平层直接暴露在空气中，并且阻隔水和其他腐蚀性物质对抗裂砂浆找平层的侵蚀，可以有效地保护外保温墙体结构。

（2）防加强网腐蚀

高分子弹性底涂具有防隔水渗入外墙外保温系统中对加强网产生腐蚀作用：水泥砂浆中渗入的水溶解水泥基中钙、镁离子形成碱性溶液，耐碱玻纤网格布长期处于潮湿高碱度环境中，其断裂强力明显降低。对于面砖装饰饰面外保温系统，水溶解空气中有侵蚀性的气体（如 CO_2、SO_2、SO_3 等），使得局部破坏的热镀锌电焊网锈蚀，失去骨架作用。同时水溶液的迁移及蒸发过程，结晶出氢氧化钙产生了装饰层表面的泛碱，大量的泛碱改变内部砂浆的酸碱平衡，加剧内部钢丝网的锈蚀，降低了面层的抗裂性能。

3.4.1.1 涂膜防水透气的基本原理

高分子乳液弹性底层——涂膜防水基本原理：涂膜的微孔比水滴小，每个微孔的大小大约只有一滴水的两万分之一（一滴水为 0.05mL），这意味着外部的水分将无法透过涂膜（水分子的直径是 4×10^{-10} m）。涂膜也不是绝不透水的，只是在自然界中一般水滴的直径远大于薄膜孔隙，且在自然界中难以达到使其发生渗漏的水压，所以在恶劣天气中保持干爽。由于水的表面张力存在，水分子总是聚集成水滴，压力较小时，表面张力能够与使水向涂膜内渗透的压力相平衡。因此，水不会渗漏。如压力增大到一定程度时，表面张力不足以维系这个平衡时，水滴就碎裂成更小水滴。

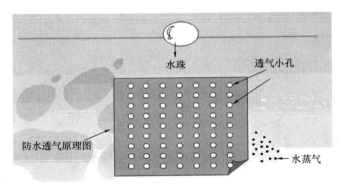

图 3-4-1　高分子乳液弹性底层涂膜防水透气原理图

高分子乳液弹性底层——涂膜透气基本原理：涂膜的微孔比水汽分子大，每个涂膜的微孔大小是水汽分子的 700 倍，所以水汽能透过涂膜微孔轻易地蒸发掉。由于涂膜上孔隙的存在，涂膜内外环境的气相是相通的。涂膜上的孔隙大小决定了透气性的强弱。孔隙大，则透气性强，但由于允许通过的"更小的体积单元"增大，即水滴更容易碎裂，所以防水性能变差。相反，孔隙小则透气性变差，而防水性能增强（图 3-4-1）。

将高分子乳液弹性底层涂料涂刷在保温防护层之上，在保持水蒸气渗透系数基本不变的前提下，能够有效地使面层材料的表面吸水系数大幅度下降。表 3-4-1 为试验对比数据。

涂刷高分子乳液弹性底层涂料的吸水透气性对比试验　　　　　　　　　　　　　　表 3-4-1

项　目	单位	涂有高分子乳液弹性底层涂料的样品	对照样品
吸水系数 K	$kg/m^2\cdot\sqrt{h}$	0.12	1.11
水蒸气渗透系数为 μ	$g/(m\cdot s\cdot Pa)$	9.89×10^{-9}	10.72×10^{-9}

以上数据表明：保温防护面层涂刷 $100\mu m$ 厚左右的高分子弹性底层涂料后，表面吸水系数大幅度降低，而材料的水蒸气系数基本不变，传热系数也得到了保证，提高外保温系统抗冻融性、耐久性及抗裂性。同时满足了外墙外保温系统透气性能的要求。

3.4.1.2 影响涂层透气性的因素

涂层透气性的影响因素主要有涂膜厚度、PVC、老化处理、溶剂型涂料与水性涂料（表 3-4-2）。

不同涂料样品在外保温抹面砂浆上的透气性

表 3-4-2

涂料编号	系统	S_d 值（m）
抹面砂浆	—	0.22
B1	＋底漆（PVC45％）	0.50
	＋底＋弹性中涂（PVC38％）	1.32
	＋底＋弹中＋弹面（PVC29％）	2.11
B3	＋底漆（PVC45％）	0.39
	＋底＋中涂（PVC85％）	0.96
	＋底＋中涂＋面（清漆）	1.63
D3	＋底漆（PVC29％）	0.74
	＋底＋中涂（PVC70％）	1.80
	＋底＋中涂＋面	3.09
E1	＋底漆（油性）	0.88
	＋底＋中涂	1.30
	＋底＋中涂＋面	2.06

以上数据表明：

（1）涂膜厚度与透气性成反比，涂膜越厚，S_d 值越大，透气性越差。

（2）在相同厚度的涂层比较时，PVC 越高，透气性越好。

（3）老化处理是影响透气性的一个重要因素：对于高 PVC 涂料，老化处理的影响相对较小；对于低 PVC 涂料，老化处理的影响相对较大，老化处理后的样板透气性明显差很多（《外墙涂料水蒸气透过率的测定及分级》标准中增加了对样板老化处理的要求：样板干燥 14 天后，放入 50℃烘箱 24h，取出再浸于水中 24h，进行 3 个循环）。

（4）涂料透气性差，涂料就容易起泡，开裂及脱落。如弹性涂料的起鼓，主要原因是弹性涂料的透气性不好造成的。

3.4.2 水分散构造层

较理想的系统构造设置在各种材料的透气性指标上，从内至外，材料的透气性要求应越来越好，水蒸气就能够有一个顺畅的迁移通道，不至于在墙体及保温装饰层内部形成冷凝水，同时从干燥过程来分析，也是有利于水蒸发后排出。从吸水率的指标上来分析，主要是阻止液态水的进入系统内部，与面层材料相比，内部材料的吸水率要求相对比较低。对结构来说，解决保温系统内水蒸气冷凝问题，要求整个系统的每一种材料的透气性指标能够相互匹配，越靠近外侧透气性能应越好；但对于防止液态水进入方面则更严格要求面层装饰材料的防水性能。

当外保温系统内部出现冷凝水时（或外饰面出现裂缝，弹性底涂层遭到致命性破坏，雨水进入系统时），要将水分从系统中有效迁移出去，避免外保温系统遭受冻融破坏，系统就必须设置水蒸气渗透转移扩散的构造——水分散构造层。水分散构造是针对透气性差排湿不畅而开发的外保温系统构造（尤其是 XPS 板外保温系统），采用胶粉聚苯颗粒贴砌 XPS 板外保温系统，使其具有优异的传湿和调湿双重功效，能自动调节系统内部水分迁移，增强系统的呼吸性（图 3-4-2、图 3-4-3）。

XPS 板（光面板）虽具有优良的保温防水功能，但其自身强度高、变形应力大、透气性差、粘结能力差等缺陷，引发了众多的工程质量问题。XPS 板因其特殊的生产成型工艺及分子结构，使之透气性与

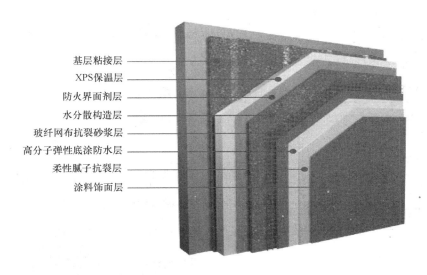

基层粘接层
XPS保温层
防火界面剂层
水分散构造层
玻纤网布抗裂砂浆层
高分子弹性底涂防水层
柔性腻子抗裂层
涂料饰面层

图 3-4-2　胶粉聚苯颗粒贴砌 XPS 板外保温系统基本构造

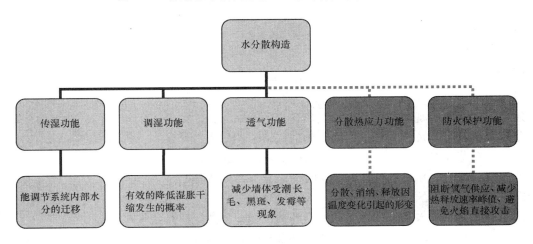

图 3-4-3　水分散构造示意图

粘结性差。为此，我们在外保温系统构造上采取了相应的措施：在保温层表面增设水蒸气迁移扩散构造层（即胶粉聚苯颗粒浆料找平层），以提高系统的呼吸性能，并提出了以下建议：

（1）对 XPS 板进行开孔处理，即在 XPS 板上开出两个透气孔（图 3-4-4），并用胶粉聚苯颗粒浆料填塞透气孔，由于胶粉聚苯颗粒浆料自身的透气性要大大优于 XPS 板〔经测试胶粉聚苯颗粒浆料的水蒸气渗透系数为 20.4ng/（m·s·Pa），大约是 XPS 板 10 倍〕，可以改善 XPS 板透气性能。另外，在透气孔中填塞胶粉聚苯颗粒浆料还可提高 XPS 板与基层墙体的粘结性能。

（2）在 XPS 板与板之间预留 10mm 宽的板缝（图 3-4-5），并用胶粉聚苯颗粒浆料砌筑板缝。这种设计可以进一步增强 XPS 板系统的透气性能，因为胶粉聚苯颗粒浆料具有优异的吸湿、调湿、传湿性能，使 XPS 板系统水蒸气渗透能力有了进一步的提升，不至于在 XPS 板表面出现冷凝，特别是在严寒和寒冷地区可避免冻胀破坏。另外，XPS 板缝设计并用胶粉聚苯颗粒浆料砌筑可使 XPS 板六面被亚弹性的胶粉聚苯颗粒浆料包裹，提高了粘结性能；同时，由于板间接缝密实，保温层整体性好，板材温差变形时产生的应力可被胶粉聚苯颗粒浆料分散、消纳、限制，因而可减缓 XPS 板收缩变形，提高抗裂性能，有效避免板缝处开裂。

（3）在 XPS 板表面批抹一层胶粉聚苯颗粒浆料，形成水分散透气构造，这一构造能够吸收保温板透气性差或冷凝产生的少量的水蒸气冷凝水，确保系统内不存在流动的液态水。系统内部水蒸气向外排放，遇到外界温度较低，而在抗裂层内侧冷凝时，胶粉聚苯颗粒层具有优异的吸湿、调湿、传湿性能，可以吸收产生的少量冷凝水，分散在胶粉聚苯颗粒层，并通过胶粉聚苯颗粒良好的透气性，将分散的冷凝水以气态形式散发出去，避免液态水聚集后产生的三相变化破坏力，提高系统粘结性能和呼吸功效，从而保证外墙外保温工程的稳定性和安全性。

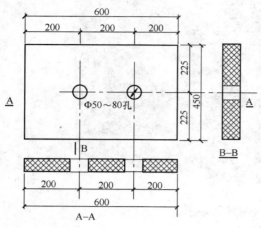

图 3-4-4　XPS板开孔设计

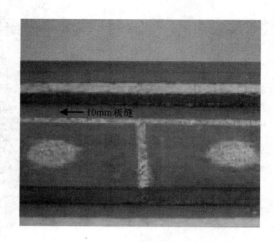

图 3-4-5　XPS板板缝设计

3.5　总　　结

　　通过建筑墙体湿热的基本特征分析和湿热迁移的原理讨论，揭示了水在多孔材料中的运动规律；采用水蒸气分压力曲线交叉法对四种不同保温构造进行理论计算得知：在室内水汽向室外迁移过程中，内保温、自保温和夹芯保温均有冷凝现象，只有外保温做法没有冷凝现象，构造最合理。

　　在室外环境温湿度变化过程中，外保温抗裂层存在冷凝生成条件。抗裂防护层较薄，不能完全吸收产生的冷凝水，出现冷凝的液态水。因此，需要设置水分散透气构造，在保温板外侧批抹胶粉聚苯颗粒浆料，将产生的冷凝液态水吸收，并通过材料的透气功能排放，防止水的三相破坏。

　　水对外墙外保温系统的破坏是由一种或几种现象综合产生的，水的存在又为各种形式破坏力的产生提供了必要条件，除了提高材料自身憎水性能外，还需要在抗裂砂浆表面，设置一道高分子弹性底涂防水屏障保护层，起到阻止液态水进入、让气态水排出的作用，在保证系统水蒸气渗透系数满足标准的前提下，大幅度降低系统及保温材料的吸水量，能有效避免或减少在严寒及寒冷、潮湿地区冻胀力对外保温系统的破坏，也能避免长期在潮湿的碱环境条件下对聚合物砂浆粘结力的破坏。

　　外保温系统的构造，必须具有抗裂、防水、排潮的功能，避免液态水进入外保温系统，并便于气态水排出。

4 外保温系统耐候性能研究

4.1 试 验 简 介

随着建筑节能技术，尤其是外墙保温技术的不断发展，人们不仅关注外保温系统的保温性能，而且更加关注外保温系统的安全性和耐久性，而大型耐候性试验就是检验和评价外保温系统整体性能，特别是耐久性的重要试验项目。

保温工程在实际使用中会经受日晒雨淋、严寒酷暑的考验，经受长期反复的温度变化，使系统、特别是表面的保护层随之产生温度应力并不断变化。由于保温材料的隔热性能，热量被保温材料阻隔后在外保温系统面层聚集，导致其保护层温度在夏季高达 70℃ 左右，夏季持续晴天后突降暴雨所引起的表面温度变化可达 50℃ 之多，剧烈的温度变化引起外保温各层材料不均匀的变形而导致外保温系统内部产生温度应力，应力超出限值就会引起外保温系统的开裂，从而降低外保温系统的寿命。

《外墙外保温工程技术规程》JGJ 144—2004 规定的外墙外保温系统耐候性试验，是模拟夏季经高温日晒后突降暴雨和冬夏年温差的反复作用，对大尺寸的外保温系统进行加速气候老化试验，要求试样经 80 次高温（70℃）—淋水（15℃）循环和 5 次加热（50℃）—冷冻（−20℃）循环后，不得出现饰面层起泡或剥落、保护层空鼓或脱落等破坏，不得产生渗水裂缝。构造不合理、材料质量和相容性不符合要求的系统难以经受这样的考验，就不能用于实际工程，必须总结经验，制定措施，加以改进，直至耐候性试验检验合格，方可投入使用。实践证明：大型耐候性试验与实际工程有着很好的相关性，为了确保外保温系统的耐久性，外保温系统在大范围应用前必须经过大型耐候性试验的检验。

4.1.1 试验目的

本试验目的旨在对不同构造及不同组成材料的外保温系统作科学系统的试验研究。通过试验过程中外保温系统温湿度变化的数据采集分析、开裂空鼓记录以及温度场的数值模拟等手段，摸索外保温系统耐候性能规律性的变化及产生力的分析，研究满足耐候性能要求的合理构造及组成材料。

4.1.2 试验设备

本试验采用的大型耐候性试验设备为两个温度控制箱体，能够同时进行 4 个外保温系统的耐候性试验（图 4-1-1、图 4-1-2）。

图 4-1-1　耐候性能检测试验机外部箱体

图 4-1-2　耐候性能检测试验机内部箱体

这种试验方法能够保证同环境温度条件下，同时作不同外保温系统及不同组成材料的对比试验，比较同条件下不同外保温系统及组成材料的优劣。这种试验方法和试验仪器在国内还是首创，试验结果更具有说服力。

4.1.3　试验方法

（1）本试验方法参照《外墙外保温工程技术规程》JGJ 144—2004 进行。试验步骤为：

1）热—雨循环 80 次，每次 6h。

① 升温 3h：使试样表面升温至 70℃，并恒温在 70±5℃（其中升温时间为 1h）。

② 淋水 1h：向试样表面淋水，水温为 15±5℃，水量为 1.0~1.5L/（m² • min）。

③ 静置 2h

2）状态调节至少 48h。

3）热—冷循环 5 次，每次 24h。

① 升温 8h：使试样表面升温至 50℃，并恒温在 50±5℃（其中升温时间为 1h）。

② 降温 16h：使试样表面降温至−20℃，并恒温在−20±5℃（其中降温时间为 2h）。

（2）观察、记录和检验时，应符合下列规定：

每 4 次高温-淋水循环和每次加热-冷冻循环后观察试样是否出现裂缝、空鼓、脱落等情况并作记录。

试验结束后，状态调节 7d，按现行行业标准《建筑工程饰面砖粘结强度检验标准》JGJ 110 规定，检验抹面层与保温层的拉伸粘结强度，断缝应切割至保温层表面。

4.2　耐候墙体温度场的数值模拟

耐候试验的研究需要大量的数据作为支撑，其中外保温墙体各个位置各个时刻的温度是至关重要的数据，但这些数据量非常大，要想在试验阶段全部记录下来，几乎不太可能，数值模拟就可以计算整个试验过程中外保温墙体的温度场。其中耐候试验墙体的升降温速率数值模拟对研究外保温墙体保护层的温度裂缝会有很大的帮助，数值模拟将会成为总结外保温系统耐候性运动规律的有力工具。

本节重点介绍温度场数值模拟方法和过程。

4.2.1　耐候性试验环境状态模拟

根据《外墙外保温工程技术规程》JGJ 144—2004 规定，对墙体外保温系统模拟采用两种环境状态：热-雨环境和热-冷环境。

（1）热-雨环境：即高温-淋水循环 80 次，每次 6h，具体做法：升温 1h+恒温 2h；淋水时间 1h（水温为 11~17℃）；静置 2h（箱体内空气 26℃）；箱体内环境温度经对测量数据拟合，箱体内空气温度 $T_w(t)$ 和饰面层附近大气温度 $T_s(t)$ 可分别表达为：

$$T_w(t) = \begin{cases} \dfrac{T_1-T_0}{t_1-t_0}(t-t_0)+T_0, & t_0 \leqslant t \leqslant t_1, \\ T_1, & t_1 < t \leqslant t_2, \\ \dfrac{T_6-T_1}{t_{31}-t_2}(t-t_2)+T_1, & t_2 < t \leqslant t_{31}, \\ \dfrac{T_5-T_6}{t_4-t_{31}}(t-t_{31})+T_6, & t_{31} < t \leqslant t_4, \\ \dfrac{T_6-T_5}{t_5-t_4}(t-t_4)+T_5, & t_4 < t \leqslant t_5, \\ T_6, & t_5 < t \leqslant t_6 \end{cases} \tag{4-2-1}$$

$$T_s(t) = \begin{cases} \dfrac{T_1 - T_0}{t_1 - t_0}(t - t_0) + T_0, & t_0 \leqslant t \leqslant t_1, \\[2mm] T_1, & t_1 < t \leqslant t_2, \\[2mm] \dfrac{T_3 - T_2}{t_3 - t_2}(t - t_2) + T_2, & t_2 < t \leqslant t_3, \\[2mm] \dfrac{T_4 - T_3}{t_4 - t_3}(t - t_3) + T_3, & t_3 < t \leqslant t_4, \\[2mm] \dfrac{T_6 - T_5}{t_5 - t_4}(t - t_4) + T_5, & t_4 < t \leqslant t_5, \\[2mm] T_6, & t_5 < t \leqslant t_6 \end{cases} \tag{4-2-2}$$

其中，时间点：$t_0 = 0h$，$t_1 = 1h$，$t_2 = 3h$，$t_3 = 3.3h$，$t_{31} = 3.7h$，$t_4 = 4h$，$t_5 = 5h$，$t_6 = 6h$，$t_2 \sim t_4$ 为淋水。温度点：$T_0 = 26℃$，$T_1 = 75℃$，$T_2 = 11℃$，$T_3 = 15℃$，$T_4 = 17℃$，$T_5 = 21℃$，$T_6 = 26℃$。

（2）热-冷环境：即加热-冷冻循环5次，每次24h，具体做法：升温1h（−20～48℃）＋恒温7h（48℃）＝总时间8h；降温0.6h（48～0℃，直线）＋降温2.4h（0～−20℃，抛物线）＝总时间3h；恒温13h（−20℃）；热-冷环境下，箱体内环境温度经测量拟合为：

$$T(t) = \begin{cases} \dfrac{T_1 - T_0}{t_1 - t_0}(t - t_0) + T_0, & t_0 \leqslant t \leqslant t_1, \\[2mm] T_1, & t_1 < t \leqslant t_2, \\[2mm] \dfrac{T_2 - T_1}{t_3 - t_2}(t - t_2) + T_1, & t_2 < t \leqslant t_3, \\[2mm] \dfrac{T_2 - T_3}{(t_3 - t_4)^2}(t - t_4)2 + T_3, & t_3 < t \leqslant t_4, \\[2mm] T_3, & t_4 < t \leqslant t_5 \end{cases} \tag{4-2-3}$$

其中，时间点：$t_0 = 0h$，$t_1 = 1h$，$t_2 = 8h$，$t_3 = 8.6h$，$t_4 = 11h$，$t_5 = 24h$；节点温度、室内温度均取为26℃。温度点：$T_0 = -20℃$，$T_1 = 48℃$，$T_2 = 0℃$，$T_3 = -20℃$。

4.2.2 模拟计算结果与分析

（1）墙体种类与相关参数

应用以上计算模型，对聚苯板复合胶粉聚苯颗粒涂料饰面系统和喷涂硬泡聚氨酯复合胶粉聚苯颗粒涂料饰面系统分别在热-冷，热-雨环境下的实时温度场和应力场进行了计算。计算过程中采用的各构造层尺寸及相关热物理参数如表4-2-1所示。

材料热力学参数　　　　　　　　　　　表 4-2-1

结构形式	材料名称	厚度（mm）	密度（kg/m³）	比热 [J/（kg·K）]	导热系数 [W/（m·K）]	热变形系数 [1/（m·K）]	弹性模量 Gpa	泊松比
聚苯板复合胶粉聚苯颗粒涂料饰面	基层墙体	140	2500	882	1.37	10	25.5	0.2
	界面剂	1	1500	1050	0.76	8.5	2	0.2
	聚苯板	60	20	1380	0.041	60	0.0091	0.4
	保温浆料	10	200	1070	0.07	30	0.27	0.35
	抗裂砂浆	4	1600	1050	0.93	12	5.18	0.28
	涂料	3	1100	1050	0.5	12	2	0.2

结构形式	材料名称	厚度 (mm)	密度 (kg/m³)	比热 [J/(kg·K)]	导热系数 [W/(m·K)]	热变形系数 [1/(m·K)]	弹性模量 Gpa	泊松比
喷涂硬泡聚氨酯复合胶粉聚苯颗粒涂料饰面	基层墙体	140	2500	882	1.37	10	25.5	0.2
	聚氨酯	40	500	1380	0.0265	60	0.026	0.4
	保温浆料	30	200	1070	0.07	30	0.27	0.35
	抗裂砂浆	4	1600	1050	0.93	12	5.18	0.28
	涂料	3	1100	1050	0.5	12	2	0.2

（2）温度场结果与分析

图 4-2-1 和图 4-2-2 分别为聚苯板复合胶粉聚苯颗粒涂料饰面和喷涂硬泡聚氨酯复合胶粉聚苯颗粒涂料饰面外保温做法，在热-冷、热-雨环境条件下温度稳定变化后一个周期内（分别为 24h 和 6h）各层温度随时间变化情况。

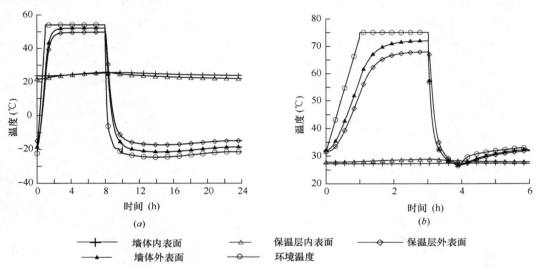

图 4-2-1 聚苯板复合胶粉聚苯颗粒涂料饰面系统不同层温度随时间变化
（a）热-冷循环；（b）热-雨循环

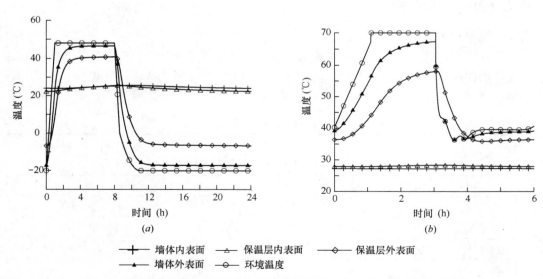

图 4-2-2 聚氨酯板复合胶粉聚苯颗粒涂料饰面系统不同层温度随时间变化
（a）热-冷循环；（b）热-雨循环

从图示结果可以看出，墙体内部各层温度随室外大气温度的周期性变化而变化。变化幅度的大小与各功能层的位置有关，距墙体外表面越远，受外界温度变化影响越小。保温材料的恰当使用可以有效地减少墙体与外部环境之间的热量传递，使得墙体内表面受到外部变温环境影响明显减小，越靠近外侧的节点，其温度变化受环境影响越大。从结果可以看出，墙体内表面温度随时间的变化量最小，对于两种保温系统，在热-冷环境条件下，日温度变化量在3℃以内；在热-雨环境条件下，日温度变化量在1℃以内。墙体外表面温度随时间的变化量最大，对于聚苯板保温系统，在热-冷环境下，日温度变化范围为−21~52℃，在热-雨环境条件下，日温度变化范围为26~71℃；对于聚氨酯保温系统，在热-冷环境下，日温度变化范围为−17~46℃，在热-雨环境条件下，日温度变化范围为38~67℃。

对比聚苯板和聚氨酯两种外墙保温系统，聚苯板系统中外墙外表面温度与保温层（聚苯板）外表面温度数值更接近。从图4-2-1和图4-2-2可以看出，聚苯板保温系统外墙表面温度与保温层外表面温度曲线比较接近，而聚氨酯保温系统中两条曲线距离较大。这是由于聚氨酯保温系统在保温层（喷涂硬泡聚氨酯层）表面设置了30mm厚的胶粉聚苯颗粒找平层，其导热系数较低，为0.07W/（m·K），部分热量被挡在了胶粉聚苯颗粒层外。而聚苯板保温系统设置了10mm胶粉聚苯颗粒找平层，厚度小于聚氨酯系统，因此聚氨酯表面与墙体外表面温度差相对较大。

为验证利用有限差分法计算墙体温度场的正确性，将理论计算得到的不同保温形式墙体分别在热-冷、热-雨环境条件下，墙体表面温度值与耐候性试验中实测的各墙体表面温度值对比。图4-2-3和图4-2-4分别为两种保温系统在热-雨环境条件下墙体表面温度试验测定值与理论计算值的对比。由图可知，两种保温系统在热-雨条件下，试验结果和理论计算结果吻合较好。由此可以证明，本文采用的温度场计算模型的正确性。

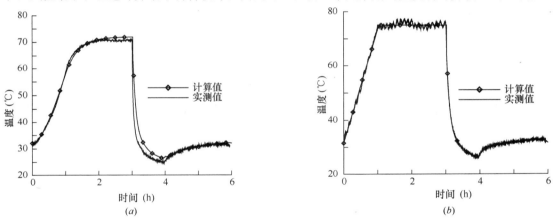

图 4-2-3 聚苯板复合胶粉聚苯颗粒涂料饰面系统热-雨条件下计算值与试验值对比

（a）墙体表面温度；（b）环境温度

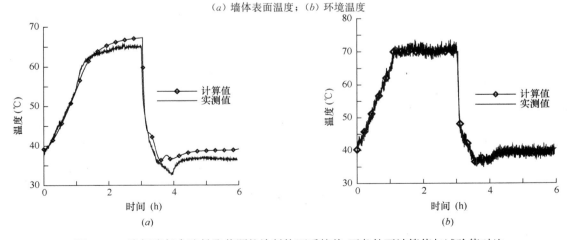

图 4-2-4 聚氨酯复合胶粉聚苯颗粒涂料饰面系统热-雨条件下计算值与试验值对比

（a）墙体表面温度；（b）环境温度

图 4-2-5 和图 4-2-6 分别为聚苯板复合胶粉聚苯颗粒涂料饰面和喷涂硬泡聚氨酯复合胶粉聚苯颗粒涂料饰面外保温做法,在热-冷、热-雨环境条件下环境温度为最高和最低时刻墙体内部温度沿断面分布情况。

由图 4-2-5 和图 4-2-6 可以得到如下结论:

1) 对于外墙外保温系统,无论在热-冷或热-雨循环中,基层墙体均处在与室内相近的温度条件且其内部温度波动较小。

2) 对于两种保温系统,保温层温度沿断面方向变化最剧烈。聚苯板保温系统,保温层内外表面在热-冷、热-雨循环中温差最大值分别为 38.4℃、39℃;聚氨酯保温系统,保温层内外表面在热-冷、热-雨循环中温差最大值分别为 31.6℃、29.4℃。

3) 对于外保温系统,由于保温层的隔热作用,使得防护层外表面在热-冷、热-雨循环中温度随时间变化范围最大。聚苯板保温系统防护层外表面在热-冷、热-雨循环中温度变化区间分别为 -20~52℃、27~72℃;聚氨酯保温系统防护层外表面外热-冷、热-雨循环中温度变化区间分别为 -18~49℃、39~68℃。

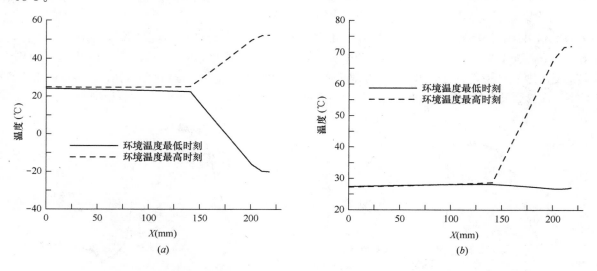

图 4-2-5　聚苯板复合胶粉聚苯颗粒涂料饰面系统温度场沿墙体断面分布
(a) 热-冷循环;(b) 热-雨循环

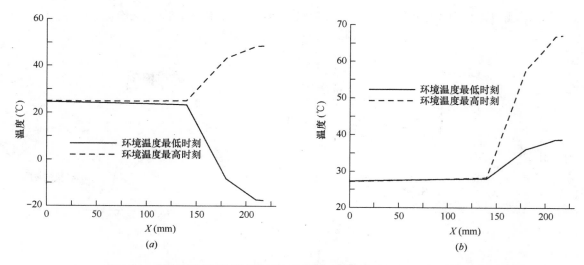

图 4-2-6　聚氨酯复合胶粉聚苯颗粒涂料饰面系统温度场沿墙体断面分布
(a) 热-冷循环;(b) 热-雨循环

（3）应力场结果与分析

利用上节计算的墙体在热-冷、热-雨循环中的温度场，利用表4-2-1中温度应力计算参数作为模型输入数值对聚苯板和聚氨酯两种外保温系统进行了应力场计算。

图4-2-7～图4-2-10分别为聚苯板复合胶粉聚苯颗粒涂料饰面系统和喷涂硬泡聚氨酯复合胶粉聚苯颗粒涂料饰面系统在热-冷、热-雨典型环境条件下抗裂砂浆层外表面和基层墙体内表面温度应力与时间关系图。图中给出了处于四种典型约束状态时相同温度变化条件下墙体温度应力的大小。这4种典型约束状态为：①墙体既不能伸缩又不能转动（嵌固墙体）；②墙体不能伸缩，只能转动；③墙体不能转动，只能伸缩；④墙体既能伸缩又能转动（自由墙体）。

由图4-2-7和图4-2-8可以得到如下结论：

1）抗裂砂浆层外表面在①②两种约束情况时温度应力的差异很小，说明抗裂砂浆层外表面在热-冷、热-雨条件下弯曲应力很小，该层内外表面温度相差很小，温度应力主要来自于纵横方向的约束。

2）自由墙体温度应力接近于零，表明抗裂砂浆层在热-冷、热-雨条件下温度分布的非线性度很小。

3）砂浆层的温度应力随环境温度变化而变化，温度升高，温度应力减小，温度降低，温度应力增大。温度峰值与应力峰值对应。

4）热-冷循环中，抗裂砂浆层经受拉压循环，温度高时，砂浆层为压应力，温度低时，砂浆层为拉应力。

5）热-雨循环中，抗裂砂浆层只承受压应力。

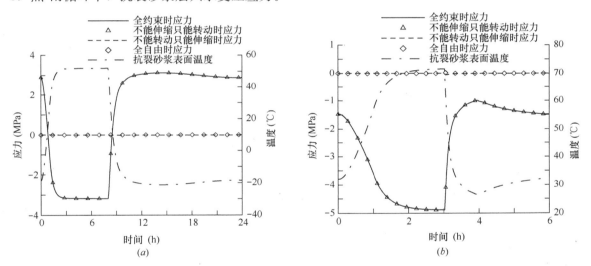

图4-2-7 聚苯板复合胶粉聚苯颗粒涂料饰面系统不同约束条件下砂浆层应力场随时间变化
（a）热-冷循环；（b）热-雨循环

由图4-2-9和图4-2-10为两种保温系统基层墙体应力计算结果，由图可得如下结论：

1）尽管基层墙体内外表面温度差不大，但是由于基层墙体较厚，①、②两种约束条件下温度应力有所差异，这说明墙体内表面的弯曲应力比抗裂砂浆层有所增大。但基层墙体的温度应力仍大部分来自轴向的约束。

2）全自由时应力仍接近零，因此基层墙体内部温度的非线性度仍然较小，大量热量被搁置在保温层外侧。

3）基层墙体的温度应力随环境温度变化而变化，温度升高，温度应力减小，温度降低，温度应力增大，温度峰值与应力峰值对应。

4）当参考温度为15℃时，在热-冷、热-雨循环过程中基层墙体内表面始终为压应力。因此，基层墙体开裂风险较小。

图4-2-11和图4-2-12分别为聚苯板复合胶粉聚苯颗粒涂料饰面系统和喷涂硬泡聚氨酯复合胶粉聚苯

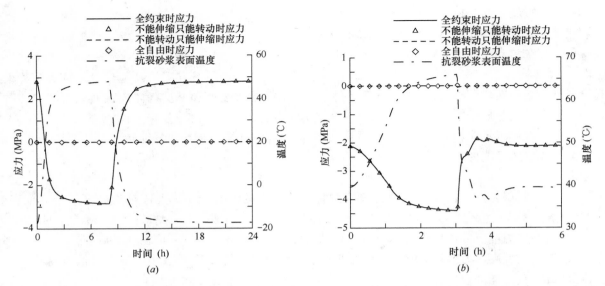

图 4-2-8 聚氨酯板复合胶粉聚苯颗粒涂料饰面系统不同约束条件下砂浆层应力场随时间变化

(a) 热-冷循环；(b) 热-雨循环

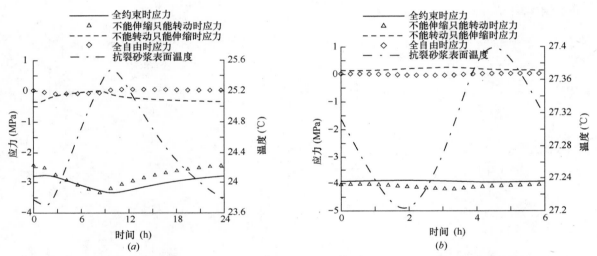

图 4-2-9 聚苯板复合胶粉聚苯颗粒涂料饰面系统不同约束条件下基层墙体应力场随时间变化

(a) 热-冷循环；(b) 热-雨循环

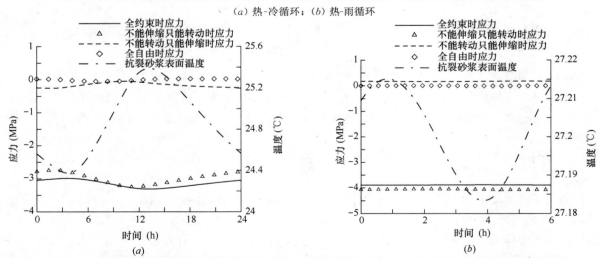

图 4-2-10 聚氨酯板复合胶粉聚苯颗粒涂料饰面系统不同约束条件下基层墙体应力场随之间变化

(a) 热-冷循环；(b) 热-雨循环

颗粒涂料饰面系统在热-冷、热-雨条件下墙体内部温度梯度最大时刻全约束温度应力沿墙体断面分布图，图中将对应时刻的温度场沿墙体厚度方向的分布也列于其中。

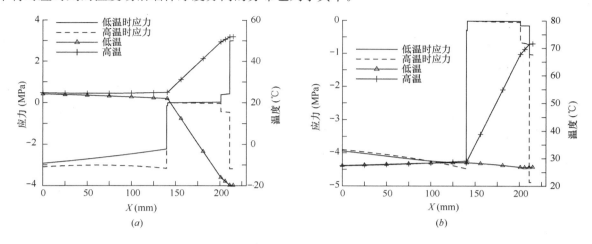

图 4-2-11 聚苯板复合胶粉聚苯颗粒涂料饰面系统应力场沿墙体断面分布
（a）热-冷循环；（b）热-雨循环

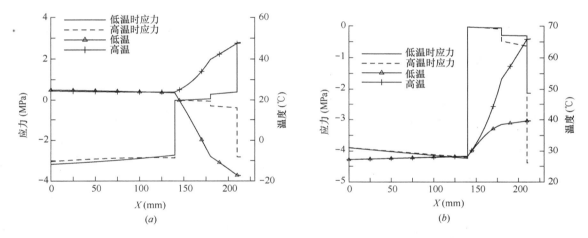

图 4-2-12 聚氨酯板复合胶粉聚苯颗粒涂料饰面系统应力场沿墙体断面分布
（a）热-冷循环；（b）热-雨循环

由图 4-2-11 和图 4-2-12 可以看出，全约束应力分布呈现阶梯状。热-冷循环低温时刻，由室内到室外温度应力逐渐增大，基层墙体主要承受压应力，保温层之外的防护层主要承受拉应力，保温层内部温度变化最为剧烈，但是由于保温层弹性模量较小，因此其应力接近于零。热-冷循环高温时刻与热-雨循环中，由于该过程温度高于参考温度 15℃。因此，墙体各功能层均承受压应力。

需要注意的是，上述应力分析中未考虑材料徐变对温度应力的松弛作用，如考虑这一因素，温度应力数值会有所降低。

（4）与传统有限元计算结果对比

为验证基于广义胡克定律计算墙体内部温度应力的正确性，使用传统有限元方法建立三维保温墙体模型，将温度场以体荷载的方式施加在各节点上，计算得到在墙体内部温度梯度最大时刻的应力场，并与本文计算结果比较。表 4-2-2 为聚苯板复合胶粉聚苯颗粒涂料饰面系统和喷涂硬泡聚氨酯复合胶粉聚苯颗粒涂料饰面系统在热-冷、热-雨条件下墙体内部温度梯度最大时刻全约束条件下各功能层界面处温度应力对比。本文选择热-冷循环低温时刻和热-雨循环高温时刻为研究对象，对比两种方法得到的各层温度应力结果。

保温系统	位 置	热-冷循环低温时刻		热-雨循环高温时刻	
		ANSYS 计算结果（MPa）	本文计算结果（MPa）	ANSYS 计算结果（MPa）	本文计算结果（MPa）
聚苯板保温系统	墙体内表面	−2.97	−2.92	−3.92	−3.90
	保温外表面	0.16	0.16	−0.26	−0.26
	砂浆外表面	3.07	3.00	−5.00	−4.89
	墙体外表面	1.06	1.04	−1.74	−1.70
聚氨酯保温系统	墙体内表面	−3.05	−3.17	−3.90	−3.88
	保温外表面	0.08	0.06	−0.13	−0.09
	砂浆外表面	2.80	2.79	−4.58	−4.39
	墙体外表面	0.97	0.97	−1.59	−1.53

从计算结果可以看出，在全约束条件下，本文采用简化计算方法得到的结果与采用传统有限元建立三维计算模型得到的结果相差较小。而使用传统有限元建立三维计算模型在建模和求解过程中所需要的时间远超过本文的简化方法。由此可见，本文采用的简化计算方法可以准确、快捷地计算出保温墙体的应力场，其精度与传统有限元建立三维模型接近。

由于在简化计算方法中忽略各层材料之间的相互作用，而在传统有限元计算时假定各层完全粘接。从计算结果看，两种方法得到的各层温度应力接近。这说明在完全嵌固条件下，各层应力主要来自边界的约束作用。

4.2.3 小结

通过大尺寸耐候性试验结合数值模拟，得到了聚苯板保温系统和聚氨酯保温系统在热-冷、热-雨条件下各功能层的温度场和应力场。由试验现象和计算结果可以得到如下结论：

（1）耐候性试验中测得的温度场与数值模拟计算得到的温度场吻合良好，在耐候性试验过程中，外防护层温度变化范围最大。对于聚苯板保温系统，在热-冷环境下，日温度变化范围为 −21～52℃，热-雨环境条件下为 26～71℃；对于聚氨酯保温系统，在热-冷环境下，日温度变化范围为 −17～46℃，热-雨环境条件为 38～67℃。

（2）热-冷循环中，抗裂砂浆层经受拉压循环，热-雨循环中，抗裂砂浆层只承受压应力。当参考温度为 15℃时，聚苯板保温系统抗裂砂浆层在热-冷、热-雨循环中应力变化范围为 −3.18～3.12MPa、−4.88～−0.99MPa。聚氨酯保温系统抗裂砂浆层在热-冷、热-雨循环中应力变化范围为 −2.85～2.79MPa、−4.41～−1.87MPa。

（3）在全约束条件下，本文采用简化计算方法得到的结果与采用传统有限元建立三维计算模型得到的结果相差较小。而本文采用的简化算法可以更方便、快捷地计算出保温系统各功能层的温度应力。

（4）合理地使用胶粉聚苯颗粒浆料，可以减少保温墙体防护层裂缝数量，从而提高外保温墙体的耐候性。

4.3 试 验 案 例 分 析

4.3.1 概述

本节记述的 12 轮大型耐候性试验，共计 48 个外保温系统，是目前外保温耐候性试验领域试验量最大、涉及保温材料和保温系统最多的研究项目，保温材料涉及胶粉聚苯颗粒、EPS 板、XPS 板、聚氨酯、岩棉、增强竖丝岩棉复合板；施工工艺和构造涉及了现浇、现场喷涂、贴砌、点框粘、薄抹灰、厚抹灰等做法；饰面层涉及涂料、面砖、饰面砂浆；几乎涉及市场上大多数主流保温材料和构造系统。

48 个外保温系统构造做法，见表 4-3-1。

大型耐候性试验系统构造做法汇总   表 4-3-1

序号	粘结层	保温层	找平层	饰面层	备注
1.1	15mm 胶粉聚苯颗粒	60mm EPS 板	10mm 胶粉聚苯颗粒	涂料	—
1.2	15mm 胶粉聚苯颗粒	65mm EPS 板	—	面砖	—
1.3	—	50mm 保温浆料	—	面砖	—
1.4	5mm 粘结砂浆	70mm EPS 板	—	涂料	—
2.1	15mm 胶粉聚苯颗粒	40mm EPS 板	10mm 胶粉聚苯颗粒	涂料	—
2.2	15mm 胶粉聚苯颗粒	65mm EPS 板	—	涂料	EPS 板开双孔，梯形槽
2.3	15mm 胶粉聚苯颗粒	65mm EPS 板	—	涂料	平板 EPS 板，不留板缝
2.4	5mm 粘结砂浆	70mm EPS 板	—	涂料	—
3.1	—	60mm 有网 EPS 板	10mm 胶粉聚苯颗粒	面砖	—
3.2	—	60mm 有网 EPS 板	—	面砖	—
3.3	—	60mm 无网 EPS 板	10mm 胶粉聚苯颗粒	涂料	—
3.4	—	60mm 无网 EPS 板	—	涂料	—
4.1	15mm 胶粉聚苯颗粒	50mm XPS 板	10mm 胶粉聚苯颗粒	涂料	—
4.2	15mm 胶粉聚苯颗粒	50mm XPS 板	—	涂料	板不去皮，开双孔
4.3	5mm 粘结砂浆	60mm XPS 板	—	涂料	—
4.4	5mm 粘结砂浆	60mm XPS 板	—	涂料	—
5.1	15mm 胶粉聚苯颗粒	60mm EPS 板	10mm 胶粉聚苯颗粒	面砖	—
5.2	15mm 胶粉聚苯颗粒	60mm EPS 板	—	面砖	—
5.3	15mm 胶粉聚苯颗粒	60mm XPS 板	—	面砖	—
5.4	5mm 粘结砂浆	60mm EPS 板	—	面砖	—
6.1	—	40mm 喷涂硬泡聚氨酯	30mm 胶粉聚苯颗粒	涂料	—
6.2	—	40mm 喷涂硬泡聚氨酯	10mm 胶粉聚苯颗粒	涂料	—
6.3	—	40mm 喷涂硬泡聚氨酯	—	涂料	聚氨酯表面修平
6.4	—	40mm 喷涂硬泡聚氨酯	—	涂料	聚氨酯表面不修平
7.1	15mm 胶粉聚苯颗粒	75mm EPS 板	30mm 胶粉聚苯颗粒	涂料	—
7.2	15mm 胶粉聚苯颗粒	85mm EPS 板	10mm 胶粉聚苯颗粒	涂料	—
7.3	15mm 胶粉聚苯颗粒	90mm EPS 板	—	涂料	—
7.4	5mm 粘结砂浆	100mm EPS 板	—	涂料	岩棉防火隔离带
8.1	15mm 胶粉聚苯颗粒	60mm XPS 板	10mm 胶粉聚苯颗粒	涂料	—
8.2	15mm 胶粉聚苯颗粒	60mm XPS 板	10mm 胶粉聚苯颗粒	涂料	—
8.3	15mm 胶粉聚苯颗粒	65mm XPS 板	—	涂料	—
8.4	5mm 粘结砂浆	70mm XPS 板	—	涂料	岩棉防火隔离带
9.1	5mm 粘结砂浆	100mm 岩棉板	—	涂料	—
9.2	5mm 粘结砂浆	100mm 岩棉板	20mm 胶粉聚苯颗粒	涂料	锚固为主做法
9.3	5mm 粘结砂浆	100mm 岩棉板	20mm 胶粉聚苯颗粒	涂料	锚固为主做法
9.4	15mm 胶粉聚苯颗粒	60mm XPS 板	10mm 胶粉聚苯颗粒	涂料	—
10.1	15mm 胶粉聚苯颗粒	100mm 增强竖丝岩棉板	—	涂料	—
10.2	15mm 胶粉聚苯颗粒	100mm 增强竖丝岩棉板	—	面砖	做至抗裂层
10.3	5mm 粘结砂浆	100mm 增强竖丝岩棉板	—	涂料	—

序号	粘结层	保温层	找平层	饰面层	备注
10.4	5mm 粘结砂浆	100mm 增强竖丝岩棉板	—	面砖	做至抗裂层
11.1	15mm 胶粉聚苯颗粒	60mm XPS 板	10mm 胶粉聚苯颗粒	涂料	—
11.2	15mm 胶粉聚苯颗粒	60mm XPS 板	—	涂料	—
11.3	15mm 胶粉聚苯颗粒	60mm XPS 板	30mm 胶粉聚苯颗粒	涂料	—
11.4	5mm 粘结砂浆	60mm XPS 板	—	涂料	—
12.1	5mm 粘结砂浆	40mm 聚氨酯复合保温板	10mm 无机保温砂浆	涂料	—
12.2	5mm 粘结砂浆	40mm 聚氨酯复合保温板	—	涂料	双层耐碱网布
12.3	5mm 粘结砂浆	40mm 聚氨酯复合保温板	10mm 胶粉聚苯颗粒	涂料	—
12.4	5mm 粘结砂浆	40mm 聚氨酯复合保温板	—	涂料	单层耐碱网布

注：基层墙体为 C20 混凝土墙，保温材料与胶粉聚苯颗粒浆料界面处均有界面剂处理。涂料饰面时抗裂层：4mm 抗裂砂浆＋耐碱玻纤网格布＋高弹底涂；面砖饰面时：10mm 抗裂砂浆＋热镀锌电焊网。

部分耐候性试验的分析报告见 4.3.2、4.3.3、4.3.4。

4.3.2 聚氨酯外保温系统耐候性试验分析报告

4.3.2.1 试验目的

第 6 轮耐候性试验选用的主保温材料为喷涂聚氨酯，比较聚氨酯外保温系统构造，目的是对比现场喷涂聚氨酯外保温系统中，聚氨酯表面修平或不修平、有无胶粉聚苯颗粒浆料找平层及浆料找平层的厚度对系统耐候性能的影响。

第 12 轮耐候性试验选用的主保温材料为聚氨酯复合保温板，比较聚氨酯外保温系统构造，目的是对比聚氨酯复合保温板外保温系统中，聚氨酯表面有无保温砂浆找平层及保温砂浆找平层的种类对系统耐候性能的影响。

4.3.2.2 系统构造及材料选择

系统构造及材料选择见表 4-3-2、表 4-3-3。

喷涂硬泡聚氨酯外保温系统构造及材料选择 表 4-3-2

系统	构造						
	基层	界面层	粘结层	保温层	找平层	抗裂层	饰面层
喷涂硬泡聚氨酯＋30mm 胶粉聚苯颗粒浆料找平涂料饰面系统	混凝土墙	聚氨酯防潮底漆	无	40mm 聚氨酯	30mm 胶粉聚苯颗粒	干拌抗裂砂浆＋耐碱网布＋弹性底涂	柔性耐水腻子＋涂料
喷涂硬泡聚氨酯＋10mm 胶粉聚苯颗粒浆料找平涂料饰面系统	同上	同上	无	同上	10mm 胶粉聚苯颗粒	同上	同上
喷涂硬泡聚氨酯涂料饰面系统（修平）	同上	同上	无	同上	无	同上	同上
喷涂硬泡聚氨酯涂料饰面系统（不修平）	同上	同上	无	同上	无	同上	同上

注：聚氨酯面层刷聚氨酯防火界面剂。

94

系　　统	构　　造						
	基层	界面层	粘结层	保温层	找平层	抗裂层	饰面层
聚氨酯复合保温板无机保温砂浆抹灰外保温系统	混凝土墙	无	聚氨酯保温复合板胶粘剂	40mm 聚氨酯保温复合板	10mm 无机保温砂浆	干拌抹面砂浆/双组分抹面砂浆＋耐碱网布＋弹性底涂	柔性耐水腻子＋涂料
聚氨酯复合保温板双层网格布外保温系统	同上	无	同上	同上	无	干拌抹面砂浆/双组份抹面砂浆＋双层耐碱网布＋弹性底涂	同上
聚氨酯复合保温板胶粉聚苯颗粒抹灰外保温系统	同上	无	同上	同上	10mm 胶粉聚苯颗粒贴砌浆料	干拌抹面砂浆/双组份抹面砂浆＋耐碱网布＋弹性底涂	同上
聚氨酯复合保温板薄抹灰外保温系统	同上	无	同上	同上	无	干拌抹面砂浆/双组份抹面砂浆＋耐碱网布＋弹性底涂	同上

注：该轮耐候试验，墙体从中轴线一分为二采用不同类型的抹面砂浆进行施工，有窗口的一半墙体为双组分抹面砂浆做法，无窗口一半墙体为干拌抹面砂浆做法。

4.3.2.3　耐候性试验记录与分析

1. 第 6 轮耐候性试验记录与分析

（1）开裂空鼓记录

本轮耐候性试验墙体在养护阶段无胶粉聚苯颗粒层的系统出现了开裂，复合胶粉聚苯颗粒层的系统无开裂现象，试验过程 10mm 胶粉聚苯颗粒找平层的系统也出现了开裂，无聚苯颗粒系统开裂更严重，而 30mm 聚苯颗粒找平层系统基本无开裂，见表 4-3-4。

喷涂硬泡聚氨酯外保温系统耐候试验开裂空鼓情况记录　　　　表 4-3-4

类别	试验前	试验中	试验后
喷涂硬泡聚氨酯＋30mm 胶粉聚苯颗粒浆料找平层系统	无开裂，无空鼓	无开裂裂纹总数：0；无空鼓现象	无
喷涂硬泡聚氨酯＋10mm 胶粉聚苯颗粒浆料找平层系统	无开裂，无空鼓	第 8 次热雨循环开始出现裂纹，之后扩展变粗变多裂纹总数：8 条；无空鼓现象	裂纹无扩展
喷涂硬泡聚氨酯系统系统（修平）	养护阶段出现开裂裂纹数：15	第 2 次热雨循环开始出现新裂纹，之后扩展变粗变多裂纹总数：20 条；无空鼓现象	裂纹无扩展
喷涂硬泡聚氨酯系统（不修平）	养护阶段出现开裂裂纹数：20	第 2 次热雨循环开始出现新裂纹，之后扩展变粗变多裂纹总数：31 条；无空鼓现象	裂纹无扩展

（2）温度曲线记录与分析

图 4-3-1 是耐候性试验仪器自带软件根据四个不同的喷涂硬泡聚氨酯系统的热-雨循环试验过程记录的一个稳定周期的耐候性墙体外表面温度，箱体内空气（水）温度随时间变化曲线。

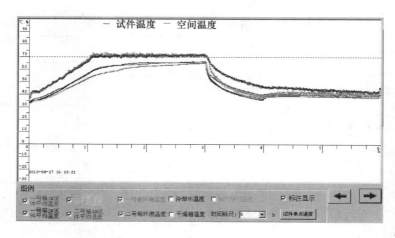

图 4-3-1　喷涂硬泡聚氨酯系统热-雨循环一个周期内仪器记录的温度图

图 4-3-2 为数值模拟四个不同的喷涂聚氨酯系统同周期热-雨循环一个周期的箱体内空气温度和外饰面的外表面温度曲线,通过对比,数值模拟数据基本与实际采集数据一致。

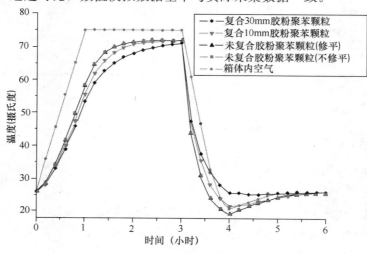

图 4-3-2　热-雨循环一个周期内各墙体外表面温度图

图 4-3-3 为四个喷涂硬泡聚氨酯系统抗裂层温度变化速率的数值模拟结果。

表 4-3-5 为四个喷涂硬泡聚氨酯系统抗裂层热雨循环中淋水阶段的降温速率数值模拟结果。

喷涂硬泡聚氨酯系统抗裂层热雨循环中淋水阶段的降温速率数值模拟结果　　　　　表 4-3-5

项　目	系　统			
	复合 30mm 胶粉聚苯颗粒系统	复合 10mm 胶粉聚苯颗粒系统	聚氨酯表面修平系统	聚氨酯表面不修平系统
淋水 0.1h 的温度变化速率(℃/h)	−129.6	−131.7	−151.8	−151.8
淋水 0.2h 的温度变化速率(℃/h)	−88.6	−96.0	−114.0	−114.0
淋水 0.3h 的温度变化速率(℃/h)	−60.3	−70.9	−80.0	−80.0

从图 4-3-1、图 4-3-2 和表 4-3-4 中可以看出复合 30mm 胶粉聚苯颗粒系统的外饰面温度上升(下降)及温度变化速率最慢,复合 10mm 胶粉聚苯颗粒系统的其次,未复合胶粉聚苯颗粒系统最快。外保温系统面层的温度裂纹除了与饰面的温度过高(低)有关,还与面层温度的变化速率有很大的关系。从图 4-3-3 和表 4-3-5 中可以看出聚氨酯外加的胶粉聚苯颗粒越厚,抗裂砂浆的温度变化速率越小,这样就可以让抗裂砂浆温度变形减缓,有利于防止面层开裂。结合 XPS 板四个系统温度裂纹分析:一般有机保

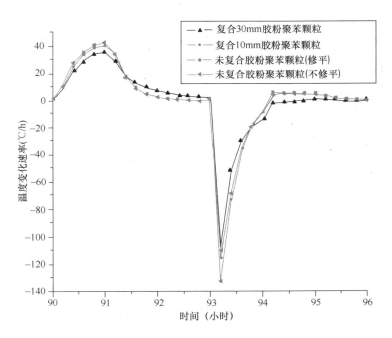

图 4-3-3　热-雨第 16 个周期抗裂砂浆中间位置的升降温速率图

温材料导热系数较小，会导致面层温度变化过快，易出现温度裂纹，在原有的保温层外面加上一层导热系数介于砂浆和有机保温材料之间的胶粉聚苯颗粒温度变化过渡层，一方面可以减缓面层温度变化过快，另一方面胶粉聚苯颗粒的热膨胀系数介于有机保温材料和面层砂浆之间，这样就减小了相邻材料之间的变形速度差。

在喷涂硬泡聚氨酯系统中，面层热胀冷缩跟聚氨酯不一致，它们就会相互约束，从而产生约束应力。喷涂硬泡聚氨酯层是一个整体，与保温块材的情况大不相同，其对面层有更强的约束，产生的温度应力更大，当温度应力超过面层材料强度时就会产生裂纹。喷涂聚氨酯复合一定厚度胶粉聚苯颗粒后，胶粉聚苯颗粒的热膨胀系数介于聚氨酯和水泥砂浆之间，同时由于其自身物理性能的非连续性，具有极强的消纳和吸收变形的能力，不会出现应力集中，使得面层有较自由地变形，从而减小面层温度应力，避免温度裂纹的产生。

（3）试验结果

① 喷涂硬泡聚氨酯＋30mm 胶粉聚苯颗粒浆料找平层系统。

耐候性试验后墙体见图 4-3-4 所示。该系统耐候性试验前无开裂，耐候性试验合格，拉拔试验结果见表 4-3-6，拉拔试验满足标准要求。

墙体拉拔试验结果　　　　　　　　　　　　　　　　表 4-3-6

测点编号	拉拔强度（MPa）	平均值（MPa）	切割位置	破坏断裂位置
1	0.110	0.111	切割到聚氨酯	胶粉聚苯颗粒
2	0.122			
3	0.102			
4	0.110			

喷涂硬泡聚氨酯系统耐候性试验表明复合一定厚度的胶粉聚苯颗粒找平层相比于无聚苯颗粒系统及薄层聚苯颗粒系统具有非常明显的耐候性能优势，证明了胶粉聚苯颗粒过渡层是聚氨酯系统必不可少的面层找平材料。

② 喷涂硬泡聚氨酯＋10mm 胶粉聚苯颗粒浆料找平层系统。

耐候性试验后墙体见图 4-3-5。该系统养护阶段无开裂，耐候性试验后出现 8 条裂纹，相比于 1 号和 2 号墙体开裂情况要好得多，但该系统耐候性能还是不合格。

图 4-3-4　喷涂硬泡聚氨酯＋30mm 胶粉聚苯　　　　图4-3-5　喷涂硬泡聚氨酯＋10mm 胶粉聚苯颗粒浆料
颗粒浆料找平层系统墙体耐候性试验后　　　　　　　找平层系统墙体耐候性试验后

③ 喷涂硬泡聚氨酯系统（修平）。

耐候性试验前后墙体见图 4-3-6。该系统试验前整个墙面即出现了大量的裂纹，耐候性试验后裂纹扩展变多，该系统耐候性能不合格。

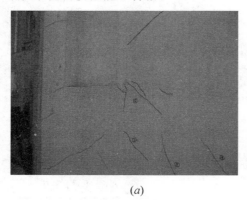 

(a)　　　　　　　　　　　　　　　　　　(b)

图 4-3-6　喷涂硬泡聚氨酯系统（修平）墙体耐候性试验前后状态
(a) 养护阶段；(b) 耐候性试验后

④ 喷涂硬泡聚氨酯系统（不修平）。

耐候性试验前后墙体见图 4-3-7。该系统同 1 号系统，试验前整个墙面即出现了大量的裂纹，耐候性试验后裂纹扩展变多，该系统耐候性能不合格。

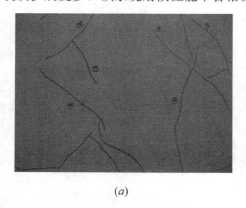 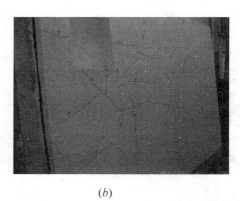

(a)　　　　　　　　　　　　　　　　　　(b)

图 4-3-7　喷涂硬泡聚氨酯系统（不修平）墙体耐候性试验前后状态
(a) 养护阶段；(b) 耐候性试验后

(4) 试验结果分析

在本轮试验墙面层抗裂砂浆出现开裂现象。分析原因主要有以下几个方面：

①由于聚氨酯收缩期长，收缩量大，由于面层的束缚，造成应力集中而引起抗裂砂浆开裂。

②聚氨酯和抗裂砂浆之间的变形速度差过大，当抗裂砂浆直接涂抹在聚氨酯表面，所产生的温度应力大大超过了抗裂砂浆自身的强度，使墙体面层开裂严重。

③抗裂砂浆自身的性能指标满足不了聚氨酯系统对该材料的性能要求。

系统复合一定厚度的胶粉聚苯颗粒很好地起到了热应力分散作用，减轻了面层抗裂砂浆的开裂程度，随着胶粉聚苯颗粒厚度的增加，这种作用愈发明显。由此可见，一定厚度的胶粉聚苯颗粒找平层对聚氨酯收缩和表面温差产生的应力具有很强的消纳和分散作用。

胶粉聚苯颗粒复合型系统在外界环境变化时，系统保温层和保护层的温度变化会比没有复合胶粉聚苯颗粒的薄抹灰系统缓慢，胶粉聚苯颗粒层很好地起到了吸收变形和柔性逐层渐变的作用，减小了相邻材料的变形速度差，从而大大减小了板材收缩及温度应力的产生量，解决了系统因变形不协调而造成的开裂现象。

养护阶段出现开裂情况，主要由于聚氨酯喷涂后仍有一定的变形量，建议在使用喷涂聚氨酯涂料饰面外保温系统时，完成喷涂聚氨酯施工后，静置一段时间，使聚氨酯变形充分体积趋于稳定后再进行面层的施工。复合胶粉聚苯颗粒不仅可以对聚氨酯表面找平，并且可以在聚氨酯和抗裂砂浆之间起到过渡作用，减小或杜绝系统开裂的可能性。

2. 第12轮耐候性试验记录与分析

第12轮耐候试验，其墙面左半部为双组分的抹面砂浆，右半部为干粉类的抹面砂浆，墙体养护期间无开裂空鼓情况。

（1）开裂空鼓记录

聚氨酯复合保温板外保温系统耐候性试验过程中开裂空鼓情况见表4-3-7。

聚氨酯复合保温板外保温系统耐候性试验开裂空鼓情况记录 表 4-3-7

类别	试验前	试 验 中	试验后
聚氨酯复合保温板无机保温砂浆抹灰外保温系统	无开裂，无空鼓	第4次热-雨循环开始出现新裂纹，之后扩展变粗变多 裂纹总数：16条；无空鼓现象	裂纹无扩展
聚氨酯复合保温板双层网格布外保温系统	无开裂，无空鼓	第4次热-雨循环开始出现新裂纹，之后扩展变粗变多 裂纹总数：12条；无空鼓现象	裂纹无扩展
聚氨酯复合保温板胶粉聚苯颗粒抹灰外保温系统	无开裂，无空鼓	第5次热-雨循环开始出现裂纹，之后扩展变粗变多 裂纹总数：10条；无空鼓现象	裂纹无扩展
聚氨酯复合保温板薄抹灰外保温系统	无开裂，无空鼓	第5次热-雨循环开始出现裂纹 裂纹总数：15；无空鼓现象	裂纹无扩展

（2）试验结果及分析

第12轮耐候性试验后墙体开裂情况见图4-3-8～图4-3-11。

从图4-3-8和图4-3-9可以看出，本轮耐候性试验墙体在养护阶段无开裂空鼓情况，开裂情况均是从耐候性试验第4或第5个热-雨循环周期时产生。其中，聚氨酯复合保温板无机保温砂浆抹灰外保温系统开裂情况最严重，其次为聚氨酯复合保温板薄抹灰外保温系统、聚氨酯复合保温板双层网格布外保温系统，试验过程10mm胶粉聚苯颗粒找平层的系统也出现了开裂，相对裂纹数量较少且没有出现通长裂纹。

聚氨酯复合保温板自身保温性能良好，但是强度较高，且板材本身的尺寸有较大的不稳定性，温度变形大，单纯的点框粘薄抹灰做法用于聚氨酯复合保温板系统，风险很大，虽然通过复合双层网格布加强配筋可以缓解，但是依旧产生大量裂纹。而采用无机保温砂浆作为过渡层的做法，虽然能够缓解一定温度应力，但是无机保温砂浆强度很高，属于刚性材料，用于过渡层不能及时地消纳系统产生的应变并释放应力，也容易导致开裂的情况。

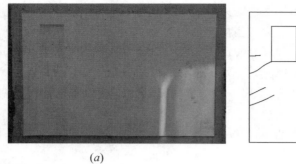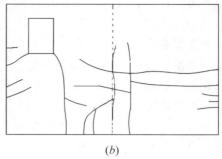

图 4-3-8　聚氨酯复合保温板无机保温砂浆抹灰外保温系统耐候性试验
(*a*) 试验结果；(*b*) 裂缝简图

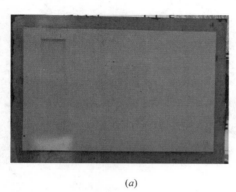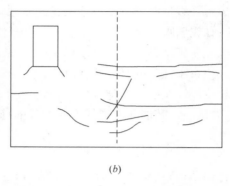

图 4-3-9　聚氨酯复合保温板双层网格布外保温系统耐候性试验
(*a*) 试验结果；(*b*) 裂缝简图

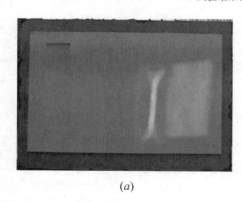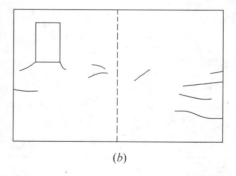

图 4-3-10　聚氨酯复合保温板胶粉聚苯颗粒抹灰外保温系统耐候性试验
(*a*) 试验结果；(*b*) 裂缝简图

　　胶粉聚苯颗粒作为过渡层，很大程度上缓解了面层的变形量，释放了部分应力，相对其他几个系统，抗裂性能有很大改观，但是本轮试验中采用的胶粉聚苯颗粒仅为 10mm，依旧没有完全避免裂纹的产生，借鉴第六轮耐候试验结果，应该提高胶粉聚苯颗粒的厚度，以达到无开裂的要求。

　　从总体开裂情况看，采用双组分抹面砂浆一侧的裂纹数量少于干拌抹面砂浆一侧，通长裂纹也较少。双组分抹面砂浆是由乳液替代胶粉制备成的抹面砂浆，使用时液体＋粉料比例固定，无须额外加水，质量易控，同时乳液相对于胶粉更能发挥其柔韧特性，使得面层抹面砂浆柔性更高，抗裂性更强，因此，在双组分抹面砂浆在外保温抗裂性的表现优于干拌抹面砂浆。

　　耐候性试验后的系统拉拔强度见表 4-3-8，通过对比试验，砂浆与聚氨酯复合保温板的粘结力最高，可以破坏板材。胶粉聚苯颗粒与无机保温砂浆的强度难以破坏聚氨酯复合保温板，胶粉聚苯颗粒与聚氨

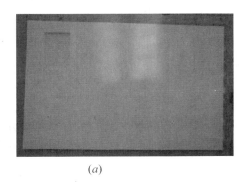
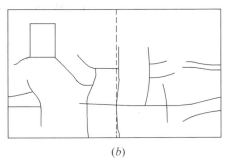

(a) (b)

图 4-3-11 聚氨酯复合保温板薄抹灰外保温系统耐候性试验

（a）试验结果；（b）裂缝简图

酯复合保温板较结合力更好，破坏位置位于胶粉聚苯颗粒层。而无机保温砂浆虽然自身强度较高，但是与聚氨酯复合保温板的粘结力较弱，破坏位于两层界面处。

耐候性试验后系统拉拔强度及状态   表 4-3-8

 聚氨酯复合保温板无机保温砂浆抹灰外保温系统拉拔照片 /平均拉拔强度 0.05MPa	 聚氨酯复合保温板双层网格布外保温系统拉拔照片 /平均拉拔强度 0.12MPa
 聚氨酯复合保温板胶粉聚苯颗粒抹灰外保温系统拉拔照片 /平均拉拔强度 0.10MPa	 聚氨酯复合保温板薄抹灰外保温系统拉拔照片 /平均拉拔强度 0.12MPa

4.3.2.4 小结

（1）现场聚氨酯喷涂后仍有一定的变形量，并且这一过程时间较长，收缩量也比较大，导致养护阶段也很有可能会出现开裂情况，建议在使用喷涂聚氨酯涂料饰面外保温系统时，完成喷涂聚氨酯施工后，静置一段时间，使聚氨酯变形充分体积趋于稳定后再进行面层的施工。

（2）耐候试验中，单纯的点框粘薄抹灰做法用于聚氨酯复合保温板系统，风险很大，虽然通过复合双层网格布加强配筋可以缓解，但是依旧产生大量裂纹。而采用无机保温砂浆作为过渡层的做法，虽然能够缓解一定温度应力，但是无机保温砂浆强度很高，属于刚性材料，用于过渡层不能及时的消纳系统产生的应变并释放应力，也容易导致开裂的情况。

（3）无论现场喷涂聚氨酯还是聚氨酯板材的外保温系统，保温层面层复合一定厚度的胶粉聚苯颗粒能够很好地起到热应力分散作用，同时，胶粉聚苯颗粒层很好地起到了吸收变形和柔性逐层渐变的作用，减小了相邻材料的变形速度差，减轻面层抗裂砂浆的开裂程度，随着胶粉聚苯颗粒厚度的增加，这种作用愈发明显。

（4）双组分抹面砂浆柔性更高，抗裂性更强，在外保温抗裂性的表现优于干拌抹面砂浆。

4.3.3　挤塑聚苯板（XPS 板）外保温系统耐候性试验分析报告

4.3.3.1　试验目的

第11轮耐候性试验选用的主保温材料为 XPS 板，试验同种保温材料（XPS 板）不同构造措施的外保温系统耐候性能的优劣对比，分析满粘、点框粘、薄抹灰、胶粉聚苯颗粒过渡层及其厚度对 XPS 板外保温系统耐候性能的影响。

4.3.3.2　系统构造及材料选择

系统构造及材料选择见表 4-3-9 所示。

XPS 板外保温系统构造及材料选择 表 4-3-9

系　　统	构　　造						
	基层	界面层	粘结层	保温层	找平层	抗裂层	饰面层
点框粘 XPS 板薄抹灰涂料饰面系统（简称点框粘系统）	混凝土墙	无	5mm XPS 粘结砂浆	60mmXPS 板	无	干拌抹面砂浆＋耐碱玻纤网	柔性耐水腻子＋涂料
"LB 型"胶粉聚苯颗粒贴砌 XPS 板涂料饰面系统（简称"LB 型"系统）	混凝土墙	界面砂浆	15mm 胶粉聚苯颗粒	50mmXPS 板	无	干拌抗裂砂浆＋耐碱玻纤网＋弹性底涂	柔性耐水腻子＋涂料
"LBL 型"胶粉聚苯颗粒贴砌 XPS 板涂料饰面系统（简称"LBL 型"系统1）	混凝土墙	界面砂浆	15mm 胶粉聚苯颗粒	50mmXPS 板	10mm 胶粉聚苯颗粒	抗裂砂浆＋耐碱玻纤网＋弹性底涂	柔性耐水腻子＋涂料
"LBL 型"胶粉聚苯颗粒贴砌 XPS 板涂料饰面系统（简称"LBL 型"系统2）	混凝土墙	界面砂浆	15mm 胶粉聚苯颗粒	60mmXPS 板	30mm 胶粉聚苯颗粒	抗裂砂浆＋耐碱玻纤网＋弹性底涂	柔性耐水腻子＋涂料

注："LBL 型"系统和"LB 型"系统中 XPS 板规格尺寸 600mm×450mm，并且开双孔，双面刷 XPS 板防火界面剂，板与板之间留 10mm 板缝，用胶粉聚苯颗粒填充压实；点框粘 XPS 板系统中，XPS 板规格尺寸 600mm×900mm，点框粘，不留板缝，双面刷 XPS 板防火界面剂。

4.3.3.3　耐候性试验记录与分析

1. 开裂空鼓记录

本轮耐候性试验墙体在养护阶段并无出现开裂现象，试验过程中陆续出现开裂，但是开裂情况存在明显的差别，见表 4-3-10 所示。

XPS 板外保温系统耐候性试验开裂空鼓情况记录 表 4-3-10

类别	试验前	试验中	试验后
点框粘系统	无开裂，无空鼓	第32次热雨循环出现裂纹，裂纹较粗，呈通长裂纹状态。裂纹总数：6条。无空鼓情况	裂纹无扩展
"LB 型"系统	无开裂，无空鼓	第20次热雨循环出现微裂纹，裂纹较细。裂纹总数：6条。无空鼓情况	裂纹无扩展

类别	试验前	试验中	试验后
"LBL 型"系统 1	无开裂，无空鼓	第 2 次热雨循环出现裂纹，之后扩展变粗变多。 裂纹总数：4 条；无空鼓现象	裂纹无扩展
"LBL 型"系统 2	无开裂，无空鼓	裂纹总数：0；无空鼓现象	无扩展

2. 温度曲线记录与分析

图 4-3-12 是耐候性试验仪器自带软件记录的一个热-雨循环试验周期四个 XPS 板系统墙体外表面温度曲线。

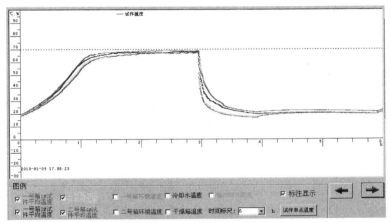

图 4-3-12 热-雨循环稳定一个周期内仪器记录的温度图

图 4-3-13 为数值模拟四个不同的 XPS 板系统同周期热-雨循环一个周期的箱体内空气温度和外饰面的外表面温度曲线。从图 4-3-13 中可以看出数值模拟的图像与试验记录结果的变化趋势基本一致。

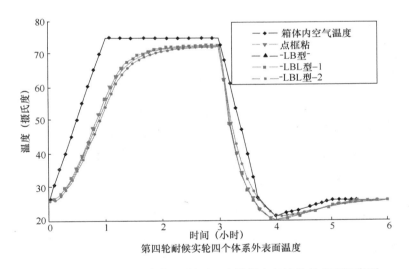

图 4-3-13 XPS 板系统热-雨循环一个周期内各墙体外表面温度图

从图 4-3-13 中可以看出"LBL 型"系统的外饰面温度比其他三个系统的外饰面温度上升（下降）的要慢。这是因为胶粉聚苯颗粒找平层的导热系数要大于 XPS 板，介于 XPS 板和面层砂浆之间（不同保温材料的导热系数见表 4-3-11 所示），起到了很好的温差变化过渡层的作用，有利于缓解抗裂层及外饰面的温度变化过快，可以降低温度裂纹（外保温的温度裂纹主要出现在抗裂层和饰面层）出现的可能性。

保温材料	导热系数 [W/ (m·K)]	与抗裂砂浆相差倍数
抗裂砂浆	0.93	1
胶粉聚苯颗粒浆料	0.075	12.4
XPS 板	0.030	31.0

3. 试验结果

(1) 点框粘 XPS 板系统

耐候性试验后墙体见图 4-3-14 所示。该系统试验后板缝处出现了贯穿墙体的裂纹，裂纹较粗。

(2) "LB 型"系统

耐候性试验后墙体见图 4-3-15 所示。该系统试验后在窗口处出现了微裂纹，之后局部板缝出现裂纹。

图 4-3-14 点框粘 XPS 板系统耐候性试验后   图 4-3-15 "LB 型"系统耐候性试验后

(3) "LBL 型"系统 1

耐候性试验后墙体见图 4-3-16 所示。该系统试验后在窗口处出现了微裂纹，局部出现不规则的短细裂纹。

(4) "LBL 型"系统 2

耐候性试验后墙体见图 4-3-17 所示。该系统试验后无裂纹、空鼓现象。

 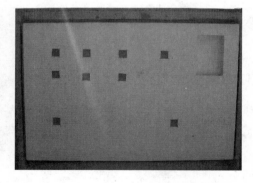

图 4-3-16 "LBL 型"系统 1 耐候性试验后   图 4-3-17 "LBL 型"系统 2 耐候性试验后

XPS 板外保温系统耐候性试验结果表明：在材料性能指标满足标准的前提下，XPS 板系统不同的构造措施，其耐候性试验结果截然不同。点框粘系统在板缝处出现了贯穿墙面的长裂纹；"LB 型"系统耐候性能要大大优于点框粘系统，但是还是出现了短细裂纹，只是没有形成贯穿裂纹；"LBL 型"系统 1 出现的裂纹较 "LB 型"系统的裂纹更细更短；"LBL 型"系统 2 的耐候性能非常优异，没有任何裂纹产生。

4. 试验结果分析

通过耐候性试验验证发现，随着保温板外侧胶粉聚苯颗粒抹灰厚度的增加，系统耐候能力有明显的提升。XPS板和抹面砂浆不管是线膨胀系数还是弹性模量都存在非常大的差距，当系统受温湿应力的时候，相邻材料由于变形速度差过大，产生应力集中，当应力超过抹面砂浆的强度时，系统就出现开裂。因此，XPS板外侧进行保温浆料抹灰30mm，形成复合保温层，然后进行薄抹灰施工，可避免XPS板和抹面砂浆直接接触，在两个构造层之间设置过渡层，降低相邻材料变形速率差，使各构造层的变形同步化，减小由于变形速率差产生的剪应力。

XPS板应板缝处理。通过对比点框粘薄抹灰系统和"LB型"系统，在保温板之间留有板缝，可减少面层开裂和贯通裂纹的产生。胶粉聚苯颗粒具有亚弹性的特性，其可变形量处于砂浆与XPS板之间，能够吸纳一定的变形量，释放板材变形产生的部分应力，同时，其相对的稳定性又能够限制板材的变形，降低板材的变形量，降低系统开裂风险。

（1）温度应力机理

北京工业大学材料科学与工程学院王昭君等人分析EPS板和XPS板受热变形情况，材料变形情况如图4-3-18所示，EPS在30～100℃范围内尺寸变形为收缩变形，XPS在45～106℃范围内为膨胀变形。环境温度30℃升温至105℃并维持10min后的XPS板膨胀变形情况见图4-3-19。

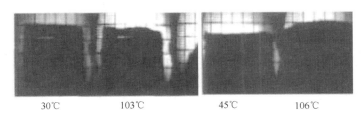

| 30℃ | 103℃ | 45℃ | 106℃ |

图4-3-18　EPS板和XPS板温度变形过程（左EPS板，右XPS板）

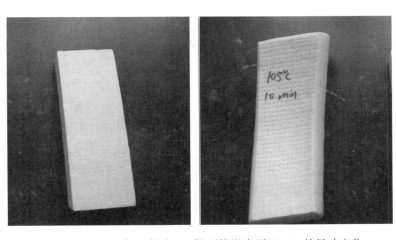

图4-3-19　XPS板30℃和105℃环境温度下10min的尺寸变化

图4-3-20为夏季某工地XPS板在施工上墙后产生的热胀而导致的挤压变形状态。

在受热过程中，XPS板受热变形过程是膨胀过程，而EPS板受热则是收缩过程，其受热变形机理相反。因此，XPS板薄抹灰系统的编订不能直接套用EPS板薄抹灰系统，而应该考虑到XPS板自身的实际情况，有针对性地研究开发。

（2）XPS板材料表面温差应力分析

XPS板（表面）密度大、强度高，XPS板由于自身

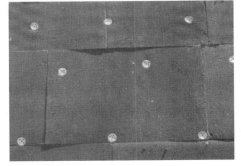

图4-3-20　挤塑板内外表面温差过大产生的应变

变形及温差变形而产生的变形应力大。点框粘 XPS 板薄抹灰系统由于聚合物抹面砂浆与 XPS 板导热系数相差 31 倍，抹面砂浆与 XPS 板线胀系数差异较大，在夏季外墙外表面温度变化较大（可达 50℃），在较长时间的曝晒后突然降下阵雨，产生热应力，引发了相邻材料变形速率差不一致、材料热胀冷缩，长期处于一种不稳定的热胀冷缩运动状态，使聚合物砂浆与 XPS 板之间产生剪力，影响它们之间的粘结强度，开裂和空鼓都是面层粘结强度不能抵御温度应力（见图 4-3-21）。

图 4-3-21　抹面砂浆层出现裂纹空鼓

在不同材料的界面上，温差变形在约束条件下产生剪应力。产生较大相对变形的前提是温差和两种材料的热胀系数差异都大，而产生较大剪应力的必要条件是它们之间存在较大的约束。在 XPS 板薄抹灰外保温系统中，XPS 板内侧温度变化很小，各界面上温差应力不大。XPS 板外侧温差很大，XPS 板抹面砂浆界面，热胀系数差异大，XPS 板弹性模量高，它对抹面砂浆有很强的约束。因此，界面剪应力大，并且在板缝处产生大量的应力集中，导致板缝处应力状态极不稳定，引起开裂。比起 EPS 板，XPS 板的强度高出一倍，弹性模量也更大，XPS 板的弹性模量≥20MPa，在相同的温差下，要比 EPS 板产生更大的应力。

XPS 板线性膨胀系数≥0.07mm/（m·K），也就是说，在常温条件下温升 50℃或温降 50℃，每米的胀、缩值为 0.07mm/（m·K）×50K＝3.5mm。夏季外墙面温度可达到 70℃左右，如果采用薄抹灰的做法，由于抗裂层和饰面层没有隔热作用，因此，XPS 板外侧温度可高达到 70℃左右，内侧温度基本上维持在 20～30℃，内外表面温差很大，导致 XPS 板出现翘曲的现象。

因此，XPS 板的构造应该尽可能地降低、限制并分散 XPS 板的变形量。

在 XPS 板和抗裂砂浆之间设置胶粉聚苯颗粒过渡层，通过胶粉聚苯颗粒的隔热性，可以降低板材内外表面的温差，减小板材的温度变形总量，同时胶粉聚苯颗粒的体积稳定性较好且有一定的亚弹性，能够吸纳一部分变形，释放应力，可提高面层的抗裂性能。

通过满粘形式，对 XPS 板基层整体粘结，可以限制 XPS 板的变形，降低 XPS 板的变形量。同时，XPS 板中心开双孔的做法，不仅能提高系统的透气能力，还能通过双孔内的胶粉聚苯颗粒对 XPS 板起到锚固、限制作用，限制板材的变形，降低 XPS 板的变形量。

通过降低 XPS 板的尺寸，将板材的变形量"化整为零"，及时释放，避免变形量的累积，也可降低板缝处由于变形量累积过大造成的开裂风险。

4.3.3.4　小结

（1）XPS 板强度、弹性模量均大于 EPS 板，受热时尺寸变形原理与 EPS 板相反。因此，XPS 板外保温系统不能照搬 EPS 板外保温系统，而是选用耐候性更强的构造做法。

（2）通过在 XPS 板外侧保温浆料抹灰，在 XPS 板之间设置 10mm 胶粉聚苯颗粒板缝、胶粉聚苯颗粒满粘 XPS 板、减小 XPS 板的尺寸等形式，可以降低、限制并分散 XPS 板的变形量，提高 XPS 板外保温系统的耐候性。

4.3.4 EPS 板、XPS 板、聚氨酯外保温系统耐候性试验情况对比分析

4.3.4.1 试验目的

本节选取了较为典型的保温材料进行分析，即聚氨酯、EPS 板、XPS 板，其分别对应第 6 轮、第 7 轮和第 11 轮耐候性试验，试验中饰面层均为涂料饰面，抗裂砂浆均为 4mm 并复合耐碱玻纤网，含胶粉聚苯颗粒材料的外保温系统中的主保温材料表面均有界面剂处理。

4.3.4.2 系统构造及试验结果

1. 表面 30mm 胶粉聚苯颗粒找平层

表面 30mm 胶粉聚苯颗粒找平层的外保温耐候试验系统构造见表 4-3-12，其耐候性试验后照片见图 4-3-22～图 4-3-24，均无开裂现象。

耐候性试验主构造层 表 4-3-12

编号	粘结层	保温层	找平层	饰面层	备 注
6.1	—	40mm 喷涂硬泡聚氨酯	30mm 胶粉聚苯颗粒	涂料	聚氨酯表面不修平
7.1	15mm 胶粉聚苯颗粒	75mmEPS 板	30mm 胶粉聚苯颗粒	涂料	—
11.3	15mm 胶粉聚苯颗粒	60mmXPS 板	30mm 胶粉聚苯颗粒	涂料	—

图 4-3-22 喷涂聚氨酯外保温系统
（30mm 胶粉聚苯颗粒找平）（编号 6.1）

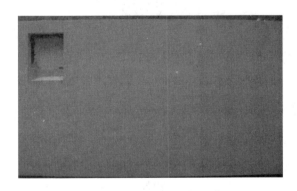

图 4-3-23 贴砌 EPS 板系统
（30mm 胶粉聚苯颗粒找平）（编号 7.1）

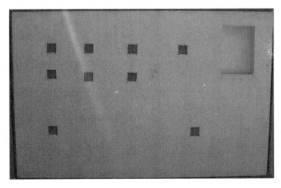

图 4-3-24 贴砌 XPS 板系统
（30mm 胶粉聚苯颗粒找平）（编号 11.3）

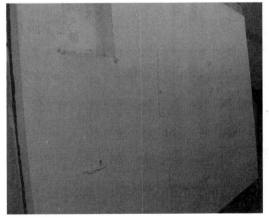

图 4-3-25 喷涂聚氨酯外保温系统
（10mm 胶粉聚苯颗粒找平）（编号 6.2）
（第 8 次热-雨循环开始出现裂纹，之后扩展
变粗变多。裂纹总数：8 条；无空鼓现象）

2. 表面10mm胶粉聚苯颗粒找平层

表面10mm胶粉聚苯颗粒找平层的外保温耐候试验系统构造见表4-3-13,其耐候性试验后情况见图4-3-25~图4-3-27。

耐候性试验主构造层 表 4-3-13

编号	粘结层	保温层	找平层	饰面层	备注
6.2	—	40mm 喷涂硬泡聚氨酯	10mm 胶粉聚苯颗粒	涂料	聚氨酯表面不修平
7.2	15mm 胶粉聚苯颗粒	85mm EPS 板	10mm 胶粉聚苯颗粒	涂料	—
11.1	15mm 胶粉聚苯颗粒	60mm XPS 板	10mm 胶粉聚苯颗粒	涂料	—

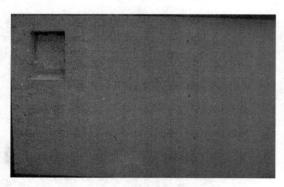 

图 4-3-26 贴砌 EPS 板系统

(10mm 胶粉聚苯颗粒找平)(编号 7.2)

(热-雨循环过程无裂纹无空鼓;第 7 次热-冷循环,窗口右下角 45° 出现长 20mm 裂纹,裂纹无扩展。裂纹总数:1 条。无空鼓现象)

图 4-3-27 贴砌 XPS 板系统

(10mm 胶粉聚苯颗粒找平)(编号 11.1)

(第 2 次热-雨循环出现裂纹,之后扩展变粗变多。

裂纹总数:4 条;无空鼓现象)

3. 表面无胶粉聚苯颗粒找平层

表面无胶粉聚苯颗粒找平层的外保温耐候试验系统构造见表4-3-14,其耐候试验情况见图4-3-28~图4-3-33。

耐候性试验主构造层 表 4-3-14

编号	粘结层	保温层	找平层	饰面层	备注
6.3	—	40mm 喷涂硬泡聚氨酯	—	涂料	聚氨酯表面修平
6.4	—	40mm 喷涂硬泡聚氨酯	—	涂料	聚氨酯表面不修平
7.3	15mm 胶粉聚苯颗粒	90mm EPS 板	—	涂料	—
7.4	5mm 粘结砂浆	100mm EPS 板	—	涂料	岩棉防火隔离带做法
11.2	15mm 胶粉聚苯颗粒	60mm XPS 板	—	涂料	—
11.4	5mm 粘结砂浆	60mm XPS 板	—	涂料	—

4.3.4.3 试验结果分析

满粘情况下,通过对比三种保温材料不同面层胶粉聚苯颗粒构造的裂纹情况,见表4-3-15。通过表4-3-15可以发现:

图 4-3-28 喷涂聚氨酯薄抹灰外保温系统
（聚氨酯表面修平）（编号 6.3）
（养护阶段出现开裂裂纹数：15；第 2 个热-雨循环开始出现
新裂纹，之后扩展变粗变多；裂纹总数：20 条；无空鼓现象）

图 4-3-29 喷涂聚氨酯薄抹灰外保温系统
（聚氨酯表面不修平）（编号 6.4）
（养护阶段出现开裂裂纹数：20；第 2 次热-雨循环开始出现
新裂纹，之后扩展变粗变多；裂纹总数：31 条；无空鼓现象）

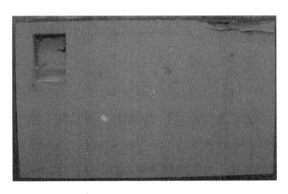

图 4-3-30 贴砌 EPS 板系统
（无胶粉聚苯颗粒找平）（编号 7.3）
（试验墙进入试验前右上角被磕坏，试验前有损坏；多处出现气
泡，主要以点、范围出现，在损坏位置下方及窗口位置；第 62 次
热雨循环出现裂纹，裂纹无扩展；裂纹总数：1 条）

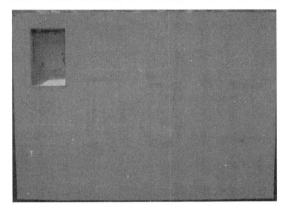

图 4-3-31 点框粘 EPS 板薄抹灰系统
（无胶粉聚苯颗粒找平）（编号 7.4）
（第 52 次热-雨循环开始出现裂纹，裂纹变粗变多；
裂纹总数：6 条）

图 4-3-32 点框粘 EPS 板薄抹灰系统
（无胶粉聚苯颗粒找平）（编号 11.2）
（第 20 次热-雨循环出现微裂纹，裂纹较细；裂纹总数：
6 条；无空鼓情况）

图 4-3-33 点框粘 XPS 板薄抹灰系统
（无胶粉聚苯颗粒找平）（编号 11.4）
（第 32 次热-雨循环出现裂纹，裂纹较粗，呈通长裂缝状态；
裂纹总数：6 条；无空鼓情况）

（1）相同保温材料时，随胶粉聚苯颗粒找平层厚度增加，裂纹数量减少。

（2）胶粉聚苯颗粒找平层厚度为 0 和 10mm 时，横向对比三种保温材料，EPS 板系统的裂纹最少，XPS 板次之，喷涂聚氨酯系统的裂纹最多。

（3）当胶粉聚苯颗粒找平层厚度达到 30mm 时，三种保温材料的保温系统试验结束时表面均无裂纹产生。

满粘情况下各系统耐候性试验裂纹总数　　　　　　　　表 4-3-15

面层胶粉聚苯颗粒厚度	30mm	10mm	0mm
喷涂聚氨酯	0	8	20/31
EPS 板	0	1	1
XPS 板	0	4	6

外保温构造中在抗裂层和保温层之间设置保温浆料作为过渡层，可以有效降低环境变化时抗裂层和保温层的温度变化速率，降低保温层表面的温度应力和应变，提高系统耐候能力。

胶粉聚苯颗粒作为找平过渡层，本身具有一定的亚弹性，介于有机保温材料和砂浆之间，通过各层柔性变形，使系统能够逐层吸纳应变、释放应力，避免开裂风险，提高外保温系统的耐候能力。

薄抹灰情况下，满粘与点框粘对比见表 4-3-16。通过表 4-3-16 可以发现：

（1）面层无胶粉聚苯颗粒找平的薄抹灰系统中，EPS 板系统采用满粘构造时，其裂纹产生数量明显少于点框粘系统。

（2）XPS 板系统中，满粘做法和点框粘做法均产生了 6 条裂纹，满粘做法产生的裂纹明显细而短，而点框粘做法产生的裂纹为通长裂纹，点框粘做法开裂情况更为严重，详细情况见表 4-3-16。

（3）满粘做法下，EPS 板系统产生的裂纹最少，XPS 板系统次之，喷涂聚氨酯系统裂纹最多。

满粘做法能够对保温材料做到整体而均匀的粘结，更好地限制板材的变形，降低板材的总变形量，降低开裂风险。

不同板材满粘和点框粘薄抹灰系统耐候性试验裂纹总数　　　　　　表 4-3-16

无面层胶粉聚苯颗粒厚度	满　粘	点　框　粘
喷涂聚氨酯	20/31	无对应试验
EPS 板	1	6
XPS 板	6（短细裂纹）	6（通长裂纹）

4.3.4.4　小结

（1）同构造条件下，外保温系统的稳定性强弱依次为 EPS 板系统、XPS 板系统、喷涂聚氨酯外保温系统。

（2）同保温材料情况下，胶粉聚苯颗粒找平层越厚，保温系统耐候试验过程产生裂纹越少，系统越稳定。

（3）满粘做法优于点框粘做法，限制板材变形，提高系统耐候性能。

（4）材料稳定性优劣的总体趋势依次为 EPS 板、XPS 板、喷涂聚氨酯，因此，保温材料不同时，应该有针对性的提供更合理的解决方案，而不是一味地套用同一种系统构造，对于 XPS 板和聚氨酯保温材料，应该有针对性的加强系统构造设计，满足系统耐久和安全的要求。

5　外保温系统防火性能研究

外墙外保温系统的防火安全，关系到人们的生命和财产安全，早已引起业内人士的高度重视。自 2004 年起，我国外保温行业的科研、设计、生产和施工单位就开始联手外保温系统防火安全的研究工作。

2006 年，北京振利高新技术有限公司、中国建筑科学研究院建筑防火研究所、建设部科技发展促进中心、北京六建集团有限责任公司、中国建筑材料科学研究总院、北京市消防产品质量监督检测站、北京市建筑设计标准化办公室、清华大学八家单位率先申请并承担了建设部科研课题"外墙保温体系防火试验方法、防火等级评价标准及建筑应用范围的技术研究"（06-K5-35），取得了适合我国国情的开创性的研究成果，于 2007 年 9 月正式通过专家验收，获得了高度评价。该课题得出如下 5 点结论性意见：

（1）外保温系统防火安全性应为外墙外保温技术应用的重要条件；

（2）外保温系统整体构造的防火性能是外保温防火安全的关键；

（3）无空腔、防火隔断和防护保护面层是外保温系统构造防火的三个关键要素；

（4）大尺寸窗口火试验是检验外保温系统构造防火性能的有效方法；

（5）外保温系统防火等级划分及适用建筑高度规定是提高防火安全性的有效途径。

该课题的试验研究对我国外保温防火技术的发展具有重大的指导意义和推动作用。此后，在众多具有社会责任感并致力于外保温防火事业的兄弟单位的积极参与和大力支持下，京城新建的 3 个火灾模拟试验基地大火熊熊、观者云集，累计进行了 40 多次大尺寸模型火试验，掀起了我国大规模研究外保温系统防火安全的热潮，政府消防部门积极参与，社会各界广泛关注，连外国专家也刮目相看。

经过 6 年多的辛勤努力，完成了大量的防火试验研究工作（包括锥形量热计试验、燃烧竖炉试验、窗口火试验、墙角火试验等），积累了丰富的试验数据，取得了一些阶段性的研究成果。在防火试验实践中，通过消化吸收国外试验技术编制的我国建筑工业行业标准《建筑外墙外保温系统的防火性能试验方法》GB/T 29416—2012 已完成并发布实施。

本章从分析外保温系统的防火安全性着手，提出了外保温系统整体构造防火的理念和关键要素，详细介绍了通过大型和中小型防火试验所取得的试验研究成果，最后介绍了外保温系统防火等级划分、适用建筑高度的技术研究。

5.1　外保温系统防火安全性分析

5.1.1　外保温材料应用的现状

从材料燃烧性能的角度看，用于建筑外墙的保温材料可以分为三大类：一是以矿物棉和岩棉为代表的无机保温材料，通常被认定为不燃材料；二是以胶粉聚苯颗粒保温浆料为代表的有机－无机复合型保温材料，通常被认定为难燃材料；三是以聚苯乙烯泡沫塑料（包括 EPS 板和 XPS 板）、硬泡聚氨酯和改性酚醛树脂为代表的有机保温材料，通常被认定为可燃材料。具体见表 5-1-1。

各种保温材料的燃烧性能等级及导热系数　　　　　　　　　表 5-1-1

材料名称	胶粉聚苯颗粒浆料	EPS 板	XPS 板	聚氨酯	岩棉	矿棉	泡沫玻璃	加气混凝土
导热系数 [W/（m·K）]	0.06	0.041	0.030	0.025	0.036～0.041	0.053	0.066	0.116～0.212
燃烧性能等级	B₁	B₂	B₂	B₂	A	A	A	A

5.1.1.1 岩棉、矿棉类不燃材料的燃烧特性

岩棉、矿棉在常温条件下（25℃左右）的导热系数通常在0.036～0.041W/（m·K）之间，其本身属于无机质硅酸盐纤维，不可燃。虽然在将其加工成制品的过程中所加入的胶粘剂或添加物等有机材料会对制品的燃烧性能产生一定的影响，但通常仍将它们认定为不燃性材料。

5.1.1.2 胶粉聚苯颗粒浆料的燃烧特性

符合《胶粉聚苯颗粒外墙外保温系统》JG/T 158—2013的胶粉聚苯颗粒浆料是一种有机、无机复合的保温隔热材料，聚苯颗粒的体积大约占80%。胶粉聚苯颗粒保温浆料的导热系数低于0.06W/(m·K)，燃烧性能等级为B_1级，属于难燃材料；胶粉聚苯颗粒贴砌浆料的导热系数低于0.08W/(m·K)，燃烧性能等级为A级，属于不燃材料。胶粉聚苯颗粒浆料在受热时，通常内部包含的聚苯颗粒会软化并熔化，但不会发生燃烧。由于聚苯颗粒被无机材料包裹，其熔融后将形成封闭的空腔，此时该保温材料的导热系数会更低、传热更慢，受热过程中材料的体积几乎不发生变化。

5.1.1.3 有机保温材料的燃烧特性

有机保温材料一般被认为是高效保温材料，其导热系数通常较低。目前我国应用的有机保温材料主要是聚苯乙烯泡沫塑料（包括EPS板和XPS板）、硬泡聚氨酯和改性酚醛树脂板三种。其中，聚苯乙烯泡沫塑料属于热塑性材料，它受火或热的作用后，首先会发生收缩、熔化，然后才起火燃烧，燃烧后几乎无残留物存在。硬泡聚氨酯和改性酚醛树脂板属于热固性材料，受火或热的作用时，几乎不发生熔化现象，燃烧时成炭，体积变化较小。通常要求用于建筑保温的有机保温材料的燃烧性能等级不低于B_2级。

5.1.1.4 国内外应用现状

外墙外保温系统在欧美已应用了几十年，技术上十分成熟，对防火安全性能方面的研究也相当充分。至今EPS薄抹灰外保温系统仍占据着主要的地位。图5-1-1给出了2006年德国市场各种外墙外保温系统所占的市场份额，其中EPS系统占87.4%、岩棉系统占11.6%。2010年与德国外保温协会交流的结果是：EPS的市场份额仍占82%左右，岩棉系统占15%左右，其余系统占3%～4%。

2008年～2009年，北京住总集团对北京市在施的43个工程（合计125.6万㎡）所作的调研表明：北京外墙保温应用的有机保温材料占97%。图5-1-2给出了北京地区外墙外保温的材料份额。

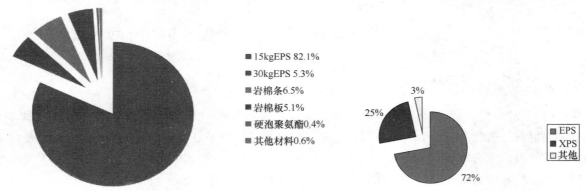

图5-1-1　2006年德国市场外墙外保温系统的市场份额　　　图5-1-2　北京地区外墙外保温材料份额

由此可见，我国保温材料的应用情况与国外大致相同，有机保温材料尽管具有可燃性，仍在国内外大量广泛应用。由于技术上、经济上的原因，目前还没有找到可以完全替代它们的高效保温材料，在当前和今后一定时期，有机保温材料仍将是我国建筑保温市场的主流产品。

5.1.2　外保温系统火灾事故分析

有机保温材料保温性能好、质地轻、应用技术成熟，但属于可燃材料，带来了火灾风险，近年来与外保温可燃材料有关的火灾事故时有发生。北京市组织的调查表明，90%以上的外保温火灾发生在施工阶段，主要为电焊火花或用火不慎所致，当然，某些保温材料的燃烧性能不符合相关产品标准的要求也是原因之一。据了解，这类施工火灾在国外并未发生，看来还是我们的施工现场管理存在问题。

虽然目前的调查结果表明外保温系统火灾大多发生在施工过程阶段，但就防火安全的重要性和长期性而言，提高现有外保温系统的防火性能，消除建筑物使用过程中的火灾隐患应是外保温系统防火安全工作的核心。

这主要是基于以下几点考虑：

（1）施工过程中发生火灾时涉及的人员少，建筑物内易燃易爆物品少，逃生渠道多，救援难度小。而建筑物使用过程中一旦发生火灾，人员和财产安全、消防的救援能力都将面临重大考验，建筑火灾人员死亡案例也多发生在建筑物使用阶段。

（2）外保温系统施工周期短，少则一两个月多则半年，而建筑物的使用寿命通常在50年以上，外保温系统的使用也应该在25年以上。因此，就人员与财产安全的重要性和建筑物使用的长期性而言，减少或避免建筑物使用过程中的火灾尤为重要。

（3）施工现场发生的火灾事故已经表明，目前大量采用的有机保温材料存在着引发火灾的危险性，也给外保温系统带来了火灾隐患，这就更显现出关注建筑外保温使用过程防火安全的重要性，给我们敲响了警钟。

5.1.3　解决外保温系统防火问题的思路

对待外保温系统防火问题的态度应该是：高度重视，科学研究，合理解决；不要因为发生了外保温系统火灾事故，就因噎废食，谈虎色变，甚至想禁用有机保温材料，封杀外保温系统。

为了防止外保温系统在建筑物使用阶段发生火灾，首先，要防止外保温系统被点燃；其次，一旦外保温系统被点燃后，要防止火焰蔓延。这是解决外保温系统防火问题的基本思路。

外保温系统是附着于外墙的非承重保温构造。根据我国防火规范，不同耐火等级建筑物外墙的耐火极限大致在 1～3h 不等。对于以可燃泡沫材料做保温层的外保温系统，因材料厚度有限，即使着火燃烧，其燃烧时间也不会超过规定的外墙耐火极限，所以也不至于对外墙的结构性能造成危害。但由于外保温系统包覆于建筑的整体外墙，跨越了建筑物层与层之间的防火分区，当外保温系统不具有阻止火焰蔓延的能力时，火焰就有可能通过外墙上的窗洞口进入楼内，在建筑物使用阶段发生火灾。因此，对外保温系统的防火要求主要是阻止火焰蔓延，特别是我国大中城市高层建筑居多，这与国外以低层、多层建筑为主的情况有很大的不同，一定要解决外保温系统着火后的蔓延问题。就外保温系统火灾来说，应重点考虑以下两种可能的情况：

第一种情况：当建筑室内出现火灾的条件下，火焰由窗口或洞口溢出并引起外保温系统的燃烧；

第二种情况：临近物体燃烧并引起外保温系统的燃烧。

在这两种情况下，都不应出现由于外保温系统的燃烧而使火焰蔓延到其他楼层，并通过其他楼层的窗口或洞口将火焰引入楼内，而导致其他楼层失火的情况。这是目前在我国对外墙外保温防火安全性能研究的基本定位。

综上所述，外保温系统是否具有防火安全性，首先应从以下两个方面进行研究：

（1）点火性：考察在有火源或火种存在的条件下，保温材料或外保温系统是否能够被点燃并引起燃烧的产生。

（2）传播性：考察当有燃烧或火灾发生时，保温材料或外保温系统是否具有传播火焰的能力。

外保温系统点火性、传播性的基础是材料的阻燃性能。国家标准（GB/T 10801.1—2002 和 GB/T

10801.2—2002）中规定：模塑聚苯乙烯泡沫塑料（简称 EPS 板）和挤塑聚苯乙烯泡沫塑料（简称 XPS 板）的燃烧性能等级应达到 B_2 级，同时 EPS 板的氧指数应不小于 30％。《膨胀聚苯板薄抹灰外墙外保温系统》JG 149—2003 和《外墙外保温工程技术规程》JGJ 144—2004 中对 EPS 板也有同样的规定。《硬泡聚氨酯保温防水工程技术规范》GB 50404 中规定：硬泡聚氨酯的燃烧性能不低于 B_2 级，同时氧指数应不小于 26％。2009 年 9 月公安部、住建部联合发布的《民用建筑外保温系统及外墙装饰防火暂行规定》明确规定："民用建筑外保温材料的燃烧性能宜为 A 级，且不应低于 B_2 级"。显然，B_2 级是对有机保温材料的最低要求。同时，在材料裸露状态下堆放保存或粘贴上墙时还要加强施工现场的消防管理工作，确保施工防火安全。

那么，是不是应该通过提高有机保温材料的燃烧性能才能解决外保温的防火问题呢？有关资料表明，在目前的技术条件下，提高有机保温材料的阻燃性能，不仅会大大增加生产成本，而且某些阻燃剂在阻止材料燃烧的过程中往往会增加发烟量和烟气的毒性，可能带来更大的危害，而且保温材料燃烧性能等级的评价并不能完全代表材料在真实火灾中的燃烧状态，比如某些难燃材料在条件具备时也能剧烈燃烧。

图 5-1-3　喷灯作用于上墙后涂刷界面砂浆的聚苯板

试验中发现，对聚苯板或硬泡聚氨酯涂刷界面砂浆能提高材料在存放和施工期间的防火性能，点火性和火焰传播性要比未涂界面砂浆的聚苯板或硬泡聚氨酯好很多，防火能力得到一定的提高。如果涂刷界面砂浆的聚苯板或硬泡聚氨酯在上墙之后再采取防火分仓的构造措施，则防火效果更好，如图 5-1-3 所示。因为界面砂浆可以将小火源与有机保温材料隔离开，起到一定的保护作用，上述措施对预防可燃保温材料在存放和施工过程中的火灾有一定效果，但不能保证火源较大且持续作用情况下的可燃保温材料防火安全。

可燃的保温板表面涂上一层水泥基砂浆，就可以预防被施工现场小火源点燃，这就是现代材料复合理论应用的实例。世界上没有十全十美的材料，要想找到或研制成保温和防火性能俱佳、能与其他材料匹配相容的单一材料，用它做成的外保温系统性能优良、经久耐用，这种理想材料现在没有发现，将来也很难说。最简单的办法是，通过材料复合，取长补短，发挥优势，满足使用要求。钢材跟可燃材料一样也怕火，在其表面复合了高效防火材料后，就可建成比混凝土建筑高得多的摩天大楼。因此，大可不必刻意追求高燃烧性能的保温材料，应该把解决外保温防火问题的着力点转移到提高外保温系统整体构造防火性能和根据建筑高度增加防火构造措施上来。其实，欧美的外保温系统大量使用的也是 B_2 级聚苯板，采取构造措施后也得到广泛应用。位于北京亚运村地区的 4 栋 18 层老住宅进行改造，由中德专家联合设计，就采用了粘贴 100mm 厚的 EPS 板薄抹灰系统，每层每个窗户都增加 200mm 高的岩棉挡火梁，应该说防火安全性是能够满足要求的。

显然，提高外保温系统的整体防火性能才是最终目的，才能解决外保温建筑使用阶段的防火问题。因此，摆在我们面前的重要工作是，如何采取有效的防火构造措施提高外保温系统的整体防火性能，以及对不同构造的外保温系统如何进行防火性能测试和评价。

5.1.4　影响外保温系统防火安全性的关键要素

解决外保温系统的防火问题，国际通行的做法是：如果保温材料的防火性能好，则对保护层和构造措施的要求可以相对低一些；如果保温材料的防火性能差，则要采用好的构造措施，对保护层的要求相对也高一些，总体上两者应该是平衡的。基于这一思想，目前解决我国外保温防火安全的主要途径应是采取构造防火的形式，这是适应我国国情和外保温应用现状的一种有效的技术手段。因此，在评价外保温系统的防火安全性时，应充分认识到：外保温系统的保温材料都是被无机材料包覆在系统内部的，应该将保温材料、防护层以及防火构造作为一个整体来考虑。

由于火灾通常是以释放热量的方式来形成灾害。因此，要想解决外保温系统的防火问题，归根结底还要从热的三种传播方式——热传导、热对流和热辐射谈起。热作用于外保温系统，最终使其中的可燃物质产生燃烧并使火焰向其他部位蔓延，只要阻断热的这3种作用方式就能防止可燃材料被点燃或点燃后阻止火焰的蔓延。因此，外保温系统的防火构造措施的作用有两点，一是阻止或减缓火源对直接受火区域外保温系统的攻击，更主要的是阻止火焰通过外保温系统自身的传播。根据已有的研究成果，可以认为：保温层与墙体基层连接的无空腔构造，覆盖保温层表面的保护层，以及将系统隔断、阻止火焰蔓延的防火构造，能有效阻止外保温系统被点燃、阻止火在外保温系统内的传播，常被称为"构造防火三要素"。

无空腔构造限制了外保温系统内的热对流作用；增加防护层厚度可明显减少外部火焰对内部保温材料的辐射热作用；防火隔断构造可以有效地抑制热传导，阻止火焰蔓延，包括防火分仓、防火隔离带和挡火梁等。

这3种构造方式的作用原理如图5-1-4所示。

图5-1-5～图5-1-7分别为无空腔系统做法、防火分仓做法和防火保护面层做法举例。

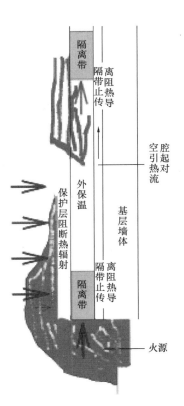

图 5-1-4 三种构造措施对热的阻隔作用

图 5-1-5 无空腔系统做法

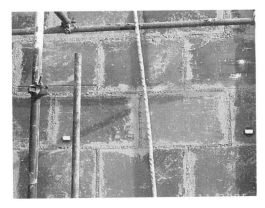

图 5-1-6 防火分仓

图 5-1-7 防火保护面层

5.1.5　外保温系统防火研究的重点

综上所述，解决外保温系统防火问题的重点是提高外保温系统整体的防火安全性能。只有外保温系统整体的对火反应性能良好，系统的构造方式合理，才能保证外保温系统的防火安全性能满足要求，对工程应用才具有广泛的实际意义。因此，如何采取有效的防火构造措施来提高外保温系统的整体防火能力，以及对不同构造的外保温系统进行测试和评价，是当前需要重点研究的课题。

应同时进行以下3个方面的技术研究来解决外保温的防火问题：

（1）借鉴国外先进技术，开发研究具有良好防火性能的外保温系统，为外保温工程的应用提供更多的选择，这也是外保温行业未来的发展方向。

（2）在学习国外经验的基础上，建立适合中国国情的外保温防火试验方法，并通过试验来科学评价我国外保温系统的防火安全性能，进一步规范外保温市场，防止外保温系统火灾的发生。

（3）认真调查外保温施工现场火灾发生的原因，抓紧制定有针对性的外保温施工防火安全技术措施和管理措施，并编制成相应的标准发布实施，严格执行，防止外保温施工火灾的发生。这是当务之急。

5.2　外保温材料和系统防火试验

防火保护面层厚度的增加对外保温系统防火性能的提高作用是最先得到的试验结论。该结论的发现来源于锥形量热计试验和燃烧竖炉试验，而且这两种试验在我国具有广泛的试验基础，被接受程度也较高。

5.2.1　锥形量热计试验

5.2.1.1　锥形量热计试验原理

材料的燃烧性能指材料对火反应的能力，从本质上讲，是材料对火反应过程中释放出的热量及放热速度、被点燃性和燃烧释放的烟气毒性等综合性能。现代火灾科学研究表明，在燃烧过程中，可燃物燃烧放出的热是最重要的火灾灾害因素。它不仅对火灾的发展起决定性的作用，而且还经常控制着其他许多火灾灾害因素的发生和发展。长期以来，火灾科学研究者一直在寻找一种能够比较准确且简便可行的测试方法来评估火灾中释放的热能，特别是热释放速率。

小尺寸的锥形量热计试验是根据量热学耗氧原理，模拟材料的实际火灾状态，同时测定材料的点火性能、热释放、烟及毒性气体等参数，整个试验是一个连续过程。锥形量热计以其锥形加热器而得名，是火灾试验技术史上首次依靠严密的科学基础设计，且使用简便的小型火灾燃烧性能试验仪器，是火灾科学与消防工程领域、研究领域一个非常重要的技术进步。试验过程中将材料燃烧的所有产物收集起来并经过一个排气管道，气体经过充分混合后，测出其质量流量和组分。测量时，至少要将 O_2 的体积分数测出来，要得到更精确的结果则还要测出 CO、CO_2 的体积分数。这样通过计算可得到燃烧过程中消耗的氧气质量，并运用耗氧量原理，就可以得到材料燃烧过程中的热释放速率。

对于材料而言，锥形量热计试验测定的是点火时间、热释放、烟及毒性气体的产生。试验材料或产品在锥形量热计试验中受到锥形炉稳定的热辐射作用后，其性能即发生物理或化学变化，这取决于材料或产品自身的对火反应能力。作为一个参照点，黑色的不燃性材料在 750℃ 时所受到的辐射能量为 $62kW/m^2$，而实际火灾中材料所受到的热辐射一般为 $20\sim150kW/m^2$。

锥形量热计所提供的辐射能量为 $0\sim100kW/m^2$，国际上通常采用 $50kW/m^2$，这与材料在实际火灾中的情况基本一致。

从理论上讲，锥形量热计试验是在屋角试验的基础上设计的，其基本原理也是采用耗氧量热计原理，但却是一种小尺寸的科学合理的火灾模拟试验，从实用和普及的角度来看，可作为建筑外墙外保温系统防火性能的常规试验方法。锥形量热计试验的模型参见图 5-2-1。

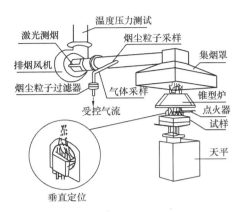

图 5-2-1　锥形量热计试验原理模型和实物示意图

耗氧原理即材料燃烧时消耗氧的质量与所放出热量之间的比例关系。

通常材料的净燃烧热与燃烧所需要的氧是成比例的，这种关系可表示为每消耗 1kg 的氧大约释放 13.1×10^3 kJ 的热量。对大多数可燃物来说，这个数量的变化大约在 $\pm 5\%$ 的范围内。根据这个原理，试验时试样处于空气环境中燃烧，并处于事先设定的外部辐射条件之下，测量燃烧产物中的氧浓度和排气流量，以此为依据确定材料燃烧过程中的放热量或放热速度。

目前，国际上普遍认同的试验方法为小尺寸锥形量热计试验及大尺寸屋角试验，其试验计算过程如下：

1. 耗氧分析的标定常数 C

$$C = \frac{10.0}{(12.54 \times 10^3) \times 1.10} \sqrt{\frac{T_d}{\Delta P} \frac{1.105 - 1.5 X_{O_2}}{X_{O_2}^0 - X_{O_2}}} \tag{5-2-1}$$

式中　C——耗氧分析的标定常数，$m^{1/2} kg^{1/2} K^{1/2}$；

T_d——孔板流量计处气体的绝对温度，K；

ΔP——孔板流量计的压差，Pa；

X_{O_2}——氧浓度，%；

$X_{O_2}^0$——初始氧浓度，%。

其中数值 10.0 为所提供的相当于 10kW 的甲烷，12.54×10^3 是甲烷的 $\Delta h_c / r_0$ 的值（Δh_c 为甲烷的净燃烧热，kJ/kg；r_0 为氧与燃料质量的化学当量比），数值 1.10 为氧与空气的分子量之比。

2. 热释放速度 $q(t)$

首先应对氧浓度进行时间滞后修正：

$$X_{O_2}(t) = X_{O_2}(t + t_d) \tag{5-2-2}$$

式中　$X_{O_2}(t)$——延迟时间修正后的氧浓度，%；

X_{O_2}——延迟时间修正前的氧浓度，%；

t——时间，s；

t_d——氧分析仪的延迟时间，s。

热释放速度 $q(t)$ 由式（5-2-3）计算：

$$q(t) = \frac{\Delta h_c}{r_0} \times 1.10 \times C \sqrt{\frac{\Delta p}{T_d}} \frac{X_{O_2}^0 - X_{O_2}}{1.105 - 1.5 X_{O_2}} \tag{5-2-3}$$

式中　$q(t)$——热释放速度，kW；

Δh_c——材料的净燃烧热，kJ/kg；

r_0——氧与材料质量的化学当量比。

其中 $\Delta h_c / r_0$ 的值，对于一般样品可按 13.10×10^3 来取，如知道该材料的 Δh_c 值，则按确切值计算。

单位面积的热释放速度 $q''(t)$ 可由式（5-2-4）计算：

$$q''(t) = q(t)/A_s \tag{5-2-4}$$

式中　$q''(t)$——单位面积的热释放速度，kW/m^2；

　　　A_s——试样暴露表面面积，m^2。

3. 平均有效燃烧热 $\Delta h_{c,of}$

$$\Delta h_{c,of} = \frac{\sum q(t) \Delta t}{m_i - m_f} \tag{5-2-5}$$

式中　$\Delta h_{c,of}$——平均有效燃烧热，kJ/kg；

　　　m_i——样品的初始质量，kg；

　　　m_f——样品的剩余质量，kg。

4. 烟光吸收参数 k

在锥形量热计试验中，烟光吸光参数 k 通过激光测烟系统确定如下：

$$k = \frac{I}{L} \ln \frac{I_0}{I} \tag{5-2-6}$$

式中　I——激光束强度；

　　　I_0——无烟时的激光束强度；

　　　k——烟光吸收参数，m^{-1}；

　　　L——激光束路径，m。

5. 比吸光面积 $\sigma_{f(avg)}$

$$\sigma_{f(avg)} = \frac{\sum V_i k_i \Delta t_i}{m_i - m_f} \tag{5-2-7}$$

式中　$\sigma_{f(avg)}$——比吸光面积；

　　　V——排气管道体积流量，m^3/s。

对于锥形量热计试验，所采用的标准如下：ASTM E 1354：Standard Test Method for Heat and Visible Smoke Release Rates for Materials and Products Using an Oxygen Consumption Calorimeter（《采用耗氧量热计测定材料及制品的热与可见烟雾释放速度标准试验方法》）；ISO 5660—1：Reaction-to-fire Tests-Heat Release，Smoke Production and Mass Loss Rate-Part 1：Heat Release Rate（Cone Calorimeter Method）（《对火反应试验－热释放、烟雾的产生和质量损失速度-第 1 部分：热释放速度（锥形量热计法）》）；《建筑材料热释放速率试验方法》GB/T 16172，等同采用 ISO 5660—1。

5.2.1.2　试验对比一

为了探讨不同保温系统的防火性能，分别对 EPS 板薄抹灰外墙外保温系统、岩棉外墙外保温系统、胶粉聚苯颗粒外墙外保温系统做了火反应性能试验。检测用试件模拟墙体外保温材料的实际受火状态，试件的受辐射面为 5mm 厚的聚合物抹面砂浆，中间为 50mm 厚的保温层，底面为 10mm 厚的水泥砂浆基板，试件侧面用 5mm 厚的聚合物抹面砂浆封闭，称为封闭试件。为了对比试验状态与实际使用状态的性能差异，还制作了相应的侧面裸露试件，即试件的侧面不采用抹面砂浆封闭，为裸露状态，称为开放试件。每种试件的外观尺寸均为 100mm×100mm×65mm。设定检测条件如下：辐射能量为 50kW/m²；排气管道流量为 0.024m³/s；试件定位方向为水平；试件护罩未使用；金属网格未使用。将开放式试件作为观察样，封闭式试件作为测试样。

1. EPS 板外墙外保温系统试件

该试件构造为 10mm 水泥砂浆基底＋50mmEPS 板＋5mm 聚合物抹面砂浆（复合耐碱玻纤网格布）。

其开放式试件在试验开始 2s 后 EPS 板开始熔化收缩，105s 时聚合物抹面砂浆（复合耐碱玻纤网格布）层已和水泥砂浆基底相贴，中间的聚苯板保温层已不复存在，只可见少许黑色烧结物。

其封闭式试件边角产生裂缝，试验开始52s时，从试件裂缝处冒出的烟气被点燃，燃烧持续约70s。试验结束后，将试件外壳敲掉，发现里面已空，只可见少许烧结残留物。

2. 胶粉聚苯颗粒外墙外保温系统试件

该试件构造为10mm水泥砂浆基底＋50mm胶粉聚苯颗粒保温浆料＋5mm聚合物抹面砂浆（复合耐碱玻纤网格布）。

其开放式试件在试验过程中未被点燃，试验结束后观察，发现保温层靠热辐射面颜色略有变深，变色厚度约为（3～5）mm，未发现保温层厚度有明显变化，也未发现其他明显变化。

其封闭式试件在试验过程中未被点燃，无裂缝，无明显变化。试验结束后，将试件外壳敲掉后发现保温层靠热辐射面颜色略有变深，变色厚度约为（3～5）mm，未发现其他明显变化。

3. 岩棉外墙外保温系统试件

该试件构造为10mm水泥砂浆基底＋50mm岩棉板＋5mm聚合物抹面砂浆（复合耐碱玻纤网格布）。

其开放式试件在试验过程中未被点燃，试验结束后观察，发现岩棉板靠热辐射面颜色略有变深，变色厚度约为3mm，岩棉板的厚度略有增加（岩棉板受热后有膨胀现象），试验过程中和结束后，无其他明显变化。

其封闭式试件在试验过程中未被点燃，试件未裂，无明显变化。试验结束后，将试件外壳敲掉后也未发现岩棉有明显变化。

不同保温材料火反应后的试块情况见图5-2-2。

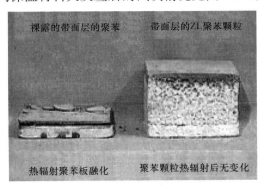

图5-2-2　不同保温材料火反应后的试块情况

不同保温材料的火反应性能试验结果如表5-2-1所示，其中试件1、2、3分别是EPS板外墙外保温系统试件、胶粉聚苯颗粒外墙外保温系统试件和岩棉外墙外保温系统试件。

表 5-2-1

火反应性能试验结果

试件	点火时间（s）	热释放速度（kW/m²）		有效燃烧热（MJ/kg）		总放热量（kJ）	CO			CO_2		
		峰值	平均值	峰值	平均值		峰值（g/g）	平均值（g/g）	总量（g）	峰值（g/g）	平均值（g/g）	总量（g）
1	64	108.6	6.0	16.4	3.2	49.9	0.0525	0.0067	0.083	0.0848	0.111	1.38
2	未点火	0.9	0.0	0.2	0.0	0.2	0.0021	0.0013	0.027	0.032	0.022	0.46
3	未点火	0.5	0.0	0.2	0.0	0.2	0.0080	0.0029	0.027	0.099	0.049	0.46

注：1. EPS板外保温；2. 胶粉聚苯颗粒外保温；3. 岩棉外保温。

从不同外墙外保温系统火反应性能试验可以看出：

（1）胶粉聚苯颗粒外墙外保温系统试件不燃烧，保温层厚度无明显变化，只是靠热辐射面的保温层颜色略有变深，变色厚度约为3～5mm。这是因为可燃聚苯颗粒被不燃的无机胶凝材料所包覆，在强热辐射下靠近热源一面聚苯颗粒热熔收缩形成了由无机胶凝材料支撑的空腔，这层材料在一定时间内不会发生变形而保持了体型稳定，同时还对下面的材料起到隔热的作用，从而具有良好的防火稳定性能。

（2）岩棉外墙外保温系统试验表明，试件不燃烧，发现岩棉板靠热辐射面颜色略有变深，变色厚度约为3mm，岩棉板的厚度略有增加。这是因为岩棉为A级不燃材料，是很好的防火材料。岩棉板受热后稍有膨胀现象是因为将岩棉挤压成板时添加了约4％左右的胶粘剂、防水剂等有机添加剂，这些有机添加剂在受热后挥发引起岩棉板松胀。

（3）聚苯板外墙外保温系统试件试验表明该系统在高温辐射下很快收缩、熔化，在明火状态下发生燃烧，也就是说在火灾发生时（有明火或高温辐射），这种系统具有破坏的趋势。

综上所述，可以看出聚苯板薄抹灰外墙外保温系统的防火性能较差，若是采用不符合标准的点粘做法（粘贴面积通常不大于40％），系统本身就存在连通的空气层，火灾时聚苯板的收缩熔化将导致很快形成"引火风道"使火灾迅速蔓延。燃烧时的高发烟性使能见度大为降低，并造成心理恐慌、逃生困难，也影响消防人员的扑救工作。而且这种系统在高温热源存在下的体积稳定性也非常差，特别是当系统表面为瓷砖饰面时，发生火灾后系统遭到破坏时的情况将更加危险，给人员逃生和消防救援带来更大的安全隐患，而且越到高层这个问题就越突出。

5.2.1.3 试验对比二

试验以胶粉聚苯颗粒复合型外墙外保温系统模拟墙体的实际受火状态，保温材料包括硬泡聚氨酯、EPS板和XPS板3种类型，每种类型又分为平板试件和槽型试件，分别如图5-2-3a、图5-2-3b所示，试件尺寸为100mm×100mm×60mm，试件的四周为10mm的耐火砂浆（胶粉聚苯颗粒防火浆料）或水泥砂浆；芯部为保温材料，尺寸为80mm×80mm×40mm。对比样品采用普通水泥砂浆试件，试件尺寸为100mm×100mm×35mm。试件代码编号见表5-2-2。

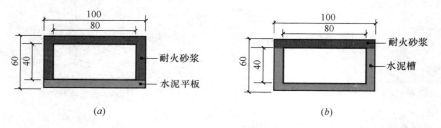

图 5-2-3　胶粉聚苯颗粒复合型外墙外保温系统试件示意图
（a）水泥平板试件；（b）水泥槽试件

胶粉聚苯颗粒复合型外墙外保温系统锥形量热计试件代码编号　　　表 5-2-2

试件代码	保温层	构造分类	试件数量
AP	聚氨酯	平板试件	6
AU	聚氨酯	槽型试件	6
BP-1（第1组）	模塑聚苯乙烯	平板试件	5
BU-1（第1组）	模塑聚苯乙烯	槽型试件	6
BP-2（第2组）	模塑聚苯乙烯	平板试件	6
BU-2（第2组）	模塑聚苯乙烯	槽型试件	6
SP	挤塑聚苯乙烯	平板试件	5
SU	挤塑聚苯乙烯	槽型试件	6
C	普通水泥砂浆	均匀试件	6

胶粉聚苯颗粒复合型外保温系统与普通水泥砂浆试件在试验中的受火状态相同。

图5-2-4为胶粉聚苯颗粒复合型外墙外保温系统火反应后的试块情况。

（1）点火性能：试验结果表明胶粉聚苯颗粒复合型外墙外保温系统与普通水泥砂浆试件均未被点

图 5-2-4　胶粉聚苯颗粒复合型外墙外保温系统火反应后的试块情况

燃，试验结果见表 5-2-3。

锥形量热计试验点火性能试验结果

表 5-2-3

试件代码	1号样	2号样	3号样	4号样	5号样	6号样	平均值
AP	未点火	未点火	未点火	未点火	未点火	未点火	未点火
AU	未点火	未点火	未点火	未点火	未点火	未点火	未点火
BP-1（第1组）	未点火	未点火	未点火	—	未点火	未点火	未点火
BU-1（第1组）	未点火	未点火	未点火	未点火	未点火	未点火	未点火
BP-2（第2组）	未点火	未点火	未点火	未点火	未点火	未点火	未点火
BU-2（第2组）	未点火	未点火	未点火	未点火	未点火	未点火	未点火
SP	未点火	未点火	未点火	未点火	未点火	—	未点火
SU	未点火	未点火	未点火	未点火	未点火	未点火	未点火
C	未点火	未点火	未点火	未点火	未点火	未点火	未点火

（2）热释放性能：试验结果表明胶粉聚苯颗粒复合型外墙外保温系统试件的热释放速度峰值与普通水泥砂浆试件基本相同，但该系统试件的热释放速度过程平均值和总放热量略小于普通水泥砂浆试件，可认为胶粉聚苯颗粒复合型外墙外保温系统的热释放性能与普通水泥砂浆相同，试验结果见表 5-2-4。

锥形量热计试验热释放性能试验结果

表 5-2-4

试件代码	热释放速度（kW/m²）		过程平均值	总放热量 /（MJ/m²）
	峰　值			
	范围	平均值		
AP	2.0～5.0	3.4	1.3	1.8
AU	3.1～6.0	4.2	1.4	1.8
BP-1（第1组）	3.1～3.9	3.5	1.4	1.8
BU-1（第1组）	1.3～7.2	3.8	0.8	1.0
BP-2（第2组）	3.3～4.9	4.1	1.1	1.6
BU-2（第2组）	4.2～5.6	5.0	1.2	1.6
SP	2.5～5.0	3.7	1.2	1.5
SU	2.6～5.4	3.4	1.1	1.4
C	3.0～5.6	3.9	2.0	2.4

（3）烟：试验结果表明胶粉聚苯颗粒复合型外墙外保温系统试件的烟光吸收参数与普通水泥砂浆试件相同，均接近基线值。胶粉聚苯颗粒复合型外墙外保温系统试件的比吸光面积平均值大于普通水泥砂浆试件，原因在于试验后期前者的质量损失小于后者，使得后者的非燃烧质量损失更多地承载了一部分比吸光面积的值，但胶粉聚苯颗粒复合型外墙外保温系统试件的总烟量与普通水泥砂浆试件基本相同，试验结果见表 5-2-5。

锥形量热计试验烟试验结果　　　　　　　　　　　　　　　表 5-2-5

试件代码	质量损失/g	烟光吸收参数		比吸光面积/（m²/kg）		总烟量/m²
		峰值	平均值	峰值	平均值	
AP	31.6	0.2	0.0	121	32	1.0
AU	33.5	0.2	0.0	171	28	0.9
BP-1（第1组）	15.4	0.2	0.0	78	17	0.5
BU-1（第1组）	14.1	0.2	0.0	265	38	1.1
BP-2（第2组）	33.0	0.0	0.0	11	3	0.0
BU-2（第2组）	30.4	0.0	0.0	18	5	0.1
SP	34.4	0.1	0.0	89	9	0.3
SU	36.9	0.3	0.0	121	25	0.9
C	32.1	0.2	0.0	72	17	0.5

（4）CO：试验结果表明胶粉聚苯颗粒复合型外墙外保温系统试件的 CO 测定值略高于普通水泥砂浆，但均接近基线值。前者的 CO 产生比量平均值和 CO 总量与后者基本相同，试验结果见表 5-2-6。

锥形量热计试验 CO 试验结果　　　　　　　　　　　　　　表 5-2-6

试件代码	质量损失/g	$CO/\times 10^{-6}$		CO/（kg/kg）		CO 总量/mg
		峰值	平均值	峰值	平均值	
AP	31.6	2	2	0.007	0.002	50
AU	33.5	3	2	0.012	0.002	64
BP-1（第1组）	15.4	5	4	0.476	0.004	118
BU-1（第1组）	14.1	4	2	0.763	0.002	67
BP-2（第2组）	33.0	2	2	0.008	0.003	51
BU-2（第2组）	30.4	2	2	0.011	0.004	50
SP	34.4	2	2	0.008	0.001	49
SU	36.9	2	2	0.003	0.001	49
C	32.1	2	2	0.005	0.001	44

（5）CO_2：试验结果表明胶粉聚苯颗粒复合型外墙外保温系统试件的 CO_2 测定值略高于普通水泥砂浆，但均接近基线值。前者的 CO_2 产生比量平均值和 CO_2 的总量比后者大，试验结果见表 5-2-7。

锥形量热计试验 CO_2 试验结果　　　　　　　　　　　　　表 5-2-7

试件代码	质量损失/g	CO_2/%		CO_2/（kg/kg）		CO_2 总量/mg
		峰值	平均值	峰值	平均值	
AP	31.6	0.002	0.002	0.118	0.027	847
AU	33.5	0.005	0.004	0.358	0.054	1761
BP-1（第1组）	15.4	0.018	0.005	1.302	0.042	1368
BU-1（第1组）	14.1	0.016	0.007	2.063	0.080	2250

试件代码	质量损失/g	CO_2/%		CO_2/(kg/kg)		CO_2总量/mg
		峰值	平均值	峰值	平均值	
BP-2（第2组）	33.0	0.002	0.002	0.141	0.056	848
BU-2（第2组）	30.4	0.002	0.002	0.174	0.061	836
SP	34.4	0.004	0.002	0.133	0.025	830
SU	36.9	0.002	0.002	0.049	0.023	834
C	32.1	0.002	0.002	0.077	0.023	723

从以上的检验结果分析可以看出，胶粉聚苯颗粒复合型外墙外保温系统与普通水泥砂浆的对火反应性能基本相同，可作为 A 级不燃材料使用。

表 5-2-8 比较了保护层厚度对试件燃烧性能的影响。试验结果表明：当表面保护层厚度为 10mm 时，试件在锥形量热计试验中均未被点燃，热释放速率峰值小于 $10kW/m^2$，总放热量小于 $5MJ/m^2$，与普通水泥砂浆的试验结果基本相同。当表面保护层厚度小于 5mm 时，试件在锥形量热计试验中被点燃。

保护层厚度对试样燃烧性能的影响　　　　　　　　　表 5-2-8

保温材料	保护层厚度（mm）	点火时间（s）	热释放速率（kW/m²）		总放热量（kJ）
			峰值	平均值	
PU	彩钢板	2	280.9	71.6	349.0
PU	3	50	112.5	34.1	153.7
PU	5	65	101.0	11.4	129.1
PU	10	未点火	4.2	1.4	1.8
EPS	5	995	24.6	6.9	8.6
EPS	10	未点火	5.0	1.2	1.6
XPS	10	未点火	3.7	1.2	1.5
XPS	10	未点火	3.4	1.1	1.4
C	—	未点火	3.9	2.0	2.4

5.2.1.4　小结

当保护层厚度为 5mm 时，采用不燃性保温材料或不具有火焰传播能力的难燃性保温材料的系统，在锥形量热计试验中均未被点燃，热释放速率峰值小于 $10kW/m^2$，总放热量小于 $5MJ/m^2$，与普通水泥砂浆的试验结果基本相同。而采用可燃保温材料的系统，在锥形量热计试验中会被点燃，热释放速率峰值大于 $100kW/m^2$。

当保护层厚度增为 10mm 时，采用可燃保温材料的系统，在锥形量热计试验中亦未被点燃，热释放速率峰值小于 $10kW/m^2$，总放热量小于 $5MJ/m^2$，与普通水泥砂浆的试验结果基本相同。

对于可燃保温材料，增加表面保护层的厚度可以提高其燃烧性能。

5.2.2　燃烧竖炉试验

5.2.2.1　试验原理

燃烧竖炉试验是德国标准中对建筑材料进行燃烧性能等级判定所采用的试验方法，属于中尺寸的模型火试验，我国标准与德国标准的一致性程度为非等效采用。试验装置包括燃烧竖炉和控制仪器等。在外墙外保温系统中使用竖炉试验的目的在于检验外墙外保温系统的保护层厚度对火焰传播性的影响程度，以及在受火条件下外墙外保温系统中可燃保温材料的状态变化。相应的标准为：《建筑材料及组件的燃烧特性 第1部分：建筑材料分级的要求和试验》DIN 4102—1：1998，《建筑材料及组件的燃烧特性 第15部分：竖炉试验》DIN 4102—15：1990，《建筑材料及组件的燃烧特性 第16部分：竖炉试验的进行》DIN 4102—16：1998，《建筑材料难燃性试验方法》GB/T 8625—2005。

在竖炉试验中，试件尺寸为190mm×1000mm，每次试验以4个试件为1组，试件垂直固定在试件支架上，组成垂直的方形等效烟道，等效烟道的内径尺寸为250mm×250mm，即4个试件中每2个相互平行的试件之间的净距离为250mm。

在竖炉试验中，矩形燃烧器水平位于试件下端等效烟道的中心位置，试件的受火部位自试件下端约4cm处向上。试验时采用纯度大于95%的甲烷气体，燃烧功率稳定在约21kW，火焰温度约为900℃。标准试验时间为10min。

根据《建筑材料难燃性试验方法》GB/T 8625—2005第7.1条，竖炉试验的合格判定条件有2个：

（1）试件燃烧剩余长度平均值应不小于150mm，其中没有1个试件的燃烧剩余长度为零；

（2）每组试验由5支热电偶所测得的平均烟气温度不超过200℃。

根据《建筑材料难燃性试验方法》GB/T 8625—2005第7.2条，凡是燃烧竖炉试验合格，并能符合《建筑材料燃烧性能分级方法》GB 8624—1997、《建筑材料可燃性试验方法》GB/T 8626—1988、《建筑材料燃烧或分解的烟密度试验方法》GB/T 8627—1999规定中要求的材料可认定为难燃性建筑材料。

竖炉试验测定的参数为试件的燃烧剩余长度和排烟管道的烟气温度，检验的是材料的阻燃程度，可以认为是建筑材料或组件的火焰传播性及热释放量。对于建筑外墙外保温系统而言，竖炉试验可以对系统层面构造的对火反应性能进行检验，但由于试件的高度只有100cm，因此不能检验外墙外保温系统整体构造的抗火能力。

在燃烧竖炉试验中，沿试件高度中心线每隔20cm设置1个接触保护层的保温层温度测点，如图5-2-5、图5-2-6所示。试验过程中，施加的火焰功率恒定，热电偶5、6的区域为试件的受火区域。

图5-2-5 燃烧竖炉试验设备

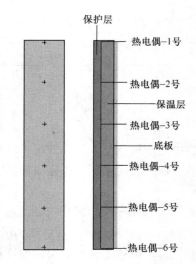

图5-2-6 燃烧竖炉试验试件及热电偶测点

5.2.2.2 试验结果

在燃烧竖炉试验中，分别采用EPS板、XPS板、硬泡聚氨酯作为保温材料，试件的保护层采用胶粉聚苯颗粒或水泥砂浆，保护层厚度介于5～45mm的范围内。试件的编号及层面构造见表5-2-9。

试件编号	保温层材料	保护层材料	保护层厚度（mm）	抗裂层＋饰面层厚度（mm）	保温层厚度（mm）	底板厚度（mm）
EPS-5	EPS 板	胶粉聚苯颗粒	0	5	30	20
EPS-15			10	5	30	20
EPS-25			20	5	30	20
EPS-35			30	5	30	20
EPS-45			40	5	30	20
XPS-5	XPS 板	胶粉聚苯颗粒	0	5	30	20
XPS-15			10	5	30	20
XPS-25			20	5	30	20
XPS-35			30	5	30	20
XPS-45			40	5	30	20
PU-5	PU	胶粉聚苯颗粒	0	5	30	20
PU-15			10	5	30	20
PU-25			20	5	30	20
PU-35			30	5	30	20
PU-35			30	5	30	20
PU-45			40	5	30	20
EPS-20/30-1	EPS 板	胶粉聚苯颗粒	20/30	5	30/40	20
EPS-20/30-2			20/30	5	30/40	20
EPS-10/20-3		水泥砂浆	10/20	5	30/40	20
EPS-10/20-4			10/20	5	30/40	20

根据《建筑材料难燃性试验方法》GB/T 8625—2005，甲烷气的燃烧功率约为 21kW，火焰温度约为 900℃。火焰加载时间为 20min。

不同试件各温度测点的最大温度见表 5-2-10。

分类	编号	测点位置/mm					
		0	200	400	600	800	1000
EPS 平板	EPS-5	314.7	438.4	323.9	246.5	177.8	127.7
	EPS-15	143.0	280.0	202.1	95.9	96.8	95.6
	EPS-25	145.0	194.2	99.0	100.4	97.2	40.6
	EPS-35	97.2	99.0	98.6	99.5	84.3	41.6
	EPS-45	48.8	56.5	31.5	28.4	26.8	26.3
EPS 槽型	EPS-20/30-1	150.7	168.9	114.1	91.5	95.2	91.5
	EPS-20/30-2	119.5	222.1	159.5	100.6	98.6	78.3
	EPS-10/20-3	164.0	257.8	221.4	137.6	98.8	68.8
	EPS-10/20-4	187.7	165.5	143.5	130.1	107.2	91.3
XPS 平板	XPS-5	258.3	439.3	264.1	185.3	199.7	170.1
	XPS-15	155.0	225.7	206.6	96.1	84.7	48.3
	XPS-25	53.0	86.1	51.3	50.2	42.3	22.8
	XPS-35	48.1	49.5	54.1	39.7	34.1	32.9
	XPS-45	44.4	32.4	40.9	31.5	27.5	28.2

分类	编 号	测点位置/mm					
		0	200	400	600	800	1000
PU 平板	PU-5	453.0	566.9	428.8	216.4	121.8	81.3
	PU-15	92.2	386.5	330.1	95.4	91.3	74.4
	PU-25	102.5	192.2	91.1	94.7	94.0	71.8
	PU-35	96.3	95.0	45.1	95.9	34.5	31.2
	PU-35	60.0	64.6	56.0	52.7	75.1	46.0
	PU-45	59.3	67.9	73.2	41.3	30.8	28.4

注：试件分类参见图 5-2-12。

不同试件各温度测点的最大温度对比见图 5-2-7～图 5-2-10。

不同试件各温度测点曲线图见图 5-2-11，各试件剖析图见图 5-2-12。

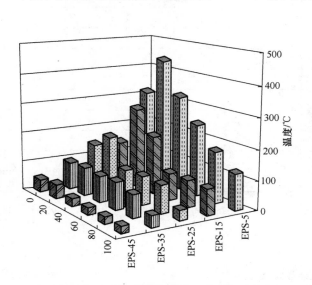

图 5-2-7　EPS 平板试件最大温度比对图

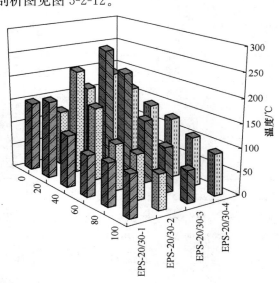

图 5-2-8　EPS 槽型试件最大温度比对图

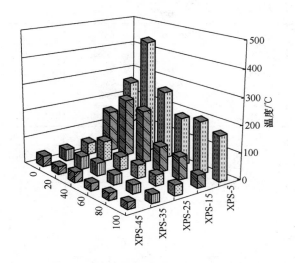

图 5-2-9　XPS 平板试件最大温度比对图

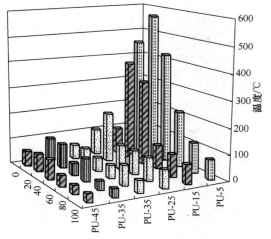

图 5-2-10　PU 平板试件最大温度比对图

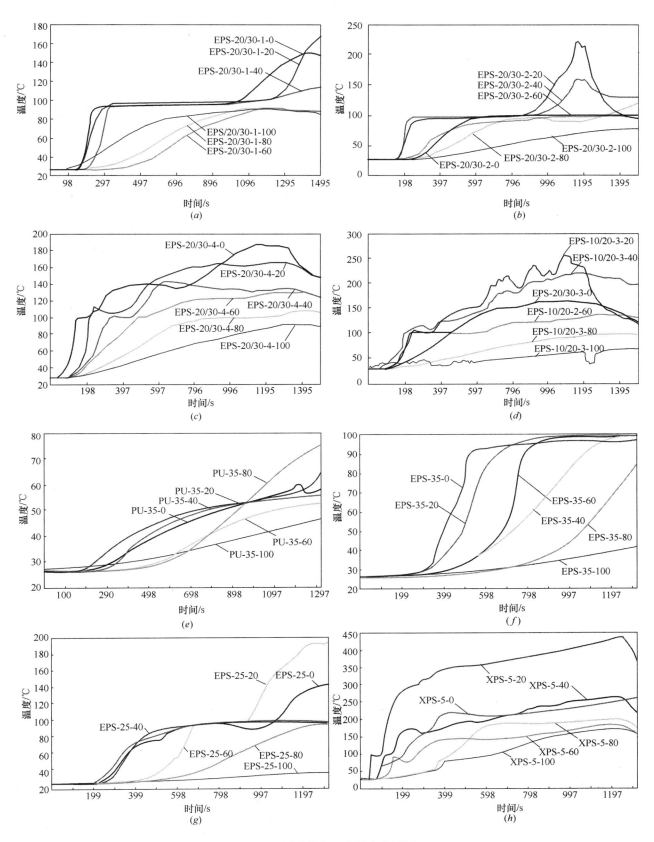

图 5-2-11　不同试件各温度测点曲线图（一）

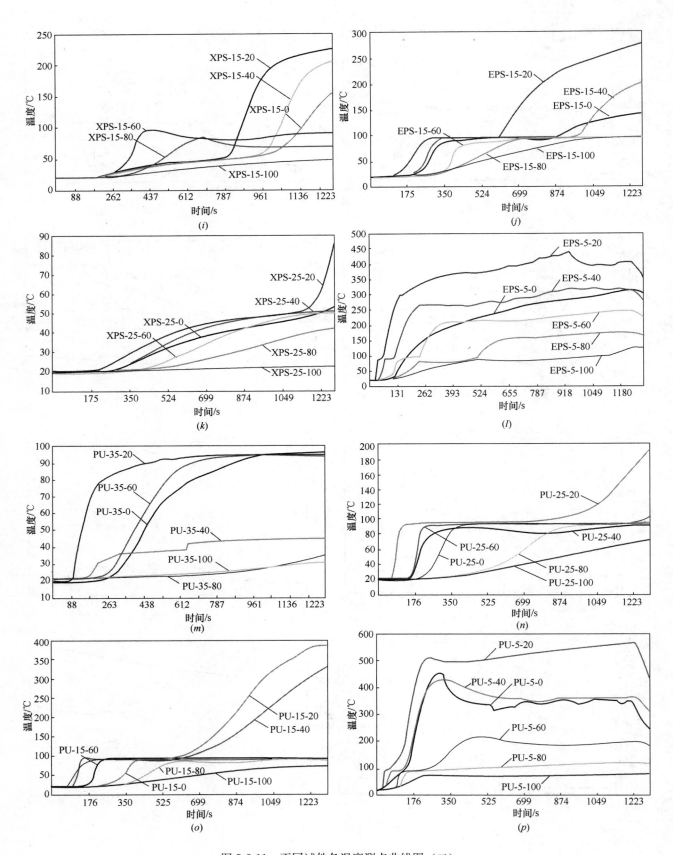

图 5-2-11 不同试件各温度测点曲线图（二）

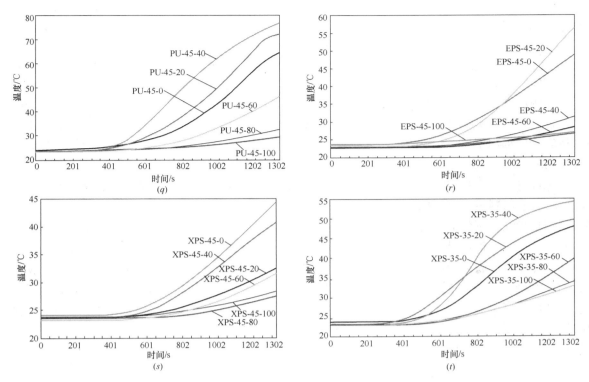

图 5-2-11 不同试件各温度测点曲线图（三）

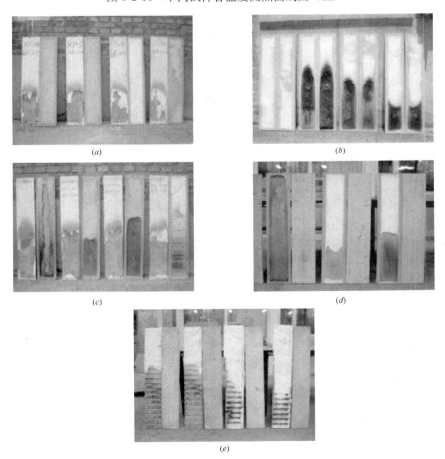

图 5-2-12 各试件剖析图

（a）从左至右分别为 XPS-35，XPS-45，EPS-45，PU-45；（b）从左至右分别为 PU-35，PU-5，PU-15，PU-25；

（c）从左至右分别为 EPS-5，XPS-25，XPS-15，EPS-15；（d）从左至右分别为 XPS-5，EPS-35，EPS-25；

（e）从左至右分别为 EPS-20/30-1、EPS-20/30-2、EPS-10/20-3、EPS-10/20-4

5.2.2.3　小结

（1）不同试件各测点温度随保护层厚度的增加而降低，在外保温系统中保护层的厚度直接决定着系统的对火承受能力。

（2）保温层的烧损高度随保护层厚度的减少而增加，无专设防火保护层的聚苯板薄抹灰试件的保温层全部烧损，硬泡聚氨酯薄抹灰的保护层烧损区域约为 65cm。当胶粉聚苯颗粒保护层厚度在 30mm 以上时（抗裂层和饰面层厚度 5mm），在试验条件下（火焰温度 900℃，作用于试件下部面层 20min），有机保温材料未受到任何破坏。

（3）试件的构造本身也可以看成是外墙外保温系统分仓构造的一个独立的分仓，所以当分仓缝具有一定宽度且分仓材料具备良好的防火性能时，即当保护层具有一定的厚度时，分仓构造能够阻止火焰的蔓延，其表现形式为试件的保温层未完全破坏。聚苯板薄抹灰系统试件由于试验后保温层被全部烧损，试件本身的这种分仓构造是否具有阻止火焰蔓延的能力，还需要大尺寸的模型试验加以验证。

（4）同等厚度的胶粉聚苯颗粒对有机保温材料的防火保护作用要强于水泥砂浆。一方面，胶粉聚苯颗粒属于保温材料，是热的不良导体，而水泥砂浆属于热的良导体，前者外部热量向内传递过程要比后者缓慢，其内侧有机保温材料达到熔缩温度的时间长，在聚苯颗粒熔化后形成的封闭空腔使得胶粉聚苯颗粒的导热系数更低，热量传递更为缓慢。另一方面，砂浆遇热后开裂使热量更快进入内部，加速有机保温材料达到熔融收缩温度。

5.3　外保温系统大尺寸模型火试验

目前，在我国对建筑外墙外保温系统防火安全性能的评价应以火灾试验为基础。因此，选择正确合理的试验方法，是客观、科学地评价外墙外保温系统防火安全性能的关键。

中小尺寸试验方法一般只能模拟燃烧过程的某个特定方面，而不能全面反应外保温系统的燃烧状态。相对来说，大尺寸试验方法更接近于真实火灾的燃烧条件，与实际火灾状况具有一定程度的相关性。不过，由于实际燃烧过程的因素难以在试验室条件下全面模拟和重现，所以任何试验都无法提供全面准确的火灾试验结果，只能作为火灾中材料行为特性的参考。

随着火灾科学的发展，人们对火灾试验方法与技术的发展方向已逐步形成共识，即最好的、最有用的试验方法应与真实火灾场景有较好的相关性，且其结果可以用于实际火灾的模拟计算中以及火灾安全的工程设计方法中，该方法为性能化对火反应试验方法。但目前我国现行标准中绝大部分规定的是保温材料的燃烧特性，由于采用的是小尺寸试验，最多也仅是中尺寸试验，可以说所规定的试验条件与实际火灾场景相去甚远，这些标准的测试结果只能作为单项指标的对比标准，几乎不能反映材料在实际火灾中的性能。

因此，目前在我国对外保温系统的防火安全性能评价应以大尺寸火灾试验结果为基础。通过对国外各类标准的论证分析，我们最终选择了大尺寸的 UL 1040 墙角火试验和 BS 8414-1 窗口火试验对外保温系统检验。迄今为止，已完成了 10 次墙角火试验，32 次窗口火试验。就现有的试验结果来看，窗口火试验模型更接近于外保温系统在大多数实际火灾中的受火状态，可作为今后试验研究的主要手段。

5.3.1　防火试验方法简介

5.3.1.1　UL 1040 墙角火试验

UL 1040：2001《Fire Test of Insulated Wall Construction》（建筑隔热墙体火灾测试）为美国保险商试验室标准。试验模拟外部火灾对建筑物的攻击，用于检验建筑外墙外保温系统的防火性能，其优点在于模型尺寸能够涵盖包括防火隔断在内的外墙外保温系统构造，可以观测试验火焰沿外墙外保温系统的水平或垂直传播的能力，试验状态能够充分反应外墙外保温系统在实际火灾中的整体防火能力。

UL 1040 墙角火试验模型由 2 面成直角的墙体构成，形成 6.10m× 6.10m×9.14m 高的大墙角，顶面采用不燃的无机板材遮盖，测试装置代表实际建筑物。试验模型见图 5-3-1。

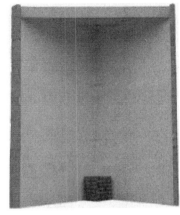

图 5-3-1　UL 1040 试验模型

保温系统安装于两面墙上，墙体连接到屋顶的方式应代表实际连接的方式。墙角处堆积木材，火源为 1.22m×1.22m×1.07m 的木垛，由 12 层木条组成，重量为 347±4.54kg。该试验方法可用于观测外保温系统受火后的纵向和横向传播范围。

试验时，在堆积木材上方及外保温系统的墙体表面和大气环境中布置温度测点，并从不同角度对试验过程进行摄像记录。

UL 1040 试验的符合性判定条件如下：

（1）During the test, surface burning shall not extend beyond 18 feet（5.49 m）from the intersection of the two walls. 试验过程中，表面燃烧范围不应超过两个墙体交叉线的 5.49m。

（2）Post-test observations shall show that the combustive damage of the test materials within the assembly diminishes at increasing distance from the immediate fire exposure area. （试验后的观测应表明，组合系统内试验材料的燃烧损坏程度，应随至火焰暴露面距离的增加而减少）。

5.3.1.2　BS 8414-1 窗口火试验

英国标准 BS 8414-1：2002 《Fire performance of external cladding systems-Part 1：Test method for non-loadbearing external cladding systems applied to the face of the building》（外部包覆系统的防火性能—第 1 部分：建筑外部的非承载包覆系统试验方法）主要用于检验外保温系统的纵向传播范围。

BS 8414-1 窗口火试验描述了应用于建筑表面并在控制条件下暴露于外部火焰的非承载外部包覆系统、包覆系统之上的遮雨屏及外墙外保温系统的防火性能评价方法。它模拟的是典型的外部火源或建筑室内发生轰燃后火焰从窗洞口溢出对外保温系统产生的作用。该试验方法可以同时考察外保温系统在有火源或火种存在的条件下能否被点燃和发生燃烧现象，以及当有燃烧或火灾发生时系统是否具有阻止火焰传播的能力。也即是说，同时考察系统对外部火源攻击的抵抗能力或其整体的防火性能如何。

BS 8414-1 窗口火试验的优点与墙角火试验相同，可以用于检验包括外保温系统构造之内的整个系统的防火性能。但从实际火灾对建筑物的攻击概率来看，更具有普遍意义。如图 5-1-2 所示，说明了室内火灾从建筑物的窗口沿外墙外保温系统向外扩散的原理。当外墙外保温系统具有阻止火焰传播的能力时，火灾不会扩散。

图 5-3-2　窗口火试验模型

图 5-3-2 为窗口火试验模型。

以 BS 8414-1：2002 测试方法为基础提出的性能标准和分类方法主要考虑的是远离火源部位的火势蔓延和发生的机率，系统性能将根据以下 3 个准则来评估：外部火势蔓延、内部火势蔓延、机械性能。

（1）外部火势传播

在起始时间 15min 内，如果设置在水平线 2 的外部热电偶的温度超过 600℃，且持续时间超过 30s，外部火势蔓延就会发生。

（2）内部火势传播

在起始时间 15min 内，如果设置在水平线 2 的内部热电偶的温度超过 600℃，且持续时间超过 30s，内部火势蔓延就会发生。

（3）机械性能

机械性能没有设定失败标准。相反，一些细节，诸如任何系统损坏、碎片、分层或火焰碎片都将包括在该次测试报告中。机械性能失败的性质将作为全面危险评估的一部分。

为了将 BS 8414-1 转化为适用于我国外保温系统的防火性能测试方法，中国建筑科学研究院等 12 家单位共同申请了建筑工业行业产品标准《建筑外墙外保温系统防火试验方法》的编制计划，并已完成标准报批稿。在该标准报批稿中，对 BS 8414-1 作了如下细化规定：

（1）试验时，将外保温系统按照试验委托方指定的方式安装在试验模型的建筑基面上，通过模拟房间内发生轰燃后的火焰从窗口或洞口溢出时对外保温系统的攻击，检验外保温系统的受损程度，并判定其火焰传播性。

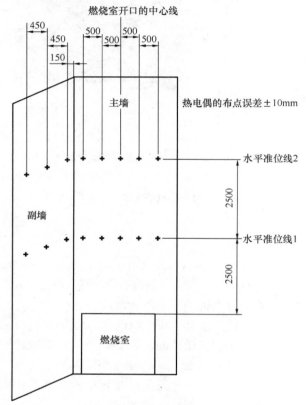

图 5-3-3 窗口火试验模型和热电偶位置图

（2）试验模型的墙体由主副墙构成，主墙下方设有燃烧室。模型由密度不低于 600kg/m³ 的加气混凝土砌块构成，墙体的高度为 8400mm，主墙宽度为 3500mm、副墙宽度为 2500mm。副墙与主墙垂直，距燃烧室开口边缘的距离为（250±10）mm。燃烧室开口的尺寸应为：高（2000±100）mm，宽（2000±100）mm；内部尺寸应为：高（2300±50）mm，宽（2000±100）mm，深（1050±50）mm。在燃烧室开口顶部上方 2500mm 和 5000mm 处的水平线分别定义为水平准位线 1 和水平准位线 2。在水平准位线 1 和水平准位线 2 上根据外保温系统的具体构造布置外部热电偶和内部热电偶。外部热电偶测点应伸出外保温系统外表面（50±5）mm。内部热电偶测点应布置在每个可燃层厚度的 1/2 处；当系统内含有空腔时，在每一个空腔层厚度的 1/2 处，也应设置热电偶；当层厚小于 10mm 时，可不设热电偶。试验模型和热电偶位置图见图 5-3-3。

（3）试验样品应包括外保温系统的所有组成部分，并应按外保温系统的安装要求安装。样品的厚度不应超过 200mm，其宽度和高度应完全覆盖模型的主墙和副墙。在主墙和副墙间的墙角处，样品应紧密连接或按试验委托方的要求进行安装。样品边缘和燃烧室开口的周边应按系统实际应用的构造做法或按试验委托方的要求保护。当外保温系统在实际应用中设置水平变形缝时，试验样品的水平缝应按试验委托方规定的间隔设置，且至少应在燃烧室开口上方（2400±100）mm 处设置一条水平缝。当外保温系统在实际应用中设置垂直变形缝时，试验样品的垂直缝应按试验委托方规定的间隔设置，且应在燃烧室开口中心线向上延伸处设置一条垂直缝，相对中心线的允许偏差为±100mm。当外保温系统在实际应用中设置水平防火隔离带时，试验样品的水平防火隔离带应按试验委托方的要求设置，且最高一条防火隔离带应位于水平准位线 2 的下方，其上边缘距水平准位线 2 的距离不应小于 100mm。

（4）试验过程中，记录样品的燃烧状态和机械性能发生变化的时间。试验后，待冷却后检查样品的开裂、熔化、变形以及分层等破坏状况，但不包括被烟熏黑或褪色的部分，并应做好以下各项内容的记录（根据检查需要，可拆除样品的某些覆盖物）：①火焰在样品表面垂直和水平两个方向上传播的范围；②火焰在每一个中间层垂直和水平两个方向上传播和受损的范围；③如存在空腔，则应记录火焰在其中垂直和水平两个方向上传播和破坏的状况；④试验样品外表面被烧损或剥离的范围；⑤试验样品的任何垮塌或部分垮塌的详细状况。

（5）根据试验数据确定的外保温系统火焰传播性的判定条件如下。当同时满足下列要求时，可判定外保温系统不具有火焰传播性。否则，应判定系统具有火焰传播性。①水平准位线2的任何一个内部热电偶的温升未超过500℃，或超过500℃但持续时间不大于20s；②试验后的检查结果表明，系统的每个可燃层的垂直燃烧高度未超过水平准位线2上方300mm。当同时满足以上两条要求时，可判定外保温系统不具有火焰传播性。否则，应判定系统具有火焰传播性。

编制组成员及审查专家一致认为该判定原则宽严适中，适合我国现有的国情。

5.3.2 窗口火试验

5.3.2.1 试验汇总

至今已完成了窗口火试验32次，现总结如下。

所进行的32次试验，按构造措施进行分类：岩棉防火隔离带试验3次、硬泡聚氨酯防火隔离带试验4次、酚醛防火隔离带试验1次、岩棉挡火梁试验2次、泡沫水泥挑沿-岩棉防火隔离带试验1次、瓷砖饰面试验2次、厚抹灰试验10次、薄抹灰试验9次；按保温材料的类型划分，其中EPS板试验19次（薄抹灰系统15次、厚保护层系统4次）、硬泡聚氨酯试验8次（薄抹灰系统3次、厚保护层系统5次）、XPS板试验3次（B₂级XPS板薄抹灰1次、B₁级XPS板薄抹灰1次、B₂级XPS板厚抹灰1次）、改性酚醛板试验2次。

表5-3-1给出了试验的详细情况，表5-3-2～表5-3-8分别按保温材料类型和系统保护方式，总结试验状态。

窗口火试验列表　　　　　　　　　　表5-3-1

序号	系统名称	试验日期	试验地点	系统构造特点				防火隔离带（或挡火梁）	火焰传播性
				保温材料	保护层类型	粘贴方式	防火分隔		
1	胶粉聚苯颗粒贴砌EPS板外保温系统	2007年02月02日	北京振利	EPS	厚抹灰	无空腔	分仓	—	无
2	EPS板薄抹灰外保温系统	2007年04月14日	北京振利	EPS	薄抹灰	有空腔，粘结面积≥40%	无	—	不评价
3	EPS板薄抹灰外保温系统	2007年05月29日	北京振利	EPS	薄抹灰	有空腔，粘结面积≥40%	无	—	有
4	硬泡聚氨酯复合板薄抹灰外保温系统	2007年05月30日	北京通州	PU	薄抹灰	有空腔，粘结面积≥40%	无	—	无
5	喷涂硬泡聚氨酯抹灰外保温系统	2007年07月16日	北京通州	PU	10	无空腔	无	—	无
6	浇注硬泡聚氨酯外保温系统	2007年09月06日	北京通州	PU	薄抹灰	无空腔	无	—	无
7	膨胀玻化微珠保温防火砂浆复合EPS板外保温系统	2007年11月13日	北京通州	EPS	厚抹灰	有空腔，粘结面积≥40%	无	—	无
8	EPS板薄抹灰外保温系统-硬泡聚氨酯防火隔离带	2008年04月23日	北京通州	EPS	薄抹灰	有空腔，粘结面积≥40%	无	硬泡聚氨酯防火隔离带	无
9	EPS板薄抹灰外保温系统-岩棉防火隔离带	2008年10月07日	敬业达	EPS	薄抹灰	有空腔，粘结面积≥40%	无	岩棉防火隔离带	无
10	EPS板薄抹灰外保温系统-硬泡聚氨酯防火隔离带	2008年10月21日	北京通州	EPS	薄抹灰	有空腔，粘结面积≥40%	无	硬泡聚氨酯防火隔离带	有

序号	系统名称	试验日期	试验地点	系统构造特点				防火隔离带（或挡火梁）	火焰传播性
				保温材料	保护层类型	粘贴方式	防火分隔		
11	EPS板薄抹灰外保温系统-酚醛防火隔离带	2008年11月11日	敬业达	EPS	薄抹灰	有空腔，粘结面积≥40%	无	酚醛防火隔离带	无
12	EPS板薄抹灰外保温系统-岩棉挡火梁	2008年11月11日	敬业达	EPS	薄抹灰	有空腔，粘结面积≥40%	无	岩棉挡火梁	有
13	EPS板薄抹灰外保温系统-岩棉挡火梁	2009年03月18日	敬业达	EPS	薄抹灰	有空腔，粘结面积≥40%	无	岩棉挡火梁	无
14	EPS板薄抹灰外保温系统-泡沫水泥挑沿/岩棉防火隔离带	2009年03月18日	敬业达	EPS	薄抹灰	有空腔，粘结面积≥40%	无	泡沫水泥挑沿，岩棉隔离带	有
15	EPS板薄抹灰外保温系统	2009年04月13日	敬业达	EPS	薄抹灰	有空腔，粘结面积≥40%	无	—	有
16	EPS板薄抹灰外保温系统-硬泡聚氨酯防火隔离带	2009年06月03日	北京通州	EPS	薄抹灰	有空腔，粘结面积≥40%	无	硬泡聚氨酯防火隔离带	无
17	高强耐火植物纤维复合保温板现场浇注发泡聚氨酯外保温系统	2009年08月12日	敬业达	PU	厚保护层	无空腔	无	—	无
18	XPS板薄抹灰外保温系统-岩棉防火隔离带	2009年08月12日	敬业达	XPS	薄抹灰	有空腔，粘结面积≥40%	无	岩棉防火隔离带	无
19	硬泡聚氨酯复合板薄抹灰外保温系统	2009年08月20日	北京通州	PU	薄抹灰	有空腔，粘结面积≥40%	无	—	无
20	EPS板瓷砖饰面外保温系统	2009年09月03日	敬业达	EPS	厚保护层：瓷砖饰面	有空腔，粘结面积≥40%	无	—	无
21	喷涂硬泡聚氨酯-幕墙保温系统	2009年11月22日	北京通州	PU	厚抹灰	保温层与基层墙体满粘，但存在幕墙空腔*	保温层内无防火分隔，但幕墙空腔用岩棉隔离带分隔	岩棉防火隔离带	无
22	胶粉聚苯颗粒贴砌EPS板薄抹灰外保温系统	2009年11月26日	北京振利	EPS	薄抹灰	无空腔	分仓	—	无
23	EPS板薄抹灰外保温系统-硬泡聚氨酯防火隔离带	2010年02月03日	北京通州	EPS	薄抹灰	有空腔，粘结面积≥40%	无	硬泡聚氨酯防火隔离带	不评价
24	胶粉聚苯颗粒贴砌XPS板外保温系统	2010年03月23日	北京振利	XPS	厚抹灰	无空腔	分仓	窗口胶粉聚苯颗粒20cm	无
25	EPS板薄抹灰外保温系统	2010年05月13日	敬业达	EPS	薄抹灰	有空腔，粘结面积≥40%	无	—	无
26	EPS板瓷砖饰面外保温系统	2010年05月13日	敬业达	EPS	厚保护层：瓷砖饰面	有空腔，粘结面积≥40%	无	—	无
27	酚醛薄抹灰-铝单板幕墙保温系统	2010年06月23日	北京振利	PF	薄抹灰	有空腔，粘结面积≥40%	无	—	有

序号	系统名称	试验日期	试验地点	系统构造特点				防火隔离带（或挡火梁）	火焰传播性
				保温材料	保护层类型	粘贴方式	防火分隔		
28	喷涂硬泡聚氨酯厚抹灰外保温系统	2010年09月02日	北京通州	PU	厚抹灰	无空腔	无	—	无
29	酚醛厚抹灰（分仓构造）-铝单板幕墙保温系统	2010年09月10日	北京振利	PF	厚抹灰	无空腔	有	胶粉聚苯颗粒分隔	无
30	XPS板薄抹灰外保温系统	2010年10月28日	敬业达	XPS（B₁级）	薄抹灰	有空腔，粘结面积≥40%	无	—	有
31	EPS板薄抹灰外保温系统-岩棉防火隔离带	2010年10月28日	敬业达	EPS	薄抹灰	有空腔，粘结面积≥40%	无	岩棉防火隔离带	无
32	硬泡聚氨酯保温板-厚抹灰外保温系统	2010年11月05日	北京通州	PU	厚抹灰	有空腔，粘结面积≥40%	无	—	无

注：1. 表中符号：EPS——模塑聚苯板，XPS——挤塑聚苯板，PU——硬泡聚氨酯，PF——改性酚醛板。

2. 表中的试验2和试验23仅作为演示试验，主要用于向领导和专家介绍窗口火试验方法。因试验时的风速条件不满足测试标准的要求。因此，不对试验结果评价。

EPS板薄抹灰外保温系统无防火隔离带的试验小结　　　　表 5-3-2

试验系统	3. EPS板薄抹灰外保温系统	15. EPS板薄抹灰外保温系统
试验后保温层的烧损状态		

EPS板薄抹灰外保温系统有防火分隔的试验小结　　　　表 5-3-3

试验系统	8. EPS板薄抹灰外保温系统-硬泡聚氨酯防火隔离带	9. EPS板薄抹灰外保温系统-岩棉防火隔离带	10. EPS板薄抹灰外保温系统-硬泡聚氨酯防火隔离带	11. EPS板薄抹灰外保温系统-酚醛防火隔离带
试验后保温层的烧损状态				

试验系统	12. EPS板薄抹灰外保温系统-岩棉挡火梁	13. EPS板薄抹灰外保温系统-岩棉挡火梁	14. EPS板薄抹灰外保温系统-泡沫水泥挑沿/岩棉防火隔离带	16. EPS板薄抹灰外保温系统-硬泡聚氨酯防火隔离带
试验后保温层的烧损状态				

试验系统	22. 胶粉聚苯颗粒贴砌EPS板薄抹灰外保温系统	25. EPS板薄抹灰外保温系统	31. EPS板薄抹灰外保温系统-岩棉防火隔离带
试验后保温层的烧损状态			

EPS板厚保护层系统的试验小结　　　　　　　　　　表 5-3-4

试验系统	1. 胶粉聚苯颗粒贴砌EPS板外保温系统	7. 膨胀玻化微珠保温防火砂浆复合EPS板外保温系	20. EPS板瓷砖饰面外保温系统	26. EPS板瓷砖饰面外保温系统
试验后保温层的烧损状态				

硬泡聚氨酯薄抹灰系统的试验小结 表 5-3-5

试验系统	4. 硬泡聚氨酯复合板薄抹灰外保温系统	6. 浇注硬泡聚氨酯外保温系统	19. 硬泡聚氨酯复合板薄抹灰外保温系统
试验后保温层的烧损状态			

硬泡聚氨酯厚保护层系统的试验小结 表 5-3-6

试验系统	5. 喷涂硬泡聚氨酯抹灰外保温系统	17. 高强耐火植物纤维复合保温板现场浇注发泡聚氨酯外保温系统	21. 喷涂硬泡聚氨酯-幕墙保温系统	28. 喷涂硬泡聚氨酯厚抹灰外保温系统	32. 硬泡聚氨酯保温板-厚抹灰外保温系统
试验后保温层的烧损状态					

酚醛-铝单板幕墙系统的试验小结 表 5-3-7

试验系统	27. 酚醛薄抹灰-铝单板幕墙保温系统	29. 酚醛厚抹灰（分仓构造）-铝单板幕墙保温系统
试验后保温层的烧损状态		

试验系统	18. XPS 板薄抹灰外保温系统-岩棉防火隔离带	24. 胶粉聚苯颗粒贴砌 XPS 板外保温系统	30. XPS 板薄抹灰外保温系统
试验后保温层的烧损状态			

外保温系统窗口火试验的测点温度及保温层的烧损范围见表 5-3-9。

外保温系统窗口火试验结果　　表 5-3-9

序号	水平准位线 2 可燃保温层测点最高温度（℃）	可燃保温层烧损高度	系统火焰传播性判定
1	<500	未见明显烧损	无
2	—		不评价
3	>500	全部烧损	有
4	<500	水平准位线 2 上方 10cm	无
5	<500	水平准位线 2 上方 5cm	无
6	<500	水平准位线 2 下方 10cm	无
7	<500	未见明显烧损	无
8	<500	水平准位线 2 下方	无
9	<500	水平准位线 2 下方	无
10	>500	全部烧损	有
11	<500	水平准位线 2 下方	无
12	<500	烧损到模型顶部	有
13	<500	水平准位线 2 下方	无
14	>500	最高防火隔离带下边缘	有
15	>500	烧损到模型顶部	有
16	<500	水平准位线 2 下方	无
17	<500	水平准位线 2 下方	无
18	<500	水平准位线 2 下方	无
19	<500	水平准位线 2 上方 15cm	无
20	<500	水平准位线 2 下方	无
21	<500	水平准位线 1	无
22	<500	水平准位线 2 下方	无
23	—		不评价
24	<500	水平准位线 1	无
25	<500	水平准位线 2 下方	无
26	<500	水平准位线 2 下方	无
27	>500	烧损到模型顶部	有

序号	水平准位线 2 可燃保温层 测点最高温度（℃）	可燃保温层 烧损高度	系统火焰传播性 判定
28	<500	水平准位线 2 下方	无
29	<500	水平准位线 2 下方	无
30	<500	烧损到模型顶部	有
31	<500	最高防火隔离带下边缘	无
32	<500	水平准位线 2 下方	无

5.3.2.2 试验结果分析

1. EPS 板外保温系统

（1）对于没有采取任何构造措施的 EPS 板薄抹灰外保温系统，试验 3 和试验 15，试验后判定系统都具有火焰传播性。单一的 EPS 板薄抹灰外保温系统存在着一定的火灾风险。但两个系统在火灾中的具体表现存在着差异，这可能与系统的施工质量有关。

（2）对于采取了岩棉防火隔离带的 EPS 板薄抹灰外保温系统，试验 9 和试验 31，试验后判定系统都不具有火焰传播性。20cm 的岩棉防火隔离带有效地阻止了火焰垂直向上的蔓延作用，特别是在试验 31 中，试验的 EPS 板的厚度达到了 20cm，可燃物质的量已足够多。因此，试验结果表明：系统中设置 20cm 的岩棉防火隔离带可以起到抑制火焰蔓延的作用。

（3）对于采取了岩棉挡火梁的 EPS 板薄抹灰外保温系统，试验 12 和试验 13，试验后判定 13 号系统不具有火焰传播性，12 号系统具有火焰传播性。但两者均在试验中表现出了优于 EPS 板薄抹灰外保温系统的防火特性，可见岩棉挡火梁也具有一定的阻止火焰垂直向上蔓延的作用，但效果逊于防火隔离带。试验 12 失败的原因可能与系统施工时，先粘贴保温板，然后再在保温板的缝隙中粘贴挡火梁有关，因为这一做法可能使挡火梁不能实现满粘，背后存在空腔。吸取这次试验失败的原因，试验 13 系统的施工采取自下而上的顺序施工方式，其中挡火梁满粘，起到了明显的阻火作用。这再一次证明了施工因素对外保温系统的防火性能有重要影响。

（4）对于采取了硬泡聚氨酯防火隔离带的 EPS 板薄抹灰外保温系统，试验 8 和试验 16，试验后判定系统都不具有火焰传播性。30cm 的硬泡聚氨酯防火隔离带也有效地阻止了火焰垂直向上的蔓延作用，将火焰传播范围限制在第一条防火隔离带以下，作用突出。试验 10 表现为具有火焰传播性，明显与施工质量有关。在试验 10 进行至点火开始后 17 分 20 秒时，抹面胶浆中的玻璃纤维网格布发生了斜向断裂。点火开始后 17 分 55 秒时，悬空的面层自边缘上部开始被点燃，11 秒后发生轰燃。因此，可以认为防火隔离带的阻火作用是相对的，它有效阻止火焰传播的前提应是外保温系统的施工质量满足相关技术标准的要求。

（5）此外，酚醛防火隔离带 EPS 板薄抹灰外保温系统——试验 11 的判定结果也是系统不具有火焰传播性，30cm 的酚醛防火隔离带也有效地阻止了火焰垂直向上的蔓延作用；泡沫水泥挑沿/复合岩棉防火隔离带的模塑聚苯板薄抹灰外保温系统——试验 14，试验后判定系统具有火焰传播性，但岩棉防火隔离带的阻火作用是明显的，只是设置的位置不合理才导致火在系统中的传播；胶粉聚苯颗粒贴砌聚苯板薄抹灰外保温系统——试验 22，试验后判定系统不具有火焰传播性。

（6）对于 EPS 板采用厚保护层的保护方式，进行了胶粉聚苯颗粒保温浆料——试验 1、膨胀玻化微珠保温防火砂浆——试验 7、钢丝网瓷砖饰面——试验 20 和玻纤网瓷砖饰面——试验 26 等四次试验。试验结果表明：具有厚保护层的外保温系统，在试验状态下不具有火焰传播性。

2. 硬泡聚氨酯外保温系统

对于没有采取任何构造措施的硬泡聚氨酯薄抹灰外保温系统，试验 4、试验 6 和试验 19，试验后判定系统都不具有火焰传播性。可以认为，硬泡聚氨酯薄抹灰外保温系统不具有火焰传播性，不必设置防火隔离带。

对于硬泡聚氨酯采用厚保护层的保护方式，共进行了五次试验：试验5——喷涂硬泡聚氨酯抹灰外保温系统、试验17——高强耐火植物纤维复合保温板现场浇注发泡聚氨酯外保温系统、试验21——喷涂硬泡聚氨酯-幕墙保温系统、试验28——喷涂硬泡聚氨酯厚抹灰外保温系统、试验32——硬泡聚氨酯保温板厚抹灰外保温系统。在这五次试验中，系统均不具有火焰传播性，表现出良好的对火反应性能。可以认为：硬泡聚氨酯采用厚保护层时不存在火灾风险。

3. XPS 板外保温系统

XPS 板外保温系统我们目前共进行了3次试验：试验18——XPS 板薄抹灰外保温系统-岩棉防火隔离带、试验24——胶粉聚苯颗粒贴砌 XPS 板外保温系统、试验30——XPS 板薄抹灰外保温系统（本试验采用的是 B₁ 级的 XPS 板）。

其中，试验18不具有火焰传播性，岩棉防火隔离带同样起到了很好的阻止火焰蔓延的作用；试验24也不具有火焰传播性，厚的胶粉聚苯颗粒保护层和满粘的无空腔构造使得 XPS 板在试验状态下的受损区域得到很好的控制。试验30，虽然是采用了 B₁ 级的 XPS 板，但由于未采取设置防火隔离带等其他的防火措施，在试验状态下表现出存在火焰蔓延的趋势。

试验表明：如果不设置防火隔离带，即使使用 B₁ 级的 XPS 板也难以保证系统具有足够的防火安全性能。试验30中水平线2上保温层内的最高温度为446℃，大大高出试验18（采用 B₂ 级 XPS 板，但设置岩棉防火隔离带系统）的水平线2上保温层内的最高温度235℃。因此，建议：B₁ 级的 XPS 板薄抹灰外保温系统也应设置防火隔离带或采取其他的防火构造措施。这一试验结果说明，提高 XPS 板材料本身的燃烧性能指标实际上并非如人们想像的那样会带来相应高的防火效果，但是可能会使成本大幅增加、对材料导热系数和尺寸稳定性等技术指标的影响也是未知数，目前更有效和更经济的方法就是设置防火隔离带，这一构造措施的有效性是非常明显的。

4. 酚醛-铝单板幕墙系统

到目前为止，酚醛-铝单板幕墙系统共进行了两次试验，试验27和试验29。

试验27采用酚醛薄抹灰复合铝单板幕墙系统，7cm 的酚醛保温板，点框粘的粘结方式（粘结面积≥40%），系统内部未采取其他的防火构造方式，在试验状态下破坏严重，具有火焰传播性。试验29采用贴砌法粘贴酚醛保温板的施工方式，满粘（粘结面积100%）无空腔设计，并且在保温板内部分仓、表面抹1cm 胶粉聚苯颗粒，在幕墙龙骨处也用胶粉聚苯颗粒进行了封堵，在试验状态下表现出了很好的防火安全性能，不具有火焰传播性。两个试验燃烧状态的对比如图5-3-4所示。

（a）　　　　　　　　　　　（b）

图 5-3-4　酚醛-铝单板幕墙系统燃烧状态的对比
（a）试验27的烧损状态；（b）试验29的烧损状态

5.3.2.3　小结

影响外保温系统防火安全性能的要素包括系统的组成材料及构造方式两方面的内容。目前，可燃类保温材料的应用无疑是不容更改的现实，现在，在我国，乃至世界范围内广泛应用的模塑聚苯板薄抹灰外保温系统具有一定的防火安全性能，这一点也是毋庸置疑的，否则不会得到如此广泛的应用。而我们现在的研究课题则是如何进一步提高现有外保温系统的防火安全性能。

除了研究提高有机保温材料的燃烧性能等级以外，防火构造措施的研究应是目前提高外保温防火性能的重点。就我国外保温应用的现状来看，外保温系统构造型式是影响系统防火安全性能的关键因素。整体防火构造理论是解决我国建筑节能防火安全的一个创新思路。这同对钢结构建筑用防火涂料、防火保护板作为保护层进行防护的原理是一样的，当对钢结构采取整体防火的措施以后，能够适用的建筑高度可大大超过混凝土建筑。

1. 隔断措施

隔断措施的应用在一定程度上缓解了热量在保温材料中的传播，减缓邻近材料被引燃的风险，它的应用主要是阻断热在系统中的传导。已得到试验验证的隔断措施包括保温层中的防火隔离带、门窗洞口的隔火构造（挡火梁）、系统自身的分仓构造等。

防火隔离带是在建筑外墙外保温系统中，水平或垂直设置的能阻止火焰蔓延的带状防火构造。挡火梁是一种设置在门窗洞口的隔火隔离措施，与防火隔离带类似，水平设置在门窗洞口上边缘的带状防火构造，通常应伸出门窗洞口竖向边缘一定的长度。分仓构造是在保温材料的四周用无机保温浆料等与其他保温板材分隔开的一种防火构造，分仓缝应具有一定的宽度。

防火隔离带的作用是阻止外保温系统内的火焰传播。挡火梁的主要作用是阻止或减缓外部火焰对外保温系统内可燃保温材料的攻击。这就要求防火隔离带和挡火梁在火灾条件下，能够维持自身阻火构造体的稳定存在以及维持系统保护面层的基本稳定。在受火条件下应能够保持基本的稳定状态并具有足够的阻火能力，才能保证防火隔离带整体阻火构造的基本稳定，同时维持外保温系统保护面层的基本稳定，这样才能有效地阻止火焰沿外保温系统的传播。因此，岩棉、无机保温浆料等材料可以作为防火隔离带使用，受热后会熔化收缩的玻璃棉虽然也属于不燃性保温材料，却绝对不能用做防火隔离带。

从多次窗口火试验可以看到，火焰越过窗口、作用于墙面的高度通常都达到窗口以上水平线 1 的位置（即火焰高度达到 2.5m 左右），因此只在窗口处设置防火隔离带（挡火梁）的做法不足以阻挡火焰对系统的攻击，只有在保温材料内部设置防火隔断，方可产生明显的效果，隔离带距窗口的距离应适当加大，直接设置在窗口处时隔断作用会减弱。另外，防火隔断之间的距离越大，阻止火灾蔓延的能力越差。这一点在制订相关规范时需予以充分的考虑。

试验 8、试验 9、试验 11、试验 13、试验 14、试验 16、试验 18、试验 22、试验 24、试验 29 和试验 31 充分证明了隔断措施阻止火焰传播的有效性。

2. 封闭空腔

空腔构造的存在可能为系统中保温材料的燃烧及火焰的蔓延提供充足的空气。火的发生和蔓延都离不开空气。因此，有空腔的系统会有利于火焰的传播。外保温系统中贯通的空腔构造和封闭的空腔构造对系统的防火安全性能的影响程度是不同的。空腔越大、越连贯就越不利于防火安全。贯通的空腔将产生类似于高层建筑中"烟囱效应"的破坏作用，使热量在保温系统中形成对流，从而引起火灾的蔓延。在外保温系统中，应尽量避免形成贯通空腔，以减小火灾风险。

特别需要指出的是，粘贴保温板系统的空腔应该是封闭的，但在火灾条件下可能会由于系统中热塑性保温材料受火后出现收缩、熔化甚至燃烧现象，导致空腔的形成或封闭空腔的贯通，对系统的阻火性产生不利的影响。这与外保温系统的施工质量也有很大关系。

除了粘贴保温板的系统以外，在试验中也发现受火条件下，系统外层鼓起形成的空腔的危害更大，各系统亦然！一旦系统外层起鼓会很容易形成破洞，热的空气随之进入，加剧系统内部可燃成分的燃烧，甚至会在试验状态下产生轰燃。

因此，外保温系统的施工工艺合理、施工质量合格也是保证系统防火性能的重要因素。

对于幕墙系统，空腔封闭的重要性更是显而易见的。试验21、试验27和试验29充分证明了空腔封闭的有效性。

3. 防火保护层

这里所说的防火保护层包括抹面层和饰面层。抹面层以抹面胶浆为主，其厚度和质量的稳定性直接决定系统层面构造的抗火能力。饰面层以饰面涂料和面砖为主，当饰面层采用饰面涂料且其厚度不大于0.6mm或单位面积质量不大于$300g/m^2$时，可不考虑饰面涂料对外保温系统防火性能的影响。不同的保护层材料和构造、不同的施工质量，其防火性能是不同的。保护层的受火稳定性影响系统的整体对火反应性能。系统保护面层的厚度影响系统内保温材料的受损状态和程度。增加保护层厚度，将有利于降低热通过外保温系统表面对内部可燃保温材料的辐射作用。

防火保护层的存在能有效减小热释放速率峰值，并改善火焰传播性，提高系统的防火性能。在试验室进行的锥形量热计试验结果表明：针对不同的外保温系统，当保护层达到一定的厚度时，系统的对火反应性能数据与普通水泥砂浆试样基本相同，亦不会被点燃。在燃烧竖炉试验中，保温层的烧损高度随保护层厚度的减少而增加。当保护层厚度在30mm以上时，在竖炉试验条件下（火焰温度900℃，作用于试件下部面层20min），有机保温材料未受到任何破坏。

也就是说，保温材料表面的保护层厚度越厚，材料越不容易被点燃和破坏。

试验1、试验5、试验7、试验17、试验20、试验21、试验26、试验28和试验32充分证明了厚保护层的有效性。

5.3.3 墙角火试验

表5-3-10～表5-3-12和图5-3-5～图5-3-7分别按系统构造、试验过程和试验后系统状态、试验结果等的总结分析。

墙角火试验系统构造特点 表5-3-10

序号	系统名称	系统构造特点				
		保温材料燃烧性能等级	保温材料厚度（mm）	保护层厚度（mm）	粘贴方式	防火构造措施
1	EPS板薄抹灰外保温系统	B_2	80	薄抹灰	点框粘，粘结面积≥40%	无
2	胶粉聚苯颗粒贴砌EPS板外保温系统	B_2	60	厚抹灰，10mm胶粉聚苯颗粒找平	满粘	无空腔＋防火分仓＋防火保护面层
3	胶粉聚苯颗粒贴砌EPS板-铝单板幕墙系统	B_2	70	厚抹灰，20mm胶粉聚苯颗粒找平	满粘	无空腔＋防火分仓＋防火保护面层
4	点粘锚固岩棉板-铝单板幕墙系统	A	80	—	点粘锚固	—

墙角火试验烧损宽度对比表 表5-3-11

系统	1	2	3	4
	胶粉聚苯颗粒贴砌EPS板-铝单板幕墙系统	点粘锚固岩棉板-铝单板幕墙系统	胶粉聚苯颗粒贴砌EPS板外保温系统	EPS板薄抹灰外保温系统
防火构造措施	无空腔＋防火分仓＋防火保护面层	—	无空腔＋防火分仓＋防火保护面层	无
烧损宽度/m	0	0	2.4	6.1

墙角火试验烧损面积对比表　　　　　　　　　　表 5-3-12

系统	1	2	3	4
	胶粉聚苯颗粒贴砌 EPS 板-铝单板幕墙系统	点粘锚固岩棉板-铝单板幕墙系统	胶粉聚苯颗粒贴砌 EPS 板外保温系统	EPS 板薄抹灰外保温系统
防火构造措施	无空腔＋防火分仓＋防火保护面层	—	无空腔＋防火分仓＋防火保护面层	无
烧损面积/m²	0	0	约 16	54

(a) 试验过程中　　　　　(b) 试验结束后　　　　　(c) 保温层破损状态

(d) 试验过程中　　　　　(e) 试验结束后　　　　　(f) 保温层破损状态

图 5-3-5　试验中和试验后系统状态

注：1. (a)、(b)、(c) 图试验墙左侧为 EPS 板薄抹灰系统（无防火构造），右侧为胶粉聚苯颗粒贴砌
　　　EPS 板系统。
　　2. (d)、(e)、(f) 图试验墙左侧为贴砌 EPS 板铝单板幕墙系统，右侧为锚固岩棉板铝单板幕墙系
　　　统。

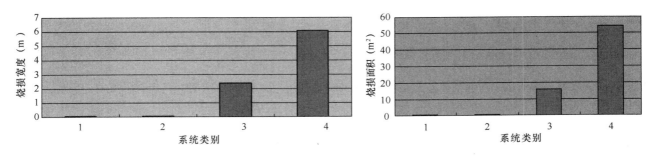

图 5-3-6　墙角火试验烧损宽度对比图　　　　　图 5-3-7　墙角火试验烧损面积对比图

墙角火试验中胶粉聚苯颗粒贴砌模塑聚苯板涂料系统烧损面积偏大是由于和模塑聚苯板薄抹灰外保温系统同时试验，试验过程中薄抹灰系统出现了轰燃。因此，试验中火对贴砌系统的攻击作用已远远超过试验火源的作用强度，但即使是如此苛刻的环境下，试验中贴砌系统也没有出现火焰蔓延的现象。幕墙系统中胶粉聚苯颗粒贴砌模塑聚苯板系统在试验过程中和试验结束后没有出现任何的燃烧现象，和岩棉系统防火性能表现相当。试验再次验证了构造防火的优势。

5.3.4 小结

通过对已完成的墙角火和窗口火试验，以大量试验数据为基础，得出以下结论。

（1）外保温系统具有足够的防火安全性能是外墙外保温技术研究的重要任务，是外保温系统应用的必要条件和先决条件。

（2）外保温系统整体构造的防火性能是外保温防火安全的关键，解决系统整体构造的防火安全性问题，具有重要的现实意义和应用价值。

（3）无空腔构造、防火隔断和防火保护面层是系统构造防火的 3 个关键要素，大量试验证明，通过外保温系统构造措施的研究和应用，完全可以使应用有机保温材料的外保温系统具有足够的防火安全性能。

5.4 外保温系统防火等级划分及适用建筑高度研究

5.4.1 防火分级重点考虑的因素

5.4.1.1 保温材料燃烧性能等级

由于保温材料自身的燃烧性能对系统的防火性能影响较大。因此，要对保温材料自身的燃烧性能提出要求，这是目前国内外专家的基本共识。对于有机保温材料来说，德国原来要求 EPS 的燃烧性能等级要达到 B_1 级，现在欧洲外保温协会拟将这一要求降低至 EN13501 的 E 级（相当于德国原标准 B_2 级的水平）。我国现有的要求是：模塑聚苯乙烯泡沫板的燃烧性能等级不低于 B_2 级、氧指数≥30％；挤塑聚苯乙烯泡沫的燃烧性能等级不低于 B_2 级；硬泡聚氨酯的燃烧性能等级不低于 B_2 级、氧指数≥26％。这一规定是对保温材料的最低要求，必须严格执行以减小发生火灾的概率。

5.4.1.2 保温系统热释放速率

从试验结果来看，热释放速率峰值和总放热量是评价外保温系统抗火能力的关键技术指标，与其火焰传播性具有一定的内在对应关系。从本质上讲，热释放速率的大小与保温材料的类型和保护层的厚度直接相关，而保护层厚度是影响外保温防火性能的关键要素之一。因此，热释放速率峰值是评价外保温系统整体防火安全性能的主要技术参数，这一数据可由锥形量热计试验直接测得。

5.4.1.3 保温系统火焰传播性

保温系统不仅含有保温材料，还包括抗裂抹面层材料和饰面层材料等，其最小单元是连续的制品单体。因此，在实际应用过程中不能仅考虑保温材料的燃烧性能，而应综合评价系统整体的防火性能，这在外保温系统防火性能研究中更有实际意义。外保温系统的火灾危险性在于火焰传播，而我国新分级标准 GB 8624—2012 中采用的单体燃烧试验方法是在 ISO 9705 房间墙角火试验方法的基础上衍生的，针对的是建筑室内装修材料，分级依据是材料受火条件下的热释放，试件的尺寸相对较小，没有充分考虑可燃有机保温材料的火焰传播性，试验条件下外保温系统的受火状态与实际火灾情景不符。因此，根据这种试验方法所确定的系统的燃烧性能等级显然不能作为外保温系统防火安全性能的评价依据。

我们在充分调研的基础上，选择美国的 UL 1040 墙角火试验方法和英国的 BS 8414-1 窗口火试验方法评价外保温系统的防火性能，以此为基础获得试验数据，得到最初的分级指标。

5.4.2　系统防火等级划分及适用建筑高度研究

5.4.2.1　防火等级划分的依据

研究防火等级划分的基础是 2006 年初立项并于 2007 年 9 月验收的《建设部 2006 年科学技术项目计划》研究开发项目（06－k5－35）"外墙保温体系防火试验方法、防火等级评价标准及建筑应用范围的技术研究"的研究成果。该课题参考了国外相关标准和试验方法，结合中国的具体情况，提出外保温系统整体防火性能是外保温工程防火安全的关键。项目组通过开展锥形量热计试验、燃烧竖炉试验、大尺寸窗口火和墙角火试验研究，获得了大量试验数据，在此基础上分析研究，提出了外保温系统防火性能分级和适用建筑高度的研究成果。

外墙外保温系统的墙角火试验和窗口火试验，尤其是窗口火试验可以同时模拟建筑室内、外火灾对建筑物的攻击，模型尺寸能够涵盖各种防火构造，试验状态能够充分反应外墙外保温系统在实际火灾中的抗火能力，试验结果能够用于评价外墙外保温系统整体的引燃性和传播性。从实际火灾对建筑物的攻击概率来看，窗口火试验更具有普遍意义。

《建筑外墙外保温系统的防火性能试验方法》GB/T 29416—2012 于 2013 年 10 月 1 日起实施，该标准将英国标准 BS 8414-1：2002 转换成了适应我国国情的、更具操作性的外墙外保温系统防火试验方法，是我国编制的第一部用于外墙外保温系统的大型防火试验方法标准，将为我国外墙外保温系统的防火安全性能评价提供科学统一的试验方法，对研究提高我国外保温系统的防火性能、推动外保温系统的技术进步、引导外保温行业健康发展都具有积极的作用。

5.4.2.2　防火分级试验方法及指标

1. 试验方法

总结国外的经验，对建筑外保温系统的防火性能从以下两个方面予以考虑。一是点火性，即在有火源或火种存在的条件下，系统是否能够被点燃以及产生的热释放速率峰值。并且应该同时考虑火灾情况下对逃生影响较大的烟雾和毒气释放问题。这些性能指标可利用锥形量热计试验来检测；二是传播性，即当有燃烧或火灾发生时，系统是否具有阻隔火焰传播的能力，系统对外部火源攻击的抵抗能力或防火性能要求。该项目测试方法的选择原则是采用代表实际使用的外保温系统（包括构造防火部分）并应与真实火灾有较好的相关性。这样的试验必须使用大尺寸试验才能实现。

由于各类建筑的特点不一，其要求的防火等级也必然有所区别。大尺寸模型火试验状态能够充分反映外保温系统在实际火灾中的整体防火能力，可以对应不同的建筑类别，分别制定不同的判定标准，这样就具有普遍意义。

基于以上分析，该防火分级标准采用了两个最重要的指标对外保温系统进行分级，一是通过锥形量热计试验得出的热释放速率峰值，二是大尺寸模型火试验得出的火焰传播性。

2. 防火分级试验指标

防火分级判据指标说明见表 5-4-1。

外保温系统防火分级试验判据指标说明　　　　　　　　表 5-4-1

防火等级	保温材料燃烧性能	系统火反应性能	
		热释放速率峰值（kW/m²）	火焰传播性（℃）
I	不燃类	≤5（传统的不燃性材料的试验结果，如水泥砂浆，试验中不会被点燃。主要对保护层的材质提出要求）	T2≤300（由于保温层采用了不燃性材料，适当放宽了保护层的材质或厚度要求）

防火等级	保温材料燃烧性能	系统火反应性能	
		热释放速率峰值（kW/m²）	火焰传播性（℃）
I	难燃或可燃类	≤5（当保温层为有机材料时，防火保护层的材质或厚度对系统的热释放速率峰值有影响。此条要求系统的热释放速率峰值与水泥砂浆相同。对外保温系统的防火保护层材质或厚度提出的要求）	T2≤200且T1≤300（由于采用了有机保温材料，对系统构造的阻火性提出要求，保证L2和L1的保温层不出现燃烧现象）
II		≤10（判定材料不燃性的临界值。对于外保温系统同样要求达到该指标。属安全级别）	T2≤300且T1≤500（保证L2的保温层不出现燃烧现象，L1的保温层允许出现不剧烈的燃烧现象）
III		≤25（虽然外保温系统的整体对火反应性能不能达到不燃，但燃烧能力有限，即允许轻度的燃烧出现。此时系统的整体燃烧性能不能达到不燃）	T2≤300（保证L2的保温层不出现燃烧现象，对L1未提出要求）
IV		≤100（判定系统整体对火反应性能达到难燃的临界值）	T2≤500（保证L2的保温层不出现燃烧现象，对L1未提出要求）

注：1. 系统试验要求和系统构造要求的条件同时满足方可判定为相应级别。
    2. 系统热释放速率峰值采用锥形量热计试验，热辐射水平为 50 kW/m²。
    3. 系统火焰传播性依据窗口火试验测定，窗口火试验等同于标准 BS 8414-1：2002，T1、T2 分别为试验中水平线 1 和水平线 2 的保温层任一测点温度（试验见 5.3 节）。

5.4.3 系统对火反应性能及适用建筑高度研究

根据研究结果和中国的建筑国情，可将不同防火分级的外墙保温系统的适用建筑高度细分为不同的等级。

中国的城市建筑型式有多层建筑、小高层建筑到高层建筑，尤其在现代化程度比较高的大中城市中，以高层建筑居多，其人口和建筑密集程度均比国外类似的城市高，另外，中国现代化程度比较高的城市消防救援云梯通常在 50～60m 之间。在此背景下，防火分级需要根据高度细分，如果像德国将可用建筑高度以 22m 为界限分两个等级的做法略显粗糙。因此，应针对不同的建筑类别作不同的等级划分，并确定适用高度。

外保温系统对火反应性能不同，可对应适用建筑高度见表 5-4-2～表 5-4-4。

非幕墙式居住建筑外墙外保温系统对火反应性能要求　　　　表 5-4-2

建筑高度 H（m）	对火反应性能		
	热释放速率峰值（kW/m²）	窗口火试验	
		水平准位线温度（℃）	烧损面积（m²）
H≥100	≤5	T2≤200且T1≤300，或T2≤300（当选用保温燃烧性能等级为A级时）	≤5
60≤H<100	≤10	T2≤300且T1≤500	≤10
24≤H<60	≤25	T2≤300	≤20
H<24	≤100	T2≤500	≤40

非幕墙式公共建筑外墙外保温系统对火反应性能要求　　　　表 5-4-3

建筑高度 H（m）非幕墙式公共建筑	对火反应性能				
	热释放速率峰值（kW/m²）	窗口火试验		墙角火试验	
		水平准位线温度（℃）	烧损面积（m²）	烧损宽度（m）	烧损面积（m²）
H≥50	≤5	T2≤200且T1≤300或T2≤300（当选用保温燃烧性能等级为A级时）	≤5	≤1.52	≤10
24≤H<50	≤10	T2≤300且T1≤500	≤10	≤3.04	≤20
H<24	≤25	T2≤300	≤20	≤5.49	≤40

建筑高度 H（m）	对火反应性能				
幕墙式建筑	热释放速率峰值（kW/m²）	窗口火试验		墙角火试验	
		水平准位线温度（℃）	烧损面积（m²）	烧损宽度（m）	烧损面积（m²）
H≥24	≤5	T2≤200 且 T1≤300，或 T2≤300（当选用保温燃烧性能等级为 A 级时）	≤5	≤1.52	≤10
H<24	≤10	T2≤300 且 T1≤500	≤10	≤3.04	≤20

5.4.4　外保温系统防火构造和适用高度

5.4.4.1　采用有机保温材料的薄抹灰外保温系统

通过研究加设防火隔离带的大尺寸外保温系统防火试验，对采用有机保温材料外保温系统的防火构造和适用建筑高度做出以下规定，可以保证系统的防火安全性：

（1）采用 B₂ 级保温材料外保温系统应用于不同建筑高度时，水平防火隔离带的设置方式应符合表 5-4-5 的规定。

B₂ 级保温板板薄抹灰外保温工程防火设计要求　　　　　表 5-4-5

建筑高度	保温材料燃烧性能要求	水平防火隔离带设置方式（当采用 B₂ 级保温材料时）
60m≤H<100m	不应低于 B₂ 级	每层设置
24m≤H<60m	不应低于 B₂ 级	每两层设置
H<24m	不应低于 B₂ 级	首层设置

（2）外保温系统应采用不燃或难燃材料作防护层。首层防护层厚度不应小于 6mm，其他层不应小于 3mm。

（3）防火隔离带应采用 A 级保温材料与基层墙面满粘，高度应不小于 200mm。

5.4.4.2　保温浆料外保温系统及其他外保温系统

根据对防火分仓、防火保护面层和满粘无空腔等 3 种防火构造的研究，外保温工程采用下列防火构造措施，并应符合表 5-4-6 的规定，能够保证系统防火安全。

（1）在保温层中设置防火分仓。防火分仓所围起的面积不应大于 0.3m²，防火分仓材料宽度不应小于 10mm，应采用不具备火灾蔓延性的保温灰浆。

（2）在保温层外表面设置一定厚度的防火保护层。防火保护层由防火找平层、抹面层和饰面层构成，防火找平层应采用不具备火灾蔓延性的保温灰浆。

（3）采用无空腔构造，幕墙式建筑中保温层与饰面层之间的缝隙以及其他空隙，应在每层楼板处采用不燃或难燃保温材料封堵。

外保温工程防火构造措施　　　　　表 5-4-6

外保温系统类型	防火构造措施			适用的建筑高度（m）		
	防火分仓	防火找平层厚度（mm）	与基层粘结的空腔形态	非幕墙式建筑		幕墙式建筑
				居住建筑	公共建筑	
保温浆料系统	不采用	—	无空腔	无限制	无限制	无限制
无网现浇系统	不采用	≥10	无空腔	<24	不适用	不适用
		≥15		<60	不适用	
		≥20		<100	<24	
		≥25		无限制	<50	
		≥30		—	无限制	

外保温系统类型	防火构造措施			适用的建筑高度（m）		
	防火分仓	防火找平层厚度（mm）	与基层粘结的空腔形态	非幕墙式建筑		幕墙式建筑
				居住建筑	公共建筑	
有网现浇系统	不采用	≥20	无空腔	<100	<24	不适用
		≥25		无限制	<50	
		≥30		—	无限制	
贴砌聚苯板系统	采用	—	无空腔	<24	不适用	不适用
		≥10		<60	不适用	
		≥15		<100	<24	
		≥20		无限制	<50	<24
		≥25		—	无限制	<100
喷涂PU系统	不采用	≥10	无空腔	<24	不适用	不适用
		≥15		<60	不适用	
		≥20		<100	<24	
		≥25		无限制	<50	<24
		≥30		—	无限制	<100
锚固岩棉板系统	不采用	—	—	无限制	无限制	无限制

注：采用面砖饰面时，防火找平层厚度在满足表中最低厚度要求时最多可相应减小10mm。

5.4.4.3 《建筑设计防火规范》GB 50016—2014

《建筑设计防火规范》GB 50016—2014 于 2015 年 5 月 1 日实施，该规范对外保温材料的燃烧性能和适用高度等级划分见表 5-4-7，该规范采用了部分构造防火措施，但没有考虑设置防火保护层、满粘无空腔构造等防火措施；在保温材料的燃烧等级上做了非常严格的限制，以确保系统的防火安全性。

《建筑设计防火规范》GB 50016—2014 对外保温材料燃烧性能和适用高度分级　　表 5-4-7

建筑类型		建筑高度 H（m）	保温材料最低燃烧性能等级	防护层厚度（mm）	防火隔离带宽度（mm）	外饰面层材料的最低燃烧性能等级
住宅建筑		$H>100$	A	—	—	A
		$100 \geqslant H > 27$	B_1	首层 15 其他层 5	每层 300 门窗耐火 0.5h	$H>50$，A $H \leqslant 50$，B_1
		$H \leqslant 27$	B_2			
公共建筑	人员密集场所	任何高度	A	—	—	$H>50$，A $H \leqslant 50$，B_1
	其他建筑	$H>50$	A	—	—	A
		$50 \geqslant H > 24$	B_1	首层 15 其他层 5	每层 300 门窗耐火 0.5h	B_1
		$H \leqslant 24$	B_2			

注：采用 B_1 级保温材料且建筑高度低于 27m 的住宅建筑和采用 B_1 级保温材料且建筑高度低于 24m 的公共建筑，其外墙上的门、窗无耐火要求。

6 风荷载对外保温系统的影响

外保温系统是附着在基层墙体上的非承重构造。因此，对外保温系统与基层墙体之间的连接安全性必须加以重视。外保温系统与基层墙体之间的连接方式主要有两种：一是采用胶粘剂直接把外保温系统粘贴在墙体基面上；二是采用胶粘剂并辅以锚栓把外保温系统固定在墙体基面上。由于材料的粘结强度不够高、粘结面积过小、虚粘等原因造成外保温系统脱落的工程案例并不少见，分析其原因主要有3点：

（1）外保温系统的自重大于外保温系统组成材料或界面的抗剪强度；

（2）对有空腔构造的外墙外保温系统，当垂直于墙面的负风压大于外保温系统组成材料或界面的抗拉强度；

（3）外保温系统各层材料在温度变化时，它们的热胀冷缩变形不一致；在水分变化下，它们的湿胀干缩变形不一致，从而导致相互约束（或者是变形受基层约束）。因此，就会产生温度应力和湿胀应力，这些作用力大于外保温系统组成材料或界面的抗剪强度。

由外保温系统脱落造成的工程事故，给人们的生命财产造成了威胁。因此，必须确保外保温系统与基层墙体的可靠连接。

本章计算带空腔构造的外保温系统的风荷载值，并结合目前的外保温相关标准来分析外保温系统的安全性。

6.1 正负风压产生的原因

建筑物的风荷载是指空气流动形成的风遇到建筑物时，在建筑物表面产生的负压力或正压力。风荷载与风的性质（风速、风向），与建筑物所在地的地貌及周围环境，与建筑物本身的高度、形状等有关。风荷载作用于建筑物的压力分布是不均匀的，侧风面和背风面外保温系统内侧气压大于外侧气压，外保温系统受到由内向外的推力，为负风压力；迎风面受到由外保温系统向基层的推力，为正风压力。带空腔的外保温系统，在负风压区，空腔内空气压强大于外界空气压强，从而对外保温系统产生由空腔向外保温系统的推力即负风压力（见图6-1-1）；在正风压区，空腔内空气压强小于外界空气压强，从而对外保温系统产生向由外保温系统向空腔的推力即正风压力（见图6-1-2）。

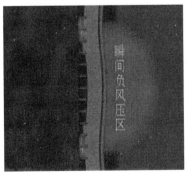
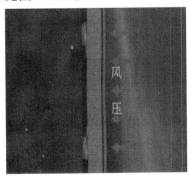

图6-1-1　负风压示意图　　　　　　　图6-1-2　正风压示意图

正风压力作用于外保温系统上会使保温板弯曲变形，挤压保温板与粘结砂浆的粘结点。负风压力对外保温系统有由空腔向外保温系统的推力，当负风压大于粘结砂浆与基层、粘结砂浆与保温板时，外保

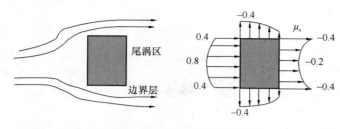

图 6-1-3 风流经建筑平面时的风压分布

温系统会出现脱落。负风压力在瞬间或者一次大风期间（即短时间内）将外保温系统破坏，通常见到的外保温系统被风吹掉的工程案例都是负风压力作用的结果。如图 6-1-3 所示，建筑物的负压易发生部位通常在与风向平行的建筑两侧和背风一侧，其中以建筑两侧的负压最大，最容易造成负压破坏。本章中主要分析的是负风压力对外保温系统的破坏。

风荷载作用随着建筑物的高度增加而增加，所以要特别重视风荷载对高层建筑外保温系统的影响。通过风玫瑰图 6-1-4，可以确定某地区常年主风向，推断出正负风压易发生区。

外保温系统的风压计算公式根据《建筑结构荷载规范》GB 50009—2012 围护结构的风压为：

$$w_{\mathrm{k}} = \beta_{\mathrm{gz}}\mu_{\mathrm{sl}}\mu_{z}w_{0} \tag{6-1-1}$$

式中　w_{k} ——风荷载标准值，kN/m²；

　　　β_{gz} ——高度 Z 处的阵风系数；

　　　μ_{sl} ——风荷载局部体型系数；

　　　μ_z ——风压高度变化系数；

　　　w_0 ——基本风压，kN/m²。

局部风压体型系数是正数和负数与正负风压相对应。局部风压体型系数的具体取值涉及比较复杂，针对具体情况要准确确定其值需由风洞试验测定，一般情况可以依据《建筑结构荷载规范》GB 50009—2001 取值，如图 6-1-5 所示。

图 6-1-4　风玫瑰图示例　　　　　　图 6-1-5　正方形封闭式房屋的局部风压体型系数

6.2　与风压有关的因素

风压与哪些因素有关呢？通过式（6-1-1）知道风压与地理环境、建筑环境、建筑形状等有关。基本风压值内陆地区一般要小于沿海地区，例如：百年一遇的基本风压值，北京为 0.6kN/m²，成都为 0.35kN/m²，海南西沙岛为 2.2kN/m²，台湾宜兰为 2.3kN/m²，宜兰为成都的 6 倍多。风压高度变化系数和阵风系数与建筑所在环境有关，例如：风压高度变化系数（或阵风系数）在海岸，湖岸（地面粗糙度为 A 类）地区高度为 5m 处其值为 1.17（1.69），高度为 100m 处其值为 2.40（1.46）；密集建筑群的城市（地面粗糙度为 C 类）市区高度为 5m 处其值为 0.74（2.30），高度为 100m 处其值为 1.70（1.60），建筑在山上及在谷底还要在风压高度变化系数上乘以一个修正系数。局部风压体型系数在负风压区（风荷载设计值与实际情况是有差异的）取值为：墙面，取−1.0；墙角边，取−1.8；屋面局部部位（周边和屋面坡度大于 10°的屋脊部位），取−2.2；檐口、雨篷、遮阳板等突出构件，取−2.0，当在群集的高层建筑相距较近时，要考虑风力相互干扰的群体效应，还要在局部风压体型系数上乘以一个相互干扰增大系数。

因此，在我国沿海、湖岸周边等基本风压大的地区和高层建筑（特别是群集的高层建筑相隔很近时）不宜用带空腔的外保温系统。

6.3　被风吹落的外保温工程案例

模塑聚苯板薄抹灰系统是现今运用比较广泛的外保温系统，是由模塑聚苯板（EPS板）、胶粘剂（有时辅以锚栓加固）、抹面胶浆、耐碱网格布及涂料等组成的置于外墙外侧的保温及装饰系统。

《模塑聚苯板薄抹灰外墙外保温系统材料》GB 29906—2013涉及的外保温构造如表6-3-1所示。

模塑聚苯板薄抹灰外保温系统基本构造　　　　　　　　　　　表6-3-1

基层墙体①	系统的基本构造				构造示意图
	粘结层②	保温层③	防护层		
			抹面层④	饰面层⑤	
混凝土墙体或各种砌体墙体	胶粘剂（锚栓）	模塑聚苯板	抹面胶浆复合玻纤网	涂装材料	

注：当工程设计有要求时，可使用锚栓作为模塑聚苯板的辅助固定件。

实际工程中，由于采用的材料存在问题或违反施工操作工艺，致使这种外保温系统被风吹掉的情况并不少见，破坏位置通常有以下两处：一是粘结层与基层墙体的界面（见图6-3-1）；二是粘结层与EPS板界面（见图6-3-2）。

图6-3-1　负风压破坏工程案例一
（粘结层与基层墙体的界面破坏）

图6-3-2　负风压破坏工程案例二
（点粘处与EPS板的界面破坏）

从图片看，上面的工程案例是由粘结砂浆与基层，粘结砂浆与EPS板粘结强度不够造成的，明显未满足外保温相关标准和规范。《外墙外保温工程技术规程》JGJ 144—2004第6.1.6条规定薄抹灰系统基层墙体与胶粘剂的拉伸粘结强度不应低于0.3MPa；第6.1.7条规定EPS板的粘结面积不得小于40%；《模塑聚苯板薄抹灰外墙外保温系统材料》GB/T 29906—2013规定EPS板垂直于板面的抗拉强度不小于0.10MPa，胶粘剂与EPS板的拉伸粘结强度不小于0.10MPa，而且破坏部位要在EPS板内。如果粘结砂浆与基层，粘结砂浆与聚苯板粘结强度不够、粘结面积不够，就可能造成外保温系统被风刮掉。

从施工角度分析，主要有以下两个方面的原因：（1）基层墙体附着力不够，与粘结砂浆粘结不牢，粘结砂浆与所用的EPS板粘结不好或者是施工不规范造成的；（2）纯点粘的粘结方式不合理，大多数被风破坏的外保温系统为纯点粘（具体介绍见 6.4.3 节）。

6.4 负风压计算与外保温系统抗风压安全性

6.4.1 负风压计算及系统抗风压安全系数

负风压究竟有多大呢？假设负风压最大的西沙岛有一个 50m 高的 EPS 板薄抹灰（粘结面积为 40%）外保温系统的建筑，地面粗糙度为 A 类。则 $\beta_{gz} = 1.51$，$\mu_s = -1$（阴角、阳角处取 $\mu_s = -1.8$），$\mu_z = 2.03$，$w_0 = 2.2 \text{kN/m}^2$（取基本风压值）代入式（6-1-1）得到负风压为：

$$w_{k1} = 1.51 \times (-1) \times 2.03 \times 2.2 \text{kN/m}^2 = 6.74 \text{kN/m}^2（阴角、阳角处为 12.1 \text{kN/m}^2）$$

在此外保温系统完全满足 GB/T 29906—2013 和 JGJ 144—2004 的情况下，外保温系统单位面积上破坏力（EPS 板破坏力）为：

$$F = 0.1 \times 40\% \text{MPa} = 40 \text{kN/m}^2$$

外保温系统单位面积上负风压力的大小与空腔内的空气与 EPS 板接触面积有关，系统的负风压为：

$$w_{k2} = w_{k1} \times (1 - 40\%) = 4.05 \text{kN/m}^2（阴角，阳角处为 7.28 \text{kN/m}^2）$$

此外保温系统的抗负风压力的安全系数为：

$$s_1 = F / w_{k1} = 40/4.05 = 9.9（阴角，阳角处为 s_2 = 40/7.28 = 5.5）。$$

由此看来，按照标准和规范做的外保温工程，其抗风压安全性是可以保证的。但由于粘结面积不够，粘结方式不合理，外保温系统加锚栓时出现问题等等因素，都有可能导致外保温系统被风吹掉。

通过计算，当粘结面积为 10.8% 时，阴阳角处单位面积上的负风压力（10.8kN/m²）刚好与外保温系统的粘结强度（10.8kN/m²）相等，超过 10.8% 粘结面积时外保温系统就不会被风吹掉。在不同的地区外保温系统抗负风压的粘结强度的临界值有所不同，达到这个临界值所需要的粘结面积可以由上面的计算方法获得。

在图 6-3-2 所示的工程案例中，可以看出在负风压的作用下很多部分点粘处 EPS 板与胶粘剂从基层脱落，上半部分 EPS 板从点粘处脱落。此工程粘结面积超过 10%，但最终还是脱落，这是因为采用点粘方式不合理，存在连通空腔造成的。

6.4.2 连通空腔

如上所述，当外保温系统的粘结面积为 10.8% 时，单位面积上的负风压力（10.8kN/m²）刚好与外保温系统的粘结强度（10.8kN/m²）相等，因此超过 10.8% 的粘结面积时外保温系统不会被风吹掉。

但是实际工程上，10.8% 的粘结面积并不能解决大风吹落保温板的问题。如果错误地采用纯点粘法施工，在基层墙体与保温层之间形成连通空腔，负风压产生的作用力更能造成外保温系统的脱落。

如果实际工程存在连通空腔，如图 6-4-1 所示，设点粘保温板外系统中单位面积负风压力 F，各粘结点均匀受力。连通空腔产生的负风压便会以整体施力的形式，先破坏粘结力低或粘结面积小的最不利粘结点，最不利粘结点的破坏则进一步导致粘结面积的减小，加剧负风压产生的破坏，使得粘结点不断的被逐个击破，粘结力不断消失，最终直至大面积脱落。

因此，在粘贴保温板规程中，规定了粘结面积不低于 40% 的要求，并且要求采用点框粘的施工方法，避免连通大空腔的产生。

6.4.3 粘结面积与安全系数

按照上述的工程，假设建在西沙，粘结面积不到 40%，其他都满足标准要求时，外保温系统的抗风压安全系数的计算结果见表 6-4-1。

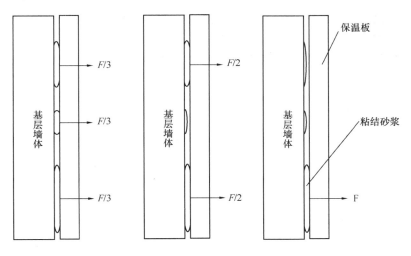

图 6-4-1 连通空腔负风压破坏原理图

不同粘结面积时外保温系统抗风压安全系数 表 6-4-1

粘结面积	单位面积上的负风压力（kN）	单位面积上的负风压力（阴、阳角）（kN）	系统单位面积上能承受的破坏力（kN）	外保温系统抗负风压安全系数	外保温系统抗负风压安全系数（阴、阳角）
30%	4.72	8.47	30	6.4	3.5
20%	5.39	9.68	20	3.7	2.1
10%	6.07	10.89	10	1.6	0.9

按照外保温系统抗风压安全系数不小于 5 的设计要求，粘结砂浆与聚苯板的粘结面积不得小于 40%。在基本风压大的地区、多个建筑距离较近的高层建筑，应该提高其粘结面积来满足系统抗风压的安全系数；同时要确保材料的粘结强度和施工质量。

有人认为可以在粘结面积不足的情况下，用机械固定做防护措施（做法见表 6-3-2 的构造示意图用连接件——锚栓做加固），这是不合理的，原因有三：（1）单个锚栓的抗拉承载力只有 0.3kN，与单位面积的粘结强度 40kN/m² 相比可以忽略不计，（2）锚栓直接锚固在保温板上，用锚栓的部位相对于周围地区可能会凹下去，在负风压力作用时相当于作用力都由锚栓附近局部的聚苯板受力，负风压力大于聚苯板强度时聚苯板就会破坏，最终导致系统局部甚至大面积脱落。（3）锚栓直接锚固在保温板面上，由于打锚栓时用力过大，或者锚栓刚好打在空腔时聚苯板很可能被破坏，这样加锚栓不仅没有达到加固目的反而对系统有破坏作用。

6.4.4 合理的构造

通过风压对外保温系统影响的分析，发现产生风压破坏的位置有两个必要条件：一是负风压易发生区，二是连通空腔构造。为了提高外保温系统抗风荷载能力，推荐以下 3 种构造，提高系统安全性。

（1）满粘构造

该构造无空腔，采用了 100% 的粘结面积，粘结力大于 50kN/m²，足以克服风压作用，可避免保温层脱落风险。如图 6-4-2 所示，胶粉聚苯颗粒贴砌聚苯板外保温系统和无网现浇 EPS 板外保温系统板材与基层墙体间无空腔，均为满粘构造。

（2）闭合小空腔构造

该构造缩小了负风压产生的单位面积，每个封闭的粘结单元的粘结面积都大于 40%，粘结力大于 40kN/m²，足以克服风压作用，使单位面积粘结力高于负风压产生的破坏力，可以避免负风压导致的保温层脱落。如图 6-4-3 所示，闭合小空腔做法中，保温板选用 600mm×450mm 的小型板材，排气孔设置于保温板中间，保温板四周满打灰不留排气孔，形成闭合空腔。

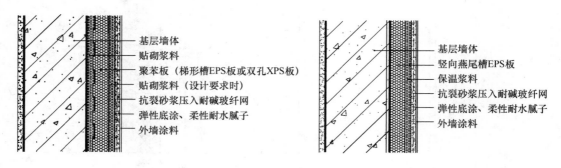

图 6-4-2　满粘无空腔构造

（3）条粘构造

如图 6-4-4 所示，该构造在施工时采用齿形抹子沿一个方向批抹胶粘剂，保温板粘结面积大，粘贴的保温板空腔小，接近满粘做法。

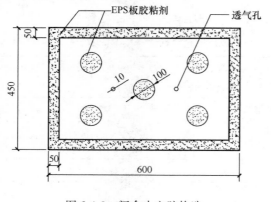

图 6-4-3　闭合小空腔构造

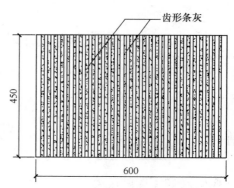

图 6-4-4　条粘构造

6.5　风荷载下岩棉外保温系统的安全性

近几年来随着对外保温系统防火等级要求的提高以及相关政策的出台，一些性能优良的 A 级不燃保温材料备受关注。《建筑防火设计规范》GB 50016—2014 中规定：

设置人员密集场所的建筑，其外墙外保温材料的燃烧性能应为 A 级。

与基层墙体、装饰层之间无空腔的住宅建筑外墙外保温系统，建筑高度大于 100m 时，保温材料的燃烧性能应为 A 级。

除住宅建筑和设置人员密集场所的建筑外，建筑高度大于 50m 时，保温材料的燃烧性能应为 A 级。

因此，A 级不燃保温材料的用量势必大幅提升。岩棉因其保温效果好，又是 A 级材料，必将得到大面积推广与应用。目前国内的岩棉外保温系统，是以粘锚结合的方式把岩棉板与基层墙体连接，由于空腔的存在和岩棉板自身的强度不高等原因，导致人们对岩棉板外保温系统的抗风荷载性能产生了疑问，针对这一问题，本节就岩棉外保温系统的抗风荷载安全性讨论。

6.5.1　负风压荷载标准值计算方法

根据《建筑结构荷载规范》GB 50009—2012 第 8.1.1 条，负风压荷载标准值计算公式为：

$$w_k = \beta_{gz} \mu_{s1} \mu_z w_0 \tag{6-5-1}$$

式中　w_k ——风荷载标准值，kN/m^2；

β_{gz} ——高度 Z 处的阵风系数（与地面粗糙程度有关）；

μ_{s1} ——风荷载局部体型系数，墙面为 −1.0，墙角为 −1.4；

μ_z ——风压高度变化系数（与地面粗糙程度有关）；

w_0——基本风压，kN/m^2，北京地区百年一遇基本风压为 $0.50kN/m^2$。

以北京地区某高层民用建筑的墙面高度 100m 处为例，地面粗糙类型为 C 类，选取封闭式矩形平面房屋的墙面作为研究对象，其负风压荷载标准值计算结果见表 6-5-1 和表 6-5-2。从表中可以看出，墙角处的负风压更加苛刻。因此，以下计算负风压荷载标准值均采用表 6-5-2 计算结果。

北京地区封闭式矩形平面房屋的墙面处负风压荷载计算　　　　　　　　　　表 6-5-1

离地面高度 （m）	风压高度变化系数	为高度 Z 处的阵风系数	局部风压体型系数 （墙面）	北京基本风压 （kN/m²）	负风压荷载标准值 （kN/m²）
20	0.74	1.99	1.0	0.5	0.74
50	1.1	1.81	1.0	0.5	1.00
80	1.36	1.73	1.0	0.5	1.18
100	1.5	1.69	1.0	0.5	1.27

北京地区封闭式矩形平面房屋的墙角处负风压荷载计算　　　　　　　　　　表 6-5-2

离地面高度 （m）	风压高度变化系数	为高度 Z 处的阵风系数	局部风压体型系数 （墙角）	北京基本风压 （kN/m²）	负风压荷载标准值 （kN/m²）
20	0.74	1.99	1.4	0.5	1.03
50	1.1	1.81	1.4	0.5	1.39
80	1.36	1.73	1.4	0.5	1.64
100	1.5	1.69	1.4	0.5	1.77

参照欧洲技术资料要求，外保温系统与基层墙体采用以锚为主的连结方式时，安全系数取 3（包括风荷载设计值与标准值的比值 1.5），而以粘为主时，安全系数约取 10（包括风荷载设计值与标准值的比值 1.5）。

6.5.2　岩棉板固定方式

（1）以锚为主、以粘为辅固定岩棉板

按照现行国标《建筑外墙外保温用岩棉制品》GB/T 25975 的规定，岩棉板抗拉强度分为 TR7.5、TR10 和 TR15 三个等级。岩棉板与基层墙体的连接采用粘锚结合的方式。由于岩棉板抗拉强度低，在作抗风荷载承载能力计算时，应只计入锚栓的承载能力，不考虑粘结的承载作用。

对照北京地区不同高度最大风荷载标准值 w_k（表 6-5-2），如果岩棉板外保温系统采用以粘为主的施工方式，100%满粘和 40%点框粘情况下，岩棉需达到的理论粘结强度如表 6-5-3 所示，40%点框粘情况下对岩棉的粘结强度要求是 100%满粘的 2.5 倍。

岩棉板理论粘结强度要求计算结果　　　　　　　　　　　　　　　　表 6-5-3

离地面高度 （m）	负风压荷载标准值 （kN/m²）	安全系数	100%粘结面积时对岩棉板 粘结强度的要求（kPa）	40%粘结面积时对岩棉板粘结 强度的要求（kPa）
20	1.03	10	10.3	25.75
50	1.39	10	13.9	34.75
80	1.64	10	16.4	41.00
100	1.77	10	17.7	44.25

从表 6-5-3 中可以看出，岩棉板采用 40%点框粘做法时，其岩棉粘结强度至少需要在 25.75kPa 才能满足负风压荷载要求，而岩棉板的抗拉强度仅有 7.5～15kPa，无法满足抗风荷载的要求，而 100%满粘不具备操作性，也就是说，横丝岩棉板完全没有以粘为主的可能性。所以，岩棉板外保温系统应采用

以锚固为主的方式。

（2）通过锚固钢网/玻纤网固定岩棉板

风荷载设计值通常取标准值的 1.5 倍，考虑到锚栓类别选择不当、钻孔直径过大、锚固钉插入方法不对、钻孔深度不足、锚盘与钢网/玻纤网相对位置错误、老化等可能存在的问题，风荷载设计值的基础上安全系数 γ 取 2，即总的安全系数取 3。

锚栓锚固在基层墙体，通过钢网/玻纤网将锚固力均匀地传递在岩棉板面，可以根据北京市地标《岩棉外墙外保温工程施工技术规程》DB11/T 1081—2014 计算，单位面积上锚栓数量计算公式为：

$$N_A \geq w_d \gamma / f_0 \tag{6-5-2}$$

式中 N_A——单位面积锚栓数量，个/m^2；

w_d——相应高度最大风荷载设计值，为风荷载标准值 wk 的 1.5 倍，kN/m^2；

γ——为安全系数，$\gamma = 2$；

f_0——为单个锚栓的抗拉承载力的标准值。

按照《外保温用锚栓》JG/T 366—2012 中第 6.2 条规定：蒸压加气混凝土基层墙体（E 类）单个锚栓的抗拉承载力标准值应不小于 0.3kN，普通混凝土基层墙体（A 类）单个锚栓的抗拉承载力标准值应不小于 0.6kN。

通过锚固钢网/玻纤网固定岩棉板时锚栓数量计算结果　　　　　　　　　　　　　　　表 6-5-4

离地面高度 （m）	负风压荷载标准值 （kN/m^2）	安全系数	锚固强度的要求 （kPa）	锚固在 A 类基层墙体时 锚栓数量	锚固在 E 类基层墙体时 锚栓数量
20	1.03	3	3.09	6	11
50	1.39	3	4.17	7	14
80	1.64	3	4.92	9	17
100	1.77	3	5.31	9	18

根据表 6-5-4 计算结果，通过锚固钢网/玻纤网固定岩棉板的施工方式，当锚固于基层强度较高的普通混凝土时，锚栓数量相对较少，能够同时实现岩棉锚固系统的安全性和施工性。但是当基层强度较低时，锚栓数量太大，不能选用岩棉板外保温系统。

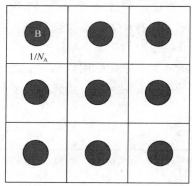

图 6-5-1　锚栓扩压盘面积和有效
锚固面积示意图

（3）锚栓通过扩压盘直接锚固岩棉板

岩棉板自身拉拔强度低，锚栓直接锚固岩棉板时，必须考虑岩棉板在受风压时自身变形、破坏导致的锚固失效问题。如图 6-5-1 所示，假设每平方米锚栓数量为 N_A，每个锚栓通过扩压盘对岩棉进行固定，扩压盘面积 B 可固定 $1/N_A$ 的面积，则相应的，面积 B 处的岩棉须承受 $1/N_A$ 面积的负风压力而不能破坏。因此，该种做法在抗负风压破坏时须满足两个必要条件。

条件一：单位面积锚固力大于等于相应高度单位面积最大风荷载设计值，单位面积上锚栓数量：

$$N_A \geq w_d \gamma / f_0 \tag{6-5-3}$$

条件二：锚栓处的岩棉不能被负压破坏，岩棉自身强度：

$$F_0 \geq w_d \gamma \times 1m^2 / (N_A \times B) \tag{6-5-4}$$

公式推导为：

$$N_A \geq w_d \gamma / (B \times F_0) \tag{6-5-5}$$

根据表 6-5-5 和表 6-5-6 的计算结果，岩棉板抗拉强度 15kPa，基层墙体为普通混凝土，锚栓扩压盘直径按照 100mm，20m 高度建筑，每平方米带扩压盘的锚栓数量需要 14 个，扩压盘面积占板面积 21%以上，才能确保锚栓处岩棉不被负压破坏。

离地面高度（m）	负风压荷载标准值（kN/m²）	安全系数	锚固强度的要求（kPa）	满足条件一时平方米锚栓数量	满足条件二时平方米锚栓数量
20	1.03	3	3.09	6	14
50	1.39	3	4.17	7	19
80	1.64	3	4.92	9	22
100	1.77	3	5.31	9	24

注：按照基层墙体为普通混凝土，锚栓扩压盘半径按照 0.07m，岩棉抗拉强度 15kPa 进行计算。

满足条件二时每平方米扩压盘面积计算结果   表 6-5-6

离地面高度（m）	满足条件二时锚栓数量	每平方米扩压盘面积（m²）
20	14	0.22
50	19	0.29
80	22	0.34
100	24	0.37

通过计算，即使采用 TR15 岩棉板，通过直接锚固岩棉板的形式进行施工，需要的锚栓数量也依然太大，而强度更低的 TR7.5 和 TR10 型号的岩棉板更无法采用该方法施工。

6.5.3 岩棉带固定方式

岩棉带是由岩棉板切割而成，与基层墙体粘结时纤维垂直于墙面的岩棉制品，其抗拉强度在 80kPa 以上，可以采用以粘为主、以锚为辅的方式将岩棉带牢固的固定在外墙上。为安全起见，岩棉带与基层墙体的粘结面积宜大于 70%，最好是满粘，以提高外保温系统抵御风荷载的能力。

6.5.4 增强竖丝岩棉复合板固定方式

增强竖丝岩棉复合板是一种岩棉的深加工产品，其将 100kg/m³ 的岩棉切割成岩棉带（条）作为保温芯材，板体沿长度方向的四个表面涂覆无机保温浆料复合耐碱玻纤网形成防护层。

使用无机保温浆料复合耐碱网格布包覆后，增强竖丝岩棉复合板形成一个整体的受力单元，垂直于板面的抗拉强度最低 0.10MPa，中心部位的抗拉强度甚至高达 0.2MPa，是普通岩棉板抗拉强度的 10 倍以上。

（1）以粘为主固定增强竖丝岩棉复合板

在北京地区 100m 高度风荷载情况下，完全能够满足表 6-5-3 中 100% 粘结面积和 40% 粘结面积对板材粘结强度的要求，既能够实现满粘也能实现点框粘的施工方式，从根本上解决了岩棉高层应用过程中以粘为主的施工方式。

（2）通过锚固钢网/玻纤网固定增强竖丝岩棉复合板

通过锚固钢网/玻纤网固定岩棉板时，增强竖丝岩棉板通过钢网/玻纤网整体和锚栓与基层相连，锚栓数量与基层相关，与岩棉自身强度关系不大，可按照表 6-5-4 取值。

（3）锚栓通过扩压盘直接锚固增强竖丝岩棉复合板

当锚栓直接锚固在增强竖丝岩棉板时，计算须满足式 6-5-3 和式 6-5-4 要求。计算结果如下表 6-5-7 所示。

通过锚固增强竖丝岩棉复合板固定时锚栓数量计算结果   表 6-5-7

离地面高度（m）	负风压荷载标准值（kN/m²）	安全系数	锚固强度的要求（kPa）	满足条件一时平方米锚栓数量	满足条件二时平方米锚栓数量
20	1.03	3	3.09	6	4
50	1.39	3	4.17	7	6

离地面高度 （m）	负风压荷载标准值 （kN/m²）	安全系数	锚固强度的要求 （kPa）	满足条件一时平方米 锚栓数量	满足条件二时平方米 锚栓数量
80	1.64	3	4.92	9	7
100	1.77	3	5.31	9	7

注：按照基层墙体为普通混凝土，锚栓扩压盘半径按照 0.05m，岩棉抗拉强度 15kPa 进行计算。

根据表 6-5-7 结果，增强竖丝岩棉复合板可通过锚固施工，取满足条件一时的锚栓数量，锚栓数量较少，具备可操作性。

6.6 总　　结

风压破坏有两个必要条件，一是负压易发生区，二是连通空腔。满足标准和施工要求的带空腔构造的外保温系统，其抗风压安全性是可以满足的。如不按标准进行施工，材料不把关，质量不控制，就会导致带空腔的外保温系统被风吹掉。

造成不安全的因素有：

（1）粘结层出现大面积连通空腔；

（2）对粘结面积不复查和监督，造成粘结面积过小；

（3）对基层墙体不检查处理，粘结砂浆强度不够，造成基层墙体和保温板之间粘结不牢。

岩棉板强度较有机保温板材强度低，其外保温系统更容易出现负风压破坏。因此，在岩棉的应用问题上，一方面可以通过构造设计，规避岩棉自身强度低的问题；另一方面可以将岩棉深加工，形成稳定的受力单元，提高上墙的稳定性。

（1）锚栓直接打在岩棉板上加固时，锚栓可能破坏该块岩棉板，特别是锚栓打在空腔处，岩棉板容易破坏。

（2）在锚固岩棉做法中必须将锚栓锚在钢丝网或者玻纤网上，通过将力均匀分布在岩棉表面，可以确保岩棉的抗风荷载安全性。

（3）通过满粘形式施工，岩棉带可以满足风荷载要求。

（4）将岩棉深加工制成增强竖丝岩棉复合板，通过玻纤网复合无机保温砂浆的四面包覆，大幅提升了岩棉的抗拉强度，实现了岩棉材料点框粘和满粘的施工方式，同时该板材也可通过锚固施工满足抗风荷载的要求，解决了高层建筑岩棉应用的安全性和施工性的矛盾。

7 外保温系统抗震性能研究

7.1 外保温系统抗震要求

7.1.1 外保温系统的抗震

外保温系统附着于外墙表面，主要承受系统自重以及直接作用于系统上的风荷载、地震作用、温度作用等，不分担主体结构承受的荷载、地震作用。但外保温系统应具有一定的变形能力，以适应主体结构的位移，即当主体结构在较大地震荷载作用下产生位移时，外保温系统不会产生过大的内应力和不能承受的变形。一般来说，外保温系统基本是由保温层、抹面层和饰面层构成，各功能层大部分是柔性材料，能够适应结构产生的位移，当主体结构产生不太大的侧位移时，外保温系统能够通过弹性变形来消纳主体结构位移的影响。但外保温系统是一种复合系统，通过一定的粘结或机械锚固固定在结构墙体上，当地震发生时，外保温系统各功能层之间的连接以及与主体结构的连接部位需要重点关注。外保温系统各功能层之间的连接以及与主体结构的连接要可靠，能够承受系统的自重，避免在风荷载和地震作用下脱落。为了防止主体结构水平位移使外保温系统破坏，连接部位必须具有一定的适应位移的能力。

对外保温系统的抗震分析，应区分抗震设防区和非抗震设防区，对非抗震设防区，只需要考虑风荷载、重力荷载以及温度荷载作用；对抗震设防区，应考虑地震作用。

7.1.2 外墙外保温系统抗震的基本要求

《建筑抗震设计规范》GB 50011—2010 规定，对建筑结构而言，其基本的抗震设防目标是：当遭受低于本地区抗震设防烈度的多遇地震影响时，主体结构不受损坏或不需修理可继续使用；当遭受相当于本地区抗震设防烈度的地震影响时，结构的损坏经一般性修理仍可继续使用；当遭受高于本地区抗震设防烈度的预估的罕遇地震影响时，不致倒塌或发生危及生命的严重破坏。

外保温系统作为整体系统，附着于建筑结构，其抗震性能与结构抗震密切相关。在汶川地震中，外保温系统破坏的形式多为 2 种：

(1) 建筑结构抗震性能较差的建筑，墙体的位移变形过大，使墙体上的保温系统出现与结构变形一致的斜裂缝或交叉斜裂缝；

(2) 外保温系统由于自重较大，保温系统与基层墙体粘结力较弱，锚栓有效锚固深度不够，外保温系统在水平力和竖向力共同作用下整体脱落。

外保温系统开裂，会造成一定的经济损失，系统脱落则有可能造成人员伤亡。外保温与建筑外墙密切相关，建筑物震害较轻时，如果外保温开裂严重，就会造成较大的经济损失；建筑物震害较重时，外墙出现倒塌，外保温系统抗震性能再好也将失去意义。因此，我们提出了外保温系统的抗震设防目标：当遭受低于本地区抗震设防烈度的多遇地震影响时，外保温系统不受损坏或不需进行修理可继续使用；当遭受相当于本地区抗震设防烈度的地震影响时，允许外保温系统出现小面积开裂，经一般性修理仍可继续使用；当遭受高于本地区抗震设防烈度的预估的罕遇地震影响时，外保温系统不致脱落。

7.2 外保温系统抗震计算

外保温系统属于建筑物的非结构构件，根据《建筑抗震设计规范》GB 50011—2010 的规定，非结构构件的地震作用计算，应符合下列要求：

（1）各构件和部件的地震力应施加于其重心，水平地震力应沿任一水平方向。

（2）一般情况下，非结构构件自身重力产生的地震作用可采用等效侧力法计算；对支承于不同楼层或防震缝两侧的非结构构件，除自身重力产生的地震作用外，尚应同时计及地震时支承点之间相对位移产生的作用效应。

（3）建筑附属设备（含支架）的体系自振周期大于 0.1s 且其重力超过所在楼层重力的 1%，或建筑附属设备的重力超过所在楼层重力的 10% 时，宜进入整体结构模型的抗震设计，也可采用本规范附录 M.3 的楼面谱方法计算。其中，与楼盖非弹性连接的设备，可直接将设备与楼盖作为一个质点计入整个结构的分析中得到设备所受的地震作用。

需要进行抗震验算的非结构构件大致如下：

（1）7～9 度时，基本上为脆性材料制作的幕墙及各类幕墙的连接；

（2）8、9 度时，悬挂重物的支座及其连接、出屋面广告牌和类似构件的锚固；

（3）高层建筑上重型商标、标志、信号和出屋面装饰构架等的支承部位；

（4）8、9 度时，乙类建筑的文物陈列柜的支座及其连接；

（5）7～9 度时，电梯提升设备的锚固件、高层建筑上的电梯构件及其锚固；

（6）7～9 度时，建筑附属设备自重超过 1.8kN 或其体系自振周期大于 0.1s 的设备支架、基座及其锚固。

一般情况下，计算可采用简化方法，即等效侧力法计算；同时计入支座间相对位移产生的附加内力。对刚性连接于楼盖上的设备，当与楼层并为一个质点参与整个结构的计算分析时，也不必另外用楼面谱方法计算。

7.2.1 外保温系统水平地震作用计算方法

按照《建筑抗震设计规范》GB 50011—2010 的规定，外保温系统水平地震作用可采用等效侧力法计算。

采用等效侧力法时，水平地震作用标准值宜按下列公式计算：

$$F = \gamma \eta \xi_1 \xi_2 \alpha_{\max} G \tag{7-2-1}$$

式中 F——沿最不利方向施加于非结构构件重心处的水平地震作用标准值；

γ——非结构构件功能系数，由相关标准根据建筑设防类别和使用要求等确定，可取 1.4；

η——非结构构件类别系数，由相关标准根据构件材料性能等因素确定，可取 0.9；

ξ_1——连接状态系数，对预制建筑构件、悬臂类构件、支承点低于质心的任何设备和柔性体系宜取 2.0，其余情况可取 1.0；

ξ_2——位置系数，建筑的顶点宜取 2.0，底部宜取 1.0，沿高度线性分布；

$\alpha_{\max}$——地震影响系数最大值，可按《建筑抗震设计规范》GB 50011—2010 第 5.1.4 条关于多遇地震的规定采用；

G——非结构构件的重力，应包括运行时有关的人员、容器和管道中的介质及储物柜中物品的重力。

7.2.2 外保温系统抗震计算实例

以胶粉聚苯颗粒贴砌模塑聚苯板面砖饰面外保温系统为例计算抗震作用力，求该系统的拉伸粘结强度（认为此系统薄弱环节为胶粉聚苯颗粒层，因此以胶粉聚苯颗粒的拉伸粘结强度为系统的拉伸粘结强度）与地震作用力之间的关系。计算在 9 度罕遇地震时产生的地震作用力 F。

胶粉聚苯颗粒贴砌 EPS 板面砖饰面外保温系统的构造为：混凝土墙＋胶粉聚苯颗粒贴砌 EPS 板＋胶粉聚苯颗粒＋抗裂砂浆（复合热镀锌电焊网加锚栓）＋面砖粘结砂浆粘贴面砖＋面砖勾缝（表 7-2-1）。

材料性质
表 7-2-1

结构形式	材料名称/序号	厚度 d（mm）	密度 ρ（kg/m³）
胶粉聚苯颗粒贴砌模塑聚苯板面砖饰面外保温系统	混凝土墙 1	200	2300
	胶粉聚苯颗粒贴砌浆料 2	15	320
	模塑聚苯板 3	60	20
	胶粉聚苯颗粒贴砌浆料 4	10	320
	抗裂砂浆 5	8	1300
	粘结砂浆 6	5	1500
	面砖饰面 7	7	2000

按照以上构造计算则外保温系统的自重 G 为：

$$G = \sum_{i=2}^{7} \rho_i h_i g \tag{7-2-2}$$

式中 i ——材料序号；

ρ_i ——材料密度，kg/m³；

h_i ——材料厚度，m；

g ——重力加速度，10m/s²；

G ——外保温系统的重力，N/m²，方向竖直向下。

则外保温系统每平方米自重为：$G = 411$N/m²。

按照《建筑抗震设计规范》GB 50011—2001 中取如下参数：

$$\gamma = 1.4，\eta = 0.9，\xi_1 = 2.0，\xi_2 = 2.0，\alpha_{max} = 1.40$$

以上参数是按照最不利的情况下取的极大值，则水平地震作用力 $F \approx 2900$N/m²。此外，保温系统完全满足《胶粉聚苯颗粒外墙外保温系统材料》JG/T 158—2013 系统的拉伸粘结强度（因面砖系统的拉伸粘结强度测量时，只切割致抗裂砂浆表面，所有在此处计算时系统的抗拉强度用涂料饰面系统的抗拉强度）≥0.1MPa 的情况下，系统单位面积上破坏力为 $E = 100$kN/m²。此系统在这样地震作用下安全系数为：

$$s = E/F = \frac{100 \times 10^3}{2900} \approx 34$$

由计算结果可以看出，在 9 度区罕遇地震的情况下，系统的抗拉强度要远大于水平地震作用。因此，只要所使用材料各项性能满足规范要求，胶粉聚苯颗粒外保温系统施工质量合格，系统拉伸粘结强度满足规范规定，可以不进行抗震验算。

胶粉聚苯颗粒贴砌保温板的构造，使用胶粉聚苯颗粒浆料贴砌时，相当于保温系统通过一层柔性材料与基层墙体相连。类似于结构抗震的隔振消能措施，胶粉聚苯颗粒浆料层可以吸收墙体传递的地震能量，减小外保温系统的地震作用，增强外保温系统的抗震性能。并且，胶粉聚苯颗粒浆料层可以吸收一定程度的结构变形，满粘的构造措施也可以提供更高的安全系数，降低外保温系统在地震中脱落的可能性。

7.3 外保温系统抗震试验

外保温系统抗震试验可采用振动台试验或拟静力试验等方法来实现，两者的试验原理、实验装置和试验仪器等方面均有所不同。

7.3.1 振动台试验

7.3.1.1 试验原理

将外墙外保温系统构件安装于振动台上，利用模拟地震振动台输入一定波形的地震波，观测外墙外保温系统构件在模拟地震作用下，各部分的地震反应。

7.3.1.2 试验装置

1. 模拟地震振动台

应具有三向六自由度，并可根据需要输出各种模拟地震波。

（1）安装墙体，用于安装外墙外保温系统，一般要求墙体能够产生预期的总位移角，满足试验要求；

（2）试件各组成部分应为生产厂家自检合格产品。保温系统的安装应符合设计要求；

（3）试件应为足尺试件。

2. 测试仪器

（1）测试仪器的频率响应、量程、分辨率应符合《建筑抗震试验方法规程》JGJ 101—1996 的要求；

（2）测试仪器应在试验前进行系统标定；

（3）试验数据的记录宜采用电脑数据采集系统采集和记录；

（4）量测的传感器应具有良好的抗机械冲击性能，其重量和体积要小，以便于安装和拆卸，量测用的传感器的连接导线，应采用屏蔽电缆线，量测仪器升温输出阻抗和输出电频应与数据采集系统匹配。

7.3.1.3 测点布置

在试件基层和外保温系统的主要部位布置加速度传感器，在外保温系统的需要部位增设应变片。

7.3.1.4 试验步骤

（1）安装试件；

（2）安装加速度、应变片等传感器；

（3）输入（0.07～0.1）g 白噪声，测试试件的自振频率、振型、阻尼比等动力特性；

（4）输入地震波，加速度幅值从 0.07g 开始，按 0.5 烈度的数量递增，详细记录各工况下试件的地震反应；

（5）当加速度幅值达到预计值或试件开始出现破坏时停止试验，详细检查并记录试件各个部位的破坏情况；

（6）拆除试件。

7.3.1.5 试验数据

试验数据应包括：

（1）不同工况下试件各层测点的最大加速度反应；

（2）不同工况下试件各层测点的最大位移、最大应变。

7.3.1.6 试验报告

试验报告应包括下列内容：

（1）试件名称、类型、规格尺寸；

（2）生产厂家、委托单位；

（3）试件的立面、平面、剖面和节点详图；

（4）外墙外保温系统的类型，材料性质等；

（5）试验依据的标准和所使用的设备、仪器；

（6）地震波的特性；

（7）个工况下试件的动力特性、加速度反应、位移反应、应变、发生破坏的部位；

（8）试验目的、试验人员等的签名。

7.3.2 拟静力试验

7.3.2.1 试验原理

拟静力实验是采用一定的荷载控制或变形控制对试件进行低周反复加载，使试件从弹性阶段直至破坏的一种实验方法，是使结构或结构构件在正反两个方向重复加载和卸载的过程，用以模拟地震时结构在往复振动中的受力特点和变形特点。这种方法是用静力方法求得结构振动时的效果，因此称为拟静力试验或伪静力试验。

7.3.2.2 试验装置

试验装置是使被试验结构或构件处于预期受力状态的各种装置的总称。拟静力试验装置主要由以下几部分构成：

（1）加载装置：是将加载设备施加的荷载分配到实验结构的设施；

（2）支座装置：准确模拟被试验结构或构件的实际受力条件或边界条件的设施；

（3）观测装置：包括用于安装各种传感器的仪表架和观测平台；

（4）安全装置：用来防止试件破坏时发生安全事故或损坏设备的设施。

外保温系统拟静力试验装置如图7-3-1。

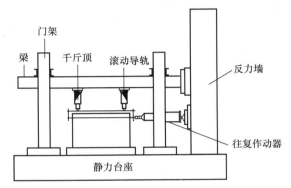

图7-3-1 拟静力试验装置示意图

7.3.2.3 测点布置

外保温系统拟静力试验测点布置情况如图7-3-2所示，即在墙体一侧沿高度在其中心线上均匀布置5个测点，这样既可测得墙顶最大位移值，又可测得侧向的位移曲线。

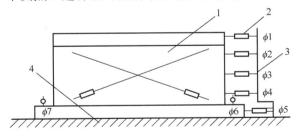

图7-3-2 墙体侧向位移和剪切变形的测点布置
1—试件；2—位移计；3—安装在试验台座上的仪表支架；
4—试验台座。

7.3.2.4 试验步骤

（1）安装试件；

（2）安装应变片、位移计等传感器；

（3）控制加载制度（1/1000 层间位移角—1/40 层间位移角）；

（4）当层间位移角达到预定值或试件开始出现破坏时停止试验，详细检查并记录试件各个部位的破坏情况；

（5）拆除试件。

7.3.2.5 试验数据

试验数据应包括：

（1）墙体的荷载—变形曲线，即墙体的恢复力曲线；

（2）墙体侧向位移。主要是量测试件在水平方向上的低周反复荷载作用下的侧向变形。

7.3.2.6 试验报告

试验报告应包括下列内容：
（1）试件名称、类型、规格尺寸；
（2）生产厂家、委托单位；
（3）试件的立面、平面、剖面和节点详图；
（4）外墙外保温系统的类型，材料性质等；
（5）试验依据的标准和所使用的设备、仪器；
（6）加载制度的特性；
（7）个工况下试件的位移反应、应变、发生破坏的部位；
（8）试验目的、试验人员等的签名。

7.4 外保温系统抗震试验实例

7.4.1 胶粉聚苯颗粒贴砌模塑聚苯板外保温贴瓷砖系统振动台试验

7.4.1.1 试验目的

为了验证胶粉聚苯颗粒贴砌模塑聚苯板外保温贴瓷砖系统受地震力破坏后的状态，研究该系统应用于高层建筑的可行性，在混凝土基层上设计两个外保温系统，模拟北京地区设防烈度状态的抗震试验，分析胶粉聚苯颗粒贴砌模塑聚苯板外保温贴瓷砖系统的抗震性能。

瓷砖饰面相比涂料饰面具有耐玷污能力强、色泽耐久性更好等优点。因此，国内用瓷砖作为外饰面的建筑比例相当高，在外保温墙面上的应用也有相当大的需求。所以，有必要在国内研究独特的外保温瓷砖粘贴饰面层的技术以及在高层建筑中应用的可行性。因此，通过与中国建筑科学研究院工程抗震研究所、铁道部科学研究院铁建所等单位合作，共同制定了外保温瓷砖外饰面系统的抗震试验方案及试验程序，并于 2005 年 9 月 10 日在石家庄铁道学院工程结构检测中心针对胶粉聚苯颗粒贴砌模塑聚苯板外保温贴瓷砖系统抗震试验。考虑到该系统中瓷砖饰面与主体结构的连接是柔性软连接，主体结构所受扭曲力难以传递到饰面层，因此选做垂直瓷砖饰面层地震波的抗震试验。选用具有广泛代表性的、对外饰面破坏力最大正弦拍波，使外保温瓷砖外饰面系统抗震试验更具有现实意义和代表性。

7.4.1.2 试验试件

1. 构造设计

保温层是胶粉聚苯颗粒贴砌 EPS 板。在抗裂防护层中，用四角镀锌铅丝网复合抗裂砂浆为抗裂层，并用结构墙体上射钉尾孔上的镀锌铅丝将镀锌铅丝网绑紧，提高面层、保温层与结构层的结合牢度，提高整个构造的安全可靠性。

加固用射钉长 42mm，4 根/m²。根据测试，每根射钉破坏拉力为 7kN，4 根为 28kN，绑扎用铅丝的拉断力为 2kN，因此每平方米设计 4 个机械固定点后的总抗拉能力为 8kN，大于高层建筑 100m 高度处 8 级地震作用力的 4～5 倍。

2. 模型的设计与制作

试验前，与中国建筑科学研究院工程抗震所以及铁道部科学研究院铁建所按《建筑抗震设计规范》GB 50011—2001 试验方案的设计，选用建筑物结构类型为国内目前较多采用的全现浇高层混凝土结构，按要求成型宽度 1.3m、高度 1.2m、厚度 0.16m、带有孔固定钢角的、强度为 C30 的混凝土试件。试件模型见图 7-4-1。

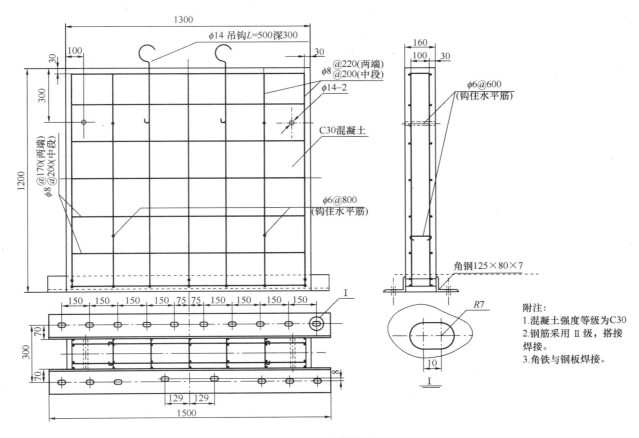

图 7-4-1 试件模型

试件构造如图 7-4-2 所示。A 面：试件构成由里向外为 C30 钢筋混凝土墙体、界面砂浆、15mm 厚贴砌浆料、60mm 厚 EPS 板、10mm 厚贴砌浆料、8mm 厚的抗裂砂浆＋热镀锌电焊网与塑料锚栓固定、5mm 厚的面砖粘结砂浆、瓷砖（45mm×95mm）、面砖勾缝料，目的是验证在混凝土墙体上用粘结保温浆料贴砌聚苯板，并用粘结保温浆料找平后贴上瓷砖的抗震情况；B 面：试件构成由里向外为 C30 钢筋混凝土墙体、界面砂浆、15mm 厚的贴砌浆料、60mm 厚的 EPS 板、8mm 厚的抗裂砂浆＋热镀锌电焊网与塑料锚栓固定、5mm 厚的面砖粘结砂浆、瓷砖（45mm×95mm）、面砖勾缝料，目的是验证在混凝土墙体上用粘结保温浆料贴砌聚苯板薄抹灰后贴上瓷砖的抗震情况。

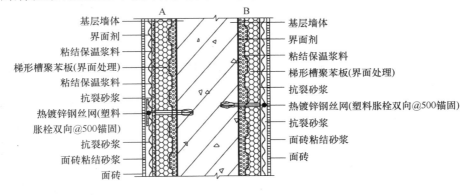

图 7-4-2 试件构造图

试件固定到振动台上，确定振动台与试件连接可靠后分别试验。试件振动台连接见图 7-4-3。

3. 加载及测试方案

试验从北京 8 度设防烈度地震加速度 0.2g 开始分级进行，每级增加 0.1g，共 5 级，即 0.2g（1 倍），0.3g（1.5 倍），0.4g（2 倍），0.5g（2.5 倍），0.6g（3 倍）。同时考虑垂直于建筑物表面的水平地震波对非结构承重材料破坏性最大，选择水平正弦拍波（图7-4-4），每次振动大于20s且大于5个拍波。本试验考虑不同地区以及建筑物的不同位置地震反应谱不同的情况，参考《建筑抗震设计规范》（GB 50011—2001）第5.1.4节地震影响系数曲线分频段进行。试验频率按1/3倍频程分级，即：0.99Hz、1.25Hz、1.58Hz、2.00Hz、2.50Hz、3.13Hz、4.00Hz、5.00Hz、6.30Hz、8.00Hz、10.0Hz、12.5Hz、16.0Hz、20.0Hz、32.0Hz。

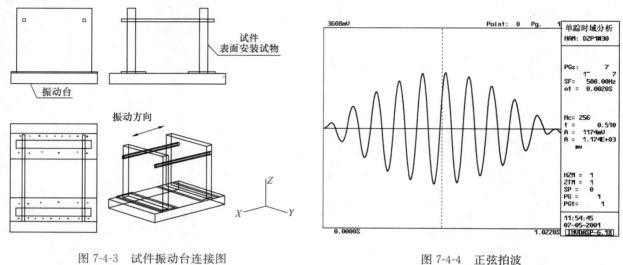

图7-4-3　试件振动台连接图　　　　　　　　　　图7-4-4　正弦拍波

7.4.1.3　试验结果及分析

1. 试验结果

试件经过了10h两个周期的振动试验。在第一个周期当加速度达到0.5g时，钢筋混凝土母体材料有部分脱落及裂缝产生。A、B面上的保温材料及装饰层材料均无开裂、无损坏、无脱落，粘贴的瓷砖均无脱落松动现象。

对抗震试验后的试件上的瓷砖作拉拔试验，测得瓷砖胶粘剂的粘结强度为0.73MPa，完全可以满足粘贴瓷砖的要求。

2. 结果分析

在外保温面层上粘贴瓷砖与在坚实的混凝土基层上粘贴瓷砖使用条件是不同的。在外保温面层粘贴瓷砖必须考虑保温材料面层的荷载能力、瓷砖胶粘剂的粘结能力以及在地震作用下的抵抗剧烈运动的柔性变形能力。由于外保温中基层墙体与饰面层瓷砖是通过保温材料柔性连接的，因而在受力时基层墙体与饰面层瓷砖不能看成一个整体，它们的受力状态是不同的，所以在选择瓷砖胶粘剂时，也要选用与保温材料相适应的具有一定柔性的瓷砖胶粘剂，从而形成一个柔性渐变的系统。在这次抗震试验中选用的瓷砖胶粘剂粘贴瓷砖后的拉伸粘接强度为0.40~0.80MPa，压折比小于3.0，弹性模量小于6600MPa，具有适当的柔韧性，符合柔性渐变、逐层释放变形量的技术要求。瓷砖胶粘剂的可变形量小于抗裂砂浆而大于瓷砖的变形量，完全能够通过自身的形变消除两种质量、硬度、热工性能完全不同的材料的形变差异，从而进一步确保了每块瓷砖像鱼鳞一样独立地释放地震作用产生的力，不会因为地震作用发生变形而脱落。

胶粉聚苯颗粒浆料与建筑物墙体的粘结能力好，抗震性能优，其柔性构造能够缓解地震力对面层的冲击力，保温墙瓷砖胶粘剂的弹性设定值比较适宜，可以控制瓷砖在罕遇强度等级地震的振动作用下不开裂、不脱落。而且，选用孔径为12.7mm×12.7mm热镀锌电烛网代替耐碱玻纤网，增强其安全性和抗震能力，致使面层粘贴的瓷砖在罕遇地震作用下也不会脱落。当在保温层上粘贴瓷砖的最大荷载为60kg/m²时，经过抗震试验后没有出现问题。因此，在保温层上可以附加不大于60kg/m²的荷载。

汶川特大地震后，相关专家的调查表明：凡按标准要求建造的外保温系统未见异常，抗震表现正常。

7.4.2 外保温复合聚苯颗粒自保温墙体拟静力试验

7.4.2.1 试验目的

采用拟静力试验的方法，即用一定的荷载控制或变形控制对试件反复加载，使试件从弹性阶段直至破坏的实验方法，来验证外保温复合聚苯颗粒自保温墙体的抗震性能。

7.4.2.2 试验试件

1. 试件构造及模型的设计与制作

试验所采用的复合墙体是以增强竖丝岩棉复合板及硅钙板为内外模板，中间用聚苯颗粒泡沫混凝土浇筑而成的轻质自保温墙体，并通过芯柱和系梁将自保温墙体连接到主体结构，基本构造如图 7-4-5 中所示，芯柱和系梁设置如图 7-4-6 所示。按照《建筑抗震试验方法规程》JGJ 101 中的方法拟静力试验，试件尺寸为 2600mm×3400mm。

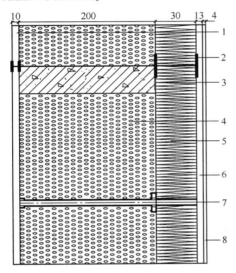

图 7-4-5　外保温复合聚苯
颗粒自保温墙体构造示意图

1. 内模板（硅酸钙板）；2. 双"H"连接件；
3. 混凝土系梁；4. 自保温墙体（聚苯颗粒泡沫混凝土）；5. 外模板（增强竖丝岩棉复合板）；
6. 胶粉聚苯颗粒浆料找平层；7. 穿墙管；
8. 抗裂防护层

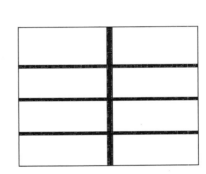

图 7-4-6　墙体构造柱、系梁分布示意图

如图 7-4-6 所示，墙体横向 3400mm，设置芯柱 1 根，芯柱厚 200mm，宽 100mm，高 3400mm；墙体纵向 2500mm，从下向上每 600mm 设置 1 道水平系梁，厚 200mm，高 100mm，共 3 道。

芯柱和系梁用混凝土为自密实混凝土，强度等级 C20，每根构造柱和系梁内置 $\phi16$ 钢筋 2 根。

2. 加载及测试方案

采用控制位移加载法，位移的加载级别如表 7-4-1 中所示。

实验过程的位移控制加载级别及主要试验现象　　　　表 7-4-1

控制加载级别	试验现象
±2.6mm（1/1000 层间位移角）	未见裂缝

控制加载级别	试验现象
±3.3mm（1/800 层间位移角）	未见裂缝
±5.2mm（1/500 层间位移角）	内墙出现微小裂缝，宽度 0.02mm，外墙未见裂缝
±10.4mm（1/250 层间位移角）	外墙出现微小裂缝，宽度 0.02mm
±17.3mm（1/150 层间位移角）	两侧墙体裂缝继续发展，外墙裂缝宽度达到 0.5mm
±26mm（1/100 层间位移角）	裂缝继续发展，外墙竖向出现裂缝，宽度 1mm，内墙沿拼接缝出现较长水平裂缝，局部出现挤压鼓起
±32.5mm（1/80 层间位移角）	内墙水平裂缝继续发展，外墙竖向裂缝上下贯通，最宽裂缝达到 10mm
±52mm（1/50 层间位移角）	内墙裂缝沿拼接处大量出现，最宽处达到 10mm；外墙未见新裂缝
±65mm（1/40 层间位移角）	原有裂缝继续增宽，未见新裂缝

7.4.2.3 试验结果与分析

1. 试验结果及结论

试验过程中的主要试验现象见表 7-4-1。由表中结果可知：

（1）在 1/250（加载位移 10.4mm）层间位移角之前，墙体裂缝宽度 0.02mm。

（2）在 1/40（加载位移 65mm）层间位移角之前，除局部挤压鼓起外，未见墙体材料脱落现象墙体未倒塌。

2. 结果分析

在整个拟静力试验过程中，自保温墙体通过芯柱和系梁与主体结构的连接可靠，墙体变形始终与结构变形同步，没有出现坍塌现象。

图 7-4-7 和图 7-4-8 分别是加载至层间位移角 1/50 时试件墙体内外侧裂缝示意图和墙体内侧裂缝图。从裂缝产生的情况看，内墙出现裂缝的位置主要是内模板（硅酸钙板）的板缝位置，硅酸钙板为刚性材料，在受到地震力破坏时，硅酸钙板将应力通过传递累积的方式，最终集中在板缝位置，导致开裂。外墙产生开裂的位置是芯柱位置，其他位置基本完好。

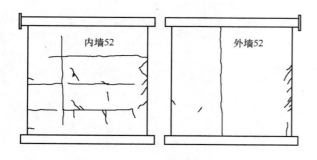

图 7-4-7　加载位移为 52mm（1/50）
时试验墙内外侧裂缝示意图

图 7-4-8　加载位移为 52mm（1/50）
时试验墙内侧裂缝图

由表 7-4-1 中结果可知：

（1）该墙体在加载至层间位移角 1/250 时，墙体无可见裂缝，满足钢结构层间位移角 1/300 的要求；

（2）该墙体在加载至层间位移角 1/40 时，除局部挤压鼓起外，未见墙体材料脱落现象也没有出现墙体坍塌，证明其抗震性能优良。

试验结果表明：增强竖丝岩棉复合板能够释放抗震试验过程的大量应变。聚苯颗粒泡沫混凝土骨料为聚苯颗粒，形成的墙体具有一定的准弹性和低弹性模量的特性，受到抗压破坏时，无明显脆性破坏。另外，该墙体材料表观密度小于 $500kg/m^3$，墙体自重轻、整体性好，地震发生时，所承受的地震力小，震动波的传递速度比较慢，且自保温墙体的自震周期长，对冲击能量的吸收快，因而它具有较显著的减震效果，同时，轻质墙体可减轻建筑物重量，减轻地震的影响。

外保温复合聚苯颗粒自保温墙体是整体浇筑，且外保温层自重轻、具有柔性，在地震过程中，不单自身抗震能力强，其柔性构造能够缓解地震力对饰面层的冲击力，降低饰面层脱落的危险。

8　外保温粘贴面砖的安全性

受我国许多地区气候条件、消费水平、审美习惯的影响，粘贴饰面砖外墙因装饰效果好，抗撞击强度高、比涂料装饰耐沾污能力强、色泽耐久性更好等优点，受到很多房地产开发商和住户的喜爱，国内用面砖作为外饰面的建筑比例越来越高。但是，饰面砖日久空鼓、脱落的问题也时有发生，甚至有"瓷砖雨"的称谓，不免令人担忧。

为了满足建筑节能设计标准对外墙保温性能的要求，外保温系统多以密度、强度、刚度远低于基层墙体材料的有机泡沫塑料为保温层，随着建筑节能形势的发展和建筑节能设计标准要求的提高，保温层的厚度还将有所增加，在外保温系统中采用面砖饰面的安全问题也将变得日益突出。本章从分析外保温面砖饰面系统出现的质量问题出发，介绍了解决外保温系统粘贴面砖问题的思路，以及开展试验研究、制定技术措施和指导工程实践的情况。

8.1　外保温系统粘贴面砖现状

8.1.1　外保温系统粘贴面砖的相关规定

在现行的外保温系统的国家行业标准中，对不同系统的饰面做法有不同的规定：

（1）在《模塑聚苯板薄抹灰外墙外保温系统材料》GB/T 29906—2013 中，明确了 EPS 板薄抹灰系统的饰面为涂装材料，但又将面砖饰面做法放在了资料性附录中。

（2）在《胶粉聚苯颗粒外墙外保温系统材料》JG/T 158—2013 中，明确了胶粉聚苯颗粒外墙外保温系统的饰面材料为涂料或面砖。面砖饰面与涂料饰面系统构造有明显的区别，通过设置锚栓和增强网对系统和抗裂抹面层进行增强，标准不仅对瓷砖胶、勾缝料提出了性能指标要求，还对面砖的尺寸、单位面积质量等规定了限值。

（3）在《外墙外保温工程技术规程》JGJ 144—2004 中，明确了 EPS 板薄抹灰系统与 EPS 板现浇混凝土系统的饰面层为涂料，而对胶粉聚苯颗粒保温浆料系统、EPS 钢丝网架板现浇混凝土系统及机械固定 EPS 钢丝网架板系统的饰面层，则未明确饰面材料是否包括面砖。

（4）在《现浇混凝土复合膨胀聚苯板外墙外保温技术要求》JG/T 228—2007 中，明确了现浇混凝土膨胀聚苯板系统的饰面材料为涂料或面砖，EPS 板表面用胶粉聚苯颗粒防火浆料找平。

（5）在《建筑节能工程施工质量验收规范》GB 50411—2007 中规定"外墙外保温工程不宜采用粘结饰面砖做饰面层"。

在国家行业标准《外墙饰面砖工程施工及验收规程》JGJ 126 和《建筑工程饰面砖粘结强度检验标准》JGJ 110 中，尚未涉及外保温系统粘贴面砖，但其中一些条款是必须遵循的，如：外墙饰工程应专项设计；当基体的抗拉强度小于外墙饰面砖粘贴的粘结强度时，必须加固处理。加固后应对粘贴样板强度检测；外墙饰面砖工程施工前应做出样板，经建设、设计和监理等单位根据有关标准确认后方可施工；在外墙上粘贴的饰面砖，其粘结强度不应小于 0.40MPa。

8.1.2　外保温粘贴面砖的质量问题

但与"慎重"、"不宜"相悖的是，在实际外保温工程中大量地使用着面砖饰面，甚至在高层、超高层建筑中随意使用，给工程质量和安全造成隐患。应该指出：有些外保温企业为了适应市场的需要，对外保温粘贴面砖进行了大量的试验研究，采取了有效的技术措施严格执行相关标准的规定，在现场做样板墙，作拉拔试验，在施工中加强质量控制，使外保温系统粘贴面砖的质量经受了时间的考验。但也有不少外保温工程粘贴的面砖，过不了多久就出现空鼓和脱落的质量问题。分析其原因，主要是设计和施工的盲目性和随意性造成的。大多数是随意在涂料饰面外保温做法上粘贴饰面砖，在施工前既没做样板，也没作拉拔试验；而且大多数是在抗裂砂浆面层与面砖之间发生空鼓、脱落，有的甚至沿面砖缝出现开裂、系统漏水、面砖大面积脱落。

8.1.3 外保温粘贴面砖的研究内容

建筑外墙外保温墙面上粘贴面砖，尤其是高层建筑，其安全性为首要要求。但是，与硬质墙体基层不同，外保温系统由于内置密度小、强度低的保温层，其形成的复合墙体往往呈现软质基底的特性。要在上面粘贴面砖，并满足面砖粘结强度 0.40MPa 的要求，对保温层上面的抗裂砂浆层必须进行加固，使其抗拉强度大于面砖粘结强度。同时，由于热应力、火、水或水蒸气、风压、地震作用等外界作用力直接作用于面砖粘结层的表面，粘贴面砖的外保温系统耐候性和其他相关性能必须满足相关标准的要求。

外保温面砖饰面系统与涂料饰面系统的主要区别在于：

（1）面砖重量和抹面层厚度的增加，造成外保温面砖系统的自重增加；

（2）面砖自身弹性模量大，与抗裂砂浆抹面层变形不一致；

（3）在冻融循环和自然力作用下，容易引起面砖脱落；

（4）温度应变容易造成特殊节点位置产生应力集中。

为了保证外保温系统粘贴面砖工程质量，应从以下几个方面来研究：

（1）粘贴面砖系统的安全性；

（2）粘贴面砖系统的增强措施；

（3）粘贴面砖系统和相关材料的性能要求；

（4）粘贴面砖系统的施工要点。

8.2　粘贴面砖系统安全性的研究

外保温系统是由不同功能层组成附着在基层墙体的非承重构造。因此，外保温系统各层之间的连接以及系统与基层之间的连接必须安全可靠。外保温系统各功能层之间的连接是靠相邻材料的直接粘结来实现的。外保温系统与基层之间的连接方式主要有两种：一是采用胶粘剂直接把外墙外保温系统粘贴在基面上；二是采用胶粘剂并辅以锚栓把外墙外保温系统粘贴在基面上。由于粘贴面砖会增加外保温系统的重量，所以，必须对系统与基层墙体的连接安全性进行计算分析。

8.2.1 自重产生的剪力和拉力计算模型

为了研究分析外墙外保温粘贴面砖系统自重对安全性的影响，以 EPS 薄抹灰粘贴面砖系统为例建立力学模型。

8.2.2 系统构造及材料参数

EPS 板面砖系统基本构造为：混凝土墙＋粘结砂浆粘贴 EPS 板＋抗裂砂浆（复合热镀锌电焊网用锚栓加固）＋瓷砖胶粘贴面砖＋面砖勾缝（表 8-2-1）。

材料性质   表 8-2-1

结构形式	材料名称	厚度 d（mm）	密度 ρ（kg/m³）
点粘 EPS 板面砖饰面系统	混凝土墙	200	2300
	EPS 板粘结砂浆	10	1500

结构形式	材料名称	厚度 d（mm）	密度 ρ（kg/m³）
点粘 EPS 板面砖饰面系统	EPS 板	50	20
	抗裂砂浆	8	1300
	粘结砂浆	5	1500
	面砖饰面	7	2000

8.2.3 力学模型

以尺寸 1m×1m 外墙面上的外墙外保温系统作为研究对象，粘结面积为 40%。在建立模型前做以下假设：

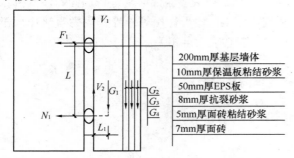

200mm厚基层墙体
10mm厚保温板粘结砂浆
50mm厚EPS板
8mm厚抗裂砂浆
5mm厚面砖粘结砂浆
7mm厚面砖

图 8-2-1　外墙外保温系统重力作用下的力学模型

（1）因在实际情况中锚栓的位置不能确定，此次分析不考虑锚栓的作用；

（2）把所有 EPS 板粘结砂浆的作用用两个面积为 $A = 0.20\text{m}^2$ 的粘结砂浆代替，并且其中心位置在聚苯板的 1/4 和 3/4（沿高度方向）处；

（3）只考虑自重的影响；

（4）各层材料平整度好，而且墙体是竖直的。

建立如图 8-2-1 的力学示意图。

以外保温面砖系统（不包括 EPS 板的粘结砂浆）作为整体受力分析，根据物体力和力矩平衡，有式（8-2-1）和式（8-2-2）的组成的方程组。

$$V_1 + V_2 = G_1 + G_2 + G_3 + G_4 \tag{8-2-1}$$

$$F_1 \times L = G_1 \times L_1 + G_2 \times L_2 + G_3 \times L_3 + G_4 \times L_4 \tag{8-2-2}$$

式中　　　　V_1、V_2——EPS 板粘结砂浆给 EPS 板平行于墙面向上的剪切力，N；

G_1、G_2、G_3、G_4——分别为 EPS 板、抗裂砂浆、瓷砖胶、面砖自重，N；

F_1——EPS 板粘结砂浆靠近顶部的那部分给 EPS 板的拉力，N；

L_1、L_2、L_3、L_4、L——分别为力 G_1、G_2、G_3、G_4、F_1 以 EPS 板粘结砂浆和 EPS 板连接点（靠近底部的那个点）为支点的力臂，其值为（单位 m）：$d_1/2$、$d_1+d_2/2$、$d_1+d_2+d_3/2$、$d_1+d_2+d_3+d_4/2$、$(3/4-1/4)\times1$。

式（8-2-1）为力平衡等式。等式右边是外墙外保温系统的重力，等式左边是 EPS 板粘结砂浆为平衡系统自重而产生的剪切力。

其中：

$$\begin{cases} G_1 = \rho_1(S \times d_1)g \\ G_2 = \rho_2(S \times d_2)g \\ G_3 = \rho_3(S \times d_3)g \\ G_4 = \rho_4(S \times d_4)g \end{cases}$$

其中 S 为研究对象的面积，这里按单位面积 1m² 计算，ρ_1、ρ_2、ρ_3、ρ_4 和 d_1、d_2、d_3、d_4 分别为 EPS 板、抗裂砂浆、瓷砖胶、面砖的密度和厚度，单位为 kg/m³ 和 m，g 为重力加速度，这里取为 10m/s²。

式（8-2-2）为力距平衡等式。式（8-2-2）存在的原因如下：在自重的作用下外保温系统有绕 EPS 板和 EPS 板粘结砂浆靠近底部连接部分转动的趋势（等式的右边部分——如图 8-2-1 所示为顺时针转动），因此必然产生一个阻止其转动的力矩（等式的左边部分——如图 8-2-1 所示为逆时针转动）。

8.2.4 计算结果

经计算得到：

$$G_1 = 10\text{N}, \quad G_2 = 104\text{N}, \quad G_3 = 75\text{N}, \quad G_4 = 140\text{N},$$

$$L_1 = 0.025\text{m}, \quad L_2 = 0.054\text{m}, \quad L_3 = 0.0605\text{m}, \quad L_4 = 0.0665\text{m}, \quad L = 0.5\text{m}$$

假设 $V_1 = V_2$ 得到：

$$V_1 = V_2 = 164.5\text{N} \tag{8-2-3}$$

$$F_1 = \frac{G_1 \times L_1 + G_2 \times L_2 + G_3 \times L_3 + G_4 \times L_4}{L} = 39.427\text{N} \tag{8-2-4}$$

外保温系统由于自重而对模塑聚苯板粘结砂浆单位面积上产生剪切力和拉力为：

$$w_1 = \frac{V_1}{A} = 0.822\text{kPa} \tag{8-2-5}$$

$$w_2 = \frac{F_1}{A} = 0.197\text{kPa} \tag{8-2-6}$$

外保温系统中当质量较大的材料离基层越远，则自重产生的拉力会有所增加。

8.2.5　系统抗自重安全系数

以上计算模型及方法同样适用于非空腔构造的外保温系统；适用于求解自重在其他界面处的产生的剪切力和拉力。通过式（8-2-6）w_2 的值与 EPS 板的拉伸粘结强度 $\sigma_2 = 0.10$（MPa）对比；通过式（8-2-5）w_1 的值与 EPS 板界面处的压剪粘结强度（取材料的压剪粘结强度与其拉伸粘结强度相等）$\sigma_1 = 0.10$（MPa）对比，可以得到 EPS 板的压剪粘结强度和拉伸粘结强度要远大于自重产生的剪切力与拉力。从式（8-2-5）和式（8-2-6）可以看出：外保温系统自重产生的剪切力远大于其拉力。

外保温系统自重产生的作用力来分析系统的安全系数。EPS 板的抗剪安全系数 α_1 和抗拉安全系数 α_2（系统的抗剪和抗拉强度用该系统中最薄弱的 EPS 板的强度表征）为 $\alpha_1 = \dfrac{\sigma_1}{w_1} = \dfrac{0.1 \times 1000}{0.822} \approx 122$，$\alpha_2 = \dfrac{\sigma_2}{w_2} = \dfrac{0.1 \times 1000}{0.197} \approx 508$。可见，EPS 板与粘结砂浆的压剪粘结强度远远大于粘贴面砖系统的自重荷载，在垂直方向有足够的安全性；粘贴面砖系统的自重产生的水平拉力很小，水平方向受力主要还是负风压，与涂料系统相比几乎没有变化，也有足够的安全性。也就是说，因粘贴面砖增加的重量不会影响系统的安全性。当然，考虑到其他因素的综合影响，对面砖的重量和尺寸还要控制，在相关标准中规定：在外保温系统上粘贴的面砖，单位面积质量应不大于 20kg/m^2。

8.3　粘贴面砖系统增强构造的研究

8.3.1　采用增强构造的必要性

为了保证面砖的粘贴质量，我国相关标准规定：面砖与基层的粘结强度不应小于 0.40MPa。当基层的抗拉强度小于面砖粘贴的粘结强度时，必须进行加固处理。对于粘贴面砖系统来说，粘结面砖的基层就是覆盖在保温层上面的抗裂抹面层，它的抗拉强度应该满足大于面砖粘结强度（0.40MPa）的要求，因此，必须进行增强。经过试验研究，一是使抗裂砂浆的拉伸粘结强度大于 0.5MPa，二是在抗裂抹面层中铺设增强网。由于抗裂抹面层下面是柔软的保温层，应该把从面砖到抗裂抹面层承受的水平拉力直接传递到基层墙体，由基层墙体来承担。因此，又设置了锚栓，把增强网与基层连接起来。这样，就形成了适应外保温系统粘贴面砖的增强构造，以确保其安全性。

下面阐述增强网和锚栓的研究。

8.3.1.1　单层玻纤网格布

目前应用于外保温主要使用的是中碱、耐碱玻璃纤维网布。无碱玻璃碱金属氧化物含量最小，中碱其次，耐碱玻纤中金属氧化物最多，约为 14.5% 的 ZrO_2 和 6% 的 TiO_2。普通玻纤多指中碱玻纤，其主

要化学成分 SiO_2，SiO_2 具有很好的耐酸性能，但却不耐碱。国内对玻璃纤维制品进行了大量和多年研究，确定了氧化锆含量是玻纤抗碱性侵蚀重要手段，ZrO_2 含量有一合理设定值，但当锆 ZrO_2 超过一定值时效果并不明显。另外氧化锆是一种难熔物质，溶化温度在 1600℃ 以上，锆含量越高，玻璃熔制越困难，技术上要求则更高。

影响玻纤网格布耐久性主要因素包括：

1. 纤维成分

玻璃纤维成分是保证网格布耐久性前提，如前面已提到含有 ZrO_2 玻璃纤维能有效提高网格布的耐碱性，文献认为玻璃中 Na_2O/ZrO_2 比值在 1.0～1.2 之间能获得良好的耐碱性，减少比值，对提高耐碱性的效果并不明显，而增大比值，耐碱性则会急剧降低。

2. 玻纤网格布涂塑量

玻纤网格布的涂塑是保护纤维免受碱性介质的侵蚀保护外衣。涂覆层是以浆料的形式被网布吸附到表面，再经烘焙、脱水、化学反应成膜、卷取等过程固化定型，涂塑量的多少并不能保证网格布耐碱性好坏，而涂塑胶液首先应具有耐碱性，国内网格布的涂塑大多使用"丙烯酸＋纯丙乳液"、"醋酸乳液＋聚乙烯醇"或者 PVC 乳液。

3. 玻纤网格布的加工工艺

玻纤纤维具有极高抗拉强度，纤维越细强度越高，经丝一般在 10.5～11.5μm，纬丝 11.5～12.5μm；但玻璃纤维的剪切性能差，在生产加工过程因设备精度、表面粗糙度等，极易造成纤维表面的磨损伤害。经生产工艺后期的涂塑覆盖，将直接影响玻纤网格布强度的降低。

4. 外部应力

水泥在水化过程因体积收缩产生应力，这种应力对嵌入砂浆中玻纤网造成 2 种分力，（1）是与纤维平行产生拉伸力；（2）是垂直纤维表面，迫使纤维产生弯曲变形。如果纤维在成型时表面已经微小裂纹，玻纤在承受内部应力时，在拉、压合力作用下，势必使玻纤原有微小裂纹扩大，最终造成玻纤网的断裂。另外，网格布在潮湿环境比在干燥环境条件，网格布的力学性能下降说明：玻纤在拉制过程因温度变化，表面产生微裂纹，微裂纹的增长速度包括内部应力、外部物质的侵入，特别是水分进入玻纤微小裂纹内部，水分蒸发体积膨胀，进一步加深裂纹的扩展，使玻纤强度降低，造成网格布强度降低。

5. 玻纤网格布的耐碱性

玻璃纤维碱性碱腐蚀国内已进行了大量的研究，其理论玻纤成分中 SiO_2 与硅酸盐水泥水化过程析出的 $Ca(OH)_2$ 反应，破坏了纤维的硅氧骨架，使玻璃纤维变细变脆，渐渐失去强度，造成玻纤寿命减少。

目前玻璃纤维网布的耐碱性测试的方法较多，如《玻璃纤维网布耐碱性试验方法氢氧化钠溶液浸泡法》GB/T 20102—2006，该国家标准等同采用了美国 ASTME 98 标准、《增强用玻璃纤维网布 第 2 部分：聚合物基外墙外保温用玻璃纤维网布》JC 561.2—2006 附录 B、《外墙外保温工程技术规程》JGJ 144—2004 第 A.12 条、《胶粉聚苯颗粒外墙外保温系统材料》JG/T 158—2012 第 7.8.2 条。这些方法中规定的碱性介质不同，表 8-3-1 所示各种试验碱性环境。

玻纤网格布耐碱性的国内相关标准要求　　　　　　　　　　　　　　　表 8-3-1

标准代号	碱性介质	浸泡温度/℃	浸泡时间	标准代号	碱性介质	浸泡温度/℃	浸泡时间
GB/T 20102	5% NaOH 溶液	23	28d	JGJ 144 第 A.12 条	混合溶液	80	6h
JC 561.2 附录 B	5% NaOH 溶液	80	6h	JG/T 158 第 7.8.2 条	水泥净浆	80	4h

根据上表要求的玻纤网格布耐碱性对比试验见表 8-3-2。

试验数据表明，玻纤网格布因碱溶浓度、温度不同，其耐碱承受能力不同，在高温（5%NaOH）情况下耐碱性下降最大，而在水泥净浆环境下耐碱保留率最高。说明高温状态的 5%NaOH 溶液对玻璃纤维的腐蚀性最大。

6. 单层玻纤网格布增强构造

符合外墙外保温相关标准要求的耐碱玻纤网格布的断裂延伸率为 3％～5％。抹面胶浆（或者抗裂砂浆）的弹性模量为 1000MPa 左右，抗拉强度为 0.4MPa 左右，即抹面胶浆（或者抗裂砂浆）的最大变形量（温度变形以外的变形量）为 0.4MPa/1000MPa＝0.04％。即网格布较柔软只能起到分散应力的作用，而无法为抹面胶浆（或者抗裂砂浆）分担承受拉力的重任。做出断裂延伸率为 0.04％ 左右的耐碱玻纤网格布是不太可能的，耐碱玻纤网格布太硬不易运输，容易折断。

耐碱网格布在不同碱环境强度 表 8-3-2

溶液类型		5％ NaOH (80℃6h)	混合溶液 (80℃6h)	水泥净浆 (80℃4h)	5％NaOH (常温28)	混合溶液 (常温28)	水泥净浆 (常温28)
原强度/N	经	1480	1480	1480	1480	1480	1480
	纬	1384	1384	1384	1384	1384	1384
耐碱后强度/N	经	1015	1070	1413	1133	1115	1432
	纬	900	1043	1281	1065	1112	1211
保留率/％	经	68.6	72.3	95.5	76.6	75.4	96.2
	纬	65.0	75.4	92.6	77.0	80.4	90.4

涂料饰面为什么可以用网格布呢？涂料比较软（即涂料的弹性模量小），因此涂料饰面上的温度应力较小，其束缚体—抹面胶浆（或者抗裂砂浆）完全可以承受，网格布只要能起到分散应力的作用就行。

面砖的弹性模量较涂料要大得多，因此面砖饰面上的温度应力较大，其束缚体—抹面胶浆（或者抗裂砂浆）会出现难以承受的部位，特别是应力集中的部位（窗角）出现开裂等质量问题。

在高、低温或者温度突变时，耐碱玻纤网格布与抹面胶浆（或者抗裂砂浆）之间会出现较大内应力的作用。

试验数据表明，当采用单层玻纤网格布粘贴面砖时，面砖的拉伸粘结强度与玻纤网格布的单位面积质量以及网格布的网孔尺寸有关：当玻纤网格布的单位面积质量越大时，面砖的拉伸粘结强度越大，但增幅不明显；当玻纤网格布的网孔尺寸变大时，面砖的拉伸粘结强度呈现先增后减的趋势。

8.3.1.2 双层玻纤网格布

双层玻纤网格布增强的保温系统，但在日常施工中不同的厂家其施工方法不同，一般分为 A（抹面砂浆＋双层网格布＋抹面砂浆）和 B（抹面砂浆＋网格布＋抹面砂浆＋网格布＋抹面砂浆）。试验表明，不同的面砖拉伸粘结强度均大于 0.4MPa，但 B 施工方法在保温系统中的面砖拉伸粘结强度低于 A 施工方法。可见，不同的施工方法对面砖拉伸粘结强度有很大的影响。除此之外，玻纤网格布在抹面砂浆中的位置也会对面砖拉伸粘结强度产生很大的影响，因此，双层玻纤网格布应在抹面砂浆层中均匀地分布。

玻璃纤维的热膨胀系数为（$2.9 \times 10^{-6} \sim 5 \times 10^{-6}$）℃$^{-1}$，钢丝的热膨胀系数（$11 \times 10^{-6} \sim 17 \times 10^{-6}$）℃$^{-1}$（见《复合材料力学》，沈观林、胡更开编著）水泥砂浆的热膨胀系数和钢丝的相差不大（见建筑材料中水泥砂浆的相关部分）。耐碱玻纤网格布在抹面胶浆（或者抗裂砂浆）之中，一般情况下两者温度一致，但耐碱玻纤网格布与抹面胶浆（或者抗裂砂浆）之间的热变形不一致，就会在两者间出现内应力，在温度过高、过低或温度变化过快时内应力就会更大。

双层耐碱玻纤网格布增强构造特点为：保温层完工后，在其表面抹 3～5mm 的抗裂砂浆，同时压入第一道耐碱玻纤网格布，按照同样的方法施工第二道抹面砂浆复合玻纤网格布，总厚度控制在 6～10mm，构成双网抗裂防护层，再于其上粘贴面砖。

本构造以耐碱玻纤网格布为增强材料，虽有效地提高了抗裂防护层的抗裂效果，但当外饰面为粘贴面砖时，其对基层强度的增强作用不大，也不能有效分散面砖装饰层荷载对基层的作用。荷载仍然直接作用在强度较低的保温层上。

不仅如此，耐碱玻纤网格布只是增强了平行方向的抗拉强度，对垂直方向的强度无明显改善。拉拔试验显示，破坏面均集中在玻纤网格布表面，而且拉拔强度偏低，这说明了构造的薄弱环节在玻纤网格布处。

8.3.1.3 镀锌电焊网

镀锌电焊网按成型工艺可划分为热镀锌电焊网和冷镀锌电焊网 2 种。热镀锌是指钢丝浸镀，冷镀锌是指钢丝电镀。镀锌电焊网的钢丝选用优质低碳钢丝，通过精密的自动化机械技术电焊加工制成，网面平整，结构坚固，整体性强，即使镀锌电焊网的局部裁截或局部承受压力也不致发生松动现象，耐腐蚀性好，具有一般钢丝不具备的优点。

目前，国内市场上可见的在外保温应用中的镀锌电焊网种类：热镀锌电焊网，冷镀锌电焊网，先焊接后镀锌电焊网，先镀锌后焊接钢丝网。尺寸型号不一。《胶粉聚苯颗粒外墙外保温系统材料》JG/T 158—2013 中对热镀锌电焊网提出的具体要求见表 8-3-3。

热镀锌电焊网性能指标　　　　　　　　　　　　表 8-3-3

项　　目	单位	指标	项　　目	单位	指标
丝径	mm	0.90±0.04	焊点抗拉力	N	＞65
网孔大小	mm	12.7×12.7	镀锌层重量	g/m²	＞122

1. 镀锌四角网的含钢量

在抗裂防护层中，四角网的作用是显著的，单位体积中四角网的重量不一样，整个抗裂防护层的性能也就不一样。一般情况下，可用含钢量这个指标来衡量。

所谓含钢量就是指抗裂防护层单位体积中四角网重量，单位为 kg/m³。从理论上说，含钢量越高，抗裂防护层的强度越能得到增强，承载负荷的能力越高。但在具体操作上，由于受到成本与施工适应性等因素的制约，含钢量并不是越大越好。

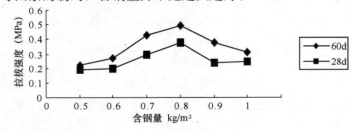

图 8-3-1　含刚量对拉拔强度的影响
（孔径 10mm×10mm～20mm×20mm）

对孔径 10mm×10mm～20mm×20mm、不同形状、不同含钢量的四角网试验，如图 8-3-1 所示。试验结果表明，在抗裂防护层厚度相同的前提下，含钢量较小时，系统的拉拔强度也小，说明四角网对抗裂防护层的增强作用未达到预期效果；随着含钢量的增加，四角网的增强作用越来越大，拉拔强度也越来越高。当含钢量增加到 0.8kg/m²，拉拔强度达到最高峰值。当含钢量继续升高时，拉拔强度却呈现下降趋势。

试验表明，四角网的含钢量应控制在 0.8kg/m²，既保证满足保护保温层、增强抗裂防护层的强度的需要，同时具有良好的施工操作性，且工程造价成本适宜。

2. 镀锌四角网的规格确定

分散配筋是抗裂防护层在构造上区别于钢筋混凝土的一个主要特征，也是使抗裂防护层获得优良性能的重要条件。在含钢量相同的情况下，配筋的分散性对抗裂防护层的极限延伸值、抗裂强度、弹性模量、长期荷载下的徐变及其组成材料间的粘结性能均有重要影响，因而确定四角网的规格就显得尤为重要。

四角网在抗裂防护层的作用，不仅表现在受力时对周围水泥抗裂砂浆变形和压力抑制的有利效应，同时表现为在材料组合过程中对抗裂防护层的强化。一般情况下，当含钢量相同时，孔径越小，四角网的丝径就越小，单位面积的四角网的比表面积就越大，从而四角网与水泥抗裂砂浆的接触面积就越大，其握裹力也就越大，四角网对抗裂防护层的增强作用就越显著。但是，同一含钢量的四角网孔径越小，四角网表面的平整度就越差，在铺设四角网时，施工难度就越大。因而，在选择四角网的规格时，应考虑到施工适应性等因素的影响。

通过对四角网比表面积系数 KB 的试验分析表明，如图 8-3-2 所示，当系统将含钢量控制在 $0.8kg/m^2$ 时，抗裂防护层厚度控制在 5mm 时，四角网比表面积取值为 $0.46m^2/m^2$，此时，四角网对抗裂防护层的增强作用较高，抗裂防护层的拉拔强度较高。

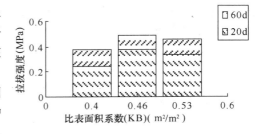

图 8-3-2　四角网比表面积与拉拔强度的关系

3. 四角网的防腐蚀性

作为抗裂防护层的重要骨架材料，四角网的耐久性不仅关系到抗裂防护层的耐久性，也关系到整个保温系统的耐久性与稳定性。四角网作为钢铁制品，有着金属钢铁一般的通性。由于钢铁的热力学不稳定性，钢铁的氧化腐蚀是必然的趋势，是不可避免的。因而四角网的防腐蚀问题在本系统中也是一个需要研究和解决的重要问题。

在国外，对钢丝网的防腐蚀问题的最典型研究是伊朗的 Ramesht 在英国曼彻斯特理工学院所做的试验。其试验过程是：将预先加载造成微裂缝的镀锌与未镀锌电焊网水泥试件（水灰比为 0.4 的 1：2 水泥砂浆），湿养护 28d 后，在 6％NaCl 溶液（60℃）干浸交替（每小时一次），半年后进行腐蚀检测。试验结果表明：

（1）将钢丝网紧扎后布置在试件中部，其保护厚度为 9～12mm，可显著降低腐蚀速度。

（2）预裂缝即使微裂，也会加剧钢丝网腐蚀，受拉试件表面腐蚀破坏较重。

（3）尽管镀锌与未镀锌的钢丝网都有不同程度的腐蚀破坏，但镀锌层显然给钢丝网提供了显著的保护作用。为提高钢丝网水泥结构的耐久性，钢丝网镀锌是十分必要的。

对四角网的选择、布置以及防腐蚀处理与国外专家的研究成果是一致的。

表 8-3-4、表 8-3-5 为不同碱性状态下、不同盐度状态下的不同工艺四角网的腐蚀情况。从表 8-3-4、表 8-3-5 的数据可以看出，在四角网镀锌中，热镀锌较冷镀锌防腐蚀性能更优。主要原因在于镀锌工艺不同，四角网的镀锌层厚度是不同。一般情况下，热度锌极易达到 $200\mu m$ 的锌层厚度，而冷镀锌只有 $10\mu m$ 以下的锌层厚度，冷镀锌层厚度不能满足 pH 值在 13.3 以下时钢丝钝化的需要，对钢丝网的防腐蚀帮助不大；相反，热镀锌电焊网锌层厚度越厚，防腐蚀能力强，能有效提高钢丝网在水泥砂浆中的防腐蚀能力。

不同碱性状态下、不同工艺的四角网的腐蚀情况　　　　　　　　　　　　表 8-3-4

工艺＼pH值	7～9	9～11	11～13	≥13
热镀锌	无锈蚀	无锈蚀	无锈蚀	无锈蚀
冷镀锌	严重锈蚀	轻度锈蚀	轻度锈蚀	严重锈蚀

不同盐度状态下、不同工艺的四角网的腐蚀情况　　　　　　　　　　　　表 8-3-5

工艺＼NaCl值	3％	6％	9％	12％
热镀锌	无锈蚀	无锈蚀	轻度锈蚀	轻度锈蚀
冷镀锌	无锈蚀	轻度锈蚀	轻度锈蚀	严重锈蚀

4. 四角网的抗拉强度

四角网的抗拉强度由焊点强度和钢丝抗拉强度两部分构成。

焊点强度表示了四角网抵抗垂直方向荷载作用力的能力；钢丝抗拉强度表示了平行于抗裂防护层的

荷载作用力的能力，是荷载的主要作用方向。

采取规格为丝径 0.9mm、孔径 12.7mm×12.7mm 的四角网试验，其焊点强度和钢丝抗拉强度的试验数据如表 8-3-6 所示。

热镀锌四角网焊点、钢丝拉伸力试验数据 表 8-3-6

项目 \ 序号	1	2	3	4	平均
焊点拉伸力 N	195	187	192	190	191
钢丝拉伸力 N	325	316	341	305	322

四角网单位面积焊点强度：$F_H = 0.191 \times 81 \times 81 = 1253.2$（kN）；

四角网单位面积钢丝拉伸力：$F_w = 0.322 \times 81 = 26.1$（kN）。

上述数据表明，四角网的力学性能远远满足系统强度的需要。

5. 四角网的配筋位置

四角网的配筋位置是指四角网在抗裂防护层中的布置位置。四角网在抗裂砂浆中的布置位置不同，对抗裂防护层的影响就不同，特别是对保温层的隔离保护作用影响很大。

（1）当四角网直接与保温层接触时，或者四角网部分包裹在水泥抗裂砂浆中，部分与保温层接触，就会降低四角网的加强保护作用。当外力作用在抗裂防护层时，破坏极易发生在保温层。

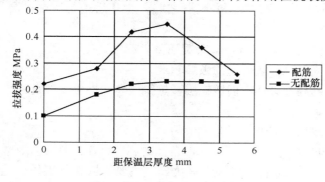

图 8-3-3 不同配筋形式的拉拔试验数据

（2）当四角网铺设在水泥抗裂砂浆中间位置时，抗裂防护层能得到有效加强，保温层也能得到有效保护，当受到外力作用时，破坏发生在抗裂防护层并被抗裂防护层所吸收。

（3）当四角网铺设在抗裂防护层表面位置时，这种形式虽然对保温层的保护能力有所提高，但由于四角网上表面水泥抗裂砂浆厚度偏低，对钢丝网的握裹力较弱。当外力作用时易破坏在钢丝网表面，且抗拉强度较低。

图 8-3-3 为不同配筋形式的拉拔试验数据。

数据表明：

（1）四角网布置在水泥抗裂砂浆中间位置时，拉拔强度较高；四角网直接与保温层或距离保温层太近时，拉拔强度较低，且做拉拔试验时容易破坏保温层；四角网距离抗裂防护层表面太近时，拉拔强度介于两者之间。

（2）无四角网时，随着抗裂防护层的增厚，拉拔强度从最初的 0.10MPa 增加到 0.22MPa；当抗裂防护层继续增厚时，拉拔强度几乎不再变化，且拉拔试验的破坏面均集中在保温层，对保温层破坏十分严重。

6. 镀锌四角网增强构造

结构成型特点：保温层完工后，抹抗裂砂浆 2～3mm 厚，然后铺设四角网，用塑料锚栓将四角网与结构直接固定，再在其上抹抗裂砂浆 5～7mm 厚，使四角网置于抗裂砂浆之中，施工完后在其上粘贴面砖。镀锌四角网增强结构的拉拔试验数据趋势如图 8-3-4 所示。

本结构同样通过四角网保护了保温层，转移了面层负荷作用体，同时由于四角网与水泥抗裂砂浆良好的握裹力，增强了水平方向与垂直方向的抗拉强度，极大改善了面砖粘贴基层的强度。

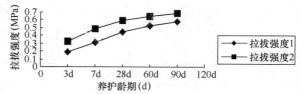

图 8-3-4 镀锌四角网增强结构的拉拔试验数据

注：拉拔强度 1 曲线为 1：3 水泥砂浆基层；
拉拔强度 2 曲线为钢丝网抗裂砂浆层。

试验表明，外饰面粘贴面砖时，采取镀锌四角网增强结构优于耐碱玻纤网格布增强结构。两种增强结构拉拔效果比较如图 8-3-5 所示。镀锌四角钢丝网能有效地兼顾抗裂性能与面砖对基层强度的要求之间的统一，使加固系统抗拉强度≥0.4MPa，满足保温系统的稳定性、安全性和耐久性的需要。

图 8-3-5　不同增强结构拉拔效果比较

8.3.1.4　锚固件

1. 膨胀螺栓的锚固机理

通过锚栓的扩张部分被压入钻孔壁内产生的摩擦力以及几何形状的锚栓口与锚固基础和钻孔形状相互配合产生的共同作用来承受载荷。

2. 在基层墙体中的锚入深度

锚固经过钻孔、紧固两步完成。为避免对基体造成破坏，钻孔时，应采用回转钻孔方法，且钻孔深度应大于锚固深度，以保证锚固功能。

3. 锚固过程中对基体的保护

对空心砌体等强度较低的墙体，最好采用回转钻孔方法，以避免钻孔过大，防止空心砌体受到外力冲击过大产生破坏。

4. 锚固件的防腐蚀

膨胀螺栓的螺钉应作防腐蚀处理，可采用镀锌钢或不锈钢材等材质制成。锚栓应选用抗老化、抗温变、耐寒耐热、高承压、抗拉强度高的尼龙塑料制成。

5. 锚固件的抗拉强度

采取膨胀螺栓锚固时，其抗拉强度与螺栓直径关系密切，当基层墙体为空心砖时，单个螺栓的破坏荷载如表 8-3-7 所示。

表 8-3-7

不同直径的单个膨胀螺栓的破坏荷载

螺栓直径（mm）	5	6	7	8
破坏荷载（kN）	1.0	1.2	1.7	3.0

当选用直径为 7mm 的螺栓时，可保证单个螺钉载荷 F_L≥1.7kN。本系统膨胀螺栓按每平方米不少于 4 个设计，则膨胀螺栓单位面积可靠的承载能力：F_L≥4×1.7≥6.8（kN）。

8.4　粘贴面砖系统相关材料的研究

根据对工程现场面砖饰面的实际观察，以及实验室的研究，面砖脱落主要有两种形式：一是面砖自身脱落，说明瓷砖胶无法满足粘结面砖的要求；二是面砖与瓷砖胶一同脱落，说明瓷砖胶无法满足与抗裂砂浆层的粘结要求；还有一种为面砖勾缝剂被挤压开裂，说明勾缝剂无法消纳面砖饰面的变形。为此，对系统相关材料试验研究。

8.4.1 抗裂砂浆

8.4.1.1 性能指标

外保温粘贴面砖系统，不仅要求抗裂砂浆在满足柔韧性指标的同时，还要突出一定强度的指标。试验表明，当抗裂砂浆压折比≤3.0，抗压强度≥10MPa 时，抗裂防护层既具有良好的抗裂作用，又具有粘贴面砖需要的基层强度指标。表 8-4-1 为抗裂砂浆的性能指标。

抗裂砂浆的性能指标　　　　　　　　　　　　　　　表 8-4-1

项目		单位	指标
可操作时间		h	2
拉伸粘结强度	原强度	MPa	≥0.7
	浸水后		≥0.5
	冻融循环后		≥0.5
压折比		—	≤3.0

8.4.1.2 抗裂砂浆的厚度

抗裂防护层是系统的非常重要的一个部分，发挥着"承上启下"的特殊功效，它将密度小、强度低的保温层与面砖装饰层有机地结合起来，将不适宜粘贴面砖的保温层基底过渡到具有一定强度、又具有一定柔韧性的防护层上，同时通过锚栓把力传递给基层墙体。试验数据表明，抗裂砂浆层的厚度对保温层的保护作用影响较大，同时对系统拉拔强度的影响较大。

图 8-4-1、图 8-4-2 显示了不同抗裂砂浆层厚度与系统拉拔强度的关系。

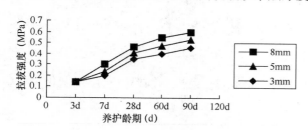

图 8-4-1 抗裂砂浆厚度与拉拔强度的关系

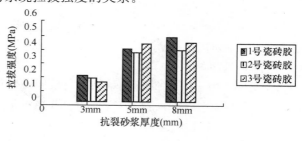

图 8-4-2 抗裂砂浆厚度与拉拔强度的关系（28d）

试验结果表明，当水泥抗裂砂浆厚度 H <5mm 时，对保温层的隔离保护作用不能有效发挥，拉拔试验的破坏面集中在保温层上；当 H≥5mm 时，特别是当 H≥8mm 以上时，拉拔试验破坏面集中在抗裂防护层中，外应力不可能破坏到保温层，保温层被有效地保护起来；28 天后的拉拔试验结果，系统拉拔强度≥0.4MPa，破坏面在抗裂防护层中或粘结层中。

本系统抗裂防护层的厚度应控制在 10mm±2mm 为宜，过低不能起到应有的保护增强作用，过高则增加工程造价，合理性价比厚度为 10mm±2mm。

8.4.2 面砖粘结砂浆

8.4.2.1 性能指标

在外保温系统面层上粘贴面砖与在坚实的混凝土基层上粘贴面砖使用条件是不同的。由于面砖的热膨胀系数与保温层的热膨胀系数有很大的差异，相应地，由温度变化引起的热应力变形差异也很大。因此，在选择外保温面层面砖粘结砂浆时，除要考虑耐候性、耐水性、耐老化性好、常温施工等因素外，还必须考虑两种硬度、密度不同的材料在使用过程中由温度变化而引起的不同形变差异而造成的内应力。选用的胶粘剂应能通过自身的形变消除两种质量、硬度、热工性能完全不同的材料的形变差异，才能确保硬度大、密度高、弹性模量大、可变形性低的面砖，在硬度低、密度小、弹性模量小、可变形性高的保温层材料上不脱落。

经现场实测，当面砖粘结砂浆在使用条件下满足 2‰ 以上变形率时，才能保证保温系统不开裂，达到消除材料温差而造成的内应力目的。考虑到瓷砖胶不是直接粘贴在保温层上，而是与抗裂防护层进行粘结，面砖粘结砂浆的可变形量应小于抗裂砂浆而大于面砖的温差变形量。最终将瓷砖胶在厚度为 5mm 条件下的可变形性确定在 5‰～1%，小于水泥抗裂砂浆 5% 的可变形性而大于面砖的温差可变形量（$1.5 \times 10^{-6}/\text{℃}$），从而确保了面砖不会因温差形变而造成脱落。

面砖粘结砂浆的主要性能见表 8-4-2。

面砖砂浆的主要性能指标 表 8-4-2

项 目		单位	性 能 指 标
拉伸粘结强度	原强度	MPa	≥0.5
	浸水后		
	热老化后		
	冻融循环后		
	晾置 20 min 后		
横向变形		mm	≥1.5

8.4.2.2 聚灰比对粘结砂浆柔韧性的影响

柔韧性是面砖粘结材料一个十分重要的指标，影响面砖粘结材料柔韧性的因素很多，但影响最大的因素当属聚灰比。不含聚合物的普通水泥粘结砂浆，强度高、变形量小，其压折比一般在 5～8 范围内。这种粘结砂浆用于外保温粘贴面砖时，在基层受到热应力作用发生形变时，粘结砂浆不能通过相应的变形来抵消这种作用，往往容易发生空鼓或脱落。

外保温面砖粘结砂浆应在确保其粘结强度的前提下，改善其柔韧性指标，以使面砖能够与保温系统整体统一，并消纳外界作用效应尤其是热应力带来的影响，满足外墙外保温饰面粘贴面砖的需要。图 8-4-3 显示了聚灰比对压折比的影响，其中压折比 1 为水中养护；压折比 2 为塑料袋中养护；压折比 3 为空气中养护。可以看出，聚灰比对粘结砂浆的压折比影响很大。

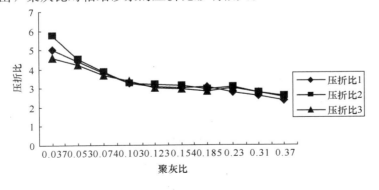

图 8-4-3 聚灰比与压折比的关系

（1）聚合物含量小的水泥砂浆，柔韧性小，压折比大。

（2）随着聚合物含量的增大，聚灰比越来越大，当达到 0.1 左右时，压折比降至 3.5 以下。

（3）随着聚灰比的继续增加，直到0.3左右，压折比在3.5～3.0较小的范围内波动。

（4）当聚灰比超过0.3后，压折比低于3.0，达到柔韧变形量的要求。

另外，图8-4-3中还表明，在不同的养护方式条件下，同一聚灰比对压折比的影响不同。

（1）当聚灰比小于0.1时，采取通常塑料袋中养护方式，其压折比较高；在水中养护压折比次之，在空气中养护最低。

（2）当聚灰比在0.1～0.3的范围内时，三种养护方式对压折比的影响差别不大。

（3）当聚灰比在0.3以上时，在塑料袋中养护压折比较高，在空气中养护次之，在水中养护最低。

之所以出现这种结果，其原因在于：聚灰比较小时，水泥的性能在起决定性的作用；聚灰比在0.1～0.3的范围内时，水泥与聚合物的作用趋于相对的平衡；聚灰比达到0.3以上时，这时虽然粘结砂浆的材料性能仍体现为水泥基材料的特性，但聚合物的作用日见明显，粘结砂浆已清楚得表现出聚合物的柔韧性与粘结性强的一面，符合外墙外保温粘贴面砖的需要。

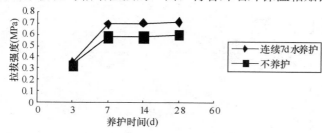

图8-4-4　养护条件对面砖粘结砂浆性能影响

8.4.2.3　养护条件对粘结性能的影响

一般来说，水泥基材料施工完后，均需采取一定的手段养护。图8-4-4给出了养护条件对面砖粘结砂浆性能的影响，由图中可见，面砖粘贴完后24h开始，连续7d对饰面进行湿水养护，每天两次，瓷砖胶的粘结强度要比不养护的粘结砂浆高出20％左右。本系统研制的外墙外保温面砖粘结砂浆通过聚合物进行了改性，不经养护也能满足粘结强度要求，但采取一定的养护手段可获得更好的粘结效果。

8.4.2.4　可使用时间对粘结性能的影响

图8-4-5显示了可使用时间对粘结砂浆粘结性能的影响。

图8-4-5表明，随着可使用时间的延长，面砖粘结砂浆的粘结性能呈现一个下降趋势，并且幅度很大。如果面砖粘结砂浆在规定的4h内使用完毕，抗拉强度可达0.4MPa以上；超过规定使用时间继续使用，其抗拉强度急剧降至0.2MPa以下，从而造成面砖粘贴的失败。

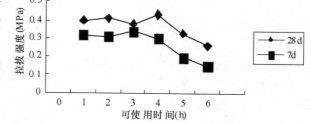

图8-4-5　可使用时间对面砖粘结砂浆性能的影响

8.4.2.5　面砖吸水率对粘结砂浆的粘结性能影响

吸水率大小是外墙面砖的一个十分重要的指标。面砖的吸水率越小，表明面砖的烧结程度越好，其弯曲程度、强度、耐磨性、耐急热急冷性、耐化学腐蚀等性能就越好，反之则差。

外墙面砖按吸水率大小划分为以下几类：

（1）$E \leqslant 0.5\%$；

（2）$0.5\% \leqslant E \leqslant 3\%$；

（3）$3\% \leqslant E \leqslant 6\%$；

（4）$6\% \leqslant E \leqslant 10\%$。

面砖的吸水率对面砖粘结砂浆的粘结性能有很大影响，面砖吸水率不同，粘结砂浆的粘结效果也不同。造成这种现象的主要原因在于粘结机理的不同，通常情况粘结砂浆与面砖的粘结，有2种不同的机理。

（1）物理机械锚固机理

在这种机理下，粘结砂浆对面砖的粘结力来自粘结砂浆对面砖表面的小孔及凹坑的渗透填充，从而形成一种"爪抓"作用。显然，多孔性材料或表面粗糙的材料，这种作用机理占主导地位，带有燕尾槽的面砖正是基于这种原理。

（2）化学键作用机理

这种作用机理是粘结砂浆与面砖通过分子间的范德华力或可反应官能团之间的化学键形成粘结效果。

当面砖吸水率小、烧结程度好、空隙率低时，其物理机械锚固机理作用减弱，对于主要依靠物理机械锚固的纯水泥粘结砂浆来说，粘贴面砖的粘结强度是不高的；而对于聚合物改性面砖粘结砂浆而言，由于聚合物分子链上的官能团与面砖表面材料分子之间形成的范德华力或部分官能团之间新的价键组合，就使得这种聚合物砂浆对即使是光洁的瓷砖表面也能形成牢固粘结。

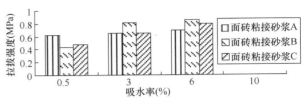

图 8-4-6　面砖吸水率对粘接性能的影响

图 8-4-6 显示了不同聚合物含量的面砖粘结砂浆在不同吸水率外墙面砖表面的粘结性能。由图 8-4-6 可见，对于吸水率 $E \leqslant 0.5\%$ 的面砖，三种不同粘结性能的面砖粘结砂浆的粘结强度较小，聚合物含量高的面砖粘结砂浆 A 对不同吸水率的面砖粘结较均衡，适应性较强。

8.4.3　勾缝料

8.4.3.1　性能指标

面砖勾缝料的性能设定，也要满足柔韧性方面的指标要求，其目的在于有效释放面砖及粘结材料的热应力变形，避免饰面层面砖的脱落。同时勾缝料亦应具有良好的防水保护性。表 8-4-3 为面砖勾缝料的技术性能指标。

面砖勾缝料的主要性能指标　　　　　　　　　　　　　　　　　　表 8-4-3

项　　目		单位	性能指标
收缩值		mm/m	$\leqslant 3.0$
抗折强度	原强度	MPa	$\geqslant 2.50$
	冻融循环后		$\geqslant 2.50$
透水性（24h）		mL	$\leqslant 3.0$
压折比		—	$\leqslant 3.0$

8.4.3.2　聚灰比对面砖勾缝料的柔韧性的影响

面砖勾缝料采用干拌砂浆的形式，以硅酸盐水泥为主要胶凝材料，通过掺加再分散乳液粉末和其他助剂配制而成。其压折比 $\leqslant 3.0$，具有良好的施工性、防水性、防泛碱性。

试验研究表明，面砖勾缝料的压折比受再分散乳液粉末的掺量影响较大。图 8-4-7、图 8-4-8 显示了聚灰比与压折比的关系。

图 8-4-7、8-4-8 表明，可再分散乳液粉末的掺量对面砖勾缝料的压折比影响比较明显，压折比随着聚灰比的不断增大而快速下降。当聚灰比达到 0.3 左右时，面砖勾缝料的压折比小于 3.0；当聚灰比达到 0.4 以上时，压折比的变化趋于平缓。

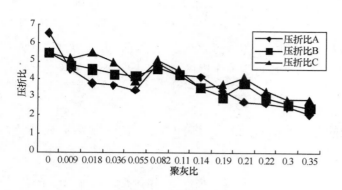

图 8-4-7　聚灰比（低）与压折比的关系

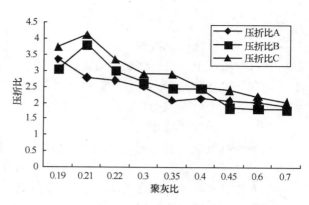

图 8-4-8　聚灰比（高）与压折比的关系

8.4.4　面砖

外保温饰面砖应采用粘贴面带有燕尾槽的产品并不得带有脱模剂。面砖的性能除应符合《陶瓷砖》GB/T 4100、《陶瓷马赛克》JC/T 456 等外墙饰面砖相关标准的要求外，尚应符合表 8-4-4 的要求。

饰面砖性能指标　　　　　　　　　　　　　　　　　　表 8-4-4

项　　目		单位	性　能　指　标
尺寸	单块面积	cm²	≤150
	边长	mm	≤240
	厚度	mm	≤7
单位面积质量		kg/m²	≤20
吸水率	Ⅰ、Ⅵ、Ⅶ气候区	%	0.5～3.0
	Ⅱ、Ⅲ、Ⅳ、Ⅴ气候区		0.5～6.0
抗冻性	Ⅰ、Ⅵ、Ⅶ气候区	—	50 次冻融循环无破坏
	Ⅱ气候区		40 次冻融循环无破坏
	Ⅲ、Ⅳ、Ⅴ气候区		10 次冻融循环无破坏

注　气候区按《建筑气候区划标准》GB 50178 中一级区划进行划分。

在粘贴面砖时，如遇到应力较为集中的部位，例如窗角处（图 8-4-9），不同施工方式，会出现不同的结果。

图 8-4-9 中窗口左下角为完整面砖粘贴，而右下角则采用异型砖粘贴，经过耐候试验后，发现采用异型砖的窗角处面砖出现了开裂情况。

8.4.5　外保温粘贴面砖系统性能要求

面砖饰面保温系统在满足一般外保温工程基本要求的同时，还应满足的技术要求如表 8-4-5 所示。

按照建设部发布的《外墙饰面砖工程施工及验收规程》JGJ 126 中的要求，需在施工现场对已施

图 8-4-9　耐候试验后的外墙外保温面砖系统

工完毕的瓷砖拉拔试验，实测值应不低于 0.4MPa，这个数值已超出 100m 高空最大负风压值的 100 倍。此标准值的确定，一是根据在北京、哈尔滨、珠海、河南、等地不同气候条件下对不同工程的实测和试验室的验证，并考虑了各地气候特征、工程现场和试验室两类试件饰面砖脱落的临界值及概率，也考虑了面砖的吸水率、温度变形、风压的正负作用、台风作用、急冷急热、耐候作用的影响而确定的；二是

参照了"日本建设大臣官房厅营缮部监修"的两个标准。应该说，只要施工现场的面砖拉拔强度能够达到标准的要求，面砖饰面的连接安全性就能得到保证。

面砖饰面外保温系统性能指标   表 8-4-5

试 验 项 目		性 能 指 标
耐候性	外观	无可渗水裂缝，无粉化、空鼓、剥落现象
	面砖与抗裂层拉伸粘结强度（MPa）	≥0.4
吸水量（g/m²）		≤1000
水蒸气透过湿流密度［g/（m²·h）］		≥0.85
耐冻融	外观	无可渗水裂缝，无粉化、空鼓、剥落现象
	面砖与抗裂层拉伸粘结强度/MPa	≥0.4
不透水性		抗裂层内侧无水渗透

8.5 外保温粘贴面砖系统的施工与工程实例

8.5.1 工艺流程

8.5.1.1 玻纤网格布增强粘贴面砖的工艺流程

保温层施工→抹抹面砂浆→铺贴翻包及增强网格布→抹抹面砂浆→铺压网格布→抹抹面砂浆→铺压网格布→尼龙胀栓锚固→粘贴面砖→勾缝。

8.5.1.2 钢丝网增强粘贴面砖的工艺流程

保温层施工→抹抗裂砂浆→铺贴热镀锌四角网→尼龙胀栓锚固→抹抗裂砂浆→粘贴面砖——→勾缝。

8.5.2 施工要点

8.5.2.1 玻纤网增强粘贴面砖抹面层施工要点

玻纤网格布的铺设方法为二道抹面砂浆法。用不锈钢抹子在聚苯板表面均匀涂抹一层面积略大于一块玻纤网格布的抹面砂浆，厚度约为 1～2mm。立即将玻纤网格布压入湿的抹面砂浆中，待砂浆稍干至可以碰触时，再用抹子涂抹第二道抹面砂浆，厚度约为 2～3mm，直至玻纤网格布全部被覆盖。此时，玻纤网格布均在两道抹面砂浆的中间。抹面砂浆的总厚度应控制在，单层玻纤网格布 4～6mm，双层玻纤网格布 6～8mm。

玻纤网格布的铺设应自上而下沿外墙进行。当遇到门窗洞口时，应在洞口四角处沿 45 方向补贴一块标准玻纤网格布，以防开裂。标准玻纤网布间应相互搭接至少 150mm，但加强网布间须对接，其对接边缘应紧密。翻网处网宽不少于 100mm。窗口翻网处及起始第一层起始边处侧面打水泥胶，面网用靠尺归方找平，胶泥压实。翻网处网格布需将胶泥压出。外墙阳、阴角直接搭接 200mm。铺设玻纤网格布时，玻纤网格布的弯曲面应朝向墙面，并从中央向四周用抹子抹平，直至玻纤网格布完全埋入抹面胶浆内，目测无任何可分辨的玻纤网格布纹路。如若有裸露的玻纤网格布，应再抹适量的抹面砂浆修补，所有玻纤网格布搭接处，均严禁干搭接，玻纤网格布之间抹面砂浆应饱满。

8.5.2.2 钢丝网粘贴面砖抹面层施工要点

保温层验收合格后，在保温层上抹第一遍抗裂砂浆，厚度控制在 2～3mm。根据结构尺寸裁剪热镀锌电焊网分段铺贴，热镀锌电焊网的长度最长不应超过 3m，为使边角施工质量得到保证，施工前预先用钢网展平机、液压剪网机、钢网液压成型机将边角处的热镀锌电焊网折成直角。在裁剪网丝过程中不得将网形成死折，铺贴过程中不应形成网兜，网张开后应顺方向依次平整铺贴，先用 14 号钢丝制成的 U 型卡子卡住热镀锌电焊网使其紧贴抗裂砂浆表面，然后用尼龙胀栓将热镀锌电焊网锚固在基层墙体上，双向间隔 500mm 梅花状分布，有效锚固深度不得小于 25mm，局部不平整处用 U 型卡子压平。热镀锌电焊网之间搭接宽度不应小于 50mm，搭接层数不得大于 3 层，搭接处用 U 型卡子、钢丝或胀栓固定。窗口内侧面、女儿墙、沉降缝等热镀锌电焊网起始和收头处应用水泥钉加垫片或尼龙胀栓使热镀锌电焊网固定在主体结构上。

热镀锌电焊网铺贴完毕经检查合格后抹第 2 遍抗裂砂浆，并将热镀锌电焊网包覆于抗裂砂浆之中，抗裂砂浆的总厚度宜控制在 10mm±2mm，薄厚均匀。抗裂砂浆面层应达到平整度和垂直度要求。

8.5.2.3 粘贴面砖

饰面砖粘贴施工按照《外墙饰面砖工程施工及验收规程》JGJ 126 执行，面砖粘结砂浆层厚度宜控制在 3～5mm，面砖缝宽度不应小于 5mm，面砖宽缝每六层楼宜设一道，宽度为 20mm；面砖边长大于 100mm 时，阴阳角处面砖宜选用异型角砖，阳角处不宜采用边缘加工成 45°角的面砖对接。在水平阳角处，顶面排水坡度不应小于 3°；应采用顶面面砖压立面面砖，立面最低一排面砖压底平面面砖等做法，并应设置滴水构造。

粘贴面砖时应使用柔性瓷砖粘结砂浆，必须保证面砖的实际粘结面积为 100%粘结；施工时可使用锯齿抹灰刀往墙面上涂抹瓷砖胶粘剂，然后把面砖揉按于胶粘剂中并压实，必要时揭下检查背面的料浆面积。在使用纸张砖进行施工作业时，宜先在墙上薄抹粘结砂浆，再在纸张砖上薄抹粘结砂浆，最后把面砖揉按于粘结砂浆中并压实。不宜在纸张砖上薄抹粘结砂浆直接粘贴于墙面上，原因是粘结砂浆厚度达不到要求，粘结面积更难以保证。

8.5.2.4 面砖勾缝

面砖勾缝应选用具有柔性高憎水性的勾缝粉。勾缝时，先勾水平缝再勾竖缝，面砖缝要凹进面砖外表面 2～3mm。勾缝完毕时，应检查和清理大面积外墙面，保证美观。

8.5.3 工程实例

8.5.3.1 北京滨都苑

北京滨都苑位于朝阳区麦子店北路及农展馆西路道口，西侧为麦子店西路，南侧为农展馆北路，东北侧为绿化带及平房灌渠。建筑地上 20 层，建筑高度 61m，总建筑面积为 19043m²，分东西向南北向 2 座塔楼，平面形状为 L 形，首层为商业用房，2～20 层为普通住宅；地下一层为汽车库及设备用房，地上 2 层为六级人防。外保温为胶粉聚苯颗粒贴砌聚苯板外墙保温面砖饰面做法，面积约 1 万 m²。

该工程质量符合相关规定要求，竣工后一次性验收合格。

8.5.3.2 北京永泰花园小区

北京永泰花园小区建设单位为天鸿集团，设计单位为天鸿圆方设计院，施工单位为北京城建一公司。

该工程建筑面积 50000m²，结构型式为剪力墙，建筑檐高 21.5m，建筑层数为 6 层，外墙保温面积 20000m²，节能标准为 50%，开工时间 2004 年 8 月，竣工时间 2004 年 11 月。

该工程外墙保温采用胶粉聚苯颗粒贴砌聚苯板外墙保温面砖饰面做法，胶粉聚苯颗粒与聚苯板复合保温层聚苯板厚度 50mm，胶粉聚苯颗粒内粘结层 20mm 厚，外找平层 10mm 厚。抗裂防护层采用抗裂砂浆复合热镀锌电焊网并用塑料胀栓锚固，饰面层采用压折比小于 3 的面砖专用粘结砂浆粘贴面砖。整个系统无空腔，抗风荷载、抗开裂、耐候能力强，在保温节能的同时满足粘贴面砖安全性要求。

该工程质量符合相关规定要求，竣工后一次性验收合格。

8.5.3.3　青岛鲁信长春花园

青岛鲁信长春花园是由山东鲁信置业有限公司投资建设，工程地址位于青岛市银川东路 1 号，建筑面积大约 99 万 m²，建筑结构分为混凝土现浇钢丝网架聚苯板和框架剪力墙填充加气混凝土砌块结构，共计 99 栋楼。

8.6　总　　结

虽然外保温系统应优先采用涂料饰面系统，但由于面砖饰面有着诸多不可替代的优点，以及人们审美观念的不同，外保温工程中仍在大量使用面砖作为饰面材料，甚至在超高层建筑也在广泛使用。因此，如何保证外保温粘贴面砖的安全和质量，成为外保温行业必须关注和解决的难题。

通过模拟计算，外保温粘贴面砖增加的自重对系统的影响非常小，系统与基层墙体连接是足够安全的。外保温粘贴面砖系统出现面砖空鼓脱落的界面，一是在抗裂砂浆层表面，二是在面砖与胶粘剂之间，因此必须对抗裂砂浆层进行增强，并且设置锚栓，使抗裂砂浆层与基层墙体相连接，把外力传递给基层，由基层来承担。抗裂砂浆层的增强网以选用热镀锌四角钢丝网为好，可有效地保护保温层，同时由于四角网与水泥抗裂砂浆具有良好的握裹力，增强了水平方向与垂直方向的抗拉强度，大大改善了面砖粘贴基层的强度。

外保温粘贴面砖系统的材料应满足相关标准的要求，还应具有一定的厚度要求、柔韧性、防水性等，以满足各项材料功能的需要。当然，工程施工质量对材料发挥相应功能有着至关重要的影响，应严格按照施工工法施工作业。

9 胶粉聚苯颗粒复合型外保温技术研究与应用

9.1 胶粉聚苯颗粒保温系统材料的发展与研究

9.1.1 胶粉聚苯颗粒浆料的发展

9.1.1.1 胶粉聚苯颗粒浆料在国外的发展

德国 Burgbrohl 的 Rhodius 公司于 1968 年 10 月 16 日获"保温砂浆"发明专利授权。保温砂浆可采用工厂化生产，发展成为一种直接涂抹在墙体上的高效保温材料。德国编制了《由矿物胶凝材料和聚苯乙烯泡沫塑料（EPS）颗粒复合而成的保温浆料系统》（DIN18550-3）标准，该标准适用于由无机胶凝材料与以膨胀聚苯乙烯（EPS）颗粒（以下简称：聚苯颗粒）作为主要骨料复合而成的保温浆料系统，规定了对底层保温浆料、面层保温浆料和浆料系统的要求及其检测方法，还包括应用和施工的技术要求，以及对检验和标记的规定。在该标准的解释性说明中说：保温浆料系统已经有 25 年了，应用在轻质砖石建筑和既有建筑物的外墙上；通过不断的研究，保温浆料的表观密度从 $600kg/m^3$ 降至 $200 \sim 300kg/m^3$，抹灰厚度可以达到 100mm（而不是 20mm），有助于提高新建筑物的保温隔热性能。聚苯颗粒保温材料在法国、奥地利、意大利、原南斯拉夫等国家也有广泛的应用，然而聚苯颗粒保温材料并未得到深入发展。

9.1.1.2 胶粉聚苯颗粒浆料在中国的深入发展

1. 胶粉聚苯颗粒内保温材料

在我国建筑节能的初期，节能率为 30%，建筑墙体保温做法以内保温为主。北京振利公司在消化吸收欧洲技术成果的基础上，研究开发了胶粉聚苯颗粒保温浆料作为外墙内保温材料在北京推广应用。

胶粉聚苯颗粒保温浆料由胶粉料和聚苯颗粒配制而成。胶粉料由氢氧化钙、不定型二氧化硅加入少量硅酸盐水泥，同时加入高分子胶粘剂、保水增稠剂等外加剂，并掺入大量纤维，在工厂均混配制按袋包装，聚苯颗粒是将回收的废聚苯板粉碎成一定粒度级配均混按袋包装。1 袋胶粉料（25kg）加 1 袋聚苯颗粒（200L），使用时加 34～36kg 水经搅拌即为一组浆料，计量容易控制，配比准确。一次抹灰厚度可达 40～60mm，粘结力强，不滑坠，干缩小。

胶粉聚苯颗粒内保温技术施工速度快，质量容易控制，具有整体性强，材料利用率高，基层不用剔补等优点；利用废聚苯板作为浆料中的保温材料，充分利用再生资源，减少了白色污染。该技术解决了粉刷石膏聚苯颗粒保温砂浆和复合硅酸盐保温浆料内保温施工时，在现场抹灰施工中因材料配比不准确，导致保温效果不稳定、导热系数波动、浆体材料抗滑坠性能差、一次抹灰厚度太薄、软化系数低、容易在结露点产生脱落现象以及"空"、"鼓"、"裂"等问题。

2. 胶粉聚苯颗粒外保温材料

由于内保温做法存在固有的热工缺陷，我国在 20 世纪 90 年代后期逐步发展和应用外墙保温技术，适应了我国建筑节能从 30% 提升到 50% 的需要。北京振利公司通过努力，研究开发了适用于外墙外保温的胶粉聚苯颗粒保温浆料，成功应用于外保温工程。

胶粉聚苯颗粒保温浆料保温性能可靠，对基层平整度要求不高，易于在各种形状的基层上施工，抗裂性能比较好，燃烧性能达到 B_1 级，采用回收的聚苯颗粒作为骨料，节能利废，有利于环境保护。通过试验研究和总结工程实践经验，胶粉聚苯颗粒保温浆料外保温系统不断改进完善，广泛应用于严寒、寒冷、夏热冬冷及夏热冬暖地区的保温与隔热，形成了行业标准《胶粉聚苯颗粒外墙外保温系统》JG 158—2004，并被《外墙外保温工程技术规程》JGJ 144—2004 中列为我国 5 大外保温系统之一。此后，编制了胶粉聚苯颗粒浆料地方标准、施工规程、构造图集及验收规程等一系列相关标准，又促进了胶粉聚苯颗粒浆料技术的研究与应用。

随着胶粉聚苯颗粒外保温技术的应用，开发了胶粉聚苯颗粒屋面保温材料、斜屋面保温材料、屋顶保温材料，开发了胶粉聚苯颗粒高层建筑应用技术和外保温贴面砖技术。胶粉聚苯颗粒浆料的广泛应用为我国建筑节能 50％目标的实现提供了有力的技术支撑，胶粉聚苯颗粒浆料外保温施工工法被评为国家级工法。

从胶粉聚苯颗粒浆料应用的实践中，初步总结确立了外墙外保温的 3 大技术理念：外墙外保温优于外墙内保温；外墙外保温各构造层柔韧变形量逐层渐变、逐层释放应力的抗裂技术路线；外墙外保温应采用无空腔构造做法。3 大技术理念对我国的建筑墙体保温理论的丰富和发展起了重要作用。

3. 胶粉聚苯颗粒复合保温技术

随着建筑节能 65％指标要求的制定，胶粉聚苯颗粒保温浆料单独用于外墙时，保温材料厚度需要达到 100mm 才能达到节能要求，施工时需要多遍抹灰才能完成，经济技术上不甚合理。为此研究开发了胶粉聚苯颗粒复合保温技术。这项技术的要点是把胶粉聚苯颗粒保温浆料转化为聚苯颗粒贴砌浆料，与保温板材相复合，形成"三明治"式的外保温系统，大大提高了外保温系统的保温和防火性能。聚苯颗粒贴砌浆料是胶粉聚苯颗粒复合保温技术中的核心材料，与胶粉聚苯颗粒保温浆料相比，该材料的粘结力大幅度提高，燃烧性能达到 A2 级，不仅能够与各种保温板砌筑成胶粉聚苯颗粒复合保温层，还可以作为各种保温板表面的抹灰过渡层。胶粉聚苯颗粒复合保温系统提高了保温板薄抹灰系统的耐候性和抗风压性，发生火灾时可有效阻止火焰蔓延，施工适应性好，可以满足节能 65％标准及更高节能标准要求，可以满足高层建筑的防火要求。

2013 年，随着胶粉聚苯颗粒复合保温技术的成熟，行业标准《胶粉聚苯颗粒外墙外保温系统》（JG 158—2004）升级为《胶粉聚苯颗粒外墙外保温系统材料》（JG/T 158—2013），为模塑聚苯板、挤塑聚苯板等保温材料的应用提供了新的技术方案，同时也为聚氨酯保温板、酚醛泡沫板和岩棉板等保温材料提高耐候性能提供了借鉴和参考。聚氨酯复合板保温系统大型耐候性试验及工程实践证明：在聚氨酯复合板表面抹轻质砂浆能够大幅度提高耐候能力减少面层空鼓、开裂，于 2014 年发布了地方标准《硬泡聚氨酯复合板现抹轻质砂浆外墙外保温工程施工技术规程》，编号为 DB11/T 1080—2014，自 2014 年 7 月 1 日起实施。

在此阶段外墙外保温理论得到了进一步的发展，丰富了外墙保温层构造位置的温度场理论、保温系统的防水透气理论、无空腔抗风构造理论、系统构造防火理论、柔性释放应力逐层渐变的技术路线、外墙外保温面砖技术构造等技术应用理论，对指导外保温系统研究和工程应用起到积极的推动作用。

4. 胶粉聚苯颗粒浆料的新进展

北京市率先提出了建筑节能 75％的指标，以及被动式住宅的发展，针对钢结构建筑和框架轻体填充墙建筑研究开发了增强竖丝岩棉板复合聚苯颗粒泡沫混凝土轻质墙体技术，这种新型墙体密度小、质量轻、弹性模量低，在地震作用下所承受的地震力小，震动波的传递速度比较慢，且结构的自震周期长，对冲击能量的吸收快，可解决目前钢结构建筑外墙易产生的开裂、渗漏等现象，提高了房屋的抗震性、防火性。

随着中国建筑节能的发展，胶粉聚苯颗粒浆料得到了深入的研究与发展，获得了外保温应用的丰富经验，发展了外保温技术理论，对胶粉聚苯颗粒浆料技术的总结，亦必将推动胶粉聚苯颗粒浆料的进一步发展。

9.1.2 外墙外保温技术理念

3大技术理念是在外墙外保温建筑节能的技术发展过程中，在大量科学试验和工程实践的基础上总结发展起来的，把握了外保温材料系统的安全性、耐久性是外保温节能技术应用的主要矛盾的规律；揭示了保温层的构造位置与建筑外墙物温度场变化的关系；提出了控制保温层裂缝产生的技术路线；改变了人们对一些传统的建筑物变形技术常规的思考方法；触及了建筑墙体节能技术的一些前沿问题。

9.1.2.1 外墙外保温优于外墙内保温

1. 外墙外保温延长建筑物的寿命

外墙内保温的保温层构造位置使得建筑物的外墙与内墙分别处于两个不同的温度环境。内墙及楼板处于室内的温度环境，其年温度差的变化在10℃范围内，而围护外墙处于室外的温度环境，其年温度差的变化会在60~80℃的范围。而环境温度每变化10℃会引起墙体万分之一的混凝土材料胀缩。外墙内保温使建筑结构分别处于两个不同的环境温度而引发的不同形变，使建筑结构常年不得安定。这种永远不安定的建筑结构会导致在多处墙面产生裂缝，并破坏沿外墙的屋面防水，引起地下室防水的渗漏等。这些大大缩短建筑物结构寿命的现象，我们称之为"内保温技术综合症"。同样这种不同温度环境会产生不同形变的原理也会发生在那些夹心保温和保温层表面的刚性厚抹灰层上，保温层上湿贴石材等做法其保温层外侧部分都面临同样的形变破坏。在外保温做法的初期容易被忽视的部位是那些建筑结构出挑的部位，如阳台、空调机托板、排水沟、雨罩等，这些没做保温层的部位，其受温度影响而发生形变的状况与做了外保温的墙体是不同的，因而易引起这些部位与墙体交接之处的裂缝与破坏。

以往不添加保温层构造的建筑，与增加了保温层的建筑，它们所处的温度场是有很大变化的，研究这种变化对建筑结构的影响是非常必要的。外墙外保温做法的重要一点是使建筑结构处于同一个温度环境，其温度形变主要受室内温度影响，避免室外年温差引起的建筑结构不同部位形变不同的现象，因而使建筑结构安定下来，建筑寿命也得以延长。

2. 外保温是消除热桥的合理途径

室内热量散失的原因之一，是热桥的影响。内保温热桥面积较大，是低效率的节能形式。由于热的散失，使热桥部位的温度与非热桥部位产生很大的差异。红外线图像显示冬季时在内外墙交接处和外墙与楼板的交接处会产生5℃的温差，这种情况往往容易在热桥部位发生结露。

内保温做法的露点位置是在靠近外墙内侧的表面，外保温做法的露点位置是靠近在外墙外保温层的外表面。北方的冬季在内保温工程的热桥部位常常发生结露现象，南方的夏天在没有保温的外墙内表面受空调影响温度较低，外墙外表面温度较高，所以南方没有做外保温的建筑在外墙内表面常发生霉变。

3. 外保温比内保温更容易控制墙面裂缝

内保温的保温板板缝处易发生裂缝。处于室内温度环境影响的内保温板材是附着在受室外年温差影响而发生形变的外墙上。内保温板材的板缝被温度变化而产生的外墙变形应力拉开，经过几个年温差对外墙的形变影响，这种保温板板缝裂缝是终归要发生的。

外保温墙体控制裂缝要比内保温墙体控制裂缝的发生容易得多。彻底的外墙外保温的做法是将建筑物的全部围护结构穿上了一件棉袄，使基层墙体完全处于室内的温度环境下，年温差一般波动不大，可以忽略其形变产生的影响。受室外环境温度影响较大只是外保温的外表面，因此，防止其空鼓、裂缝、脱落，确保外保温系统的安全性、耐久性是保护结构外墙的前提，这正是我们应着力解决的问题。

9.1.2.2 外保温应采用"逐层渐变、柔性释放应力"的抗裂技术路线

防御5种自然破坏力（热应力、风、水、火、地震力），采取允许变形、限制变形、诱导变形的技术路线释放形变应力是外墙外保温安全性的要求。在诸多矛盾中，解决外保温墙面裂缝的产生是其主要矛盾。研究裂缝产生的原因和控制裂缝的产生是外保温的技术关键。

1. 现场成型无板缝的保温材料比预制板材分散应力更均匀

保温板的板缝是应力集中释放的区域，每一个板块的收缩与膨胀是独立的单元。外保温板材经固定在墙上后应充分考虑其变形对板缝填充材料的影响。当填充板缝的材料的弹性形变小于板材的涨、缩形变需求时，板缝裂缝的产生是不可避免的。

强度较低收缩较小的保温浆料在现场抹到墙上时，因没有板缝，整体性好，没有明显的收缩应力集中发生，其面层有柔性砂浆复合耐碱玻纤网布分散应力均匀，可以控制裂缝的产生。

但强度高的保温浆料，面层又不附加玻纤网布复合柔性砂浆的做法是不易控制裂缝发生的。普通水泥砂浆复合珍珠岩等强度较高的保温浆料材料，因其与墙体的温度形变不同步，又不能及时有效释放形变应力，经过一、二个年温差的形变影响，大多数工程均发生空鼓、开裂等事故。

2. 选用柔性材料体系彻底释放应力，规避水泥的两个矛盾周期

水泥砂浆抹灰饰面层的裂缝是普遍发生的。究其原因是水泥制品自身的两个矛盾周期，即强度增长快、周期短，体积收缩慢、周期长的矛盾。规避这种过快的强度增长与过长的体积收缩周期的矛盾，早在古代人类就有过成功的工程实例。例如，古罗马的大型人造混凝土的浇筑工程，因其采用了火山灰系列的材料，早期强度低满足施工要求，后期强度高满足功能性要求，且无大量水化热的生成，体积收缩量小。因此早期无裂缝发生，经过上千年仍无破坏。古代遗留下的寿命长的建筑均充分考虑了热应力的释放，长城所处的气候条件非常恶劣，万里长城不见设置变形缝。古长城的砖缝为25mm，粘结城砖的砂浆是黏米汤加消石灰。黏米汤和消石灰的组合使其强度增长缓慢，长城应是一个巨大的柔性体。

面砖脱落的原因是粘结砂浆强度过高，柔性不足。从对几十个工程面砖事故调查分析，面砖脱落事故归纳为3个破坏部位，2个断裂破坏层。3个破坏部位为大面积的中间空鼓部位、边角部位、顶层女儿墙与屋面板交圈处。3个破坏部位都是因为应力集中、柔性不足形成的。两个破坏断裂层为：混凝土墙为基底时，面砖自己脱落；砖砌体为基底时，面砖和砂浆一块脱落。

对面砖脱落事故现场没有脱落的面砖经拉拔试验，其数据表现为粘结砂浆强度高且柔性好，其压折比指标大于8。如选用压折比指标小于3的砂浆粘贴面砖使砂浆具有柔性，能释放面砖胀缩时产生的形变应力，则面砖脱落的事故是可以避免的。

3. 相邻材料的导热系数相差不宜过大

不同材料的升温速度导致其不同的热胀冷缩的变形速度。两种相邻材料的变形率以及变形速度差，会导致在两材料的界面处产生热应力。

严寒地区发现聚苯板表面抗裂砂浆柔性不足或耐老化性不足，在板材外表面多发生裂缝通病。挤塑聚苯板的表面抗裂砂浆层多在板缝处产生通长的裂缝。

聚苯板外保温钢丝网架外侧的水泥砂浆，存在着相邻材料的不同变形率与变形速度，在强度高的水泥砂浆速度较快地胀缩的同时，它相邻的聚苯板温度升降的速度是迟缓的。在变形较慢的松软基层上，这种随温度变化体积变形量较快的强度高的水泥砂浆层的开裂是极易发生的。

同一墙体的不同材料有着不同的导热系数，有不同的传热速度。在框架结构的轻质填充墙中，不同材料的变形速度差会导致裂缝的发生。在环境温度发生较大变化时，它们的温度变化速度是不相同的。框架部位的钢筋混凝土比加气混凝土等填充材料的温度变化速度快，温变速度要快8倍左右。受温度影响而产生形变的体积变化量，加气混凝土等填充材料又比钢筋混凝土的变化量要小，体积变形量小20%左右。这种在不同材质的交接处因变形速度及体积变形量而导致的升温热涨时产生应力的是拉应力，降温冷缩时产生的应力是挤压应力。因此，受温度影响的框架轻质填充墙在不同材质交接处产生的拉应力或挤压应力必然会引发裂缝产生。

加气混凝土砌块表面水泥砂浆抹灰的空鼓现象经常是在经过一两个年温差形变后发生的，其发生的原因也主要是不同材料的变形速度差及体积形变发生量的不同而导致的。

4. 外层变形量应大于内层变形量

外保温的表面温度变化要比没有保温层外墙外表面的温度变化大。夏天每平方米太阳照射的热量对

外保温表面温度的影响要远比无保温的外墙表面温度变化的影响大。热量被外保温层阻挡在其表面，因而其外表面升温速度和降雨时的突然降温速度远比无保温的外墙面的温度升降快。

外保温的做法使外保温表面的变形应力发生的非常频繁和迅速。

外保温材料体系应为彻底的柔性，最外层的材料可变形量应大于内层的可变形量。如最外一层比相邻内层材料柔性指标高，温度变形率也应相互协调。

5. 诱导变形与改变变形方向

对于外保温表面产生的热应力，应及时彻底地释放掉。不能让其对外保温系统构成破坏。应该通过软配筋与掺有纤维的柔性砂浆复合，将各种变形应力及时释放，采取允许变形、限制变形、诱导变形、改变应力传递方向的技术路线。

9.1.2.3　外保温应采用无空腔的构造设计

中国的建筑有着中国的国情。对于国外技术的引进绝不能不分优劣全盘照搬。保温层与基层墙体采用满粘避免空腔的构造是确保外保温系统与外墙可靠连接，延长外保温层工程寿命的一个重要措施。在正负风压共同作用的状态下，有连通空腔的外保温系统始终处在是一个不稳定状态结构，存在着被大风吹落的隐患。采用无空腔构造的外保温系统则处在稳定状态，可有效抵御风荷载的影响。这种因风压而引发的连通空腔内气体压力的变化使保温层永久处于不稳定状态，空腔的存在会使相关板缝处的砂浆产生疲劳破坏，缩短保温层的寿命。

9.1.3　胶粉聚苯颗粒浆料研究

胶粉聚苯颗粒浆料是由可再分散胶粉、无机胶凝材料、外加剂、纤维等制成的胶粉料与作为主要骨料的聚苯颗粒复合而成的保温灰浆，包括胶粉聚苯颗粒保温浆料（简称保温浆料）、胶粉聚苯颗粒贴砌浆料（简称贴砌浆料）。

9.1.3.1　EPS颗粒形貌和级配对导热系数的影响

苏州大学寇秀容在《胶粉聚苯颗粒保温材料的研究》中对EPS颗粒形貌和级配对导热系数的影响进行了实验研究。实验采用两种聚苯颗粒：可发性聚苯乙烯发泡而得的4种颗粒，分别记为E1、E2、E3和E4，由废旧聚苯乙烯泡沫经专用破碎机破碎而成的粒度小于5mm的4种颗粒，分别记为e1、e2、e3和e4。保持保温材料中其他组分掺量不变，分别加入相同掺量的以上8种聚苯乙烯颗粒，并控制新拌保温材料的流动度在（160±5）mm，测定新拌保温材料浆体的湿表观密度、110℃条件下烘干后的干表观密度及25℃条件下的导热系数。实验表明：破碎的聚苯颗粒配制的保温材料的工作性优于发泡聚苯颗粒。破碎后的聚苯颗粒配制的保温性能明显优于发泡聚苯颗粒。聚苯颗粒的级配对材料的导热系数影响很大。

9.1.3.2　表观密度与压缩强度、导热系数的对应关系

1. 保温浆料

胶粉聚苯颗粒保温浆料试块（平均温度318K）的导热系数测试值见表9-1-1。

保温浆料表观密度与导热系数测试值　　　　　　　　　　　　　　　　表 9-1-1

干表观密度（kg/m³）	283.2	271.9	263.5	261.0	259.5	256.4
导热系数［W/（m·K）］	0.0590	0.0587	0.0587	0.0579	0.0573	0.0559
干表观密度（kg/m³）	250.0	248.7	242.3	237.0	234.1	217.5
导热系数［W/（m·K）］	0.0580	0.0562	0.0571	0.0540	0.0538	0.0522

胶粉聚苯颗粒保温浆料试块干表观密度与导热系数之间的关系图见图9-1-1。

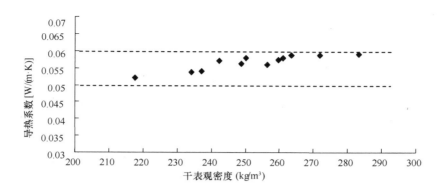

图 9-1-1 保温浆料干表观密度与导热系数之间的关系图

根据以上试验数据可以得出以下结论：胶粉聚苯颗粒保温浆料的导热系数值介于聚苯板和胶粉灰浆之间。胶粉聚苯颗粒保温浆料干表观密度控制在 200～300kg/m³，试验平均温度为 318K 时，其导热系数数值可控制在 0.05～0.06W/（m·K）的范围之间。

保温浆料的表观密度与对应的压缩强度测试值见表 9-1-2，干表观密度与抗压强度之间的关系图见图 9-1-2。胶粉聚苯颗粒保温浆料成型试块的压缩强度与试块的干表观密度基本成线性正比例关系，由于胶粉聚苯颗粒保温浆料为非均质材料，试验结果会有一定偏差。

保温浆料压缩强度的测试值　　　　　　　　　　　　　　表 9-1-2

干表观密度（kg/m³）	206	212	218	229	233	236	238	244	248	252
压缩强度（MPa）	0.29	0.31	0.32	0.34	0.35	0.35	0.36	0.39	0.38	0.39

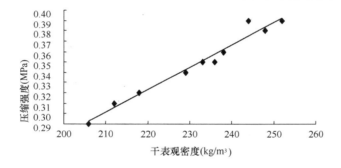

图 9-1-2　保温浆料干表观密度与压缩强度之间的关系图

2. 贴砌浆料

胶粉聚苯颗粒贴砌浆料试块（平均温度 318K）的导热系数、压缩强度测试见表 9-1-3。

贴砌浆料表观密度与导热系数、压缩强度测试　　　　　表 9-1-3

干表观密度（kg/m³）	300	312	325	330	345	350	363	376	380	398
导热系数［W/（m·K）］	0.065	0.067	0.066	0.068	0.068	0.066	0.069	0.074	0.075	0.076
压缩强度（MPa）	0.53	0.62	0.71	0.65	0.74	0.75	0.74	0.84	0.82	0.88

胶粉聚苯颗粒贴砌浆料试块干表观密度与导热系数之间的关系图见图 9-1-3。

通过以上实验结果可以分析得出贴砌浆料表观密度在 350kg/m³ 以下时，压缩强度远远大于 0.3MPa，导热系数低于 0.08W/（m·K）。

从以上对保温浆料和贴砌浆料的分析可以看出：胶粉聚苯颗粒浆料具有较好的保温性能，完全可以满足技术标准与工程的要求。

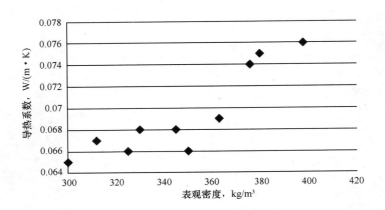

图 9-1-3　贴砌浆料表观密度与导热系数的关系

9.1.3.3　粘结性能

　　贴砌浆料与保温板砌筑成复合保温构造，两种材料之间应具有良好的连接，特在原保温胶粉料基础

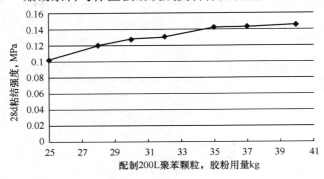

图 9-1-4　胶粉料比例对浆料粘结强度的影响

上研制了贴砌胶粉，并对其与聚苯颗粒不同配比制成的贴砌浆料与保温板粘结强度测试研究。当贴砌胶粉与聚苯颗粒配比为 25kg：200L 时得到贴砌浆料与 EPS 板的粘结强度为 0.102MPa（28d），100% 贴砌浆料（密度为 18kg/m³）破坏，满足不了作为 EPS 板砌筑层的设计要求。我们设想在聚苯颗粒体积不变的情况下通过提高贴砌胶粉的比例来提高浆料的粘结强度。用一系列不同比例贴砌胶粉料的浆料对自身抗拉强度（28d）的影响做图分析，如图 9-1-4 所示。浆料的抗拉强度随贴砌胶粉比例的增大持续增加，但

增加的程度逐渐下降，到 35kg（粘结强度 0.14MPa 以上）以后抗拉强度变化不大；贴砌胶粉比例的增加也导致导热系数增大进而保温性能下降；同时，成本也大幅度提高。综合考虑，每套浆料胶粉料与聚苯颗粒的比例在 40kg：200L 为最佳。贴砌胶粉比例从 25kg/袋提高到 40kg/袋，大大提高了浆料的粘结抗拉强度和抗压强度。

　　贴砌浆料与保温板形成复合保温层时，剪切强度是 EPS 板砌筑层的一个重要指标，它可用来衡量砌筑层承重能力以及其与两个界面的粘结力。贴砌浆料层的剪切强度可达到 65kPa，承重能力强，体系稳定，从直观上体现了体系具有的强大的负载能力，实验方法见图 9-1-5。

9.1.3.4　耐久性能

　　1. 无机胶凝材料对耐久性的影响

　　胶粉聚苯颗粒浆料的胶凝材料采用粉煤灰—硅灰—石灰—水泥胶凝体系，氢氧化钙、粉煤灰以及不定型的二氧化硅等材料部分取代水泥，并在无机胶凝材料中加入了多种高分子材料。采用此复合胶凝体系取代纯水泥胶凝体系，就是利用各种胶凝材料性能互补原理，解决了因水泥强度增长过快，体积收缩周期长，易引发墙面裂缝等问题。这种组合使得胶凝材料在水化的过程中具有良好的施工操作性能、合理的使用时间，并形成合理的强度增长周期。

　　水泥可提高产品早期强度，并在胶凝材料的水化反应中起晶核作用，而石灰可提供过饱和 Ca (OH)$_2$ 环境，激发粉煤灰化学活性，并通过加入一定量复合硫酸盐进一步对其活化，同时作为钙质材料参与同粉煤灰中活性 SiO$_2$ 和 Al$_2$O$_3$ 以及硅灰中活性较高 SiO$_2$ 的水化反应生成胶凝体。粉煤灰中的 SiO$_2$、

图 9-1-5　浆料贴砌保温板荷载试验

Al_2O_3 与 $Ca(OH)_2$ 化合生成 C-S-H、C-A-H 胶体，C-A-H 胶体在石膏存在时进而形成稳定的钙矾石。C-H-S 胶凝在粉煤灰颗粒表面形成，并把体系内的各种微粒粘结在一块，而钙矾石填充孔洞，使水泥石中孔洞愈来愈致密，并逐渐产生微膨胀作用，水泥石的性能得到改善。

水泥-粉煤灰-硫酸钠-熟石灰-硅灰胶凝体系的水化反应机理可归结为，首先为水泥的水化：

$2(3CaO \cdot SiO_2) + 6H_2O = 3CaO \cdot 2SiO_2 \cdot 3H_2O + 3Ca(OH)_2$

$2(2CaO \cdot SiO_2) + 4H_2O = 3CaO \cdot 2SiO_2 \cdot 3H_2O + Ca(OH)_2$

$3CaO \cdot Al_2O_3 + Ca(OH)_2 + 12H_2O = 4CaO \cdot Al_2O_3 \cdot 13H_2O$

然后，氢氧化钙与硫酸钠反应生成硫酸钙和氢氧化钠，硫酸钙与水合铝酸钙生成钙矾石，氢氧化钠和氢氧化钙腐蚀粉煤灰中的玻璃体界面：

$Ca(OH)_2 + Na_2SO_4 = CaSO_4 + 2NaOH$

$3CaSO_4 + 4CaO \cdot Al_2O_3 \cdot 13H_2O + 20H_2O = 3CaO \cdot Al_2O_3 \cdot 3CaSO_4 \cdot 32H_2O + Ca(OH)_2$

$NaOH + Ca(OH)_2 + CaO \cdot nAl_2O_3 \cdot mSiO_2 + H_2O \rightarrow CaO \cdot xAl_2O_3 \cdot yH_2O + Na_2O \cdot xAl_2O_3 \cdot yH_2O + CaO \cdot xAl_2O_3 \cdot yH_2O + CaO \cdot xSiO_2 \cdot yH_2O + Na_2O \cdot xSiO_2 \cdot yH_2O$

最后，当硫酸钠量不足时，部分钙矾石转变为单硫型水化硫酸钙晶体：

$3CaO \cdot Al_2O_3 \cdot 3CaSO_4 \cdot 32H_2O + 2(3CaO \cdot Al_2O_3) + 4H_2O = 3(CaO \cdot Al_2O_3 \cdot CaSO_4 \cdot 12H_2O)$

在水泥—粉煤灰—硫酸钠—熟石灰—硅灰胶凝体系中，生成钙矾石是体系抗压强度提高的原因，如果要提高体系的抗压强度，可增加体系硫酸钠的掺加量，但是掺加过多的硫酸钠会产生泛碱现象，硅灰可以有效地防止泛碱，因此在增加硫酸钠的同时，要适当地增加硅灰的掺量。粉煤灰玻璃球体与氢氧化钙、氢氧化钠发生界面反应，生成水合硅酸钙和水合铝酸钙界面相替代氢氧化钙界面相是体系抗折强度提高的原因，氢氧化钠提高了体系界面反应的速度。通过 XRD 和 SEM 的分析表明，粉煤灰中的莫来石、石英和磁铁矿等晶体相，以及球形玻璃体在水泥水化的条件下均没有发生反应，激发剂的加入，加快了球形玻璃体界面反应的速度，改变了水合硅酸钙凝胶与球形玻璃体的界面的状态，使其由薄弱的氢氧化钙转相变为水合硅酸钙相，从而提高了体系的强度，尤其是抗折强度。

1998 年 4 月制作的胶粉聚苯颗粒浆料耐候墙体经历自然环境的考验，除裸露的聚苯颗粒粉化外，胶凝材料强度依然较好，未出现粉化现象，如图 9-1-6 所示。

2. 有机聚合物对耐久性的影响

可再分散乳胶粉是基于醋酸乙烯与其他树脂的共聚物，或含乙烯的共（多）聚物，防水性能强，弹性好，并且有优异的粘结性能。采用它可实现对有机材料聚苯颗粒难粘面的粘结，同时乙烯具有很好的柔韧性与完全不皂化性（在强碱环境下聚合物降解现象）。在现场与水混合，重新分散成原始乳液态，作为聚合物发挥与乳液相同的成膜与增强功效。其形成的乳液膜可有效地阻隔空气的流通，形成许多封闭的空隙体，避免通孔的形成，从而进一步降低了材料的导热系数。同时聚合物薄膜作为有机胶粘剂，将填料粒子胶接在一起，大幅度提高了材料的拉伸粘结强度和抗折性能，从而克服无机材料脆性太强的缺点。因此，在胶凝材料中加入可再分散聚合物粉末，能够在不降低材料抗压强度的前提下，大幅度提高了材料的粘结强度、抗压抗剪强度，同时也提高了材料的可变形性。保温浆料加入可再分散聚合物粉末前后的性能对比的数据如表9-1-4所示。

图 9-1-6 1998 年制作的胶粉聚苯颗粒耐候墙体

可再分散聚合物粉末对保温浆料的性能影响　　　　　　表 9-1-4

项　　　目	无可再分散粉末	1%可再分散粉末	项　　　目	无可再分散粉末	1%可再分散粉末
抗压强度（MPa）	0.33	0.41	抗拉强度（MPa）	0.11	0.14
抗折强度（MPa）	0.10	0.20	拉伸粘结强度（MPa）	0.08	0.13

从以上数据可以看出，加入可再分散粉末后保温浆料的抗折强度、抗压强度、抗拉强度指标得到大幅度提高，从而有效地提高了抗开裂应变的能力，表明浆料的整体性更好自身内聚力提高。

9.1.3.5　抗裂性能

1. 纤维对保温浆料抗裂性能的影响

胶粉聚苯颗粒保温浆料的抗裂性能受到本身收缩及温度应力的影响，这取决于材料中添加的有机聚合物、减水剂、减缩剂等材料的叠加作用，还与胶粉聚苯颗粒浆料中多种纤维复合配制技术有重大关系，纤维的复合掺加是胶粉聚苯颗粒浆料技术的重要特征。

纤维按材质分类可以分为金属纤维、无机纤维、有机纤维。无机纤维可分为天然矿物纤维（如温石棉、针状硅灰石等）、人造矿物纤维（如抗碱玻璃纤维、抗碱矿棉等）和碳纤维。有机纤维可分为合成纤维（如聚丙烯纤维、尼龙纤维、聚乙烯纤维、高模量聚乙烯醇纤维、改型聚丙烯腈纤维、芳纶聚酰亚胺纤维等）和植物纤维。

纤维按弹性模量分类可分为高弹模纤维（弹性模量高于水泥基体的纤维，如钢纤维、石棉、玻璃纤维、碳纤维、高模量聚乙烯醇纤维、芳基聚酰亚胺纤维等）和低弹模纤维（聚丙烯纤维、尼龙纤维、聚乙烯纤维以及绝大多数植物纤维）。

纤维按长度分类可分为非连续的短纤维和连续的长纤维。

在胶粉聚苯颗粒浆料掺加高模量纤维可起到提高浆体的抗拉（剪）强度作用，模量越高受荷时纤维分担的应力越大，形成可靠的空间骨架；掺加低模量纤维有助于材料早起塑性开裂的抑制和干缩的降低；掺加的无机纤维具有耐高温、物理化学稳定、湿分散性好、导热系数低、热容量小、热稳定性好、抗拉强度大的特点，与浆体粘结性好；有机纤维的受热性能补偿水泥机材料的热胀冷缩特性。纤维的长度对纤维的分散性及阻裂效果有一定的影响。

胶粉聚苯颗粒浆料将多种无机与有机粉料及不同弹性模量、长短不一的纤维复合在一起，可有效阻挡内部裂缝的扩展，防止了裂缝的扩大，提高了保温材料的断裂韧性，从而提高了保温浆料的抗拉强度和抗裂能力。同时可以改善保温浆料的抗冻融能力，延长保温浆料的使用寿命。

胶粉聚苯颗粒浆料中含有抗裂纤维，能有效阻止浆料裂缝的产生和发展，为了验证抗裂纤维对浆料抗裂性的影响，我们选用有机纤维进行掺加试验，自然养护 28d，测试抗压强度和拉伸粘结强度、抗裂性进行比对。具体数据见表 9-1-5。

不同纤维和掺量对贴砌浆料各性能的影响 表 9-1-5

纤维类别	掺量‰	抗压强度	拉伸粘结强度	抗裂性	分散性
无纤维	0	0.54	0.11	有裂纹	—
D	2.0	0.63	0.11	无可见裂纹	一般
E	5.0	0.65	0.13	无可见裂纹	一般
F	5.0	0.68	0.14	无可见裂纹	好
F	8.0	0.61	0.12	无可见裂纹	好

由表 9-1-5 可以得知，浆料中适当加入纤维能提高抗压强度与拉伸粘结强度，显著改善了浆料的抗裂性，但是掺加量过高也会对砂浆的和易性产生负面影响。在其他条件一致的情况下，分散性好的纤维的效果更为明显，综合考虑要选用分散性好的纤维，掺量在 5‰左右。

2. 聚苯颗粒对抗裂性的影响

聚苯颗粒是弹性模量极低的有机骨料，具有优异的韧性，当受到外力作用时可以通过发生弹性变形吸收一定的能量。胶粉料与聚苯颗粒的紧密结合，纤维掺入后在保温材料内部构成了空间的网状结构，使保温材料各组分均匀分散在纤维的空间网格单元内。此时，作用在保温材料上的外力能够被分散在三维空间内，并通过纤维、胶粉料等传递到聚苯颗粒上，聚苯颗粒发生一定的形变，吸收能量。从而延缓或阻止保温材料裂缝的发生，有助于抗裂性能的提高。

9.1.3.6 防火性能

防火阻燃是胶粉聚苯颗粒浆料重要特点，胶粉聚苯颗粒浆料是无机胶凝材料包覆有机轻骨料，胶粉聚苯颗粒保温浆料在受热时，通常内部包含的聚苯颗粒会软化并熔化，但不会发生燃烧（图 9-1-7）。由于聚苯颗粒被无机材料包裹，其熔融后将形成封闭的空腔，此时该保温材料的导热系数会更低、传热更慢，受热过程中材料的体积几乎不发生变化。

胶粉聚苯颗粒贴砌浆料找平保温板，由于贴砌浆料本身的防火性能就达到不燃 A 级，导热系数又比水泥砂浆低很多遇到火或者高温的作用时，向内部传递的热量少而且很慢，热量集中在贴砌浆料找平层表面，对内部保温板的防火保护作用较水泥砂浆等刚性材料更加显著。

对胶粉聚苯颗粒浆料复合岩棉板组成的墙体耐火极限试验，耐火 4h 后发现胶粉聚苯颗体积无明显变化，浆料表面因为受火攻击导致聚苯颗粒已经消失，而在浆料层深处，聚苯颗粒完好无损，说明浆料层深处温度已经下降到 70℃以下。因此，可以推断，在受火攻击时，浆料表面一部分聚苯颗粒发泡混凝土形成蜂窝状构造，有一定的隔热性，阻止了热量进一步向墙体中心传热，使保温板得到保护（图 9-1-8）。

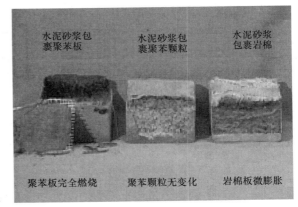

图 9-1-7 受热后的聚苯板、胶粉聚苯颗粒浆料和岩棉对比

9.1.3.7 隔热性能

对外围护结构隔热，是指对屋面、外墙特别是西墙采取隔热材料隔热处理，减少传进室内的热量，以降低围护结构的内表面温度。由于夏季室外综合温度 24h 呈周期性变化，隔热性能的好坏以衰减倍数

图 9-1-8　胶粉聚苯颗粒浆料墙体耐火试验

和总延迟时间等指标来衡量。所谓衰减倍数，是指室外综合温度的振幅与内侧表面强度的振幅之比，衰减倍数越大，隔热性能越好；而总延迟时间是指室外综合温度出现的最高值的时间与内表面温度出现的最高值的时间之差，延迟时间越长，隔热性能越好。

由于在升温和降温过程中材料的热容作用，以及热量传递中，材料层的热阻作用，温度波在传递过程中会产生衰减和延迟的现象，因此在选择隔热材料时，应选择导热系数较低、蓄热系数偏大的材料，并按隔热要求保证围护结构达到对应的传热系数。相对于聚苯板、聚氨酯等其他保温材料，胶粉聚苯颗粒浆料热容量大，在相同热阻条件下内表面温度振幅减小，出现温度最高值的时间延长，其蓄热系数大于 0.95W/（m² · K），而聚苯板的蓄热系数为 0.36W/（m² · K），前者约为后者的 3 倍，在相同热阻条件下内表面温度振幅减小，出现温度最高值的时间延长，因此，胶粉聚苯颗粒浆料具有更好的隔热性能。根据《夏热冬冷地区居住建筑节能设计标准》（JGJ 134—2010）及《夏热冬暖地区居住建筑节能设计标准》（JGJ 75—2012），采用 20～40mm 厚的胶粉聚苯颗粒保温浆料进行外墙外保温就可确保各类外墙的保温隔热要求。

在保温板上抹聚苯颗粒保温浆料过渡层，保温板表面温度大幅下降最高温度时间得到延迟，使得保温板表面变形及引起的温度应力大幅下降，较好地缓解了由于温度变化引起的保温板应力的急剧变化，为保温板系统提供了较好的耐候性能。

9.1.3.8　水对浆料性能的影响

1. 耐水性

胶粉聚苯颗粒浆料的耐水性采用软化系数指标表示。保温胶粉料的多种无机材料加入水中搅拌后发生化学反应，生成坚硬的水化硅酸钙和铝酸钙，使胶凝材料在墙体中后期强度明显提高，水合硅酸钙盐的分子结构排列紧密，所以起到防水的作用，软化系数也相应提高。保温浆料能用于外墙外保温工程的一个重要前提是固化成型的材料必须具有一定的耐水性，要保证在雨水冲刷后不能发生软化脱落，因此如何提高软化系数是个关键的问题。对不同龄期的聚苯颗粒保温抹灰材料的软化系数测试，如表 9-1-6 所示。

不同龄期的聚苯颗粒保温浆料的软化系数对比　　　　　　　　　　　　表 9-1-6

龄　期　（d）	软　化　系　数
28	0.55
90	0.71
180	0.74

一方面通过激发粉煤灰活性来提高其强度增长率及耐水性，另一方面为了进一步提高软化系数，在体系中加入一定比例的憎水表面活性剂和可再分散粉末，使保温抹灰材料固化 28d 的软化系数在 0.5 以上，90d 的软化系数在 0.7 以上，基本达到了预期的设计目标。

胶粉聚苯颗粒浆料长时间吸水，水分子进入到浆料内部，造成浆料内部分子间的结合力变小，这会影响到浆料物理性能，导致抗压强度下降，长期浸泡会出现浆料松散问题，图 9-1-9 是浆料完全在水中浸泡 96h 软化系数测定结果。

实验结果表明软化系数随着时间的推移慢慢降低，即随着吸水量的增大而慢慢降低，40h 以后趋于平缓，48h 后基本不再改变。当软化系数最低时经测定浆料的物理性能受到的影响仍在可接受范围之内。

2. 水对导热系数的影响

材料在潮湿空气中吸收空气中水分的性质称为吸湿性，大小以含水率表示。吸湿性是影响材料的实际导热系数的重要因素。水的导热系数 $\lambda=0.5815W/(m\cdot K)$，所以材料的吸湿性较大将相应的提高导热系数的数值。在胶粉料采用了有机材料包覆无机材料的微量材料预分散技术，当粉料与水反应形成水化硅酸盐化合物时，其中有较强的憎水性的有机高分子材料均匀的包覆在硅酸盐化合物外，形成一层有机保护膜，使水分不易透入，所以材料具有较强的抗水性和较低的吸水率。

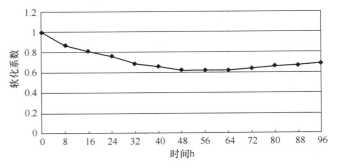

图 9-1-9　胶粉聚苯颗粒软化系数随时间变化的趋势

试件在标准环境中〔温度（20±2）℃，湿度（50±10）%〕吸湿速率和导热系数的增加值见表 9-1-7、图 9-1-10 和图 9-1-11。

胶粉聚苯颗粒浆料吸湿速率与导热系数关系表　　　　表 9-1-7

平衡时间（d）	0	1	3	8	24	30
含水率（%）	0	1.31	2.40	3.63	3.83	3.84
导热系数〔W/（m·K）〕	0.051 74	0.052 68	0.053 71	0.058 10	0.059 31	0.059 33
导热系数增加值（%）	0	1.82	3.81	12.29	14.63	14.67
平衡时间（d）	45	60	90	120	150	180
含水率（%）	3.80	3.88	3.81	3.90	3.82	3.85
导热系数〔W/（m·K）〕	0.059 30	0.059 45	0.059 29	0.059 48	0.059 29	0.059 37
导热系数增加值（%）	14.61	14.90	14.59	14.96	14.59	14.75

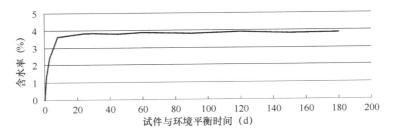

图 9-1-10　保温浆料平衡时间与含水率关系图

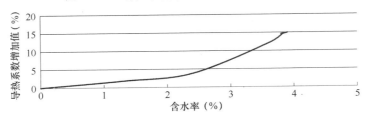

图 9-1-11　胶粉聚苯颗粒保温浆料含水率与导热系数增加值关系图

从含水率的图表可以看出，胶粉聚苯颗粒浆料在标准环境中的含水率基本上随时间的增加而增加，在前 30d 增加的幅度比较大，30d 以后已经趋于平衡，含水率在 4% 左右，不再变化。所以该材料在标准环境中的平衡含水率为 4%。

从导热系数的图表可以看出，含水率和导热系数的增加值在图像上是一条光滑的曲线，导热系数的增加值随含水率的增加而增加，当含水率增加到最大值 4%，即平衡含水率时，导热系数增加到 15%。

胶粉聚苯颗粒即有吸水性也有透气性,吸收内部和环境中的水分的同时也会通过其内微气孔通道排出水蒸气,在一定温湿度的情况会保持动态平衡,使浆料性能趋于稳定。

9.1.3.9 胶粉聚苯颗粒浆料研究总结

胶粉聚苯颗粒浆料在中国得到了深入的研究与应用,促进了外保温系统材料相关标准的制定与完善,从胶粉聚苯颗粒浆料的实践总结并提炼出的外墙外保温理论,进一步指导和推进外墙保温节能的工程实践。

胶粉聚苯颗粒保温系统以其保温隔热性能好、耐久性能、施工适应性好、防火性能好、抗裂性能等优点,成为适合我国国情的主要外墙外保温技术,是目前我国应用技术成熟保温隔热效果良好的外墙外保温技术,为我国的建筑节能和节能减排做出了重大贡献。

胶粉聚苯颗粒浆料技术不是单一的材料技术,而是包含了各种材料技术和施工技术等的综合性技术,复合做法大大提升了保温板的稳定性,系统耐候性更好。

胶粉聚苯颗粒浆料具有优越的性能及良好的适应性能,在不断地研究与应用中,必将得到进一步的发展。

9.1.4 抗裂防护层研究

胶粉聚苯颗粒复合保温技术的抗裂防护层是由聚合物水泥抗裂砂浆复合耐碱玻纤网格布、高分子乳液弹性底层涂料和抗裂柔性耐水腻子组成。抗裂防护层对整个系统的抗裂性能起着关键的作用。防护层的柔韧极限拉伸变形应大于最不利情况下的自身变形(干缩变形、化学变形、湿度变形、温度变形)及基层变形之和,从而保证防护层抗裂性要求。

抗裂防护层构造各层材料的性能指标逐层渐变,可以保证各层材料的变形都能得到满足,可以使各层材料所产生的应力能得到充分的释放,使应力对材料系统的影响减到最小,从而不会引起开裂现象。抗裂防护层的防裂构造保障了胶粉聚苯颗粒复合保温技术的抗裂性能和耐候性能,从而胶粉聚苯颗粒保温系统可以不设置抗裂分隔缝,无须再设置应力集中释放构造。

9.1.4.1 抗裂砂浆的研究

抗裂砂浆是由高分子聚合物、水泥、砂为主要材料配制而成的具有良好抗变形能力和粘结性能的聚合物砂浆。抗裂砂浆对外保温系统的耐候性能和使用寿命具有重要意义,本节对抗裂砂浆的主要影响因素及抗裂机理进行分析。

抗裂砂浆按物理形态可分为:

(1)干拌聚合物砂浆:在工厂将水泥、砂、可再分散乳胶粉等原材料经精确计量高速混合工艺定量包装而成,到施工现场按说明书规定的比例加水搅拌均匀后使用。

(2)聚合物乳液抗裂砂浆:由水泥砂浆抗裂剂、普通硅酸盐水泥、中细砂按一定比例拌和均匀制成的保温层面层抗裂防护用砂浆,该砂浆固化后具有一定的柔韧性和良好的抗裂作用,可提高抗裂防护层的粘结性能和柔性抗裂性能。水泥砂浆抗裂剂是指在弹性聚合物乳液中掺加多种外加剂及抗裂物质而制得的胶剂类物质。

1. 高分子聚合物在抗裂砂浆中的研究

用于砂浆中的高分子聚合物主要有乳液和可再分散乳胶粉。

(1)聚合物乳液

应用于砂浆中的聚合物乳液主要有丁苯乳液(SBR)、聚丙烯酸酯乳液(PAE)、聚乙烯醋酸脂(EVA),苯丙乳液(SAE)等,针对需要的性能可以单独选用一种乳液也可几种乳液共混,取长补短。为了取得改善水泥砂浆性能的良好效果,必须选择与水泥水化适应性好的聚合物乳液,因此选择聚合物必须具备如下几点要求:

① 对水泥凝结硬化和胶接性能无不良影响；

② 在水泥碱性介质中不被水解或破坏；

③ 当温度≤10℃时，其链段仍带有柔性；

④ 反映终结后对于各种介质不产生逆反应过程；

⑤ 供货渠道广泛，价格适中。

（2）可再分散乳胶粉

可再分散乳胶粉是由聚合物乳液，加入其他物质改性，并以聚乙烯醇作为保护胶体，经过喷雾干燥得到的改性乳液粉末。一般具有良好的可再分散性，与水接触时重新分散成乳液，并且其化学性能接近初始乳液。

（3）聚合物在砂浆中的作用

① 在湿砂浆中的作用：提高施工性能，改善流动性能，增加触变与抗垂性，改进内聚力，延长开放时间，增强保水性。

② 在砂浆固化后的作用：

a）提高拉伸强度，明显提高砂浆与各类有机保温板材的粘结力；

b）增加抗弯折强度，减小弹性模量，提高内聚强度、可变形性，降低碳化深度，改善砂浆抗裂性；

c）增加材料密实度，增加耐磨强度，减少材料吸水性，使材料具有极佳憎水性（加入憎水性胶粉）。

（4）聚合物乳液的抗裂机理

经过大量的理论研究和基础实验，使用均质性好、强度高、柔性好的聚合物乳液是解决抗裂砂浆强度和柔性的一条有效途径。聚合物乳液的作用表现在以下方面：

活性作用：聚合物乳液中有表面活性剂，能够起减水作用，同时对水泥颗粒有分散作用，改善砂浆和易性，降低用水量，从而减少水泥的毛细孔等有害孔，提高砂浆的密实性和抗渗透能力。

桥键作用：聚合物分子中的活性基因与水泥水化中游离的 Ca^{2+}、Al^{3+}、Fe^{2+} 等离子交换，形成特殊的桥键，在水泥颗粒周围发生物理、化学吸附，成连续相，具有高度均一性，降低了整体的弹性模量，改善了水泥浆物理的组织结构及内部应力状态，使得承受变形能力增加，产生微隙的可能性大大减少，即使产生微裂纹，由于聚合物的桥键作用，也可以限制裂缝的发展。

填充作用：聚合物乳液迅速凝结，形成坚韧、致密的薄膜，充填于水泥颗粒之间，与水泥水化产物形成连续相填充空隙，阻断了与外界联系的通道。

有机聚合物乳液失水而成为具有优良粘结性和连续性的弹性膜层，失水过程中靠水泥吸收乳液中的水而硬化，而柔性的聚合物膜层与水泥硬化体相互贯穿牢固地粘结成一个坚固有弹性的防水层，因此抗裂砂浆具有优良的柔韧性、具有相当的弹性、较低的线性收缩率和良好的粘结性能。

2. 纤维在抗裂砂浆中的研究

不同纤维的存在可以提高抗裂性能，抗冲击负荷，抗挠曲性，通过纤维的应力传递，可有效地控制和减少固化过程中的裂缝产生与扩展，并由此可以提高面层的抗冻效果及循环解冻性能、减少和消除面层表面细小裂纹，降低空气渗透性。试验中采用3种纤维拌和到砂浆中，它们分别是纤维1、纤维2、纤维3，以同一配方按砂浆体积百分含量掺加，14天自然养护，如表9-1-8所示。

三种纤维素在相同体积掺量时对砂浆性能影响　　　　　　　　　　　表9-1-8

纤维类别	体积掺量（‰）	抗折强度（MPa）	抗压强度（MPa）	压 折 比	分 散 性
无 纤 维	0	1.67	3.10	1.86	—
纤 维 1	5	2.05	3.16	1.54	差
纤 维 2	5	2.03	4.30	2.12	一般
纤 维 3	5	2.17	5.13	2.36	好

3 种纤维掺量均为 5‰（以抗裂剂计）时，从纤维在砂浆中的分散状况来看，纤维 1 差，纤维 2 一般，纤维 3 好。在抗裂砂浆中掺入的同质量掺量的纤维 3 后，抗压、抗折得到大幅提高，说明加入纤维后，抗裂性得到了改善。再选用 5mm 长纤维 3 来考察纤维掺量对砂浆性能的影响，其结果见表 9-1-9。从表 9-1-9 可以看出，随着纤维掺量增加，抗裂砂浆的稠度有所下降，纤维对砂浆的施工和易性有不利的影响，而抗压、抗折强度迅速增加，这说明砂浆的韧性、抗裂性得到了明显的提高。考虑到纤维掺量过高，抗裂砂浆的施工和易性差、抗裂性提高有限，纤维以 5‰（以抗裂剂计）为宜。纤维能提高砂浆抗裂性能的原因是纤维能显著提高砂浆抗塑性收缩的能力，纤维能降低砂浆裂缝尖端的应力集中，防止裂缝的进一步发展。

某纤维掺量对砂浆性能影响 表 9-1-9

纤维掺量（‰）	抗折强度（MPa）	抗压强度（MPa）	压 折 比
0	1.67	3.10	1.86
3	2.23	4.20	1.88
5	2.17	5.13	2.36
8	2.40	4.27	1.78
10	1.975	3.78	1.91

对纤维的抗裂机理分析如下：

在水泥砂浆中加入合成材料纤维丝，以增强塑性水泥砂浆的抗拉能力，显著降低其塑性流动和收缩微裂纹。这种减少或消除塑性裂纹使水泥砂浆获得其最佳的长期整体性。这些纤维呈各向均匀分布于整个水泥砂浆，使水泥砂浆得到辅助的加强，以防止收缩裂缝。在随处都有纤维的水泥砂浆中，亦可最大限度减小在有强度状态下水泥砂浆可能出现裂缝的宽度和长度，体现了微观补强的现代技术。

根据各种资料，我们在工程实践中应该着重考虑以下纤维的参数：

（1）纤维纤度 D：其标准单位为特（Tex）或（Dtex），纤度大易于搅拌，纤度小则分散性好；

（2）纤维抗拉强度 T：比重与纤维纤度之比；

（3）纤维强度模量 E 及抗拉强度：纤维抗拉强度及纤维弹性模量大，将有利于抑制水泥砂浆裂纹的产生与发展；

（4）纤维体积率 V_f 大时，水泥砂浆的延塑性较好，但过大会使水泥砂浆的孔隙率增加，导致强度的下降；

（5）纤维长径比：长径比较大有利于剩余强度的增加，长径比较大有利于弹性模量的提高；

（6）纤维比表面积 SFS：即复合材料每一单位体积中的纤维总面积，对复合材料受力应变时的基体破坏方式起着决定性作用，纤维分散程度提高、面积越大越有利。

通过以上对抗裂砂浆中聚合物和纤维的分析，聚合物乳液和纤维可以显著改善抗裂砂浆的抗裂性能，降低弹性模量，降低砂浆的压折比，保障了抗裂砂浆具备了与保温层的匹配条件。

9.1.4.2　耐碱玻纤网研究

玻纤网主要有耐碱玻纤网格布（其玻璃成分中 ZrO_2 14.5％±0.8％，TiO_2 6％±0.5％）、中碱玻纤网格布（其碱金属氧化物的含量在 12％左右）和无碱玻纤网格布（其碱金属氧化物的含量不大于 0.5％）。

随着建筑节能工作不断深入，玻纤网格布作为抗裂防护层的关键增强材料在外墙外保温技术中的应用得以快速发展。也正因为如此，玻璃纤维网格布的品种质量对外墙外保温的发展起着重要的作用。通过分析不同种类玻璃纤维的耐碱断裂强力保留率及其耐碱机理，分析不同涂塑量、介质及浸泡时间对耐碱网格布耐碱性能的影响，确定适用于外墙外保温系统的玻纤网格布的品种及质量指标。

1. 不同玻纤网布的耐碱断裂强力保留率比较

对耐碱玻纤网布、中碱玻纤网布和无碱玻纤网布按《增强材料　机织物试验方法　第5部分：玻璃纤维拉伸断裂强力和断裂伸长的测定》GB/T 7689.5测试初始断裂强力F_0；然后将5个相同的试件全部浸入80℃的普通硅酸盐水泥浆液中，水灰比为10∶1，浸泡一定时间（1d、2d、3d、4d、5d、6d、7d）后，取出试件，用清水将水泥浆冲净后，在（105±5）℃的烘箱中烘至恒重，然后测试耐碱断裂强力F_1。

耐碱断裂强力保留率按下式计算：

$$B = \frac{F_1}{F_0} \times 100\%$$

式中　　B——耐碱断裂强力保留率，％；

$\quad\quad F_1$——耐碱断裂强力，N；

$\quad\quad F_0$——初始断裂强力，N。

为确保试验条件，三种不同玻纤网布表面均未进行任何涂塑处理，其试验结果见表9-1-10。

不同玻纤网布的耐碱断裂强力保留率的试验数据（未涂塑）　　　　　表 9-1-10

—	耐碱断裂强力保留率（％）						
	1d	2d	3d	4d	5d	6d	7d
耐碱纤维（ER-13）	75.0	67.3	57.8	51.6	46.5	40.8	40.2
中碱纤维（C）	45.1	41.2	35.0	20.2	20.4	10.2	—
无碱纤维（C）	22.0	18.3	16.2	10.5	—	—	—

试验结果表明，无碱网格布虽然初期强度很高，但浸入碱液中1天，其强力保留率就下降到22％，时间越长，强力保留率越低，直至最后被碱液腐蚀失去强力。因而不再讨论无碱玻纤网布，将着重研究耐碱玻纤网布和中碱玻纤网布的性能。

2. 耐碱玻纤网布与中碱玻纤网布的性能比较

（1）细观形貌和断裂强力的系统研究

①试验步骤

选用强度等级42.5普通硅酸盐水泥0.2kg，蒸馏水2kg，分批在磁性搅拌机上搅拌30min，然后静置30min，用滤纸过滤，将过滤液收集，分别放入两个洁净烧杯中备用；将耐碱玻纤网布（50mm×50mm）9块、中碱玻纤网布（50mm×50mm）9块分别置入水泥滤液中静置；在第1、2、3、5、7、10、15、21、28天各分别取出一块耐碱玻纤网布和中碱玻纤网布，观察其细观形貌，并在干燥后测定其断裂强力。

②试验结果

a）耐碱玻纤网布受碱性液体浸渍的微观形貌变化，见图9-1-12。

b）中碱玻纤网布受碱性液体浸渍的微观形貌变化，见图9-1-13。

c）耐碱玻纤网布和中碱玻纤网布的断裂强力的变化情况，见表9-1-11。

（2）通过上述试验比较，分析涂塑量及浸泡时间对耐碱网格布耐碱性能的影响，以及耐碱网格布在外墙外保温系统中的作用机理，我们得到如下结论：

① 玻纤网格布复合抗裂砂浆在外墙外保温系统中起着关键的抗裂防护作用，考虑到网格布的使用应具有一定的强度，而且不能对抗裂砂浆起隔离作用，正确的做法是将孔径3～6mm、耐碱断裂强力不小于1000N/50mm的玻纤网格布铺贴在韧性良好的抹面砂浆中，并靠近面层一侧。

② 表面涂塑材质及涂塑量对玻纤网格布的早期耐碱性具有较重要的意义，而玻纤品种对长期耐碱性具有决定意义。对于玻纤网格布我们不仅应规定其断裂强力值，而且应规定耐碱强度保留率，以确保玻纤网格布长期有效地发挥作用。玻纤网格布的耐碱性由玻纤品种、表面涂塑材质及涂塑量所决定。耐碱玻璃纤维网格布的耐碱性能尤其是长期耐碱性能优于中碱及无碱网格布。它们的根本区别在于耐碱玻璃纤维表面存在着富锆的界面，能使碱溶液中氢氧根离子浓度降低，抑制其在玻璃纤维表面的扩散速

图 9-1-12　耐碱玻纤网布受碱性液体浸渍的微观形貌变化

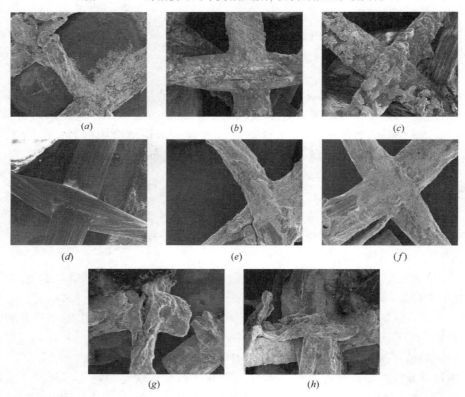

图 9-1-13　中碱玻纤网布受碱性液体浸渍的微观形貌变化

度，从而提高了玻璃的耐碱性。由于外墙外保温系统至少要满足 25 年的使用要求，因此外墙外保温系统中所采用的玻纤网格布必须是由耐碱玻纤机织而成并经耐碱高分子材料涂塑的网格布。

耐碱玻纤网布和中碱玻纤网布的断裂强力的变化情况 表 9-1-11

时间 （d）	耐碱玻纤网布			中碱玻纤网布		
	母液 pH 值	断裂强力 F（kN/m）	耐碱强力保留率 χ（%）	母液 pH 值	断裂强力 F（kN/m）	耐碱强力保留率 χ（%）
0	11.2	62.6	100	11.2	64.3	100
1	11.2	62.0	99.04	11.3	63.5	98.76
2	11.2	62.0	99.04	11.2	61.7	95.96
3	11.2	57.9	92.49	11.1	60.9	94.71
5	11.1	58.0	92.65	11.1	60.2	93.19
7	11.2	57.5	91.85	11.1	59.8	93.00
10	11.1	57.3	91.53	11.0	54.7	85.07
15	10.9	57.1	91.21	11.0	54.6	84.52
21	10.9	56.8	90.73	10.9	53.1	82.20
28	10.9	56.3	89.94	10.8	52.7	81.96

3. 综合所述，我们认为目前市场上的专利产品 ZL 耐碱玻纤网格布是比较理想的适合外墙外保温系统的玻纤网格布，其技术性能满足表 9-1-12 指标。

ZL 耐碱玻纤网格布性能 表 9-1-12

项　目		单　位	指　标
外观		—	合格
长度、宽度		m	50～100，0.9～1.2
网孔中心距	普通型	mm	4×4
	加强型		6×6
单位面积质量	普通型	g/m²	≥160
	加强型		≥500
断裂强力（经纬向）	普通型	N/50mm	≥1250
	加强型	N/50mm	≥3000
耐碱强力保留率（经、纬向）		%	≥90
断裂伸长率（经、纬向）		%	≤5
涂塑量		g/m²	≥20
玻璃成分		%	符合 JC 719 的规定，其中 ZrO_2 14.5%±0.8%，TiO_2 6%±0.5%

9.1.4.3　高分子弹性底涂的研究

高分子弹性底涂是由弹性防水乳液加入多种助剂，颜、填料配制而成的具有防水和透气效果的封底涂层，是胶粉聚苯颗粒复合保温技术中关键的构造层，可有效阻止液态水的进入，又允许气态水的排出，阻止了水的三相变化对外墙保温的破坏，保证了外墙外保温的持久性。

1. 成膜及作用机理

高分子乳液弹性底层涂料是选用漆膜细密、粒径较小的乳液作为成膜物质，采用自交联型纯丙乳液与硅丙乳液复配乳液，耐候性能好。聚合物乳液是聚合物或单体在水中的分散体系，其成膜较复杂。聚合物以一个个小颗粒（胶粒）分散在水的介质中，它们之间以其特有的布朗运动而自由运动着。这是一个不稳定的体系。当水蒸发或被多孔物质吸收时，它们的运动就受到限制。小球逐渐靠拢，并最后相互融合在一起，随后为了达到形成一种无空隙的连续的膜，小球必须发生形变。水在蒸发时，由于水的毛细管压力，使得小球分散体被拉在一起，随着水的蒸发，小球（胶粒）彼此之间靠得更紧密，这时压力亦随着增加，压力可以使胶粒变形，最后形成连续膜。聚合物膜具有良好的阻水透气功能。

2. 不同乳液量对高分子弹性底涂的影响

选用一种丙烯酸乳液和一种硅丙乳液按照一定比例复配，配合各种助剂及填料配制成高分子弹性底层涂料，高分子乳液在涂料中的比例为 20%～60%，测试其性能指标，断裂强度值作为参考，测试结果如表 9-1-13 所示。

不同乳液量的高分子弹性底层涂料性能指标　　　　表 9-1-13

项目		单位	指标	乳液 20%	乳液 30%	乳液 40%	乳液 50%	乳液 60%
容器中状态		—	搅拌后无结块，呈均匀状态	搅拌均匀无结块	搅拌均匀无结块	搅拌均匀无结块	搅拌均匀无结块	搅拌均匀无结块
施工性		—	刷涂无障碍	刷涂二道无障碍	刷涂二道无障碍	刷涂二道无障碍	刷涂二道无障碍	刷涂二道无障碍
干燥时间	表干时间	h	≤4	75min	65min	65min	62min	55min
	实干时间	h	≤8	205min	165min	130min	140min	135min
断裂伸长率		%	≥100	150	283	420	562	694
表面憎水率		%	≥98	89	93.4	99.3	99.91	99.91
断裂强度（参考值）		MP	≥0.5	0.14	0.24	0.46	0.58	0.64

从表 9-1-13 中性能指标可以看出，高分子弹性底涂的容器中状态搅拌后无结块，呈均匀状态，施工性易于涂刷，干燥时间略有差异。随着聚合物乳液的掺量增加，涂料的断裂伸长率显著增加，表面憎水率显著增加，可以看出 40% 的乳液量即可符合标准要求，考虑到适当的断裂强度值，乳液量宜在 50% 以上较为合适。

9.1.4.4　柔性耐水腻子的研究

随着外墙外保温技术的大力发展和应用，人们对外墙外保温系统的设计由早期的"刚性抗裂技术路线"逐渐转向"逐层渐变柔性抗裂的技术路线"。由于保温层一般密度小、强度低，其受温度和湿度变形影响造成的外型尺寸不稳定问题，要求与之配套的抹面层、腻子层、涂料层必须能有效地适应这种变化。外墙外保温用腻子作为一种与外保温系统配套的产品，除满足于一般外墙腻子的性能外，还必须能满足来自于保温系统的动态应力的变化。柔性耐水腻子能够消解、释放、平衡来自于体系时时刻刻的动态应力应变。采用刚性腻子：由于腻子柔韧性不够，无法满足抗裂防护层的变形而开裂。图 9-1-14 是刚性腻子与柔性腻子在同一试验墙上的对比试验。

1. 柔性耐水腻子影响因素研究

（1）试验配方

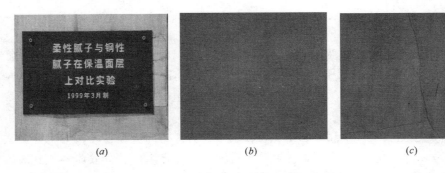

图 9-1-14　刚性腻子与柔性腻子对比
（a）腻子对比；（b）柔性耐水腻子；（c）刚性腻子

柔性乳液（高 T_g 值与低 T_g 值匹配）：25%～35%；

抗裂纤维：0.2～0.5mm，0.5%～1.0%；

甲基纤维素：固体粉末，0.1%～0.5%；

触变剂：固体粉末，0.1%～0.6%；

消泡剂：0.1%～0.3%；

防腐剂：0.1%～0.2%；

复合憎水表面活性剂：0.1%～0.3%；

混合助剂：1%～3%；

石英砂：100～325 目，25%～40%；

重质碳酸钙：150～200 目，30%～50%；

水：适量。

（2）制备

按生产配方，准备称取各种原料，将乳液拼混，固体原料配成一定浓度的溶液备用。将称好的乳液、消泡剂、防腐剂、纤维素液、抗裂纤维加入搅拌罐中，并启动搅拌，分批缓缓加入混合助剂、触变剂、表面活性剂等形成均匀胶浆状。混合搅拌 40～60min，直至各种原料混合均匀，然后包装，即得腻子产品。

施工时，将此腻子胶液与普硅 42.5 水泥按 1∶0.4（重量比）调配成膏状，腻子随配随用，配好的腻子要求在 2h 内用完。腻子采用刮板或抹子刮涂，批刮厚度至少在 1mm 以上，可分 2～4 次批刮完成。

（3）性能检测

按照《外墙外保温柔性耐水腻子》JG/T 229 进行检测。

（4）不同水泥用量与柔韧性和粘结强度的关系

腻子配比中水泥的用量通常看作是影响其总体性能的主要因素。做为外保温配套用腻子，要求做到其柔韧性、附着性的统一。腻子层作为与保温抗裂层配套的非结构性的涂覆材料或覆盖材料，一般要求其抗压强度或弹性模量应低于基材的，以便能更好地适应基材的形变和协调自身在外界因素作用下产生的形变，降低应力，减少开裂和剥落的可能，即作到柔韧性与附着性的统一。我们通过测试 4 种不同水泥配比（其余的量用重钙填充）的粉料与 2 种不同乳液含量腻子胶形成的腻子性能，得出不同水泥用量与柔韧性、粘结强度的关系。

通过对不同水泥用量的腻子的粘结强度和柔韧性测试，得出如下结论：在胶液中乳液含量为 20% 时，不同水泥掺量的腻子粘结强度不能达到规范要求（见表 9-1-14）；在胶液中乳液含量为 30% 时，水泥掺量在 25%～30% 时，腻子的各项指标均能达标（见表 9-1-15）。我们可以找一个合适乳液含量与最佳水泥掺量，来达到柔韧性与附着性的统一。

不同水泥用量腻子的性能（胶液中乳液含量为 20%）　　　　　　　　　　　　　　　　表 9-1-14

水泥掺量（%）	20	25	30	35
粘结强度（MPa）	0.33	0.43	0.49	0.47
柔韧性	合格	合格	合格	不合格

不同水泥用量腻子的性能（胶液中乳液含量为 30%）　　　　　　　　　　　　　　　　表 9-1-15

水泥掺量（%）	20	25	30	35
粘结强度（MPa）	0.48	0.61	0.71	0.69
柔韧性	合格	合格	合格	不合格

（5）不同乳液用量的影响

由于外墙外保温用腻子除对柔韧性要求较高以外，还要求腻子膜有较好的硬度、附着力、耐碱性及耐沾污性。因此乳液的选择变得格外重要。我们一般采取低 T_g 值与高 T_g 值的乳液进行拼混的措施，这样既能满足弹性的要求，又可解决涂膜较软，耐玷污性、耐水性差等问题，并且能有效解决与基材附着力差的问题。固定水泥用量 28％的情况下，对 4 种不同乳液用量的腻子性能进行测试（见表 9-1-16）。

不同乳液用量腻子的性能   表 9-1-16

乳液用量（％）	20	25	30	35
粘结强度（MPa）	0.46	0.54	0.67	0.73
柔韧性	不合格	合格	合格	合格

通过以上试验，在水泥掺量 25％～30％之间，选用乳液含量在 30％～35％的胶液配制形成的腻子，其柔韧性、粘结强度得到最优的搭配。

（6）小结

聚合物乳液、水泥、填料、多种助剂等均对腻子的性能，如粘结强度、吸水量、柔韧性、耐碱性等产生影响。配制的柔性耐水腻子柔韧性满足 10％弯曲无裂纹，并且施工性好，除有效地解决传统腻子易起皮、不耐水、耐候性差等缺陷，还能有效地满足外墙外保温系统逐层渐变柔性释放的动态应力应变，成为外墙外保温涂料饰面系统的理想配套材料。

9.2　保温板性能的分析研究

保温板是外墙外保温系统中起保温、隔热作用的板材，是外墙保温系统的重要组成部分。模塑板薄抹灰做法从欧美应用最为广泛，深入地研究了板材的成型及加工工艺、保温板粘贴加固工艺以及配套材料，引入中国后，在建筑工程上应用较多。后来又出现了挤塑板、聚氨酯复合板、酚醛保温板等有机板材，这些保温材料具有优异的保温性能，其他性能指标与模塑板相距甚远。岩棉板燃烧性能达到 A 级，主要应用于高层建筑、公共建筑或者幕墙建筑。保温板附着在外墙上须经受骤冷骤热及冻融循环、水汽等因素的往复考验，保温材料同时膨胀与收缩，在建筑保温工程做法上其他保温板沿用模塑板薄抹灰构造做法和配套材料，各种板材变形规律是否相同，对防护层和面层有何影响，保温系统的耐候性能有何差别，本部分从分析保温板基本性能入手，然后对保温板受热及湿度进行试验研究，分析保温板上墙后的变形及应力变化，提出改善保温板系统变形应力的解决方案，从而减少保温系统耐候性带来的损失。

9.2.1　保温板的基本性能分析

模塑聚苯板是由含有挥发性液体发泡剂的可发性聚苯乙烯珠粒经加热预发后在模具中成型的白色物体，其有微细闭孔的结构特点。模塑聚苯板具有质轻、保温隔热性能好、吸水性小、耐低温性好、易加工的特点，并有一定弹性。

挤塑聚苯板是以聚苯乙烯树脂为原料，经由特殊工艺连续挤出发泡成型的硬质板材，其内部为独立的密闭式气泡结构，是一种具有高抗压、吸水率极低、防潮、不透气、轻质、耐腐蚀、使用寿命长、导热系数低等特点的保温材料。

聚氨酯复合板是以硬泡聚氨酯（包括聚氨酯硬质泡沫塑料（PUR）和聚异氰脲酸酯硬质泡沫塑料（PIR））为芯材，六面用一定厚度的水泥基聚合物砂浆进行包覆处理，在工厂预制成型的复合保温板。聚氨酯复合板具有导热系数低、抗拉抗压强度高、耐腐蚀、理化性能稳定的特点。

酚醛保温板是由酚醛泡沫制成，由酚醛树脂加入发泡剂、固化剂及其他助剂制成的闭孔硬质泡沫塑料。酚醛泡沫具有防火低烟、导热系数低的特点。

岩棉是以天然岩石如玄武岩、辉长岩、白云石、铁矿石、铝矾土等为主要原料，经高温熔化、纤维化而制成的无机质纤维，具有不燃、绝热性好的特点。

近年来国家、行业发布了很多保温板方面的技术规范，具体指标上还是差别较大的，如表 9-2-1 所示，基本技术指标的不同将影响到保温板在工程上的应用方法，特别是外保温应用的环境复杂，板材的热力学指标应引起注意，同时板材的成型原料也很重要。

项目	单位	模塑聚苯板	挤塑聚苯板	聚氨酯复合板	酚醛板	岩棉板	胶粉聚苯颗粒保温浆料
表观密度	kg/m³	≥18	22～35	≥32	≥45	≥140	250～350
	倍数	1	1.94	1.78	2.5	7.78	19.4
导热系数	W/(m·K)	0.039	0.03	0.024	0.033	0.04	0.06
	热阻倍数	1	1.3	1.625	1.18	0.975	0.65
垂直于板面抗拉强度	MPa	≥0.10	≥0.20	≥0.10	≥0.08	≥0.0075	—
	倍数	1	2	1	0.8	0.075	—
压缩强度	kPa	≥100	≥200	≥150	≥100	≥40	≥300
	倍数	1	2	1.5	1	0.4	3
弯曲变形	mm	≥20	≥20	≥6.5	≥4.0	—	—
	倍数	1	1	0.325	0.2	—	—
尺寸稳定性 (70℃,2d)	%	≤0.3	≤1.0	≤1.0	≤1.0	≤1.0	≤0.3
	倍数	1	3.33	3.33	3.33	3.33	1
线膨胀系数	mm/(m·K)	0.06	0.07	0.09	0.08		
	倍数	1	1.17	1.5	1.33		
蓄热系数	W/(m²·K)	0.36	0.54	0.27	0.36	0.75	0.95
	倍数	1	1.5	0.75	1	2.1	2.6
吸水率	%	≤3	≤1.5	≤3	≤7.5	—	—
	倍数	1	0.5	1	2.5	—	—
水蒸气渗透系数	ng/(Pa·m·s)	4.5	3.5	6.5	8.5	10	20
	倍数	1	0.78	1.44	1.9	2.2	4.5
弹性模量	MPa	9.1	20	26	16.4	—	100
	倍数	1	2.2	2.87	1.8	—	11
泊松比	—	0.1	0.28	0.42	0.24		
燃烧性能	—	不低于 C(B₁)级				A	

注：倍数为与模塑板指标比较。

（1）表观密度

各种保温板表观密度差距较大，挤塑聚苯板和聚氨酯复合板的表观密度接近模塑聚苯板的 2 倍，酚醛板是模塑聚苯板的 2.5 倍，岩棉达到模塑聚苯板的 7.78 倍。表观密度是导热系数、压缩强度、弯曲变形等指标的重要影响因素。

模塑聚苯板的导热系数随表观密度的增加而减小，模塑聚苯板本身的多孔结构及其应用实践表明，在最佳密度范围内，表观密度与导热系数之间存在一定的相关性。另外模塑聚苯板表观密度在 18～25kg/m³ 之间时压缩强度在 70～150kPa 之间。

聚氨酯复合板表观密度在 40kg/m³ 左右时导热系数最低。表观密度低于规定要求时将直接导致其物理性能下降，如强度，尺寸稳定性等。

同时表观密度过大，施工操作上需要适当的托架配合。

（2）导热系数

聚氨酯复合板导热系数最低，相同节能指标情况下，板材从厚至薄依次为岩棉板、酚醛板、模塑聚苯板、挤塑聚苯板、聚氨酯复合板。保温材料的热阻越大，热量就越慢传递分散到内部，造成外表面的热量过于集中，板材两侧温差越大，板材变形也就越大，越需对防护面层材料的抗裂能力提出更为苛刻的要求。

（3）压缩强度

压缩强度指试件在 10% 变形下的压缩应力。挤塑聚苯板的压缩强度是模塑聚苯板的 2 倍，在同样变形时，板材产生的应力更大，对外层防护砂浆的要求更高。

（4）弯曲变形

弯曲变形试验原理如图 9-2-1 所示，负荷压头以一定速度向支撑在两支座上的试样施加负荷，负荷应垂直于试样施加在两支点中央，记录试样达到规定形变时的负荷值或断裂负荷值。聚氨酯复合板弯曲

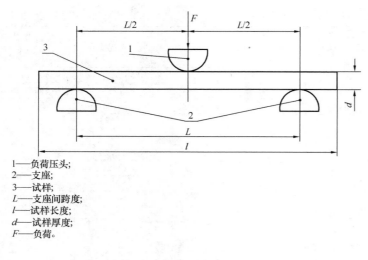

1——负荷压头；
2——支座；
3——试样；
L——支座间跨度；
l——试样长度；
d——试样厚度；
F——负荷。

图 9-2-1　弯曲变形试验原理图

变形值为模塑聚苯板的 32.5%，酚醛板弯曲变形值仅为模塑聚苯板的 20%，聚氨酯复合板和酚醛板弯曲变形值远低于模塑聚苯板和挤塑聚苯板的弯曲变形值，说明前两者呈脆硬性而柔性较差，则其吸收内应力和释放变形的能力，相应地也远远低于模塑聚苯板。在外墙外保温的应用时，更容易发生开裂和脱落。

（5）尺寸稳定性

在 70℃温度 48h 条件下，模塑聚苯板的尺寸变化率为 0.3%，其他保温板的尺寸变化率为模塑聚苯板的 3.3 倍，即在实验室条件下，当模塑聚苯板变形量为 3mm 时，其他三种材料的变形量会达到 10mm，模塑聚苯板在受热时体积比较稳定。热变形大的板材在急冷急热的条件下面层更易于出现开裂现象。

（6）线膨胀系数

模塑聚苯板的线膨胀系数最小，挤塑聚苯板为聚苯板的 1.17 倍，聚氨酯复合板线膨胀系数最大。

（7）弹性模量

弹性模量可视为衡量材料产生弹性变形难易程度的指标，其值越大，材料发生一定弹性变形的应力也越大，即材料刚度越大，亦即在一定应力作用下，发生弹性变形越小。挤塑聚苯板弹性模量是模塑聚苯板的 2.2 倍，聚氨酯复合板是 2.87 倍。

（8）蓄热系数

热力学上把某一匀质半无限大壁体一侧受到谐波热作用时，迎波面上接受的热流振幅 A_q 与该表面的温度振幅 A_f 之比称为材料的蓄热系数。材料的蓄热系数说明了半无限大的物体在谐波热作用下，表面对谐波热作用的敏感程度。在同样的谐波热作用下，蓄热系数越大，表面温度波动越小。

聚氨酯复合板蓄热系数最低，仅为模塑聚苯板的 0.75 倍，岩棉板为模塑聚苯板的 2.1 倍，聚氨酯复合板表面温度波动最大。

（9）吸水率

材料吸水性能差异的主要决定于自身的化学组成及内部结构。（a）聚苯乙烯本身并不吸湿，将它浸泡在水中，也仅能吸收少量的水分。模塑聚苯板颗粒的蜂窝壁不透水，水仅能从熔融的蜂窝之间的微小通道透过泡沫塑料。因此，模塑聚苯板吸水率取决于原材料在加工时的熔结性能，珠粒间的熔结越好，水蒸气的扩散阻力也就越大，吸水率也就越低。（b）挤塑聚苯板具有闭孔蜂窝结构，这种结构使挤塑板有极低的吸水性。（c）硬质聚氨酯泡沫塑料微孔泡沫结构致密，闭孔率较高，在与空气接触的一面具有致密的表皮不易透水，聚氨酯复合板的吸水率与模塑聚苯板接近。（d）酚醛的化学组成和孔隙率决定了酚醛具有较高的吸水率。酚醛板吸水率为聚苯板的 2.5 倍，吸水后的酚醛泡沫干燥后质量降低，对酚醛板的压缩强度影响较大。

吸水率对导热系数的影响表现在随着水分的吸入导热系数逐渐增加，吸水越多则保温性能会降低得越多。

吸水性对保温板材的施工及配套材料性能指标影响较大。挤塑板施工时需要在表面涂刷专用的界面处理剂以利于粘结牢固。

（10）水蒸气渗透系数

外保温系统既要求能够抵御外界液态水的侵入，又要求有利于水蒸气迁徙，挤塑聚苯板的水蒸气渗透系数仅为模塑聚苯板的 0.78 倍，不利于水蒸气向外迁移。

（11）抗拉强度

垂直于板面的抗拉强度表示材料松软程度，挤塑聚苯板最高，为模塑聚苯板的 2 倍，岩棉板最低，在岩棉保温系统构造设计时考虑风压因素对保温系统的影响，需采取机械锚固。酚醛板表面强度低、易于粉化，在施工前应作适当的表面处理增强。

从上述分析，各种保温板性能表现出较大的差别，特别是保温板的热变形性能相距甚远，在建筑保温工程做法上一律沿用模塑板薄抹灰构造做法和配套材料，将会产生重大的技术风险。有必要对保温板作热稳定性分析，选择更加合理的构造和配套材料。

9.2.2 保温板的变形研究

文献资料中在受热及湿度条件下对保温板的性能有了较多的研究，为保温板的应用提供了参考依据。

9.2.2.1 保温板在短时间内高温环境下的变形

对模塑聚苯板、挤塑聚苯板、聚氨酯复合板、酚醛板在 70℃ 烘箱中进行 48h 短期热养护测试其变形，将保温材料切割成 40mm×40mm×160mm 的棱柱体，在两端粘结住金属铜头，标记试件方向，实验室条件下测试初长，测试 48h 试件变形。

从表 9-2-2 数据结果可以看出，模塑板在短时间内受热时长度变化表现为收缩，变化值较小，湿度影响不大，体积稳定。

保温板 70℃ 48h 长度变化情况表　　　　　　　　　　　　　　　表 9-2-2

保温板	70℃ 48h 长度变化值（mm）	70℃ 48h 长度变化率 %	70℃ 48h 长度变化值（mm）（湿度 50%）	70℃ 48h 长度变化率 %（湿度 50%）
模塑聚苯板	−0.4	−0.25	−0.33	−0.2
挤塑聚苯板 1	无值	—	无值	—
挤塑聚苯板 2	−0.6	−0.375	无值	—
挤塑聚苯板 3	−0.8	−0.5	−1.04	−0.65
聚氨酯复合板	−1.48	−0.93	−0.24	−0.15
酚醛板	−2.60	−1.6	−1.26	−0.79

而挤塑聚苯板长度变化和体积变化无规律，长度变化表现为收缩。挤塑聚苯板 1 体积变化较大，长度值无法测量，如图 9-2-2 所示。挤塑聚苯板 2 和挤塑聚苯板 3 在受热时收缩，长度变化率为模塑聚苯

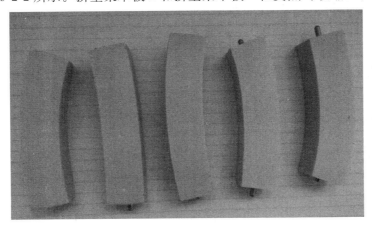

图 9-2-2　挤塑聚苯板 1 在受热 70℃ 时长度与体积变化

板的 2 倍以上，体积变化稳定。挤塑聚苯板 2 在热与湿度的影响下体积变化较大，如图 9-2-3 所示。

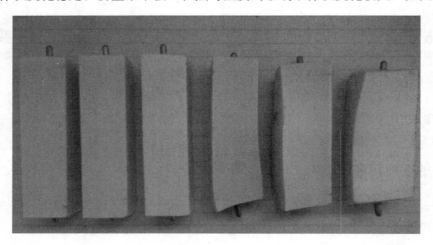

图 9-2-3　挤塑聚苯板 2 在受热 70℃时长度与体积变化

聚氨酯复合板在受热时收缩率为 0.93%，为模塑聚苯板的 3.72 倍，而在热和湿度作用下，长度变化率为 0.15%，长度变化稳定，体积变化不大。

酚醛板在在受热时收缩率为 1.6%，为模塑聚苯板的 6.4 倍，而在热和湿度作用下，长度变化率为 0.79%，长度变化率为模塑聚苯板的 3.8 倍，体积变化不大。

9.2.2.2　保温板长期受热变形研究

瓦克化学技术中心对不同厂家的保温板材在高温和高温高湿环境下的变形进行了试验研究。
保温材料：模塑聚苯板，挤塑聚苯板，聚氨酯复合板，酚醛板及岩棉板。
养护条件：70℃烘箱养护，恒温恒湿养护箱（70℃/RH95%）。
测试方法：将保温材料切割成 40mm×40mm×160mm 的棱柱体，在两端粘结住金属铜头，标记试件方向，实验室条件下测试初长初重，将试件放入烘箱及恒湿恒温箱内，测试 28 天试件变形。
从图 9-2-4 中可以看出：

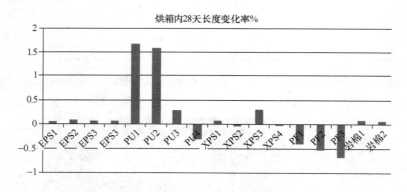

图 9-2-4　为干热条件下板材的长度变化率

（1）在干热养护条件下，不同厂家的模塑聚苯板变形最稳定，长度变化最小，模塑聚苯板的质量较稳定；
（2）不同厂家的聚氨酯保温板变形差别较大，两个样品伸长较大，一个样品收缩；
（3）不同厂家的挤塑聚苯板变形不一致，变化较小；
（4）不同厂家的酚醛均收缩较大；
（5）岩棉板与模塑聚苯板变形接近，较为稳定。
不同保温板在干热条件下变形差别较大，同一种保温板也会体现出不同体积变形。

从图 9-2-5 中可以看出：

（1）不同厂家的模塑聚苯板变形依然较小；

（2）聚氨酯保温板伸长最大，不同厂家的板材伸长有一定差异，湿度对聚氨酯复合板的变形影响显著；

（3）挤塑聚苯板变形不一致，有样品受湿度的影响显著；

（4）酚醛板的变形明显大于模塑聚苯板，与受热时呈相反变化；

（5）岩棉板变形差别较大，有样品与受热呈相反变化收缩较大。

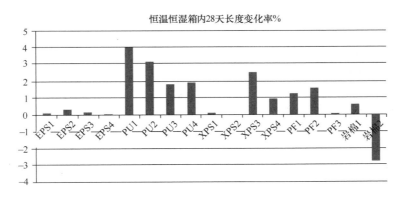

图 9-2-5　恒温恒湿条件下不同厂家、不同板材的长度变化率

从上得知，保温板在湿热条件下，变形差别较大，聚氨酯复合板、挤塑板、酚醛板受湿度的影响显著。

从上分析保温板在高温高湿的条件下，表现出明显的变形差异。

9.2.2.3　保温板的热膨胀系数测定

北京工业大学李文博等人实测对保温材料的热膨胀系数，认为组成保温系统的材料的温度应变存在差异，造成温度变化时外保温系统材料之间产生应力，长期作用下容易产生裂缝，影响系统的耐久性。

对耐候性试验中的挤塑聚苯板和模塑聚苯板应变测试，温度变化范围为 20～70℃，并伴有淋水，试验条件比较复杂。

从表 9-2-3 的 10 组模塑聚苯板的数据可以看出，在 20℃时模塑聚苯板表面应变的零点波动比较大，取平均值后达到微应变达到 24 微应变，到达 70℃后，应变峰值达到 2670 微应变，平均值也达到了 2340 微应变，这与模塑聚苯板的特性有关，密度小保温效果好，容易导致在受到温度的影响时体积变化比较明显。

模塑聚苯板应变　　　　　　　　　　　　　　　　表 9-2-3

温度	应变（$\mu\varepsilon$）										平均值
20℃	−78	−53	−11	10	23	40	60	62	77	109	24
70℃	2324	2510	2555	1999	2411	2670	1932	2503	2388	2109	2340

从表 9-2-4 的 10 组挤塑聚苯板的数据可以看出，挤塑聚苯板的应变剧烈，峰值达到 4571 微应变，为试验中各种材料之最。70℃应变平均值达到 4036 微应变，接近模塑聚苯板平均应变的 2 倍。当自然界的温度产生剧烈变化时，挤塑聚苯板的体积会发生较大的变化，在用作墙体保温材料时，必须考虑到这种变化，选用适合的保温构造和配套材料。

挤塑聚苯板应变　　　　　　　　　　　　　　　　表 9-2-4

温度	应变（$\mu\varepsilon$）										平均值
20℃	−120	−76	−55	3	12	42	45	95	126	159	23.1
70℃	3480	4027	4571	4329	3875	4262	3553	4085	3961	4221	4036

由试验结果可以看出，挤塑聚苯板、模塑聚苯板在温度出现变化时的体积变化明显，保护层砂浆与保温材料直接接触，在温度变化时，两者温度应变差别如此显著，如果不采取有效的措施，墙面必然会产生裂缝，影响系统的正常使用。

从上实验数据分析保温板在受到温度、湿度变化时出现明显的胀缩变化，模塑板胀缩变化最小最为稳定，而其他的保温板材变化差别较大，在墙体上受到的环境影响将更加复杂保温板的变形性亦更加复杂。

9.2.3 保温系统变形和应力研究

9.2.3.1 上墙后保温板材的变形

按照高层建筑75%节能指标，混凝土墙体厚度180mm，分别计算4种保温板的厚度（如表9-2-5所示），抗裂防护层厚度为3mm。

保温层厚度 表 9-2-5

材料	模塑聚苯板	挤塑聚苯板	聚氨酯复合板	酚醛板
厚度 mm	80	70	55	80

分别计算保温板外表面的伸长及应力，保温板尺寸为1200mm×600mm，按照低温20℃，墙面温度70℃计算。

保温板外表面的伸长 ΔL：

$$\Delta L = \alpha(t_2 - t_1)L$$

式中　　α——保温板的热膨胀系数，mm/（m·K）；

t_1、t_2——保温板表面的温度变化值，℃；

L——保温板的长度，m。

保温板在限制伸长的情况下保温板表面的温度应力 σ：

$$\sigma = E\varepsilon$$

式中　　E——保温板的弹性模量，MPa；

ε——保温板的应变，无量纲。

从计算结果上分析（见表9-2-6和图9-2-6）：

墙体上的保温板变形与应力估算比较 表 9-2-6

保温板材		模塑聚苯板	挤塑聚苯板	聚氨酯复合板	酚醛板
伸长	mm	3.6	4.2	5.4	4.8
	倍数	1	1.2	1.5	1.3
应力	kPa	27.3	60	117	65.6
	倍数	1	2.2	4.3	2.4

聚氨酯复合板表面变形最大，是模塑聚苯板1.5倍，挤塑聚苯板和酚醛板表面变形居中。墙体上保温板表面的温度应力聚氨酯复合板最大是模塑聚苯板的4.3倍，挤塑聚苯板是模塑聚苯板的2.2倍，酚醛板的温度应力是模塑聚苯板的2.4倍，可见在选用挤塑聚苯板、聚氨酯复合板和酚醛板时应加以研究，选用适宜的配套材料。

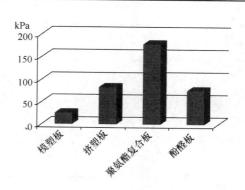

图 9-2-6 墙体上的保温板变形与应力估算比较柱状图

9.2.3.2 保温板与砂浆之间的应力

由于保温板与抹面砂浆的热膨胀系数不同，当受到湿度和温度变化时伴随着体积收缩和膨胀，受彼此之间的相互约束会产生温度应力。针对各种保温板的线膨胀系数不同，在采用相同保温构造做法时，可通过简单的数学运算，比较各种保温板与砂浆之间的应力。

假设自由伸长为 L_1、L_2（假设 $L_1 \geqslant L_2$），此时无温度应力。

$$L_1 = \Delta T \cdot a_1$$
$$L_2 = \Delta T \cdot a_2$$

但两者相互接触，最后长度为 L，并且 $L_1 > L > L_2$。

根据力学平衡，两温度应力相等：

$$F_1 = (L_1 - L) \cdot E_1 / (1 - \gamma_1)$$
$$F_2 = (L - L_2) \cdot E_2 / (1 - \gamma_2)$$
$$F_1 = F_2$$
$$(L - L_2) \cdot E_2 / (1 - \gamma_1) = (L_1 - L) \cdot E_1 / (1 - \gamma_2)$$

得到：

$$L = \frac{L_1 E_1 (1 - \gamma_2) + L_2 E_2 (1 - \gamma_1)}{E_1 (1 - \gamma_2) + E_2 (1 - \gamma_1)}$$

代入力学式子为：

$$F_1 = (L_1 - L) E_1 / (1 - \gamma_1) = \Delta T \Delta a \frac{E_1 E_2}{E_1 (1 - \gamma_2) + E_2 (1 - \gamma_1)}$$

式中　F——温度应力，kPa；

ΔT——温度变化，℃；

E_1，E_2——弹性模量，MPa；

Δa——热膨胀系数差值，mm/（m·K）；

γ_1、γ_2——材料的泊松比，无量纲。

（1）模塑聚苯板与抹面胶浆

模塑聚苯板的热膨胀系数为 $6 \times 10^{-5}/℃$，抹面胶浆的热膨胀系数为 $1 \times 10^{-5}/℃$，它们的热膨胀系数差值为 $\Delta\alpha = 5 \times 10^{-5}℃$，取温度变化为 $\Delta T = 50℃$，水泥砂浆的弹性模量为 $E = 6\text{GPa}$，水泥砂浆的泊松比取为 0.28，则此时水泥砂浆的平均温度应力：

$$F = 25.3\text{kPa}$$

（2）挤塑聚苯板与抹面胶浆

挤塑聚苯板的热膨胀系数为 $7 \times 10^{-5}/℃$，抹面胶浆的热膨胀系数为 $1 \times 10^{-5}/℃$，它们的热膨胀系数差值为 $\Delta\alpha = 6 \times 10^{-5}/℃$，取温度变化为 $\Delta T = 50℃$，水泥砂浆的弹性模量为 $E = 6\text{GPa}$，水泥砂浆的泊松比取为 0.28，则此时水泥砂浆的平均温度应力：

$$F = 83.1\text{kPa}$$

（3）聚氨酯复合板与抹面胶浆

聚氨酯复合板的热膨胀系数为 $9 \times 10^{-5}/℃$，抹面胶浆的热膨胀系数为 $1 \times 10^{-5}/℃$，它们的热膨胀系数差值为 $\Delta\alpha = 8 \times 10^{-5}/℃$，取温度变化为 $\Delta T = 50℃$，水泥砂浆的弹性模量为 $E = 6\text{GPa}$，水泥砂浆的泊松比取为 0.28，则此时水泥砂浆的平均温度应力：

$$F = 178.4\text{kPa}$$

（4）酚醛板与抹面胶浆

酚醛板的热膨胀系数为 $8 \times 10^{-5}/℃$，抹面胶浆的热膨胀系数为 $1 \times 10^{-5}/℃$，它们的热膨胀系数差值为 $\Delta\alpha = 7 \times 10^{-5}/℃$，取温度变化为 $\Delta T = 50℃$，水泥砂浆的弹性模量为 $E = 6\text{GPa}$，水泥砂浆的泊松比取为 0.28，则此时水泥砂浆的平均温度应力：

$$F = 75.3\text{kPa}$$

从以上计算可以看出（图 9-2-7），不同保温板与抹面胶浆之间产生的应力差别较大。外保温系统在夏季和冬季，由于保温层的隔热和保温作用，使得保温层以外的部分温度过高或过低，这时不易用热膨胀系数相差太远的材料作为相邻材料，否则会出现温度应力过大，造成空鼓、裂缝、脱落等现象。

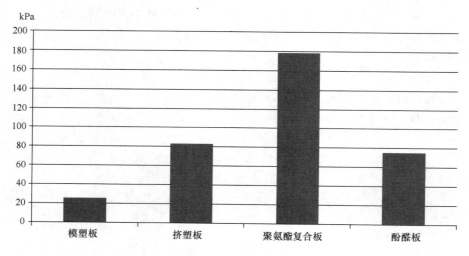

图 9-2-7　保温板与砂浆之间的应力

9.2.3.3　过渡层对保温板变形的影响

《胶粉聚苯颗粒外墙外保温系统材料》JG/T 158—2013 和北京市地方标准《硬泡聚氨酯复合板现抹轻质砂浆外墙外保温工程施工技术规程》DB11/T 1080—2014 中提出了过渡层做法。对采用胶粉聚苯颗粒保温浆料作为找平过渡层时，计算保温板表面的温度变化情况。

（1）传热原理

计算依据：建筑热工稳定传热和周期性非稳定传热原理。

在稳定传热中，传热量的多少与作用温差、材料的导热系数和结构的传热阻密切相关。墙体热流密度 Q 如下：

$$Q = K\Delta T = K(t_e - t_i) = \frac{t_e - t_i}{R_i + \Sigma R_j + R_e}$$

其中：

$$K = \frac{1}{R_0} = \frac{1}{R_i + \Sigma R_j + R_e}$$

任一层外界面的热流密度 Q_m，

$$Q_\mathrm{m} = \frac{t_\mathrm{m} - t_i}{R_i + \Sigma_{j=0}^{m-1} R_j}$$

根据任一层外界面上的热流密度相等的原理 $Q = Q_\mathrm{m}$，

$$t_\mathrm{m} = t_i - \frac{R_i + \Sigma_{j=0}^{m-1} R_j}{R_0}(t_i - t_e) \quad (m = 1,2,\cdots,n+1)$$

式中　R_0——外墙的总热阻，$\mathrm{m^2 \cdot K/W}$；

R_i——外墙的内表面换热阻，$\mathrm{m^2 \cdot K/W}$；

R_j——第 j 层材料的热阻，$\mathrm{m^2 \cdot K/W}$；

$\Sigma_{j=0}^{m-1} R_j$——从室内算起，由第一层至 $m-1$ 层的热阻之和。

（2）周期性非稳定传热原理

外界热作用随时间周期性的变化为

$$t_\tau = \bar{t} + A_t \cos\left(\frac{360\tau}{Z} - \varPhi\right)$$

式中 t_τ——在 τ 时刻的介质温度，℃；

$\bar{t}$——在一个周期内的平均温度，℃；

τ——以某一指定时刻（例如昼夜时间内的零点）起算的计算时间，h；

Φ——温度波的初相位，deg；若坐标原点取在温度出现最大值处，$\Phi=0$。

在谐波热作用下的周期性传热过程中，则与材料和材料层的蓄热系数及材料层的热惰性有关。

在建筑热工中，把室外温度振幅 A_e 与由外侧温度谐波热作用引起的平壁内表面温度振幅 A_{if} 之比称为温度波的穿透衰减度，今后简称为平壁的总衰减度，用 ν_0 表示，即

$$\nu_0 = A_e / A_{if}$$

温度波的衰减与材料层的热惰性指标是呈指数函数关系。

$$V_x = A_\theta / A_x = e^{\frac{D}{\sqrt{2}}}$$

衰减倍数是指室外空气温度谐波的振幅与平壁内表面温度谐波的振幅之比值，其值按下式计算：

$$\nu_0 = 0.9 e^{\frac{\Sigma D}{\sqrt{2}}} \cdot \frac{S_1 + \alpha_i}{S_1 + Y_{1,e}} \cdot \frac{S_2 + Y_{1,e}}{S_2 + Y_{2,e}} \cdot \cdots \frac{S_n + Y_{n-1,e}}{S_n + Y_{n,e}} \cdot \frac{\alpha_e + Y_{n,e}}{\alpha_e}$$

式中 ΣD——平壁总的热惰性指标，等于各材料层的热惰性指标之和；

S_1，S_2，$\cdots$，S_n——各层材料的蓄热系数，W/（m² · K）；

$Y_{1,e}$，$Y_{2,e}$，$\cdots$，$Y_{n,e}$——各材料层外表面的蓄热系数，W/（m² · K）；

α_i——平壁内表面的换热系数，W/（m² · K）；

α_e——平壁外表面的换热系数，W/（m² · K）；

e——自然对数的底 $e=2.718$。

习惯用延迟时间 ξ_0 来评价围护结构的热稳定性，根据时间与相位角的变换关系即可得延迟时间：温度波的衰减与材料层的热惰性指标是呈指数函数关系。

$$V_x = A_\theta / A_x = e^{\frac{D}{\sqrt{2}}}$$

衰减倍数是指室外空气温度谐波的振幅与平壁内表面温度谐波的振幅之比值，其值按下式计算：

$$\nu_0 = 0.9 e^{\frac{\Sigma D}{\sqrt{2}}} \cdot \frac{S_1 + \alpha_i}{S_1 + Y_{1,e}} \cdot \frac{S_2 + Y_{1,e}}{S_2 + Y_{2,e}} \cdot \cdots \frac{S_n + Y_{n-1,e}}{S_n + Y_{n,e}} \cdot \frac{\alpha_e + Y_{n,e}}{\alpha_e}$$

式中 ΣD——平壁总的热惰性指标，等于各材料层的热惰性指标之和；

S_1，S_2，$\cdots$，S_n——各层材料的蓄热系数，W/（m² · K）；

$Y_{1,e}$，$Y_{2,e}$，$\cdots$，$Y_{n,e}$——各材料层外表面的蓄热系数，W/（m² · K）；

α_i——平壁内表面的换热系数，W/（m² · K）；

α_e——平壁外表面的换热系数，W/（m² · K）；

e——自然对数的底 $e=2.718$。

$$\xi_0 = \frac{1}{15} \left(40.5 \Sigma D + \arctan \frac{Y_{ef}}{Y_{ef} + \alpha_e \sqrt{2}} - \arctan \frac{\alpha_i}{\alpha_i + Y_{if} \sqrt{2}} \right)$$

式中 Y_{ef}——平壁外表面的蓄热系数，W/（m² · K）；

Y_{if}——平壁内表面的蓄热系数，W/（m² · K）。

（3）保温浆料找平保温板温度变化计算

按照北方夏季室内温度为 $t_i=20$℃并保持稳定，深颜色饰面表面温度为 $t_e=70$℃，外墙表面的平均温度 28℃计算。

胶粉聚苯颗粒保温浆料找平保温板外表面的薄抹灰做法，其墙体构造和相关参数见表 9-2-7～表9-2-8。

20mm厚胶粉聚苯颗粒找平模塑聚苯板外表面做法 表9-2-7

构造做法	厚度 δ (mm)	导热系数 λ [W/(m·K)]	热阻 R (m²·K/W)	蓄热系数 S W/(m²·K)	热惰性指标 D	外表面蓄热系数 Y
钢筋混凝土	180	1.740	0.10	17.06	1.76	17.06
模塑聚苯板	60	0.039	1.47	0.36	0.58	0.66
保温浆料	20	0.070	0.23	0.95	0.27	0.75
抗裂砂浆	3	0.93	0.003	11.37	0.04	1.14
合计	263	—	1.96	—	2.63	—

30mm厚胶粉聚苯颗粒找平模塑聚苯板外表面做法 表9-2-8

构造做法	厚度 δ (mm)	导热系数 λ [W/(m·K)]	热阻 R (m²·K/W)	蓄热系数 S W/(m²·K)	热惰性指标 D	外表面蓄热系数 Y
钢筋混凝土	180	1.740	0.10	17.06	1.76	17.06
模塑聚苯板	60	0.039	1.54	0.36	0.55	0.63
保温浆料	30	0.070	0.43	0.95	0.41	0.80
抗裂砂浆	3	0.93	0.003	11.37	0.04	1.22
合计	273	—	2.07	—	2.76	—

因此，在保温板上抹胶粉聚苯颗粒保温浆料过渡层，当抹厚度20mm的胶粉聚苯颗粒保温浆料后，在1.15h以后达到最高温度60.6℃，当抹厚度30mm的胶粉聚苯颗粒保温浆料后，在1.52h以后达到最高温度57℃（表9-2-9），可见表面温度大幅下降，温度应力大幅下降，并将高温发生时间向后延迟，大大缓解保温板因温度变化产生的应力，为外墙外保温提供了较好的耐候性能。

不同厚度胶粉聚苯颗粒找平模塑聚苯板外表面温度与应力变化情况 表9-2-9

找平厚度 (mm)	保温板外表面平均温度℃	温度振幅℃	保温板外表面最高温度℃	与不抹比较温度降低℃	温度降幅	应力降幅	延迟时间 (h)
10	27.3	37.2	64.5	5.5	7.9%	11%	0.64
20	26.8	33.8	60.6	9.4	13.4%	18.8%	1.0
30	26.3	30.7	57.0	13.0	18.6%	26%	1.37

9.2.4 结论

（1）通过对几种保温板材的性能比较分析，发现保温板性能指标差别较大，特别是保温板的热变形性能相距甚远，在建筑保温工程做法上一律沿用模塑聚苯板薄抹灰构造做法和配套材料，将会产生重大的技术风险。

（2）保温板材在受温度和湿度的影响时，变形具有显著差别，不同保温板在干热条件下变形差别较大，同一种保温板也会体现出不同性能。保温板在湿热条件下，变形差别较大，聚氨酯复合板、挤塑聚苯板、酚醛板受湿度的影响显著。在温度剧烈变化时，挤塑聚苯板的体积会发生较大的变化，进行保温工程时应选用适合的保温构造和配套材料。

（3）墙体上保温板表面的变形与温度应力相差很大。不同保温板与抹面胶浆之间产生的应力差别较大。在夏季和冬季，由于保温层的隔热和保温作用，使得保温层以外的部分温度过高或过低，这时不宜用热膨胀系数相差太远的材料作为相邻材料。

（4）胶粉聚苯颗粒浆料作为找平过渡层时可有效降低保温板表面的温度，并将高温发生时间向后延迟，从而降低保温板的变形及应力，较好的缓解了由于温度变化带来的应力的急剧变化，降低保温面层开裂的风险，为外墙外保温提供了较好的耐候性能。

9.3　胶粉聚苯颗粒复合型外墙外保温技术工程应用指南

9.3.1　基本规定

胶粉聚苯颗粒复合型外墙外保温工程应满足下列要求：

（1）能适应基层的正常变形而不产生裂缝或空鼓；

（2）能长期承受自重、风荷载和室外气候的长期反复作用而不产生有害的变形和破坏；

（3）应与基层墙体有可靠连接，避免在地震时脱落；

（4）应具有防止火焰蔓延的能力；

（5）应具有防水渗透性能。

胶粉聚苯颗粒复合型外墙外保温工程的保温、隔热性能应符合国家、行业和本市节能设计标准的规定，其防潮设计应符合《民用建筑热工设计规范》GB 50176 规定。

胶粉聚苯颗粒复合型外墙外保温工程各组成部分应具有物理-化学稳定性。所有组成材料应彼此相容并应具有防腐性。在可能受到生物侵害（鼠害、虫害等）时，胶粉聚苯颗粒复合型外墙外保温工程还应具有防生物侵害性能。

在正确使用和正常维护的条件下，胶粉聚苯颗粒复合型外墙外保温工程的使用年限不应少于25年。

9.3.2　性能要求

9.3.2.1　系统

1. 胶粉聚苯颗粒复合型系统一般性能应符合表 9-3-1 的要求。

胶粉聚苯颗粒复合型系统一般性能指标　　　　　　　　　　表 9-3-1

试　验　项　目		性能指标		试验方法
		涂料饰面	面砖饰面	
耐候性	外观	无可渗水裂缝，无粉化、空鼓、剥落现象		JGJ 144
	系统拉伸粘结强度（MPa）	≥0.1	—	
	面砖与抗裂层拉伸粘结强度（MPa）	—	≥0.4	
吸水量（浸水 24h）（g/m²）		≤500		
抗冲击性	二层及以上	3J 级		
	首层	10J 级		
水蒸气透过湿流密度 [g/（m²·h）]		≥0.85		
耐冻融	外观	无可渗水裂缝，无粉化、空鼓、剥落现象		
	抗裂层与保温层拉伸粘结强度（MPa）	≥0.1	—	
	面砖与抗裂层拉伸粘结强度（MPa）	—	≥0.4	
不透水性		抗裂层内侧无水渗透		
热阻		符合设计要求		GB/T 13475

2. 胶粉聚苯颗粒复合型系统对火反应性能应符合表 9-3-2 的要求。

建筑高度 H（m）		对火反应性能指标			
		锥形量热计试验	燃烧竖炉试验	窗口火试验	
居住建筑	非幕墙式公共建筑	热释放速率峰值 （kW/m²）	试件燃烧后剩余长度 （mm）	水平准位线上保温层测点最高温度 （℃）	燃烧面积 （m²）
H≥100	H≥50	≤5	≥800	≤200	≤3
60≤H＜100	24≤H＜50	≤10	≥500	≤250	≤6
24≤H＜60	H＜24	≤25	≥350	≤300	≤9
H＜24	—	≤100	≥150	≤400	≤12
试验方法		GB/T 16172	GB/T 8625	GB/T 29416	

9.3.2.2　组成材料

1. 聚苯板分为模塑聚苯板（简称 EPS 板）和挤塑聚苯板（简称 XPS 板），其性能要求应符合表 9-3-3的要求，聚苯板规格尺寸由供需双方商定，允许偏差应符合表 9-3-4 的要求。

聚苯板性能指标　表 9-3-3

项　目	单　位	指　标		试验方法
		EPS 板	XPS 板	
表观密度	kg/m³	≥18	22～35	GB/T 6343
导热系数	W/（m·K）	≤0.039	≤0.030	GB/T 10295 或 GB/T 10294
垂直于板面方向的抗拉强度	MPa	≥0.10	≥0.15	JG 149
尺寸稳定性	%	≤0.3	≤1.2	GB/T 8811
弯曲变形	mm	≥20	≥20	GB/T 8812.1
压缩强度	MPa	≥0.10	≥0.15	GB/T 8813
吸水率（V/V）	%	≤3	≤2	GB/T 8810
氧指数	%	≥30	≥26	GB/T 2406.1，GB/T 2406.2
燃烧性能等级	—	不低于 B₂ 级	不低于 B₂ 级	GB 8624

聚苯板规格尺寸的允许偏差（mm）　表 9-3-4

项　目		允许偏差	项　目	允许偏差
长度、宽度	＜1000	±3.0	厚度	+1.5，−0.0
	1000～2000	±5.0	两对角线偏差	≤5.0
	2000～4000	±8.0	板边平直度偏差	≤3.0
	＞4000	正偏差不限，−10.0	板面平整度偏差	≤2.0

2. 喷涂硬泡聚氨酯性能应符合表 9-3-5 的要求。

喷涂硬泡聚氨酯性能指标　表 9-3-5

项　目	单　位	指标	试验方法
密度	kg/m³	≥30	GB/T 6343
导热系数	W/（m·K）	≤0.022	GB/T 10295 或 GB/T 10294
压缩强度	MPa	≥0.15	GB/T 8813
拉伸粘结强度（与水泥砂浆，常温）	MPa	≥0.10	GB 50404
尺寸稳定性（70℃，48h）	%	≤1.0	GB/T 8811

项　目	单　位	指　标	试验方法
氧指数	%	≥26	GB/T 2406.1 GB/T 2406.2
燃烧性能等级	—	不低于 B₂ 级	GB 8624
吸水率（V/V）	%	≤3	GB/T 8810

3. 聚氨酯复合板出厂前应在室温条件下陈放不少于 28d，主要性能指标应符合表 9-3-6 和表 9-3-7 的规定。

聚氨酯复合板性能指标　　　　　　　　　　　　　　　　　　　　　　**表 9-3-6**

项　目		指　标	试验方法
复合板芯材	表观密度（kg/m³）	≥32	GB/T 6343
	导热系数（平均温度 25℃）[W/(m·K)]	≤0.024	GB/T 10294 或 GB/T 10295
	尺寸稳定性,%(70±2 ℃)	≤1.0	GB/T 8811
	吸水率,%	≤3	GB/T 8810
	燃烧性能	B1 级	GB 8624
	压缩性能(形变 10%)(MPa)	≥0.15	GB/T 8813
复合板	垂直于板面方向的抗拉强度(MPa)	≥0.10，破坏部位不得位于界面处	JG 149
	燃烧性能	每组试件的平均剩余长度不小于 35cm（其中任一试件的剩余长度大于 20cm），每次测试的平均烟气温度峰值不高于 125℃，试件背面无任何燃烧现象。	GB/T 8625

尺寸允许偏差指标　　　　　　　　　　　　　　　　　　　　　　　　**表 9-3-7**

项　目	指标	检验方法	项　目	指标	检验方法
长度（mm）	±3.0	钢卷尺，分度值 1mm	对角线差（mm）	3.0	靠尺和楔形塞尺
宽度（mm）	±3.0		板边平直度（mm/m）	±2.0	
厚度（mm）	+2.0		板面平整度（mm/m）	2.0	

4. 岩棉板的性能要求应符合表 9-3-8 和表 9-3-9 的要求。

岩棉板性能指标　　　　　　　　　　　　　　　　　　　　　　　　　**表 9-3-8**

项　目		单　位	指　标	试验方法
密度		kg/m³	≥150	GB/T 5480
导热系数		W/(m·K)	≤0.040	GB/T 10295 或 GB/T 10294
垂直于板面方向的抗拉强度		kPa	≥7.5	GB/T 25975
直角偏离度		mm/m	≤5	GB/T 5480
平整度偏差		mm	≤6	GB/T 25975
尺寸稳定性		%	≤1.0	GB/T 8811
酸度系数		—	≥1.6	GB/T 5480
压缩强度		kPa	≥40	GB/T 13480
质量吸湿率		%	≤1.0	GB/T 5480
吸水量 （部分浸入）	短期（24h）	kg/m²	≤1.0	GB/T 25975
	长期（28d）		≤3.0	
憎水率		%	≥98	GB/T 10299
燃烧性能等级		—	A 级	GB 8624

<table>
<tr><td colspan="3" align="center">岩棉板尺寸的允许偏差（mm）</td><td align="right">表 9-3-9</td></tr>
</table>

长度允许偏差	宽度允许偏差	厚度允许偏差
+10	+5	+3
−3	−3	−3

5. 增强竖丝岩棉板性能应符合表 9-3-10 的要求。

<table>
<tr><td colspan="5" align="center">增强竖丝岩棉板性能指标</td><td align="right">表 9-3-10</td></tr>
</table>

项　目	单位	指标		试验方法
		芯材用岩棉条	增强竖丝岩棉板	
密度	kg/m³	≥100	—	GB/T 5480
导热系数	W/(m·K)	≤0.043	—	GB/T 10295 或 GB/T 10294
垂直于表面的抗拉强度	kPa	≥7.5	—	GB/T 25975
短期吸水量	kg/m²	≤1.0	—	GB/T 25975
燃烧性能等级	—	A 级	A 级	GB 8624
岩棉丝方向	—	—	与板体厚度方向平行	肉眼观察
防护层厚度	mm	—	2~4	尺量
直角偏离度	mm/m	—	≤10	GB/T 5480
平整度偏差	mm	—	≤5	GB/T 5480
表面抗拉强度	kPa	—	≥150	DB11/T 463 附录 B
抗冲击强度	J	—	≥2	JG 149
憎水率	%	—	≥98	GB/T 10299

6. 酚醛板性能应符合表 9-3-11 和表 9-3-12 的要求。

<table>
<tr><td colspan="3" align="center">酚醛板性能</td><td align="right">表 9-3-11</td></tr>
</table>

项　目	单位	性能指标	试验方法
表观密度	kg/m³	≥45	GB/T 6343
导热系数	W/(m·K)	≤0.032	GB/T 10294 或 GB/T 10295
垂直于板面方向的抗拉强度	MPa	≥0.08	GB/T 29906
吸水率(V/V)	%	≤5	GB/T 8810
尺寸稳定性	%	≤1.0	GB/T 8811
压缩强度(压缩变形 10%)	MPa	≥0.10	GB/T 8813
燃烧性能等级	—	B₁级	GB 8624

<table>
<tr><td colspan="6" align="center">酚醛板尺寸允许偏差</td><td align="right">表 9-3-12</td></tr>
</table>

项　目	单　位	允许偏差	项　目	单　位	允许偏差
长度	mm	±3.0	对角线差	mm	≤3.0
宽度	mm	±2.0	板边平直度	mm/m	≤2.0
厚度	mm	+1.5, 0.0	板面平整度	mm/m	≤1.0

7. 胶粉聚苯颗粒浆料性能应符合表 9-3-13 的要求。

<table>
<tr><td colspan="4" align="center">胶粉聚苯颗粒浆料性能指标</td><td align="right">表 9-3-13</td></tr>
</table>

项　目	单位	指标		试验方法
		保温浆料	贴砌浆料	
干表观密度	kg/m³	180~250	250~350	JG 158

项　目		单位	指　标		试验方法
			保温浆料	贴砌浆料	
抗压强度		MPa	≥0.20	≥0.30	GB/T 5486
软化系数		—	≥0.5	≥0.6	JG 158
导热系数		W/(m·K)	≤0.060	≤0.075	GB/T 10295 或 GB/T 10294
线收缩率		%	≤0.3	≤0.3	JGJ/T 70
抗拉强度		MPa	≥0.1	≥0.12	JG 158
拉伸粘结强度	与水泥砂浆块 标准状态	MPa	≥0.1	≥0.12	
	与水泥砂浆块 浸水处理			≥0.10	
	与聚苯板 标准状态		—	≥0.10	
	与聚苯板 浸水处理			≥0.08	
燃烧性能等级		—	不低于 B₁ 级	A(不低于 A2)级	GB 8624

8. 界面砂浆性能应符合表 9-3-14 的要求。

界面砂浆性能指标　　　　表 9-3-14

项　目		单位	指标	试验方法
拉伸粘结强度	标准状态	MPa	≥0.5	JC/T 907
	浸水处理		≥0.3	

9. 防潮底漆性能应符合表 9-3-15 的要求。

防潮底漆性能指标　　　　表 9-3-15

项　目		单位	指标	试验方法
干燥时间	表干时间	h	≤4	GB/T 1728
	实干时间	h	≤24	
附着力	干燥基层	级	≤1	GB/T 9286
	潮湿基层	级	≤1	
耐碱性		—	48h 不起泡、不起皱、不脱落	GB/T 9265

10. 保温板胶粘剂性能应符合表 9-3-16 的要求。

保温板胶粘剂性能指标　　　　表 9-3-16

项　目		单位	指标	试验方法
拉伸粘结强度(与水泥砂浆)	原强度	MPa	≥0.60	JC/T 992
	耐水(48h)		≥0.40	
拉伸粘结强度(与相应保温板)	原强度	MPa	≥0.10(XPS 板 0.15),破坏界面在保温板内	
	耐水(48h)		≥0.10(XPS 板 0.15),破坏界面在保温板内	
可操作时间		h	1.5~4.0	

11. 岩棉板胶粘剂性能应符合表 9-3-17 的要求。

岩棉板胶粘剂性能指标　　　　表 9-3-17

项　目		单位	指标	试验方法
拉伸粘结强度(与水泥砂浆)	标准状态	MPa	≥0.6	JGJ 144
	浸水处理		≥0.4	
拉伸粘结强度(沿岩棉板丝方向)	标准状态	kPa	≥50 或岩棉板破坏	DB11/T 463 附录 C
	浸水处理			

12. 保温板界面剂性能应符合表 9-3-18 的要求。

保温板界面剂性能指标 表 9-3-18

项 目		单位	指 标				试验方法
			EPS 板界面剂	XPS 板界面剂	聚氨酯界面剂	酚醛板界面剂	
拉伸粘结强度（与相应保温材料）	标准状态	MPa	≥0.10 且 EPS 板破坏	≥0.15 且 XPS 板破坏	≥0.10 且聚氨酯破坏	≥0.10 且酚醛板破坏	JC/T 907
	浸水处理						

13. 岩棉板界面剂性能应符合表 9-3-19 的要求。

岩棉板界面剂性能指标 表 9-3-19

项 目	指 标	试验方法
拉伸粘结强度（沿岩棉板丝径方向，MPa）	≥0.15	DB11/T 463 附录 C
憎水率（%）	>98	GB/T 10299

14. 抗裂砂浆性能应符合表 9-3-20 的要求。

抗裂砂浆性能指标 表 9-3-20

项 目		单位	指 标	试验方法
拉伸粘结强度（与水泥砂浆块）	标准状态	MPa	≥0.7	JG 158
	浸水处理	MPa	≥0.5	
	冻融循环处理	MPa	≥0.5	
拉伸粘结强度（与胶粉聚苯颗粒浆料）	标准状态	MPa	≥0.1	
	浸水处理	MPa	≥0.1	
可操作时间		h	1.5～4.0	
压折比		—	≤3.0	

15. 玻纤网分为普通型和加强型两种，普通型适用于涂料饰面工程，加强型适用于面砖饰面工程，其性能应符合表 9-3-21 的要求。

玻纤网性能指标 表 9-3-21

项 目	单位	指 标		试验方法
		普通型	加强型	
单位面积质量	g/m²	≥160	≥270	JG 158
耐碱断裂强力（经、纬向）	N/50mm	≥1000	≥1500	
耐碱断裂强力保留率（经、纬向）	%	≥80	≥90	
断裂伸长率（经、纬向）	%	≤5.0	≤4.0	
氧化锆、氧化钛含量	%	—	符合 JC/T 841 的规定	JC/T 841

16. 弹性底涂性能应符合表 9-3-22 的要求。

弹性底涂性能指标 表 9-3-22

项 目		单 位	指 标	试验方法
干燥时间	表干时间	h	≤4	JG 158
	实干时间	h	≤8	
断裂伸长率		%	≥100	
表面憎水率		%	≥98	

17. 柔性耐水腻子性能应符合表 9-3-23 的要求。

柔性耐水腻子性能指标　　　　　　　　　　表 9-3-23

项　目		单　位	指　标	试验方法
干燥时间（表干）		h	≤5	GB/T 23455
初期干燥抗裂性（6h）		—	无裂纹	
打磨性		—	手工可打磨	
吸水量		g/10min	≤2.0	
耐水性（96h）		—	无起泡、无开裂、无掉粉	
耐碱性（48h）		—	无起泡、无开裂、无掉粉	
粘结强度	标准状态	MPa	≥0.60	
	冻融循环 5 次	MPa	≥0.40	
柔性		—	直径 50mm，无裂纹	
非粉状组分的低温贮存稳定性		—	−5℃冷冻 4h 无变化，刮涂无障碍	

18. 涂料必须与外保温系统相容，其技术性能指标应符合外墙建筑涂料相关标准规定。

19. 锚栓的性能应符合表 9-3-24 的要求。

锚栓性能指标　　　　　　　　　　表 9-3-24

项　目	单　位	指　标	试验方法
锚栓抗拉承载力标准值（C25 混凝土基材）	kN	≥0.60	JG/T 366
锚栓圆盘抗拔强度标准值	kN	≥0.50	

20. 热镀锌电焊网应采用先焊接、后热镀锌工艺的电焊网，其性能应符合表 9-3-25 的要求。

热镀锌电焊网性能指标　　　　　　　　　　表 9-3-25

项　目	单　位	指　标	试验方法
丝径	mm	0.90±0.04	QB/T 3897
网孔尺寸	mm	经向网孔长 12.70±0.64，纬向网孔长 12.7±0.25	
焊点抗拉力	N	＞65	
网面镀锌层质量	g/m²	＞122	

21. 面砖粘结砂浆性能应符合表 9-3-26 的要求。

面砖粘结砂浆性能指标　　　　　　　　　　表 9-3-26

项　目		单　位	指　标	试验方法
拉伸粘结强度	标准状态	MPa	≥0.5	JC/T 547
	浸水处理			
	热老化处理			
	冻融循环处理			
	晾置 20 min 后			
横向变形		mm	≥1.5	

22. 勾缝料性能应符合表 9-3-27 的要求。

勾缝料性能指标　　　　　　　　　　表 9-3-27

项　目		单　位	指　标	试验方法
收缩值		mm/m	≤3.0	JC/T 1004
抗折强度	标准状态	MPa	≥2.50	
	冻融循环处理		≥2.50	
透水性（24h）		mL	≤3.0	JG 158
压折比		—	≤3.0	

23. 饰面砖除应符合《陶瓷砖》GB/T 4100、《陶瓷马赛克》JC 456 等外墙饰面砖相关标准的要求外，尚应符合表 9-3-28 的要求。

外保温饰面砖性能指标 表 9-3-28

项　目		单位	指　标	试验方法
尺寸	单块面积	cm²	≤150	GB/T 3810.2
	边长	mm	≤240	
	厚度	mm	≤7	
单位面积质量		kg/m²	≤20	GB/T 3810.3
吸水率		%	0.5~6	
抗冻性		—	40 次冻融循环无破坏	GB/T 3810.12

24. 柔性止水砂浆性能应符合表 9-3-29 的要求。

柔性止水砂浆性能指标 表 9-3-29

项　目	单位	指　标	试验方法
抗压强度（3d）	MPa	≥10.0	GB 23440
抗折强度（3d）	MPa	≥3.0	
拉伸粘结强度（7d）	MPa	≥1.4	
涂层抗渗压力（7d）	MPa	≥0.4	
试件抗渗压力（7d）	MPa	≥1.5	
压折比	—	≤3.0	

25. 钢丝网架聚苯板性能指标应符合《外墙外保温系统用钢丝网架模塑聚苯乙烯板》GB 26540 要求。

26. JS 防水涂料应符合《聚合物水泥防水涂料》GB/T 23445 中 I 型的要求。

27. 胶粉聚苯颗粒复合型系统应使用强度等级为 42.5 的普通硅酸盐水泥，其技术性能应符合《通用硅酸盐水泥》GB 175 的规定。

28. 砂子应符合《普通混凝土用砂、石质量及检验方法标准》JGJ 52 的规定，筛除大于 2.5mm 的颗粒，含泥量少于 3%。

29. 胶粉聚苯颗粒复合型系统所采用的附件，包括密封膏、密封条、盖口条等应分别符合设计要求和相应产品标准规定。

9.3.3　系统构造

9.3.3.1　基本规定

1. 胶粉聚苯颗粒复合型系统主要包括下列外墙外保温系统：
（1）胶粉聚苯颗粒浆料外墙外保温系统（简称保温浆料系统）；
（2）胶粉聚苯颗粒贴砌聚苯板外墙外保温系统（简称贴砌聚苯板系统）；
（3）外模内置聚苯板现浇混凝土复合胶粉聚苯颗粒外墙外保温系统（简称现浇混凝土无网/有网聚苯板系统）；
（4）喷涂硬泡聚氨酯复合胶粉聚苯颗粒外墙外保温系统（简称喷涂聚氨酯系统）；
（5）锚固岩棉板复合胶粉聚苯颗粒外墙外保温系统（简称锚固岩棉板系统）；
（6）胶粉聚苯颗粒贴砌增强竖丝岩棉板外墙外保温系统（简称贴砌增强竖丝岩棉板系统）；
（7）粘贴保温板复合胶粉聚苯颗粒外墙外保温系统（简称粘贴保温板系统）。

2. 胶粉聚苯颗粒复合型系统的抗裂层不应设抗裂分隔缝。

3. 胶粉聚苯颗粒复合型系统的饰面层采用涂料时，应符合下列规定：

（1）对于易碰撞部位如建筑物首层、门窗口等处的抗裂层中应加铺一层玻纤网；

（2）门窗洞口四角抗裂层中应预先沿45°洞方向加铺一层300mm×200mm层玻纤网；

（3）抗裂层厚度宜为3～5mm，建筑首层不应小于6mm；

（4）抗裂砂浆面层上应刷弹性底涂；

（5）需用腻子找平时应选用柔性耐水腻子；

（6）宜选用浅色饰面涂料。

4. 胶粉聚苯颗粒复合型系统的饰面层采用面砖时，应符合下列规定：

（1）面砖粘贴高度应符合国家和本市的相关规定；

（2）采用热镀锌电焊网的抗裂层厚度不应小于8mm，采用加强型玻纤网的抗裂层厚度不应小于6mm；

（3）热镀锌电焊网或加强型玻纤网采用锚栓与基层形成可靠连接，每平方米锚栓数量不宜少于4个；

（4）面砖粘结砂浆和勾缝料应具有柔性，勾缝料应具有抗渗性能；

（5）应采用粘贴面带燕尾槽的浅色面砖；

（6）面砖缝宽度不应小于5mm，勾缝深度宜为2～3mm；

（7）水平的面砖宽缝每六层楼宜设一道，宽度为20mm，采用柔性防水材料嵌缝；

（8）对窗台、檐口、装饰线、雨篷、阳台和落水口等墙面凹凸部位，应采用防水和排水构造；

（9）在水平阳角处，顶面排水坡度不应小于3％；应采用顶面面砖压立面面砖，立面最低一排面砖外压底平面面砖等做法，并应设置滴水构造。

9.3.3.2 保温浆料系统

保温浆料系统是一种现场抹灰成型的无空腔外墙外保温做法。该系统2001年11月通过建设部的评估；2005年3月被建设部评为全国绿色建筑创新二等奖，2002年和2006年两次被建设部列入新产品推广目录，被国家五部委授予国家重点新产品证书并被列入国家级火炬计划。

该系统具有全部中国自主知识产权，发明专利：抗裂保温墙体及施工工艺ZL 98103325.3；实用新型：塑料复合玻纤网格布ZL 98207104.3。

1. 系统特点

保温浆料系统具有良好保温隔热性能，抗裂性能好，抗火灾能力强，抗风压性能好，适应墙面及门、窗、拐角、圈梁、柱等变化，操作方便。材料的利用率高，基层剔补量小，节约人工费，是一种适用范围广，技术成熟度高，施工可操作性强，施工质量易控，性价比优的外墙外保温系统。外饰面采用面砖饰面，抗震性能好。

2. 适用范围

保温浆料系统较适用于夏热冬冷、夏热冬暖地区基层墙体为钢筋混凝土、各类砌体等新建建筑的外墙外保温工程；在严寒、寒冷地区宜与框架轻质保温填充墙或已有保温但需节能改造的既有建筑外墙复合使用；也可与分隔墙、楼梯间墙、电梯间墙、分户墙等复合使用。

3. 工艺原理

该系统采用现场抹灰成型保温层的做法，墙体基层用界面砂浆处理，使吸水率不同的材料附着力均匀一致；现场成型无板缝，保温层形成一个整体，减缓增长强度的配比及大量纤维的添入使保温层不易发生空鼓；涂料饰面时柔性抗裂砂浆复合耐碱玻纤网格布增强了面层柔性变形能力、提高了抗裂性能，弹性底涂可有效阻止液态水进入，并有利于气态水排出；柔性耐水腻子位于保温层的面层，具有更强的柔韧性；外饰面宜选用丙烯酸类水溶性涂料，与保温层变形相适应。面砖饰面时，抗裂防护层采用抗裂砂浆复合热镀锌钢丝网或加强型玻纤网，由尼龙胀栓锚固于基层墙体，抗震性能好；饰面层采用的专用面砖粘结砂浆及面砖勾缝料均具有粘结力强、柔韧性好、抗裂防水效果好。系统各构造层材料柔韧性逐层渐变，充分释放热应力。基本构造见表9-3-30。

类型	构造层	组成材料	构造示意图
涂料饰面	基层①	混凝土墙或砌体墙	 ① ② ③ ④ ⑤
	界面层②	界面砂浆	
	保温层③	保温浆料或贴砌浆料	
	抗裂层④	抗裂砂浆复合玻纤网＋弹性底涂	
	饰面层⑤	柔性耐水腻子（设计要求时）＋涂料	
面砖饰面	基层①	混凝土墙或砌体墙	 ① ② ③ ④ ⑤ ⑥
	界面层②	界面砂浆	
	保温层③	保温浆料或贴砌浆料	
	抗裂层④	抗裂砂浆复合热镀锌电焊网或加强型玻纤网（用锚栓⑥与基层固定）	
	饰面层⑤	面砖粘结砂浆＋面砖＋勾缝料	

4. 典型工程实例

南京世茂外滩新城 5 号住宅楼（图 9-3-1），建筑面积 7.8 万 m²，全现浇剪力墙，工程位于南京市下关区滨江带。分为 5-1、5-2、5-3 三单元，层数分别为 47、50、53 层檐高（不含机房及水箱层）分别 142、151、160m，5-1 单元的 5 层以上，5-2 单元的 6 层以上、5-3 单元的 7 层以上采用保温浆料系统。外墙外保温工程于 2006 年 3 月 5 日开工，于 2006 年 7 月 30 日竣工，保温设计采用 50％节能标准。

图 9-3-1 南京世茂外滩一期 5 号楼

9.3.3.3 贴砌聚苯板系统

贴砌模塑聚苯板系统研究开发于 2003 年初，是适合于我国建筑节能 65％标准及更高节能标准要求的外墙外保温系统。该系统 2004 年 12 月通过建设部评估，2005 年 3 月被评为全国绿色建筑创新二等奖，同时被列入国家重点新产品和火炬计划项目。

2005年初贴砌挤塑聚苯板系统的做法也得到了应用。该做法是对贴砌EPS板系统的创新与发展，有效解决了XPS板在外墙保温领域应用中难以解决的透气和界面粘结的技术难题，使XPS板在外墙外保温系统的安全应用成为可能。

该系统具有全部自主知识产权，发明专利：聚苯板复合保温墙体及施工工艺ZL200410046100.4；实用新型专利：三明治式复合外保温墙体ZL200520200307.2。

1. 系统特点

该系统采取无空腔满粘满抹做法，粘结力大，抗风压性能强；保温板面采用厚抹灰及分仓做法，防火性能突出，能满足高层建筑防火要求；各构造层设计从内至外柔性渐变，抗裂性能好；板洞和板缝的构造设计提供了水蒸气排出的通道；系统施工适应性好，减少基层墙体剔凿、找平工作量。

2. 适用范围

该系统可用于不同气候区、不同建筑节能标准的建筑外墙外保温工程，基层可为混凝土、各种砌体。适合于节能标准和防火等级要求较高的不超过100m的建筑使用。

3. 工艺原理

采用胶粉聚苯颗粒贴砌浆料满粘、贴砌开横向梯形槽并双面涂刷界面砂浆的聚苯板，板间留10mm板缝，将挤揉出的贴砌浆料刮平，板贴砌后用贴砌浆料填平聚苯板两个孔洞，增强聚苯板与粘结层、找平层的连接，提高系统的透气性；其表面再抹10mm厚贴砌浆料找平层，形成复合保温层与墙体无空腔粘结；抗裂防护层采用柔性抗裂砂浆复合耐碱玻纤网格布增强了面层柔性变形能力、提高了抗裂性能；弹性底涂可有效阻止液态水进入，并有利于气态水排出；柔性耐水腻子位于保温层的面层，具有更强的柔韧性；外饰面宜选用丙烯酸类水溶性涂料，以与系统变形相适应。系统各构造层材料柔韧性逐层渐变，充分释放热应力，有效避免了裂缝的产生。基本构造见表9-3-31。

贴砌聚苯板系统基本构造　　　　　　　　　　　　　　　　表9-3-31

类型	构造层	组成材料	构造示意图
涂料饰面	基层①	混凝土墙或砌体墙	
	界面层②	界面砂浆	
	粘结层③	贴砌浆料	
	保温层④	聚苯板	
	找平层⑤	贴砌浆料	
	抗裂层⑥	抗裂砂浆复合玻纤网＋弹性底涂	
	饰面层⑦	柔性耐水腻子（设计要求时）＋涂料	
面砖饰面	基层①	混凝土墙或砌体墙	
	界面层②	界面砂浆	
	粘结层③	贴砌浆料	
	保温层④	聚苯板	
	找平层⑤	贴砌浆料	
	抗裂层⑥	抗裂砂浆复合热镀锌电焊网或加强型玻纤网（用锚栓⑧与基层固定）	
	饰面层⑦	面砖粘结砂浆＋面砖＋勾缝料	

4. 工程案例

北京百子湾住宅小区（图9-3-2）设计单位为北京星胜建筑工程设计有限公司，建设单位为北京建工集团有限责任公司房地产开发经营部，施工单位为北京市第六建筑工程公司第十二项目部，外墙外保温由北京振利高新技术有限公司施工。该工程外墙为现浇混凝土剪力墙，外保温采用贴砌聚苯板系统，墙体传热系数按《居住建筑节能设计标准》DBJ-01-602-2004节能65％要求设计，建筑面积为6万m²，竣工时间为2005年9月。2005年12月国家建筑工程质量监督检验中心对北京百子湾住宅小区进行了节

图 9-3-2 北京百子湾住宅小区

能检测，检测结果主体传热系数 0.59W/（m²·K），符合国家标准和建筑设计要求，该工程获得北京市"长城杯"奖。

9.3.3.4 现浇混凝土无网聚苯板系统

现浇混凝土无网聚苯板系统，采用双面界面处理后的带竖向燕尾槽聚苯板与混凝土现浇一次成型，面层采用贴砌浆料找平的施工做法。该系统 2001 年 11 月通过建设部的评估，2005 年 3 月被建设部评为全国绿色建筑创新奖二等奖。胶粉聚苯颗粒外墙外保温系统还获得了科学技术部等五部局的"国家重点新产品"、"国家火炬计划"等奖项。

该系统拥有全部中国自主知识产权：其中，发明专利：抗裂保温墙体及施工工艺 ZL98103325.3；实用新型专利：整体浇筑聚苯保温复合墙体 ZL01201103.7，混凝土组合浇筑聚苯乙烯泡沫塑料外墙保温板 ZL01279693.X，外保温组合浇筑无网聚苯板用塑料卡钉 ZL02282766.8。

1. 系统特点

该系统施工时，主体结构混凝土与保温层一次成型，聚苯板燕尾槽使混凝土与聚苯板的结合面积增大为 120% 以上，燕尾槽聚苯板双面涂刷界面砂浆，粘结性能可靠；采用 ABS 工程塑料卡子固定相邻聚苯板，有效地控制浇注的平整度和防止跑浆，避免热桥的产生；无空腔及保温板面厚抹灰做法，防火性能突出，能满足高层建筑防火要求；各构造层设计从内至外柔性渐变，抗裂性能优异；施工方便速度快，抗风压、抗震能力强。

2. 适用范围

该系统适用于采用大模施工工艺的现浇钢筋混凝土外墙，可满足不同气候区、不同节能标准和防火等级要求较高的建筑外墙外保温要求。

3. 工艺原理

该系统采用聚苯板与混凝土现场浇筑一次成型的工艺，带竖向燕尾槽聚苯板双面涂刷界面砂浆，浇注时板缝采用胶粘剂粘结，并用特制的塑料卡子固定，与混凝土墙内的预埋钢筋绑扎连接；聚苯板表面抹胶粉聚苯颗粒贴砌浆料做为防火、透气过渡层，可提高系统的防火、透气功能。同时，贴砌浆料还做为整体找平材料，可弥补聚苯板施工出现的孔洞及边角破损缺陷，减少门窗洞口等特殊部位的局部热桥，提高保温效果。抗裂防护层采用柔性抗裂砂浆复合耐碱玻纤网格布增强了面层柔性变形能力、提高了抗裂性能；弹性底涂可有效阻止液态水进入，并有利于气态水排出；柔性耐水腻子位于保温层的面层，具有更强的柔韧性；外饰面宜选用丙烯酸类水溶性涂料，以与保温层变形相适应。系统各构造层材料柔韧性逐层渐变，充分释放热应力。基本构造见表 9-3-32。

现浇混凝土无网聚苯板系统基本构造　　　　　　　　　　　　　　　　表 9-3-32

类型	构造层	组成材料	构造示意图
涂料饰面	基层①	现浇混凝土墙	
	保温层②	燕尾槽聚苯板（塑料卡钉⑥辅助固定）	
	找平层③	贴砌浆料	
	抗裂层④	抗裂砂浆复合玻纤网＋弹性底涂	
	饰面层⑤	柔性耐水腻子（设计要求时）＋涂料	

类型	构造层	组成材料	构造示意图
面砖饰面	基层①	现浇混凝土墙	
	保温层②	燕尾槽聚苯板（塑料卡钉⑥辅助固定）	
	找平层③	贴砌浆料	
	抗裂层④	抗裂砂浆复合热镀锌电焊网或加强型玻纤网（用锚栓⑦与基层固定）	
	饰面层⑤	面砖粘结砂浆＋面砖＋勾缝料	

4. 工程案例

北京市建筑设计研究院宿舍楼（图 9-3-3）是全国第一栋采用现浇混凝土无网聚苯板系统的高层住宅工程。该工程共 22 层，楼层总高度 64.5m，建筑面积 16170m²，工程于 2000 年 10 月竣工。工程的甲方、设计方为北京市建筑设计研究院，施工方为中建一局华中建筑有限公司。

9.3.3.5 现浇混凝土有网聚苯板系统

现浇混凝土有网聚苯板系统采用双面进行界面砂浆预处理的斜嵌入式钢丝网架聚苯板与混凝土墙体一次浇筑成型方式固定保温层，面层采用胶粉聚苯颗粒贴砌浆料进行抹灰找平。胶粉聚苯颗粒外墙外保温系统还获得了科学技术部等五部局的"国家重点新产品"、"国家火炬计划"等奖项。2001年 11 月通过建设部的评估，2005 年 3 月被建设部评为全国绿色建筑创新奖二等奖。

本技术系统拥有全部中国自主知识产权：其中，发明专利：抗裂保温墙体及施工工艺 ZL98103325.3；实用新型：整体浇筑聚苯保温复合墙体 ZL01201103.7。

1. 系统特点

该系统施工时，主体结构混凝土与保温层一次成型，有网板双面涂刷界面砂浆，增强了有网板与混凝土的粘结；有网板斜插丝浇筑在混凝土中，增强了系统与基层墙体的连接。

图 9-3-3　北京市建筑设计研究院宿舍楼

采用胶粉聚苯颗粒贴砌浆料作为防火、透气层，有效解决了以往抹水泥砂浆抹灰易开裂、损坏等问题，并且减轻了面层荷载，阻断了由斜插丝产生的热桥。该系统做法具有抗风载荷性能好、防火标准高、保温效果好、施工方便快捷、耐候性强，双网构造设计能够充分地分散和释放应力，有效地防止裂缝的产生。

2. 适用范围

该系统适用于采用大模工艺施工的现浇钢筋混凝土基墙，可满足不同气候区、不同节能标准和防火等级要求较高的建筑外墙外保温施工要求。

3. 工艺原理

采用单面钢丝网架聚苯板与混凝土现浇一次成型，并用胶粉聚苯颗粒贴砌浆料找平作为防火、透气过渡层，可提高系统的防火、透气功能。抗裂防护层采用柔性抗裂砂浆复合耐碱玻纤网格布增强了面层柔性变形能力、提高了抗裂性能；弹性底涂可有效阻止液态水进入，并有利于气态水排出；柔性耐水腻子位于保温层的面层，具有更强的柔韧性；外饰面宜选用丙烯酸类水溶性涂料，以予保温层变形相适应。系统各构造层材料柔韧性逐层渐变，充分释放热应力。基本构造见表 9-3-33。

类型	构造层	组成材料	构造示意图
涂料饰面	基层①	现浇混凝土墙	
	保温层②	钢丝网架聚苯板（Φ6钢筋⑥钩紧钢丝网架⑦）	
	找平层③	胶粉聚苯颗粒浆料	
	抗裂砂浆层④	抗裂砂浆复合耐碱玻纤网＋弹性底涂	
	饰面层⑤	柔性耐水腻子（必要时）＋涂料	
面砖饰面	基层①	现浇混凝土墙	
	保温层②	钢丝网架聚苯板（Φ6钢筋⑥钩紧钢丝网架⑦）	
	找平层③	胶粉聚苯颗粒浆料	
	抗裂砂浆层④	抗裂砂浆复合后热镀锌电焊网或耐碱玻纤网（用锚栓⑧与基层固定）	
	饰面层⑤	面砖粘结砂浆＋面砖＋勾缝料	

4. 工程实例

青岛鲁信长春花园（图 9-3-4）是由山东鲁信置业有限公司投资建设，工程地址位于青岛市银川东路 1 号，建筑面积大约 99 万 m²，建筑结构分为混凝土现浇混凝土有网聚苯板和框架剪力墙填充加气混凝土砌块结构，共计 99 栋楼。

图 9-3-4 鲁信长春花园现场施工图片

9.3.3.6 喷涂聚氨酯系统

喷涂聚氨酯系统是适应 65％节能标准和低能耗节能建筑的外墙保温技术，是适合我国的建筑国情和气候特点的外墙外保温系统。

该系统具有全部中国自主知识产权，共获专利 12 项。其中：聚氨酯外保温墙体及施工方法 ZL02153346.6、聚氨酯阴阳角及门窗洞口喷粘结合施工方法及其聚氨酯预制块 ZL03160003.4、阳角及阴角浇筑模具及使用所述模具浇注聚氨酯保温墙体阴角及阳角的施工方法 ZL03137331.3、喷涂聚氨酯保温装饰墙体及施工方法 ZL200510200767.X 等 6 项发明专利；聚氨酯外保温墙体 ZL200420064725.9、聚氨酯喷粘结合墙体角部构造 ZL032825072 等 6 项实用新型专利。

2004 年 4 月通过北京市建委的鉴定；2005 年 3 月被建设部评为全国绿色建筑创新二等奖，并被列入国家重点新产品和国家级火炬计划。

1. 系统特点

喷涂聚氨酯系统采用现场机械化喷涂作业施工，施工速度快、效率高。聚氨酯施工对建筑物外形适应能力强，尤其适应建筑物构造节点复杂的部位的保温如：外挑构件、阁楼窗等。使用聚氨酯防潮底漆对基层墙面进行处理，提高了聚氨酯保温层的闭孔率，均化了保温层与墙体的粘结力；使用聚氨酯界面砂浆对聚氨酯面层进行处理，提高了聚氨酯与找平材料的粘结效果；使用胶粉聚苯颗粒浆料对聚氨酯保温层进行找平处理，提高了系统的保温、透气、抗裂、防火性能。

2. 适用范围

该系统可用于不同气候区、不同建筑节能标准的建筑外墙外保温工程，基层墙体可为混凝土、各种砌体，适合于节能标准和防火等级要求较高的建筑使用。

3. 工艺原理

喷涂聚氨酯系统采用高压无气喷涂工艺将聚氨酯保温材料现场喷涂在基层墙体表面形成保温层；建筑边角部位粘贴聚氨酯预制件，以处理阴阳角及进行保温层厚度控制；基层墙面涂刷聚氨酯防潮底漆，有效提高系统的防水透气性能；聚氨酯表面进行界面处理解决有机与无机材料之间的粘接难题；面层采用胶粉聚苯颗粒防火浆料找平和补充保温；采用柔性抗裂砂浆复合涂塑耐碱玻纤网格布构成抗裂防护层，涂刷可有效阻止液态水进入的弹性底涂，表面刮柔性耐水腻子、涂刷饰面涂料。基本构造见表9-3-34。

喷涂聚氨酯系统基本构造　　　　　　　　表 9-3-34

类型	构造层	组成材料	构造示意图
涂料饰面	基层①	混凝土墙或砌体墙＋水泥砂浆	
	界面层②	防潮底漆	
	保温层③	喷涂硬泡聚氨酯＋聚氨酯界面剂	
	找平层④	贴砌浆料	
	抗裂层⑤	抗裂砂浆复合玻纤网＋弹性底涂	
	饰面层⑥	柔性耐水腻子（设计要求时）＋涂料	
面砖饰面	基层①	混凝土墙或砌体墙＋水泥砂浆	
	界面层②	防潮底漆	
	保温层③	喷涂硬泡聚氨酯＋聚氨酯界面剂	
	找平层④	贴砌浆料	
	抗裂层⑤	抗裂砂浆复合热镀锌电焊网或加强型玻纤网（用锚栓⑦与基层固定）	
	饰面层⑥	面砖粘结砂浆＋面砖＋勾缝料	

4. 工程案例

北京山水汇豪 6、8 号楼工程（图 9-3-5）位于北京窦店，是北京地区居住建筑节能 65% 的试点工程，框架砖混结构，内外墙为 240mm 黏土空心砖，结构檐高 14m，体形系数小于 0.3。由北京汇豪房地产建设有限公司开发，北京千兴监理公司监理，定州建筑安装工程公司总承包。总建筑面积 4800m²，其中外墙外保温面积 2500m²，由北京振利高新技术有限公司负责提供全套"喷涂硬泡聚氨酯复合胶粉聚苯颗粒外墙外保温施工技术"并负责施工技术指导，于 2003 年 6 月份竣工。

图 9-3-5　北京山水汇豪苑

9.3.3.7 锚固岩棉板系统

锚固岩棉板系统选用优质岩棉板，采用先进的锚固技术及柔性渐变的保温抗裂技术路线成功地解决了岩棉板在外墙外保温中应用的问题，使得岩棉板外墙外保温技术在行业内得到推广应用。该项技术被评为全国绿色创新奖。

该系统具有全部中国自主知识产权，发明专利：岩棉聚苯颗粒保温浆料复合墙体及施工工艺ZL02100801.9；实用新型：整体一次组合浇筑岩棉复合外保温砼墙体 ZL02235565.0。

1. 系统特点

岩棉外保温系统具有良好的保温性能、抗裂性能、防火性能和耐久性能，同时，岩棉板与基层墙体采用了有效的固定措施，提高了抗风荷载性能；采用岩棉板锚固技术施工速度快、工艺简单，可以缩短工期，降低施工成本。绿色环保，造价适中，是一种值得推广的外墙外保温技术。

2. 适用范围

该系统适用于建筑物外墙装饰面为涂料饰面的外保温工程，外墙可为混凝土墙及各种砌体墙，也适用于各类既有建筑的节能改造工程。

3. 工艺原理

锚固岩棉板系统以岩棉板为保温材料，用塑料胀栓等锚固件配合热镀锌钢丝网固定岩棉板，热镀锌钢丝网与岩棉板表面之间加有垫片，使热镀锌钢丝网与岩棉板之间存在一定的距离，有利于岩棉板表面的抹灰处理；岩棉板固定后又对岩棉板表面界面处理，增强了岩棉板的防水性和表面强度，同时有效解决了岩棉板与胶粉聚苯颗粒找平层的粘结难题。面层抹胶粉聚苯颗粒贴砌浆料找平。抗裂防护层采用抗裂砂浆复合涂塑耐碱玻纤网格布构成抗裂防护层，具有良好的抗裂性能，涂刷可有效阻止液态水进入的弹性底涂，饰面层刮柔性耐水腻子、涂刷弹性涂料。基本构造见表 9-3-35。

锚固岩棉板系统基本构造 　　　　　　　　　　　　　　　　　表 9-3-35

构造层	组成材料	构造示意图
基层①	混凝土墙或砌体墙	
粘结层②	岩棉板胶粘剂	
保温层③	岩棉板＋热镀锌电焊网（用锚栓⑦与基层墙体固定）＋岩棉板界面剂	
找平层④	贴砌浆料	
抗裂层⑤	抗裂砂浆复合玻纤网＋弹性底涂	
饰面层⑥	柔性耐水腻子（设计要求时）＋涂料	

4. 工程实例

天津华琛综合办公楼工程（图 9-3-6）总建筑面积 3400m²，其中外墙外保温面积 1700m²，层数为三

图 9-3-6　天津华琛综合办公楼工程

层，采用框架混凝土填充墙的结构形式，外墙用 300mm 厚的加气混凝土陶粒砌块填充，体形系数小于 0.3，窗墙面积比为 0.4。钢筋混凝土框架柱为 500mm×500mm，缩进外墙面 30mm，横梁为 700mm× 270mm，缩进外墙面 30mm，填充材料为 300mm 厚的加气混凝土陶粒砌块。

本工程采用的是岩棉外墙外保温系统。外墙外保温设计为"45mm 岩棉板＋20mm 胶粉聚苯颗粒保温浆料＋5mm 抗裂砂浆复合耐碱网布"。

从施工过程来看，以前采用钢钩型锚固件施工，不仅容易破坏岩棉板，而且由于岩棉纤维容易扎人，从而给施工带来麻烦，同时，钢钩型锚固件的销杆也比较难抽出并安装固定好，这也给施工带来难度。后来采用先预固定岩棉板，后钻孔安装塑料膨胀锚栓的方法锚固岩棉板，不仅使岩棉板少受破坏，而且也降低了施工难度。

该项目完成了科技项目合同所规定的各项要求，已通过验收。

工程试点表明：岩棉外墙外保温技术构造设计合理，施工较为方便，解决了过去岩棉保温技术中岩棉不易固定，面层容易开裂等问题，实现了保温、隔热、防火等功能一体化，具有很好的推广价值和市场前景。

9.3.3.8 贴砌增强竖丝岩棉复合板系统

贴砌增强竖丝岩棉复合板系统是在 2009 年后建筑保温防火要求提高的情况下逐步发展起来的。增强竖丝岩棉复合板四面包裹，解决了裸板岩棉抗拉拔能力低、易于松散的质量问题。该系统采用 A 级保温材料，能满足高层建筑防火要求。

1. 系统特点

该系统无空腔，玻纤网格布四面包裹改变岩棉板锚固受力方式为增强竖丝岩棉复合板粘结受力方式，施工适应性好，无需对基层剔凿和找平，板尺寸使操作工艺易施工，不易出现虚贴，工人更易操作，环境友好。

2. 适用范围

该系统适用于各类防火要求较高的建筑物，外墙可为混凝土墙及各种砌体墙，更加适用于各类既有建筑的节能改造工程。

3. 工艺原理

贴砌增强竖丝岩棉复合板系统充分考虑到增强竖丝岩棉复合板强度高、自重大等特性，利用燃烧性能达到 A2 级的胶粉聚苯颗粒贴砌浆料对该复合板满粘固定，并在建筑围护的最底层增设金属托架，提高系统的连接安全性，施工操作简便易行。

面砖饰面做法由 A2 级胶粉聚苯颗粒贴砌浆料、热镀锌电焊网、锚固件构成。根据墙体不同材料选取不同的锚固件，用塑料胀栓、射钉等锚固件配合热镀锌电焊网对增强竖丝岩棉复合板加固，这种固定方式下的增强竖丝岩棉复合板其受到的拉应力均匀的分布在热镀锌电焊网上，然后通过锚栓分散在基层墙体，使增强竖丝岩棉复合板能更加牢固地固定于外墙表面，充分的消除了贴砖带来的安全隐患，提高了系统的安全性。基本构造见表 9-3-36。

贴砌增强竖丝岩棉复合板系统基本构造　　　　　　　　　　　　　　　　表 9-3-36

类型	构造层	组成材料	构造示意图
涂料饰面	基层①	混凝土墙或砌体墙	
	界面层②	界面砂浆	
	粘结层③	贴砌浆料	
	保温层④	增强竖丝岩棉复合板	
	抗裂层⑤	抗裂砂浆复合玻纤网＋弹性底涂	
	饰面层⑥	柔性耐水腻子（设计要求时）＋涂料	

类型	构造层	组成材料	构造示意图
面砖饰面	基层①	混凝土墙或砌体墙	
	界面层②	界面砂浆	
	粘结层③	贴砌浆料	
	保温层④	增强竖丝岩棉复合板	
	抗裂层⑤	抗裂砂浆复合热镀锌电焊网或加强型玻纤网（用锚栓⑦与基层固定）	
	饰面层⑥	面砖粘结砂浆＋面砖＋勾缝料	

4. 工程案例

北京远洋傲北工程（图9-3-7）地处北京昌平，项目总建筑面积25万 m^2，远洋傲北项目一期DK6、DK7、DK14、DK17组团，做法为贴砌增强竖丝岩棉复合板，保温面积2.5万 m^2，饰面为真石漆。

图 9-3-7　北京远洋傲北工程

9.3.3.9　粘贴保温板系统

粘贴保温板系统基本构造见表9-3-37。保温板为外表面经 EPS 板界面剂处理的 EPS 板、内外表面经 XPS 板界面剂处理的 XPS 板、硬泡聚氨酯板、酚醛板或增强竖丝岩棉复合板等板材中的一种。涂料饰面时保温板与基层的粘贴面积不得小于保温板面积的 40%，面砖饰面时保温板与基层的粘贴面积不得小于保温板面积的 70%；基层与保温板粘结砂浆的拉伸粘结强度应不低于 0.3MPa，并且粘结界面脱开面积不应大于 50%；采用涂料饰面且建筑物高度在 20m 以上时，在受负风压作用较大的部位应采用闭合小空腔（即保温板粘结砂浆围成的闭合空腔面积不大于 0.3m^2）做法粘贴保温板，保温板与基层的粘贴面积不得小于保温板面积的 50%；涂料饰面时，保温板长度不宜大于 900mm，宽度不宜大于 600mm；面砖饰面时，保温板板长度不宜大于 600mm，宽度不宜大于 450mm。

粘贴保温板系统基本构造　　　　　　　　　　　　　　　　表 9-3-37

类型	构造层	组成材料	构造示意图
涂料饰面	基层①	混凝土或砌体墙	
	粘结②	保温板胶粘剂	
	保温层③	保温板（EPS板/XPS板/聚氨酯复合板/酚醛板/增强竖丝岩棉复合板）	
	找平层④	贴砌浆料	
	抗裂层⑤	抗裂砂浆复合玻纤网＋弹性底涂	
	饰面层⑥	柔性耐水腻子（设计要求时）＋涂料	

类型	构造层	组成材料	构造示意图
面砖饰面	基层①	混凝土墙或砌体墙	
	粘结层②	聚苯板胶粘剂	
	保温层③	保温板（EPS板/XPS板）	
	找平层④	贴砌浆料	
	抗裂层⑤	抗裂砂浆复合热镀锌电焊网或加强型玻纤网（用锚栓⑦与基层固定）	
	饰面层⑥	面砖粘结砂浆＋面砖＋勾缝料	

9.3.4 工程设计

1. 根据外墙外保温工程的需要选择适宜的胶粉聚苯颗粒复合型系统，不得随意更改系统构造和组成材料。

2. 胶粉聚苯颗粒复合型外墙外保温工程的热工和节能设计还应符合下列规定：

（1）保温层内表面温度应高于0℃。热桥部位的内表面温度在室内空气设计温、湿度条件下不低于露点温度。

（2）外墙外保温系统应包覆门窗框外侧洞口、女儿墙、阳台以及外墙出挑构件如雨篷、挑板、空调室外机搁板等热桥部位，可粘贴厚度不低于30mm的XPS板。门窗框宜安装在外墙外边缘。

（3）外门窗框与门窗口之间的缝隙内应挤满闭孔结构的聚氨酯，外墙保温材料与外门窗框之间应有防水隔断构造；墙体变形缝内应填塞一定厚度保温材料并按建筑构造设计要求封闭。

（4）应考虑机械固定件的热桥影响。

3. 胶粉聚苯颗粒复合型系统的防火设计应符合国家相关标准要求，找平层厚度不应小于10mm。

4. 胶粉聚苯颗粒复合型外保温工程应做好密封和防水构造设计，确保水不会渗入保温层及基层，也不得渗透至任何可能造成破坏的部位，重要部位应有详图。水平或倾斜的出挑部位以及延伸至地面以下的部位应作防水处理。在外保温系统上安装的设备或管道应固定于基层上，并应作密封和防水设计。

9.3.5 工程施工

9.3.5.1 一般规定

1. 胶粉聚苯颗粒复合型系统的各种组成材料应成套供应。

2. 承担外墙外保温工程的施工企业应具备相应的资质。

3. 外墙外保温工程应按照审查合格的设计文件和经审查批准的施工方案施工，在施工过程中不得随意更改墙体节能设计，如确需变更时应有设计变更文件并经原施工图设计审查机构审查通过，并获得监理和建设单位的确认。设计变更不得降低建筑节能效果。

4. 外墙外保温工程的施工应编制专项施工方案，并进行技术交底，施工人员应经过培训并经考核合格。

5. 外墙外保温工程施工应符合国家和当地有关防火安全的规定。

6. 除采用聚苯板现浇混凝土系统外，外墙外保温工程应在基层质量验收合格后施工。

7. 保温层施工前，应进行基层检查和处理。基层应洁净、坚实、平整，并应符合《混凝土结构工程施工质量验收规范》GB 50204 或《砌体结构工程施工质量验收规范》GB 50203 的要求。

8. 应预先在现场采用与工程相同的材料和工艺做样板墙，经建设、设计、施工、监理各方面确认后，方可进行大面积施工。

9. 除采用现浇混凝土聚苯板系统外，外墙外保温工程施工前，外门窗洞口应通过验收，洞口尺寸、位置应符合设计要求和质量要求,门窗框或辅框应安装完毕。伸出墙面的消防梯、水落管、各种进户管线和空调器等的预埋件、联结件应安装完毕,并按外墙外保温系统厚度留出间隙。

10. 外墙外保温工程采用的材料在施工过程中应采取防潮、防水、防火等保护措施。各种材料应分类贮存,贮存期及条件应符合产品使用说明书的规定,应防雨、防暴晒、防火,且不宜露天存放,对在露天存放的材料,用苫布覆盖。聚苯板进场前应预先喷刷配套的 EPS 板界面剂或 XPS 板界面剂。

11. 现场配制的材料应按照产品使用说明书的要求配制,计量准确,配制好的材料应在规定时间内用完,严禁过期使用。

12. 各类作业机具、工具应齐备,并经检验合格、安全、可靠,各种测量工具应经过校核准确无误。主要机具和工具有强制式砂浆搅拌机、垂直运输机械、手推车、手提式搅拌器、电锤、喷斗、聚氨酯喷涂机、专用喷枪、浇注枪、料管、常用抹灰工具及抹灰的专用检测工具、经纬仪及放线工具、水桶、手锯、剪刀、滚刷、铁锨、手锤、钳子、壁纸刀、扫帚、电动吊篮或脚手架等。

13. 外墙外保温工程施工期间以及完工后 24h 内,基层及环境空气温度不应低于 5℃。夏季应避免阳光暴晒。在 5 级以上大风天气和雨天不得施工。

14. 外墙外保温工程完工后应做好成品保护。

9.3.5.2 保温浆料系统施工要点

1. 保温浆料系统的施工工序应符合图 9-3-8 的要求。

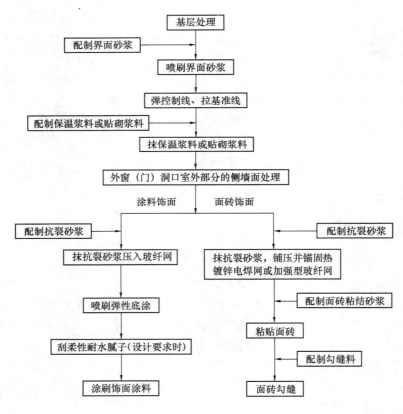

图 9-3-8　保温浆料系统施工工序

2. 基层处理应符合下列要求:

(1) 保温层施工前应基层处理,表面应平整、洁净、干燥,不得有浮尘、漏浆、油污、空鼓等质量问题,墙体外表面凸起物大于 10mm 时应剔除。穿墙孔及墙面缺损处应清理干净后用相应材料修补平整;墙面孔洞部位浇水湿润,将其补齐砌严。

(2) 既有建筑外墙表面空鼓、开裂部位应剔除。

238

3. 基层墙体表面应均匀满涂一薄层界面砂浆；吸水率比较大的砌体墙要先淋湿墙面，阴干后方可喷刷界面砂浆。

4. 弹控制线、拉基准线应符合下列要求：

（1）根据建筑物立面设计和外墙外保温技术要求，在墙面弹出外门窗口水平、垂直控制线。

（2）在建筑外墙大角（阴角、阳角）及其他必要处挂垂直基准钢线，每个楼层适当位置挂水平线。

5. 抹保温浆料或贴砌浆料应符合下列要求：

（1）沿厚度控制通线方向施工灰饼，间隔 1.5m 左右，灰饼厚度应根据保温层的厚度确定。灰饼应采用保温浆料或贴砌浆料，也可直接用 EPS 板块。

（2）在界面砂浆基本干硬后方可抹保温浆料或贴砌浆料。

（3）保温浆料或贴砌浆料按产品使用说明书的规定进行搅拌，搅拌质量可以通过测量湿表观密度并观察其可操作性、抗滑坠性、膏料状态等方法判断，搅拌好的保温浆料应在产品允许时间内用完。

（4）保温浆料或贴砌浆料应分层抹灰，每层抹灰厚度宜为 20mm 左右，间隔时间应在 24h 以上。第一遍抹灰应压实，最后一遍抹灰厚度宜控制在 10mm 左右，抹至与灰饼平齐，并用大杠搓平，使其平整度达到验收标准要求。

（5）现场检验保温层厚度应符合设计要求，不得有负偏差。

6. 外窗（门）洞口室外部分的侧墙面应用胶粘剂粘贴厚度不低于 30mm 的 XPS 板，外窗（门）框与 XPS 板之间预留 20mm 宽的缝隙用柔性止水砂浆填塞，并用 JS 防水涂料防水处理。

7. 当采用涂料饰面时，抗裂层和饰面层施工应符合下列要求：

（1）在找平施工完成 3～7d 且施工质量验收合格以后，即可抹抗裂砂浆压入玻纤网。

（2）抹抗裂砂浆前应根据设计要求做好滴水线。

（3）大面积铺贴玻纤网前，在门窗洞口四角沿 45 积方向铺贴一层 300mm×200mm 玻纤网。

（4）玻纤网应自上而下沿外墙铺设，搭接宽度不宜小于 100mm；抹好抗裂砂浆后，立即铺设玻纤网，铺贴要平整，无褶皱，砂浆饱满度达到 100%，并用抹子将其压入抗裂砂浆内，以玻纤网均被抗裂砂浆覆裹为宜。

（5）首层墙面应铺贴双层玻纤网，第一层玻纤网应对接，对接点不得在阴阳角处且偏离阴阳角不低于 200mm。两层玻纤网之间抗裂砂浆应饱满，禁止干贴。

（6）抗裂砂浆施工完后，应检查平整度、垂直度及阴阳角方正，不符合要求的应用抗裂砂浆进行修补。严禁在抗裂砂浆面层上抹普通水泥砂浆腰线、窗口套线等。

（7）抗裂砂浆施工完初凝后即可涂刷弹性底涂，涂刷应均匀，不得有漏底现象。

（8）若需要刮涂柔性耐水腻子找平施工时，应先局部修复，再大面积刮涂，分多遍进行，每遍刮涂厚度控制在 0.5mm 左右。

（9）按《建筑涂饰工程施工及验收规程》JGJ/T 29 的规定涂刷饰面涂料。

8. 当采用面砖饰面时，抗裂层和饰面层施工应符合下列要求：

（1）在找平施工完成 3～7d 且施工质量验收合格以后，即可抹抗裂砂浆。

（2）根据墙面尺寸裁剪热镀锌电焊网。

（3）在墙面上按双向@500mm 梅花形分布打锚栓孔，窗洞等侧口部位热镀锌电焊网收口处的锚栓孔每延米不应少于 3 个，孔应深入结构墙体 40mm 以上，塞入锚栓套管。

（4）按从上而下、从左至右的顺序铺设热镀锌电焊网，搭接宽度不应少于 5 个网格，搭接层数不得大于 3 层，将锚固钉拧入或敲入锚栓套管内。

（5）热镀锌电焊网铺贴完毕经检查合格后抹抗裂砂浆，并将热镀锌电焊网包覆于抗裂砂浆之中，抗裂砂浆的总厚度宜控制在 8～10mm，抗裂砂浆面层应达到平整度和垂直度要求。

（6）门窗口角处也可用加强型玻纤网处理，施工时应用锚栓固定，使加强型玻纤网压住热镀锌电焊网。

（7）采用加强型玻纤网时，应先在墙面上抹一层抗裂砂浆压入加强型玻纤网，玻纤网搭接宽度不应小于100mm，接着按双向@500mm梅花形分布打入锚栓，然后再抹一层抗裂砂浆，抗裂砂浆的总厚度宜控制在6～8mm。

（8）抗裂砂浆施工完一般应适当喷水养护，约7d后即可进行饰面砖粘贴工序。

（9）按《外墙饰面工程施工及验收规程》JGJ 126 的规定粘贴面砖。面砖粘结料要饱满，厚度宜控制在3～5mm。

（10）面砖粘贴后应及时按《外墙饰面工程施工及验收规程》JGJ 126 的规定勾缝，缝深2～3mm，缝勾完后应立即将缝边面砖擦洗干净。

9.3.5.3 贴砌聚苯板系统施工要点

1. 贴砌聚苯板系统的施工工序应符合图 9-3-9 的要求。

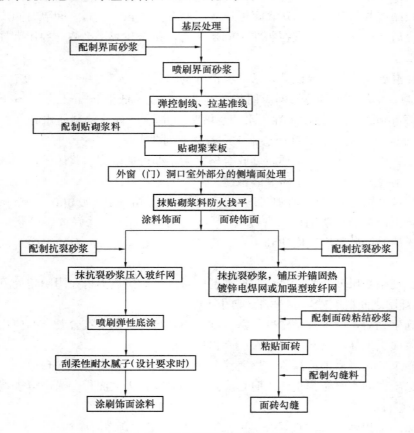

图 9-3-9　贴砌聚苯板系统施工工序

2. 基层处理应符合下列要求：

（1）保温层施工前应基层处理，表面应平整、洁净、干燥，不得有浮尘、漏浆、油污、空鼓等质量问题，墙体外表面凸起物大于10mm时应剔除。穿墙孔及墙面缺损处应清理干净后用相应材料修补平整；墙面孔洞部位浇水湿润，将其补齐砌严。

（2）既有建筑外墙表面空鼓、开裂部位应剔除。

3. 基层墙体表面应均匀满涂一薄层界面砂浆；吸水率比较大的砌体墙要先淋湿墙面，阴干后方可喷刷界面砂浆。

4. 弹控制线、拉基准线应符合下列要求：

（1）根据建筑物立面设计和外墙外保温技术要求，在墙面弹出外门窗口水平、垂直控制线。

（2）在聚苯板粘贴的起始位置，沿建筑物周边弹出水平线。聚苯板施工前在阳角预贴标准块并沿标准块上沿挂水平控制线，在同一墙面的两道垂直通线间拉横向厚度控制线。

5. 贴砌聚苯板应符合下列要求：

（1）在墙面与聚苯板的粘贴面均抹 5～10mm 厚的贴砌浆料，随即将聚苯板粘贴于墙面上，粘结层厚度控制在 10mm 左右。粘贴聚苯板时应挤出碰头灰，聚苯板间灰缝宽为 10mm，灰缝不饱满处及 XPS 板两开孔处用贴砌浆料填平。

（2）聚苯板自下而上从起始位置开始沿水平粘贴，由边角处向中间粘贴，聚苯板在角部应交错咬合，墙面部位聚苯板上下错缝粘贴（图 9-3-10），及时用靠尺检查其平整度。

（3）聚苯板贴砌遇到非标准尺寸时，可进行现场裁切。裁切时应注意边口尺寸整齐，切口应与聚苯板面垂直。

（4）门窗洞口四角处聚苯板不得拼接，应采用整块聚苯板切割成形，聚苯板接缝应离开角部至少 200mm（图 9-3-11）。

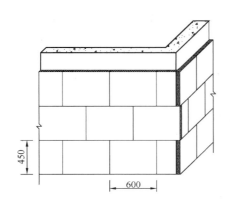

图 9-3-10　聚苯板墙角排板示意（单位：mm）

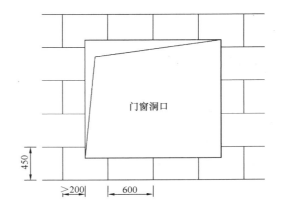

图 9-3-11　门窗洞口聚苯板排板示意（单位：mm）

6. 外窗（门）洞口室外部分的侧墙面应用胶粘剂粘贴厚度不低于 30mm 的 XPS 板，外窗（门）框与 XPS 板之间预留 20mm 宽的缝隙用柔性止水砂浆填塞，并用 JS 防水涂料防水处理。

7. 抹贴砌浆料防火找平应符合下列要求：

（1）在找平施工前，应弹出找平层的厚度控制线，用贴砌浆料做标准厚度灰饼。

（2）贴砌浆料找平应按照从上至下、从左至右的顺序施工。

（3）贴砌浆料抹灰可分两遍完成，第一遍抹灰应使平整度达到±5mm，第二遍抹灰厚度可略高于灰饼厚度，然后用杠尺刮平并修补墙面以达到平整度要求。

8. 抗裂层和饰面层施工参考保温浆料系统的抗裂层和饰面层施工。

9.3.5.4　现浇混凝土无网聚苯板系统施工要点

1. 现浇混凝土无网聚苯板系统的施工工序应符合图 9-3-12 的要求。

2. 剪力墙钢筋验收合格后，在钢筋的外侧按梅花状分布绑扎垫块，双向间隔 600mm。

3. 安装聚苯板应符合下列要求：

（1）将聚苯板就位于剪力墙钢筋的外侧，企口缝应对齐。

（2）先安装阳角板和阴角板，然后按顺序拼装角板之间的间聚苯板。

（3）聚苯板安装完毕后，在板缝及板中间按梅花状分布设置塑料卡钉，双向间距 600mm，并将塑料卡钉用钢丝绑扎固定在钢筋上。

4. 安装模板应符合下列要求：

（1）应按聚苯板厚度确定角模、平模板配制尺寸、数量，宜采用钢质大模板。

（2）安装上一层模板时，下一层墙体混凝土强度应达到 7.5MPa。

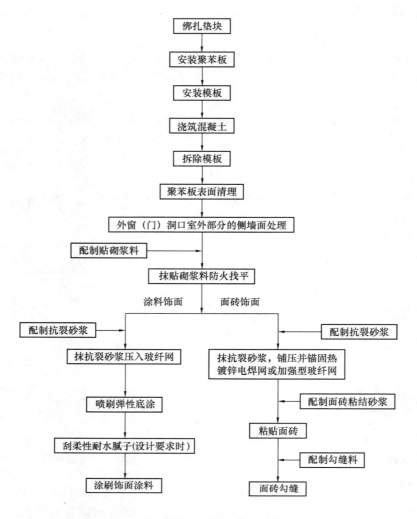

图 9-3-12　现浇混凝土无网聚苯板系统施工工序

（3）一般先安装角模，模板上下部位要有可靠的定位措施，连接应严密、牢固，必要时应附加支撑。

5. 浇筑混凝土应符合下列要求：

（1）在浇筑混凝土前，应在聚苯板槽口处连同外模板扣上金属"Ⅱ"形保护罩。

（2）振捣棒移动水平间距宜为 400mm，严禁将振捣棒紧靠聚苯板振捣。

6. 拆除模板应符合下列要求：

（1）应先拆除外墙外侧模板，再拆除外墙内侧模板。

（2）穿墙套管拆除后，混凝土墙部分孔洞应用干硬性砂浆捻塞，并在外侧留出不小于聚苯板厚度的余量，随后用高效保温材料堵塞。

（3）拆除模板后，聚苯板界面剂局部破坏处应修补。

7. 外窗（门）洞口室外部分的侧墙面处理参考贴砌聚苯板系统。

8. 抹贴砌浆料防火找平参考贴砌聚苯板系统的防火找平施工。

9. 抗裂层和饰面层施工参考保温浆料系统的抗裂层和饰面层施工。

9.3.5.5　现浇混凝土有网聚苯板系统施工要点

1. 现浇混凝土有网聚苯板系统的施工工序应符合图 9-3-13 的要求。

2. 剪力墙钢筋验收合格后，在钢筋的外侧按梅花状分布绑扎垫块，双向间隔 600mm。

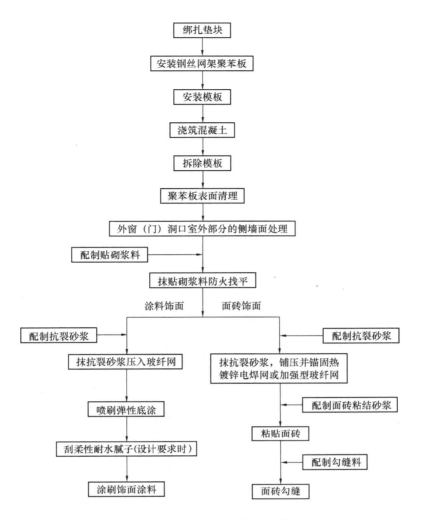

图 9-3-13 现浇混凝土有网聚苯板系统施工工序

3. 安装钢丝网架聚苯板应符合下列要求:

(1) 将钢丝网架聚苯板就位于剪力墙钢筋的外侧,用机械固定件穿透钢丝网架聚苯板将其绑扎固定在钢筋上;

(2) 板缝处钢丝网用火烧丝绑扎,间隔 150mm;或用钢丝网片搭接,搭接宽度 50mm。外墙阳角及窗口、阳台底边处,可附加角网及连接平网,搭接宽度不小于 200mm。

4. 安装模板应符合下列要求:

(1) 在模板安装前应将墙身控制线内的杂物清扫干净;

(2) 宜先安装角模,模板上下部位要有可靠的定位措施,连接应严密、牢固,必要时应附加支撑,防止出现错台和漏浆现象。

5. 浇筑混凝土应符合下列要求:

(1) 在浇筑混凝土前,应在钢丝网架聚苯板槽口处连同外模板扣上金属"Π"形保护罩。

(2) 振捣棒移动水平间距宜为 400mm,严禁将振捣棒紧靠聚苯板进行振捣。

6. 拆除模板应符合下列要求:

(1) 应先拆除外墙外侧模板,再拆除外墙内侧模板。

(2) 穿墙套管拆除后,混凝土墙部分孔洞应用膨胀水泥砂浆捻塞,聚苯板厚度部分,用高效保温材料填塞。

(3) 拆除模板后,聚苯板界面剂局部破坏处应修补。

7. 外窗（门）洞口室外部分的侧墙面处理参考贴砌聚苯板系统。

8. 抹贴砌浆料防火找平参考贴砌聚苯板系统的防火找平施工。

9. 抗裂层和饰面层施工参考保温浆料系统的抗裂层和饰面层施工。

9.3.5.6 喷涂聚氨酯系统施工要点

1. 喷涂聚氨酯系统的施工工序应符合图 9-3-14 的要求。

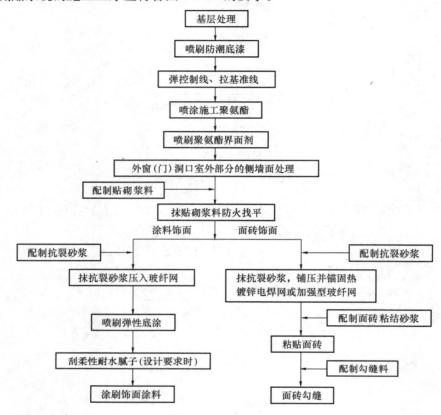

图 9-3-14　喷涂聚氨酯系统施工工序

2. 基层处理应符合下列要求：

（1）保温层施工前应进行基层处理，在基层墙体外表面抹水泥砂浆找平，表面应平整、洁净、干燥，不得有浮尘、漏浆、油污、空鼓等质量问题，墙体外表面凸起物大于 10mm 时应剔除。穿墙孔及墙面缺损处应清理干净后用相应材料修补平整；墙面孔洞部位浇水湿润，将其补齐砌严。

（2）既有建筑外墙表面空鼓、开裂部位应剔除。

3. 基层墙体表面不得淋水，应在基层表面均匀喷刷防潮底漆，要求均匀无透底。

4. 弹控制线、拉基准线应符合下列要求：

（1）根据建筑物立面设计和外墙外保温技术要求，在墙面弹出外门窗口水平、垂直控制线。

（2）在建筑外墙大角（阴角、阳角）及其他必要处挂垂直基准钢线，每个楼层适当位置挂水平线。

5. 喷涂施工聚氨酯应符合下列要求：

（1）喷涂施工前，应充分做好门窗口等部位的遮挡工作。

（2）开启聚氨酯设备将硬泡聚氨酯原料均匀喷涂于基层墙体上发泡，单次喷涂厚度不应大于 20mm，喷涂总厚度应符合设计厚度最低要求。

（3）在第一层发泡后按双向（400～600）mm 间距将保温层厚度标示杆垂直插至基层墙体硬面。

（4）聚氨酯喷涂施工应注意防风，风速超过 4m/s 时不应施工。

（5）喷涂 20min 后用裁纸刀、手锯等工具清理、修整遮挡部位以及超过保温层总厚度的突出部分。

6. 聚氨酯面层修整完毕且在喷涂 4h 之后，用喷枪或滚刷均匀地将聚氨酯界面剂喷刷于硬泡聚氨酯保温层表面。

7. 外窗（门）洞口室外部分的侧墙面处理应与贴砌聚苯板系统相同，粘贴 XPS 板也可由喷涂厚度不低于 30mm 的硬泡聚氨酯代替。

8. 喷涂后的硬泡聚氨酯保温层应充分熟化 48～72h 方可找平处理。抹贴砌浆料防火找平参考贴砌聚苯板系统的防火找平施工。

9. 抗裂层和饰面层施工参考保温浆料系统的抗裂层和饰面层施工。

9.3.5.7 锚固岩棉板系统施工要点

1. 锚固岩棉板系统的施工工序应符合图 9-3-15 的要求。

2. 基层处理应符合下列要求：

（1）保温层施工前应作基层处理，表面应平整、洁净、干燥，不得有浮尘、漏浆、油污、空鼓等质量问题，墙体外表面凸起物大于 10mm 时应剔除。穿墙孔及墙面缺损处应清理干净后用相应材料修补平整；墙面孔洞部位浇水湿润，将其补齐砌严。

（2）既有建筑外墙表面空鼓、开裂部位应剔除。

3. 弹控制线、拉基准线应符合下列要求：

（1）根据建筑物立面设计和外墙外保温技术要求，在墙面弹出外门窗口水平、垂直控制线。

（2）在建筑外墙大角（阴角、阳角）及其他必要处挂垂直基准钢线，每个楼层适当位置挂水平线。

4. 粘贴岩棉板应符合下列要求：

（1）粘贴岩棉板前，应首先检查岩棉板是否干燥，表面是否平整、清洁；潮湿、表面不平整、有污染的岩棉板不得用于工程。

（2）在经平整处理的外墙面上沿距散水标高 20mm 的位置用墨线弹出水平线。在底部第一排岩棉板的下侧板端与散水的间距不小于 200mm 的范围采用 XPS 板或硬泡聚氨酯板作保温、防水处理，在首层岩棉板底部应使用锚栓安装经防腐处理的金属托架。

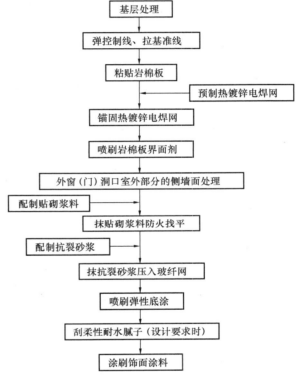

图 9-3-15　锚固岩棉板系统施工工序

（3）岩棉板应自下而上沿水平方向铺设粘贴，竖缝应逐行错缝 1/2 板长，在墙角处应交错互锁，并应保证墙角垂直度。

（4）局部不规则处粘贴岩棉板可现场裁切，但必须注意切口与板面垂直。墙面边角处的岩棉板最小尺寸不应小于 300mm。

（5）凡粘贴的岩棉板侧边外露处（如门窗洞口、女儿墙、变形缝处），都应用 JS 防水涂料粘贴玻纤网翻包处理，玻纤网翻包长度不小于 100mm，玻纤网翻过来后要及时地粘贴到岩棉板上。

5. 锚固热镀锌电焊网应符合下列要求：

（1）岩棉板粘贴好后，按梅花状分布钻锚栓孔，每平方米墙面不得少于设计个数，孔深不得小于 40mm。锚栓个数按照当地风压值进行计算。

（2）根据锚栓孔的位置，用塑料卡子将锚栓配套的扩压盘固定在岩棉板表面。

（3）铺设热镀锌电焊网，安装锚栓将其固定好。门窗侧壁及墙体底部用预制的 U 型热镀锌电焊网片包边，墙体转角处用预制的 L 型热镀锌电焊网片包边，包边网片要同岩棉板一起由锚栓固定。

6. 热镀锌电焊网固定好后，应及时采用专用喷枪将配制好的岩棉板界面剂均匀喷到岩棉板表面，岩棉板表面及热镀锌电焊网上均需喷满岩棉板界面剂。

7. 外窗（门）洞口室外部分的侧墙面处理参考贴砌聚苯板系统。

8. 抹贴砌浆料找平参考贴砌聚苯板系统的防火找平施工。

9. 抗裂层和饰面层施工参考保温浆料系统涂料饰面做法的抗裂层和饰面层施工。

9.3.5.8 贴砌增强竖丝岩棉复合板系统施工要点

1. 贴砌增强竖丝岩棉复合板系统的施工工序应符合图 9-3-16 的要求。

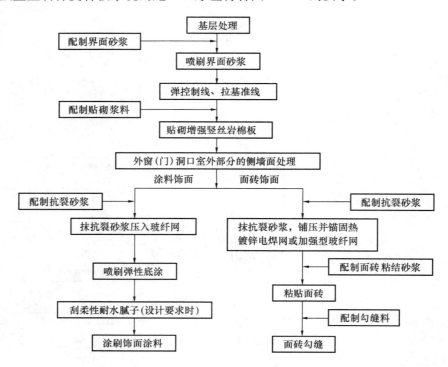

图 9-3-16　贴砌增强竖丝岩棉复合板系统施工工序

2. 基层处理应符合下列要求：

（1）保温层施工前应作基层处理，表面应平整、洁净、干燥，不得有浮尘、漏浆、油污、空鼓等质量问题，墙体外表面凸起物大于 10mm 时应剔除。穿墙孔及墙面缺损处应清理干净后用相应材料修补平整；墙面孔洞部位浇水湿润，将其补齐砌严。

（2）既有建筑外墙表面空鼓、开裂部位应剔除。

3. 基层墙体表面应均匀满涂一薄层界面砂浆；吸水率比较大的砌体墙要先淋湿墙面，阴干后方可喷刷界面砂浆。

4. 弹控制线、拉基准线应符合下列要求：

（1）根据建筑物立面设计和外墙外保温技术要求，在墙面弹出外门窗口水平、垂直控制线。

（2）在增强竖丝岩棉复合板粘贴粘贴的起始位置，沿建筑物周边弹出水平线。增强竖丝岩棉复合板粘贴施工前在阳角预贴标准块并沿标准块上沿挂水平控制线，在同一墙面的两道垂直通线间拉横向厚度控制线。

5. 贴砌增强竖丝岩棉复合板应符合下列要求：

（1）在每块增强竖丝岩棉复合板的下侧用射钉或专用锚栓安装两个"L"形托架（图 9-3-17），托架水平间距 300mm，将双"U"形插件的长端插入托架的板槽中，并使"U"形插件的两端均插入上下两层保温板厚度的中央位置。

246

（2）在经平整处理的外墙面上沿距散水标高 20mm 的位置用墨线弹出水平线。在底部第一排岩棉板的下侧板端与散水的间距不小于 200mm 的范围采用 XPS 板或硬泡聚氨酯板进行保温、防水处理。

（3）在墙面及增强竖丝岩棉复合板的粘贴面均抹 5～10mm 厚的贴砌浆料，随即将增强竖丝岩棉复合板粘贴于墙面上。增强竖丝岩棉复合板间灰缝宽为 10mm，灰缝不饱满处用贴砌浆料填平。

（4）增强竖丝岩棉复合板自下而上从起始位置开始沿水平粘贴，由边角处向中间粘贴，增强竖丝岩棉复合板在角部应交错咬合，墙面部位增强竖丝岩棉复合板上下错缝粘贴，及时用靠尺检查其平整度。

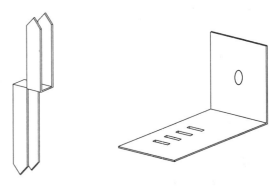

图 9-3-17　双 U 形插件和 L 形托架

6. 外窗（门）洞口室外部分的侧墙面处理参考贴砌聚苯板系统。

7. 抹贴砌浆料找平参考贴砌聚苯板系统的防火找平施工。

8. 抗裂层和饰面层施工参考保温浆料系统的抗裂层和饰面层施工。

9.3.5.9　粘贴保温板系统施工要点

1. 粘贴保温板系统的施工工序应符合图 9-3-18 的要求。

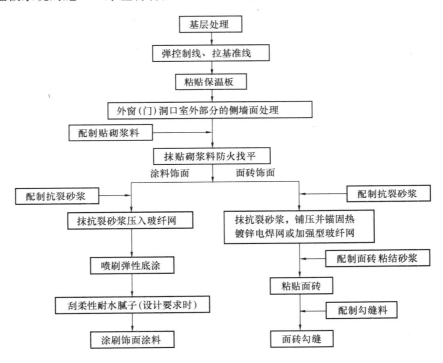

图 9-3-18　粘贴保温板系统施工工序

2. 基层处理应符合下列要求：

（1）保温层施工前应作基层处理，表面应平整、洁净、干燥，不得有浮尘、漏浆、油污、空鼓等质量问题，墙体外表面凸起物大于 10mm 时应剔除。基层墙体为砌体以及平整度不符合相关标准要求的混凝土墙体，其外表面应抹水泥砂浆找平层。穿墙孔及墙面缺损处应清理干净后用相应材料修补平整；墙面孔洞部位浇水湿润，将其补齐砌严。

（2）既有建筑外墙表面空鼓、开裂部位应剔除。

3. 弹控制线、拉基准线应符合下列要求：

（1）根据建筑物立面设计和外墙外保温技术要求，在墙面弹出外门窗口水平、垂直控制线。

（2）在建筑外墙大角（阴角、阳角）及其他必要处挂垂直基准钢线，每个楼层适当位置挂水平线。

4. 粘贴保温板应符合下列要求：

（1）EPS板、XPS板、内外表面应预先喷刷配套的界面剂，聚氨酯复合板、酚醛板可根据板材的需要涂刷配套的界面剂。

（2）根据保温板控制线按顺砌方式粘贴保温板（EPS板/XPS板/聚氨酯复合板/酚醛板/增强竖丝岩棉复合板），竖缝应逐行错缝。保温板应粘贴牢固，有效粘贴面积符合设计要求，不得有连通空腔。

（3）墙角处保温板应交错互锁；门窗洞口四角处保温板不得拼接，应采用整块保温板切割成形，保温板接缝应离开角部至少200mm。

（4）粘贴增强竖丝岩棉复合板时，应在每块增强竖丝岩棉复合板的下侧用射钉或专用锚栓安装两个"L"形托架（图9-3-17），托架水平间距300mm，将双"U"形插件的长端插入托架的板槽中，并使"U"形插件的两端均插入上下两层保温板厚度的中央位置。在底部第一排岩棉板的下侧板端与散水的间距不小于200mm的范围采用XPS板或硬泡聚氨酯板作保温、防水处理。

（5）设计有防火隔离带时，按设计要求安装增强竖丝岩棉复合板防火隔离带或其他防火隔离带材料。

5. 外窗（门）洞口室外部分的侧墙面处理参考贴砌聚苯板系统。

6. 抹贴砌浆料找平参考贴砌聚苯板系统的防火找平施工。

7. 抗裂层和饰面层施工参考保温浆料系统的抗裂层和饰面层施工。

9.3.6 施工质量验收

9.3.6.1 一般规定

1. 胶粉聚苯颗粒复合型外墙外保温工程应按《建筑工程施工质量验收统一标准》GB 50300 和《建筑节能工程施工质量验收规范》GB 50411 的有关规定进行施工质量验收。

2. 胶粉聚苯颗粒复合型系统主要组成材料应按表9-3-38规定进行现场见证取样复验，抽样数量应符合《建筑节能工程施工质量验收规范》GB 50411 的规定。

胶粉聚苯颗粒复合型系统主要组成材料见证取样复验项目　　　　表 9-3-38

材　料	复　验　项　目
聚苯板	表观密度，导热系数，抗拉强度，尺寸稳定性
硬泡聚氨酯	密度，导热系数，尺寸稳定性
岩棉板	密度，导热系数
增强竖丝岩棉板	岩棉丝方向、防护层厚度
保温浆料	干表观密度，导热系数，抗拉强度
贴砌浆料	干表观密度，导热系数，拉伸粘结强度
界面砂浆、界面剂、胶粘剂、抗裂砂浆	拉伸粘结强度
防潮底漆	附着力
玻纤网	单位面积质量，耐碱断裂强力，耐碱断裂强力保留率
热镀锌电焊网	丝径，网孔尺寸，焊点抗拉力

3. 胶粉聚苯颗粒复合型外墙外保温工程施工过程中，应及时质量检查、隐蔽工程验收和检验批验收，施工完成后应作墙体节能分项工程验收。与主体结构同时施工的墙体节能工程，应与主体结构一同验收。

4. 采用相同材料、工艺和施工做法的墙面，每500～1000m²面积划分为一个检验批，不足500m²也为一个检验批。检验批的划分也可根据与施工流程相一致且方便施工与验收的原则，由施工单位与监理（建设）单位共同商定。

5. 胶粉聚苯颗粒复合型外墙外保温工程竣工验收应提交下列文件：

（1）外墙外保温系统的设计文件、图纸会审、设计变更和洽商记录；

（2）施工专项方案；

（3）外墙外保温系统的型式检验报告及其主要组成材料的产品合格证、出厂检验报告、进场复验报告和现场验收记录；

（4）施工技术交底；

（5）施工工艺记录及施工质量检验记录；

（6）其他必须提供的资料。

9.3.6.2 主控项目

1. 胶粉聚苯颗粒复合型外墙外保温工程使用材料的品种、规格、性能应符合设计、本规程和相关标准要求。

检验方法：观察、尺量检查；核查质量证明文件；检查产品合格证、出厂检验报告和进场复验报告。

2. 保温层厚度应符合设计要求，其负偏差不得大于3mm。

检查方法：插针法检查。

3. 硬泡聚氨酯保温层的喷涂质量应无流挂、塌泡、破泡、烧芯等不良现象，泡孔均匀、细腻，24h后无明显收缩。

检查方法：观察检查。

4. 找平层厚度应符合设计要求。

检查方法：现场测量。

5. 粘贴保温板系统保温板粘贴面积应符合本规程规定。

检查方法：现场测量。

6. 锚固岩棉板系统的锚栓数量、锚固位置、锚固深度应符合设计要求。

检查方法：观察检查；卸下锚栓，实测锚固深度。

7. 采用面砖饰面层做法时，其安全性与耐久性必须符合设计要求；面砖饰面层应无空鼓和裂缝，现场检验面砖与抗裂层的拉伸粘结强度，其值不应小于0.4MPa。

检查方法：小锤轻击和观察检查；按《建筑工程饰面砖粘结强度检验标准》JGJ 110测试面砖与抗裂层的拉伸粘结强度。

8. 各构造层之间必须粘结牢固，无脱层、空鼓，面层无裂缝，粘结强度和连接方式应符合设计要求。

检查方法：观察检查，现场拉拔试验检查。

9. 外墙或毗邻不采暖空间墙体上的门窗洞口四周侧面的保温措施和墙体上凸窗四周侧面的保温措施应符合设计要求。

检查方法：对照设计观察检查，必要时抽样剖开检查；核查隐蔽工程验收记录。

10. 外墙热桥部位的隔断热桥或保温措施应符合设计要求。

检查方法：观察检查。

9.3.6.3 一般项目

1. 除采用现浇混凝土聚苯板系统外，胶粉聚苯颗粒复合型外墙外保温工程的基层处理应符合设计和施工方案的要求。

检查方法：对照设计和施工方案观察检查；核查隐蔽工程验收记录。

2. 聚苯板内、外表面应满涂配套的界面剂，表面应无粉化；硬泡聚氨酯、岩棉板外表面应满涂配套的界面剂。

检查方法：观察检查。

3. 玻纤网、热镀锌电焊网的铺贴和搭接应符合设计和施工方案的要求。抗裂砂浆抹压应密实，不得空鼓，玻纤网、热镀锌电焊网不得皱褶、外露。

检查方法：观察检查；核查隐蔽工程验收记录。

4. 抗裂层应平整、洁净，无脱层、空鼓和裂缝。

检查方法：观察检查。

5. 饰面层不得渗漏，保温层及饰面层与其他部位交接收口处的密封措施应符合设计要求。

检查方法：观察检查；核查试验报告和隐蔽工程验收记录。

6. 施工产生的墙体缺陷，如穿墙套管、脚手眼、孔洞等的隔断热桥措施应符合施工方案要求。

检查方法：对照施工方案观察检查。

7. 保温板材接缝方式应符合施工方案要求，保温板接缝应平整严密。

检验方法：观察检查。

8. 墙体上容易碰撞的阳角、门窗洞口及不同材料基体的交接处等特殊部位，其保温层防止开裂、破损的加强措施应符合设计和施工方案要求。

检验方法：观察检查；核查隐蔽工程验收记录。

9. 外保温墙面层的允许偏差和检验方法应符合表 9-3-39 的规定。

外保温墙面层的允许偏差和检验方法　　　　　　　　　　　　　　表 9-3-39

项次	项　　目	允许偏差（mm）	检　查　方　法
1	表面平整	4	用 2m 靠尺和楔形塞尺检查
2	立面垂直	4	用 2m 垂直检测尺检查
3	阴、阳角方正	4	用直角检测尺检查
4	分格缝（装饰线）直线度	4	拉 5m 线，不足 5m 拉通线，用钢直尺检查

9.4　总　　结

1. 胶粉聚苯颗粒浆料起源于国外发扬于中国，随着建筑节能水平的提高，胶粉聚苯颗粒保温技术得到了深入的研究与发展，获得了外保温应用的丰富经验，丰富和发展了外保温技术理论，推动了中国保温节能技术的发展。

2. 外墙外保温三大技术理念是对中国建筑保温技术的总结与理论升华，把握了外保温材料系统的安全性、耐久性是外保温节能技术应用的主要矛盾的规律；揭示了保温层的构造位置与建筑外墙物温度场变化的关系；提出了控制保温系统裂缝产生的技术路线。

3. 对胶粉聚苯颗粒浆料的物理力学性能、抗裂性能、防火性能、隔热性能和耐久性能等作了深入的研究，从胶粉聚苯颗粒浆料的实践中可以看出它具有优异的物理力学性能、耐久性能、防火性能及抗裂性能。抗裂防护层对整个系统的抗裂性能起着关键的作用。抗裂防护层的防裂构造保障了胶粉聚苯颗粒复合保温系统的抗裂性能和耐候性能。

4. 通过对几种保温板材的性能比较分析，发现保温板性能指标差别较大，特别是保温板的热变形性能相距甚远，在建筑保温工程做法上一律沿用模塑板薄抹灰构造做法和配套材料，将会产生重大的技术风险。墙体上保温板表面的变形与温度应力相差很大，不宜用热膨胀系数相差太远的材料作为相邻材料。胶粉聚苯颗粒保温浆料作为找平过渡层时可有效降低保温板表面的温度，并将高温发生时间向后延迟，从而降低保温板的变形及应力，较好的缓解了由于温度变化带来的应力的急剧变化，降低保温面层开裂的风险，为外墙外保温提供了较好的耐候性能。

5. 胶粉聚苯颗粒复合型外墙外保温技术具有显著的技术优势，适合中国的不同气候区域和不同的工程形式，随着技术的成熟编制了行业标准和技术规程，得到了大量的工程实践，获得了显著的经济效益和社会效益。

6. 工程质量是决定工程建设成败的关键，质量的优劣直接影响工程建成后的运用。工程建设质量的好坏影响施工单位的信誉、效益。确保施工现场优质、高效、低耗、安全、卫生、文明地生产，需要加强技术、质量、安全、材料、进度和施工现场等各项管理工作，不断提高施工质量和建筑节能效果。

10 外保温系统资源综合利用

10.1 概　述

在建筑节能领域，外保温系统以其热工性能好、保温效果高、综合投资低、可以延长建筑结构寿命等特点，已经成为我国建筑外墙节能保温的主要技术；但是，外保温系统产品主要由有机高分子材料和水泥等组成，生产中需消耗大量的能源和资源，甚至排放大量"三废"，因而在实现建筑节能的同时，又消耗了大量的能源和资源；同时，我国存在大量的废聚苯乙烯塑料、废聚酯塑料、废橡胶轮胎、废纸、粉煤灰、尾矿砂等固体废弃物，占用大量土地，严重污染环境。2010年2月9日，环境保护部、国家统计局、农业部联合发布《第一次全国污染源普查公报》，公布了全国固体废弃物排放情况：工业固体废弃物产生总量38.52亿t，综合利用量18.04亿t，处置量4.41亿t，本年贮存量15.99亿t，倾倒丢弃量4914.87万t。因此，以固体废弃物作为部分原料开发外保温系统，可以降低生产能耗，符合循环经济节能减排发展的要求，是外墙外保温技术发展的一个重要方向。

固体废弃物在建筑外墙外保温产品系统中的综合利用技术已经得到了广泛而深入的研究，其中，"胶粉聚苯颗粒外墙外保温材料"于2002年被北京科委认定为北京市火炬计划项目，并于2002年被国家科技部评为国家重点新产品，"再生聚氨酯外墙外保温材料"获国家科技部《2004年国家重点新产品》证书。为了推进粉煤灰、尾矿砂、废橡胶颗粒和废纸纤维等固体废弃物在外保温系统产品中的应用，国内外墙保温行业开发了大量利用粉煤灰、尾矿砂、废橡胶颗粒和废纸纤维等固体废弃物的外保温系统的配套砂浆产品，并在胶粉聚苯颗粒外保温系统、喷涂硬泡聚氨酯外保温系统、胶粉聚苯颗粒贴砌聚苯板外保温系统、现浇混凝土无网聚苯板外保温系统、现浇混凝土有网聚苯板外保温系统等10种外保温系统中大量应用。其中，每种干拌砂浆产品中粉煤灰和尾矿砂固体废弃物的质量含量都在30%以上，每种外保温系统中粉煤灰和尾矿砂固体废弃物的质量含量都在50%以上，取得了良好的经济效益和社会效益。胶粉聚苯颗粒浆料系统及其复合系统在国内已经得到了较为广泛的应用，大量的工程实践证明，固体废弃物在外保温系统中的综合利用技术，不但没有降低外保温系统的质量，而且可以提高外保温系统的抗裂、耐候等性能。

10.2 资源综合利用评价

10.2.1 外保温系统及组成材料固体废弃物含量

传统建材工业发展，主要依靠资源的高消耗来支撑，是典型的资源依赖型行业。根据测算，2007年建材行业共消耗各种矿产资源46.1亿t，其中，墙体材料资源消耗量24.1亿t，占建材行业资源消耗总量的52.3%，水泥资源消耗量17.9亿t，占建材行业资源消耗总量的38.8%。仅这两个行业，资源消耗占建材全行业资源消耗的90%以上。

建材工业资源消耗量大，同时也是工业部门中利用固体废弃物最多的产业。许多工业废弃物都可用作建材生产的替代原料和燃料，发展绿色建材。

《绿色建筑评价标准》GB/T 50378—2014指出，在满足使用性能的前提下，鼓励使用利用建筑废弃物再生骨料制作的混凝土砌块、水泥制品和配制再生混凝土；鼓励使用利用工业废弃物、农作物秸秆、建筑垃圾、淤泥为原料制作的水泥、混凝土、墙体材料、保温材料等建筑材料；鼓励使用生活废弃物经处理后制成的建筑材料。为保证废弃物使用达到一定的数量要求，该标准规定了使用以废弃物生产的建筑材料的重量占同类建筑材料的总重量比例不低于30%。例如，建筑中使用石膏砌块做内隔墙材料，其中以工业副产石膏（脱硫石膏、磷石膏等）制作的工业副产石膏砌块的使用重量占到建筑中使用石膏砌块总重量的30%以上，则满足该条款要求。

但是，目前尚无评价绿色建材的标准，为了规范绿色建材生产和使用，推动绿色建筑的发展，国内建材行业还应该继续努力，积极开展相关工作并推动相关标准的制定与施行。

10.2.2 外保温系统及组成材料生产能耗量和废物排放量

建材生产过程中的单位耗能量和废气、废渣排放量，应该作为评价绿色建材的重要因素之一。近年来，建材工业能耗随着产品产量的提高，也逐年增大，建材工业企业能源消耗总量已从2001年近1亿t标准煤增加到2008年的2.09亿t标准煤。建材工业以窑炉生产为主，以煤为主要消耗能源，生产过程中产生的污染物对环境有较大的影响，主要排放的污染物有粉尘和烟尘、二氧化硫、氮氧化物等，特别是粉尘和烟尘的排放量大。2008年排放总量达到461.2万t，分别占全国工业总排放量的36.7%，占全国总排放量的31%。

建材高资源消耗和高污染排放的状况必须改变。因此，提高对可持续发展战略重要性的认识，努力发展绿色建材、生态建材、环保建材，从根本上改变我国建材工业长期以来存在的高投入、高污染、低效益的粗放型生产方式，选择资源节约型、污染最低型、质量效益型、科技先导型的发展方式，把建材工业的发展和保护生态环境、污染治理有机结合起来，是21世纪我国建材工业的战略目标，是历史发展的必然趋势。

10.3 固体废弃物综合利用

10.3.1 固体废弃物在保温材料中的综合利用

按照"十一五"规划，我国在发展建筑节能的同时，应该注意环境保护和资源节约的问题，应该发展不与能源争资源的建筑节能产品和技术。近几年来，随着世界经济的发展，特别是中国、印度等发展中国家经济的快速增长，对石油等战略物资的需求增长很快，从而造成石油供求关系发生变化，引发了石油价格的一路飙升。

我国外保温系统中保温材料主要是聚苯板和聚氨酯等有机保温材料，在生产过程中需要大量消耗石化能源。与石油价格紧密关联的石化制品，如苯乙烯单体，是制备可发性聚苯乙烯颗粒的主要原料，也随着石油价格的增长而快速增长。聚酯多元醇是聚氨酯保温材料重要组成成分之一，主要生产途径是通过化工原料进行合成，也需要消耗大量的石油；在现今能源短缺的情况下，如果大量使用聚苯板和聚氨酯，就等于一方面节能，另一方面耗能。

我国是一个资源能源相对紧张的国家，应该给予保温材料工业环保问题以足够的重视，积极发展与环境相协调的保温材料制品，从原材料准备（开采或运输）、产品生产及使用，以及日后的处理问题，都应要求最大限度地节约资源和减少对环境的危害。大量利用废弃物生产保温材料制品，既节约了自然资源，降低了废弃物对环境的压力，同时在生产过程中也减少了能源消耗。

10.3.1.1 废聚苯乙烯泡沫塑料

聚苯乙烯泡沫塑料（EPS）具有质轻、吸震、低吸潮、易成型及价格低等特点，广泛应用于电器、仪器仪表、工艺品和其他易损贵重物品的防震包装及快餐食品包装。这些包装材料大都是一次性使用，废弃量大，而且由于聚苯乙烯塑料具有化学性质稳定、密度小、体积大、耐老化、抗腐蚀等特点，不能自行降解，从而给环境造成了日益严重的污染，被形象地比喻为"白色污染"，能够将其回收利用，即可变废为宝，而且也解决了"白色污染"问题，具有良好的经济效益和社会效益。目前，废聚苯乙烯泡沫的回收利用主要有以下四种途径。

1. 轻质保温建材

废弃的 EPS 泡沫塑料先被破碎，然后与混凝土搅拌在一起制成轻质砌砖，用这种 EPS 轻质混凝土制成的墙体材料被认定为不燃性建材，它具有良好的保温隔声效果，EPS 轻质混凝土在房屋建筑和道路修筑中还可作为防冻材料使用。另外，EPS 破碎料还可制成轻质砌块、内外墙的保温砂浆和轻质砂浆等。胶黏土和 EPS 破碎料按一定比例混合，在高温下烘焙，EPS 破碎料被烧灼从而制成有空心结构的黏土砖，这种砖具有较高的强度和优良的绝热性能。

2. 填充硬质聚氨酯泡沫塑料

硬质聚氨酯泡沫塑料的生产工艺一般是双组分反应成型，成型之前的组分黏度不高，反应速度比较快，并且有热量释放，故废弃 EPS 破碎料可满足其填充要求：成本低，来源广；闭孔结构，吸水率低；有一定的耐热性；两者有一定的结合强度，物理性能也较接近。

3. 解聚再生

制造苯乙烯单体，经消泡处理的废弃 EPS 泡沫塑料粉碎至 3～5mm 的颗粒，可用于制备苯乙烯单体。

苯乙烯聚合物中较为薄弱的环节恰好是在各个单体连续的键，经高温加热便生成苯乙烯单体，即解聚过程：

$$\text{+CH}-\text{CH}_2\text{+}_n \longrightarrow n\text{CH}=\text{CH}_2$$

目前国内外对此都有成功的技术，但它需要消耗大量的石油，并且这几年随着原材料的大幅度涨价，其综合生产已经超出了普通生产成本。据初步计算，再生 1t EPS 消耗的石油量是普通情况下的 1.1～1.2 倍。

4. 胶粉聚苯颗粒浆料

胶粉聚苯颗粒外保温系统的组成材料在生产过程中大量利用废聚苯乙烯泡沫等固体废弃物。胶粉聚苯颗粒浆料是由胶粉料和聚苯颗粒轻骨料加水搅拌成浆料，可批抹于基层墙体成型为保温材料，也可与其他保温材料复合，形成复合型的保温系统。该浆料所用的聚苯颗粒轻骨料占保温材料体积的 80% 以上，完全采用回收的废聚苯乙烯泡沫粉碎而成。仅施工 30mm 就可满足南方地区 50% 节能标准对墙体传热系数的要求，北方地区则可采用复合型的保温系统，例如胶粉聚苯颗粒贴砌聚苯板外保温系统，该系统的胶粉聚苯颗粒浆料使用总厚度一般在 25～40mm。以胶粉聚苯颗粒浆料的厚度为 30mm 计算，每施工胶粉聚苯颗粒外墙外保温 100 万 m², 可消耗废聚苯乙烯泡沫塑料"白色污染"3 万 m³。以每年新建建筑总量 20 亿 m²，墙面面积占建筑面积 60%，胶粉聚苯颗粒保温浆料使用占新建建筑总量的 10% 来计算，全国每年施工胶粉聚苯颗粒外墙外保温 1.2 亿 m²，可消耗废聚苯乙烯泡沫塑料"白色污染"360 万 m³。胶粉聚苯颗粒外保温系统中的界面砂浆、保温胶粉、抗裂砂浆、面砖粘结砂浆、勾缝料等配套砂浆中还可大量利用粉煤灰、尾矿砂、废纸纤维、废橡胶颗粒等固体废弃物，其综合利用率可达 50% 以上。胶粉聚苯颗粒涂料饰面系统每平方米砂浆耗量为 17kg 左右，胶粉聚苯颗粒面砖饰面系统每平方米砂浆耗量为 30kg 左右，按全国每年施工胶粉聚苯颗粒外墙外保温 1.2 亿 m²，可利用粉煤灰、尾矿砂等固体废弃物 100～180 万 t。

胶粉聚苯颗粒外保温系统的应用，特别是行业标准《胶粉聚苯颗粒外墙外保温系统》JG 158—2004 的出台，使"白色污染"废聚苯乙烯泡沫塑料成为市场上紧俏的商品，为我国处理聚苯乙烯泡沫塑料"白色污染"做出了巨大的贡献，并将继续发挥重要的作用。

10.3.1.2 废聚酯塑料瓶

目前市场上大量碳酸饮料、矿泉水、食用油等产品包装瓶几乎都是用聚酯制作的。据统计，我国年生产和消耗聚酯瓶在 12 亿只以上，折合聚酯废料为 6.3 万 t。世界范围内每年消耗的聚酯量为 1300 万 t，其中用于包装饮料瓶的聚酯量达 15 万 t。废旧聚酯瓶进入环境，不能自发降解，将造成严重的环境污染和资源浪费。因此如何有效地循环利用废旧聚酯瓶是一项非常重要、非常有意义的工作。

再生聚氨酯外墙外保温材料的原料聚酯多元醇可采用废聚酯塑料瓶回收制得。将回收的废旧聚酯瓶等固体废弃物经过化学处理制成聚酯多元醇，作为聚氨酯组合聚醚的组分，再合成聚氨酯保温材料并应用于外墙保温工程中。

再生聚氨酯外墙外保温材料的组合聚醚中废弃聚酯瓶的利用率高达 30%（按质量计算）。以北京地区为例，硬泡聚氨酯保温层厚度达到 40～50mm 时，每平方米消耗聚氨酯白料 0.6～0.7kg 左右，则每平方可回收利用聚酯瓶约 10 个（500mL/个）。采用再生的硬泡聚氨酯外保温系统每施工 100 万 m²，可回收利用聚酯瓶 1000 万个，折合成体积可消除白色污染约 5000m³。

10.3.1.3 废聚氨酯

聚氨酯因其可发泡性、弹性、耐磨性、耐低温性、耐溶剂性、耐生物老化等优良性能而广泛应用于机电、船舶、航空、车辆、土木建筑、轻工、纺织等部门，其制品种类繁多。聚氨酯工业的迅猛发展使其产量与日俱增，也由此导致了大量废弃物的产生，包括生产中的边角料和使用老化报废的各类聚氨酯材料，因此废旧聚氨酯的回收利用成为迫切需要解决的问题。目前，聚氨酯废弃物的回收利用方法主要分为物理法和化学法。

1. 物理回收法

物理回收法是利用粘结、热压、挤出成型等方法使聚氨酯废弃物回收利用，也包括通过粉碎的方法将聚氨酯废料粉碎成细片或粉末作为填料，主要包括粘结成型法、填料法和热压成型法 3 种回收途径。

（1）粘结成型法

粘结成型法是将废旧聚氨酯泡沫粉碎成细片状，涂撒聚氨酯胶粘剂，混合均匀后，在一定温度和压力下成型，所得到的再生粘接聚氨酯泡沫可用作垫材、支撑物等。该法适用于各类废旧聚氨酯的回收。

（2）填料法

通常是将聚氨酯废料粉碎成细片或粉末，作为填料混入新的 PU 原料中制成成品。该法不但使废旧聚氨酯材料得到回收，而且还可有效地降低制品成本，可用于制备吸能泡沫和隔音泡沫。将废聚氨酯粉末投加到生产原部件的原料中，再次生产相同部件，可在一定范围内不影响到部件的性能。在日本，已将废旧硬质 PU 泡沫塑料用作灰浆的轻质骨料。

（3）热压成型法

某些聚氨酯材料在 100～220℃ 温度范围内具有一定的热软化可塑性能。因此，将聚氨酯泡沫废料粉碎后再在该温度段热压成型，可以完全不使用胶粘剂就能使其相互粘结在一起。热压成型的条件与废旧聚氨酯的种类及再生制品有关。

2. 化学回收法

化学回收法是指聚氨酯材料在化学降解剂的作用下，降解成低相对分子质量物质。聚氨酯的聚合反应是可逆的，控制一定的反应条件，聚合反应可以逆向进行，会被逐步解聚为原反应物或其他的物质，然后再通过蒸馏等设备，可以获得纯净的原料单体多元醇、异氰酸酯、胺等。根据所用降解剂的不同，聚氨酯材料的化学回收方法可分为醇解法、水解法、碱解法、氨解法、胺解法、热解法、加氢裂解法和磷酸酯降解法等，各种方法所产生的分解产物不同，醇解法一般生成多元醇混合物，水解法生成多元醇和多元胺，碱解法生成胺、醇和相应碱的碳酸盐，氨解法生成多元醇、胺、脲，热解法生成气态与液态馏分的混合物，而加氢裂解法主要产物为油和气。

化学回收法发展相对较晚，直到现在仍有新的降解方法不断出现。由于其技术难度较高，短时期内还难以实现大规模工业化。

10.3.2　固体废弃物在砂浆产品中的综合利用

按照"十一五"规划，本着发展不与能源争资源的建筑节能产品和技术路线，在外保温系统砂浆中的综合应用上，业内开展了大量关于粉煤灰、尾矿砂、废纸纤维、废橡胶颗粒等固体废弃物综合利用的试验研究，目前，技术成果已经广泛应用于各种外墙保温砂浆和配套砂浆的生产中。

10.3.2.1　粉煤灰

粉煤灰是一种大宗工业废料，2010年9月15日，国际环保组织绿色和平在北京发布《煤炭的真实成本——2010中国粉煤灰调查报告》指出，随着火电装机容量从2002年开始爆炸式增长，中国的粉煤灰排放量在过去8年间增加了2.5倍，火力发电产生的粉煤灰排放已经成为中国工业固体废弃物的最大单一污染源，但这种对环境和公众健康损害巨大的污染物却长期被忽视。2009年，中国粉煤灰产量达到了3.75亿t，相当于当年中国城市生活垃圾总量的两倍多，其体积可达到4.24亿m^3，相当于每两分半钟就倒满一个标准游泳池，或每天一个"水立方"。粉煤灰大量堆积不仅占用了土地，而且污染空气和堆积处的地下水源，对环境的危害很大，但是粉煤灰又是一种具有潜在火山灰活性的物质，颗粒很细，能为建材工业所用。目前，我国粉煤灰在建材工业中的应用主要包括：路基填充材料、墙体材料、粉煤灰水泥和混凝土掺和料等。如何提高粉煤灰的利用率及利用水平，实现粉煤灰的高附加值利用，仍是需要研究的重要课题。

粉煤灰是火力发电厂燃煤粉锅炉排出的且具有火山灰活性的工业废渣。由于煤的燃烧温度、煤的种类、灰分熔点和冷却条件的不同，造成粉煤灰的微观形态及显微成分的不同，主要有以下几种形态：

（1）球形颗粒：球形颗粒包括漂珠、空心沉珠、复珠、密实沉珠和富铁微珠。这类颗粒形状规则、大小不一，表面致密光滑，是干排粉煤灰的主要颗粒形态，前四种含有较高的活性，富铁微珠活性较差。

（2）不规则多孔玻璃颗粒：这类颗粒主要由玻璃体组成，成海绵状、蜂窝状形状不规则的多孔颗粒。此类颗粒富集了粉煤灰中较多的 SiO_2 和 Al_2O_3，颗粒比表面积大，活性较好，具有一定的吸附能力。

（3）钝角颗粒：主要是粉煤灰中的石英颗粒未熔融或部分熔融的残留颗粒，不具有水化活性。

（4）微细颗粒：这些颗粒非常细小，主要是各种颗粒的碎屑和各种颗粒的粘聚体，有的团聚体絮状结构，其所含成分主要为无定形 SiO_2 和少量石英碎屑。

（5）含碳颗粒：含碳颗粒为规则多孔颗粒，易破碎成多孔。

粉煤灰的化学组成很大程度上取决于原煤的无机物组成和燃烧条件。粉煤灰70%以上通常都是由氧化硅、氧化铝和氧化铁组成，典型的粉煤灰中还有钙、镁、钛、硫、钾、钠和磷的氧化物。粉煤灰中另一重要的化学组成为未燃碳份，这些未燃碳份对粉煤灰的应用影响非常大。ASTM根据粉煤灰中CaO的含量将粉煤灰分为高钙C类粉煤灰和低钙F类粉煤灰。

高钙C类粉煤灰：褐煤或亚烟煤的粉煤灰，$SiO_2 + Al_2O_3 + Fe_2O_3 \geqslant 50\%$；

低钙F类粉煤灰：无烟煤或烟煤的粉煤灰，$SiO_2 + Al_2O_3 + Fe_2O_3 \geqslant 70\%$。

粉煤灰的矿物相主要为无定形玻璃体，高钙灰中的玻璃体通常含有较高的阳离子改性剂，聚合度比较低，活性较高；低钙灰中的玻璃体通常含有较低的阳离子改性剂，聚合度比较高，活性较低。高钙灰中存在的主要晶体相为硬石膏、铝酸三钙、黄长石、默硅钙石、方镁石和石灰，硬石膏、铝酸三钙和石灰具有水硬性，因此高钙灰具有自硬性，但是由于过烧石灰的存在，体积安定性不良。低钙灰中存在的主要晶体相为莫来石、石英和磁铁矿，它们化学性质稳定，在水泥-粉煤灰体系不参加化学反应。

粉煤灰在砂浆或混凝土的作用可归结为"形态效应"、"活性效应"、"微集料效应"3个基本效应。

（1）形态效应：所谓形态效应，泛指各种应用于砂浆或水泥混凝土中的矿物质粉料，由其颗粒的外观、内部结构、表面性质、颗粒级配等物理性质所产生的效应。粉煤灰作为天然火山灰材料的形态效应是正效应大于负效应。正效应包括对水泥混凝土的减水作用、致密作用以及一定的匀质化作用等综合结果。负效应是因粉煤灰在形貌学上的不匀质性，如内含较粗的、多孔的、疏松的、形状不规则的颗粒占优势，丧失了所有物理效应的优越性，且会损害砂浆或混凝土原来的结构和性能。近年来，大量的应用实践都证实，粉煤灰的形态的正效应占极大的优势，负效应可以通过一定的手段加以抑制和克服。

（2）活性效应：粉煤灰的活性效应是指砂浆或水泥混凝土中粉煤灰的活性成分所产生的化学效应。若将粉煤灰用作胶凝组分，则这种效应自然就是最重要的基本效应。活性效应的高低取决于反应的能力、速度及其反应产物的数量、结构和性质等因素。低钙粉煤灰的活性效应主要是火山灰反应的硅酸盐化；高钙粉煤灰的活性还包括水泥和粉煤灰中石灰和石膏等成分激发活性氧化铝较高的玻璃相，生成钙矾石结晶的反应以及后期的钙矾石晶体的变化。粉煤灰水化反应的主要产物当然是在粉煤灰玻璃微珠表层生成的火山灰反应产物。据鉴定证实，该产物是Ⅰ型或Ⅱ型的 C-S-H 凝胶，它与水泥的水化产物类似。火山灰反应产物与水泥的水化产物交叉连接，对促进强度增长（尤其是抗拉强度的增长）起了重要的作用。粉煤灰玻璃相组分的二次水化反应对水泥水化反应的辅助作用，只有到硬化的后期，才能比较明显显示出来，主要表现为化学活性效应。这说明了粉煤灰火山灰反应具有潜在性质的特点，在砂浆或混凝土反应的初期影响很小，主要在界面发生反应，改善砂浆或混凝土胶凝材料和骨料界面状态，增加其抗拉和抗折强度。

（3）微集料效应：粉煤灰的微集料效应是指粉煤灰微细颗粒均匀分布于水泥浆体的基体之中，就像微细的集料一样。与水泥凝胶相比，熟料颗粒不但本身的强度高，而且它与凝胶的结合强度也高。在水泥浆体中掺加矿物质粉料，可以取代部分水泥熟料，矿物质粉料也能起到微集料的作用。这样节约了水泥，也就节约了能源。粉煤灰微集料效应之所以优越，主要因为粉煤灰具有不少微集料的优越性能：

①玻璃微珠本身强度很高，厚壁空心微珠的抗压强度在 700MPa 以上。

②微集料效应明显地增加了硬化浆体的结构强度。对粉煤灰颗粒和水泥净浆间的显微硬度大于水泥凝胶的显微硬度。

③粉煤灰微粒在水泥浆体中分散状态良好，有助于新拌砂浆和硬化砂浆均匀性的改善，也有助于砂浆中孔隙和毛细孔的填充和"细化"。

为研究粉煤灰在砂浆中的作用及合理掺量，科研人员通过大量试验，分别从水泥-粉煤灰体系、生石灰-硫酸钠-粉煤灰体系、熟石灰-硫酸钠-粉煤灰体系、水泥-激发剂-粉煤灰体系和水泥-减水剂-粉煤灰体系，对粉煤灰在砂浆中的作用、粉煤灰与激发剂、减水剂的适应性等方面进行了研究，得出以下结论：

（1）水泥-粉煤灰体系

粉煤灰具有减水作用，可以改善的砂浆的施工性，降低胶砂的压折比，当粉煤灰掺量小于 60％时，粉煤灰可以提高水泥-粉煤灰胶砂的抗折强度。

（2）生石灰-硫酸钠-粉煤灰体系

砂浆的需水量随粉煤灰掺量的增加而降低，但是降低幅度不大，当粉煤灰掺量由 60％增加到 90％时，水灰比仅降低 10％。

生石灰-硫酸钠-粉煤灰体系胶砂的抗压强度和抗折强度，随养护时间的延长而增加，随粉煤灰掺量的增加变化不明显，生石灰-粉煤灰胶砂的早期抗压强度和抗折强度（养护龄期为 3d）都很低，后期抗压强度和抗折强度（养护龄期为 28d）提高较明显，但是绝对强度都不高，抗压强度仅为水泥胶砂抗压强度的 30％左右，抗折强度也仅为水泥胶砂抗折强度的 50％左右。另外，生石灰使用过程中存在体积安定性不良的现象。

（3）熟石灰-硫酸钠-粉煤灰体系

熟石灰-硫酸钠-粉煤灰体系的砂浆需水量随粉煤灰掺量的增加而降低，但是降低幅度不大，当粉煤灰掺量由 60％增加到 90％时，水灰比仅降低 5％，需水量比同等粉煤灰掺量的生石灰-硫酸钠-粉煤灰体系砂浆的需水量要高 10％左右。熟石灰-硫酸钠-粉煤灰体系胶砂的抗压强度和抗折强度，随养护时间的延长而增加，随粉煤灰掺量的增加变化不明显，熟石灰-粉煤灰胶砂的早期抗压强度和抗折强度（养护龄期为 3d）都很低，后期抗压强度和抗折强度（养护龄期为 28d）提高较明显，但是绝对强度都不高，抗压强度仅为水泥胶砂抗压强度的 25％左右，抗折强度也仅为水泥胶砂抗折强度的 50％左右。熟石灰-粉煤灰砂浆的施工性很好，熟石灰在熟石灰-硫酸钠-粉煤灰体系中具有增塑作用。

（4）水泥-激发剂-粉煤灰体系

水泥-粉煤灰体系添加粉煤灰活性激发剂后需水量都有不同程度的增大，其中添加氯化钙需水量增加最多，掺加量为 3％时，水灰比增加 15％。

水泥-粉煤灰体系添加粉煤灰活性激发剂后，水泥-粉煤灰胶砂早期（养护 3d）抗压强度和抗折强度均有 5％～25％的提高，并且提高幅度随着激发剂掺量的增加而增大，说明硫酸钠、氯化钙、三乙醇胺和甲酸钙都能提高水泥-粉煤灰胶砂的早期强度，其中氯化钙的效果最明显；水泥-粉煤灰胶砂后期（养护 28d）抗压强度和抗折强度提高不大，并且随着激发剂掺量的增加，掺加氯化钙和甲酸钙的胶砂强度降低，比未加激发剂的胶砂强度有所降低。硫酸钠和三乙醇胺对后期强度没有不良的影响。

（5）水泥-硫酸盐-高效减水剂-粉煤灰体系

水泥-粉煤灰体系掺加高效减水剂后水灰比都大幅度降低，掺加木质磺酸盐减水剂、三聚氰胺和萘系磺酸盐减水剂水灰比降低分别为 8％、18％和 16％。水泥-粉煤灰体系掺加木质磺酸盐减水剂后早期强度（养护 3d）降低 20％左右，后期强度（养护 28d）稍有提高；掺加三聚氰胺和萘系磺酸盐减水剂早期强度（养护 3d）提高 20％左右，后期强度（养护 28d）提高 25％左右。木质磺酸盐减水剂的引气作用是使其强度增高不多的原因。

（6）在水泥-粉煤灰-硫酸钠-熟石灰-硅灰胶凝体系

体系中生成钙矾石是体系抗压强度提高的原因，如果要提高体系的抗压强度，可增加体系硫酸钠的掺加量，但是掺加过多的硫酸钠会产生泛碱现象，硅灰可以有效地防止泛碱，因此在增加硫酸钠的同时，要适当地增加硅灰的掺量。粉煤灰玻璃球体与氢氧化钙、氢氧化钠发生界面反应，生成水合硅酸钙和水合铝酸钙界面相替代氢氧化钙界面相是体系抗折强度提高的原因，氢氧化钠提高了体系界面反应的速度。

粉煤灰中的莫来石、石英和磁铁矿等晶体相以及球形玻璃体在水泥水化的条件下均没有发生反应，激发剂的加入，加快了球形玻璃体界面反应的速度，改变了水合硅酸钙凝胶与球形玻璃体的界面的状态，使其由薄弱的氢氧化钙转相变为水合硅酸钙相，从而提高了体系的强度，尤其是抗折强度。

10.3.2.2 尾矿砂

尾矿砂和尾矿是采矿企业在一定技术经济条件下排出的废弃物，但同时又是潜在的二次资源，当技术、经济条件允许时，可再次有效开发。据统计，2000 年以前，我国矿山产出的尾矿总量为 50.26 亿 t，其中，铁矿尾矿量为 26.14 亿 t，主要有色金属的尾矿量为 21.09 亿 t，黄金尾矿量为 2.72 亿 t，其他 0.31 亿 t。2000 年我国矿山年排放尾矿达到 6 亿 t，按此推算，到 2006 年，尾矿的总量 80 亿 t 左右。

尾矿占全国固体废料的 1/3 左右，而尾矿综合利用率仅为 8.2％左右，尾矿排入河道、沟谷、低地，污染水土大气，破坏环境，乃至造成灾害。矿山尾矿堆存场所还占用了大量农田、林地，对环境也有一定污染。

尾矿含有大量可以利用的非金属矿物，可以作为建筑材料、玻璃原料进行利用。随着国家加强环境保护土地管理，尾矿占地成为必须解决的迫切问题，只回收有价尾矿仍然处理不了剩下的大量尾矿，只有将尾矿作为建筑材料利用才是最根本的出路。矿山尾矿砂及选厂尾矿可作为铁路、公路道碴、混凝土粗骨料；多种矿山尾矿可作为建筑用砂、免烧尾矿砖、砌块、广场砖、铺路砖及新型墙体材料原料；许多矿山尾矿可以成为良好的水泥材料；高硅尾矿可作玻璃。

我国铁矿尾矿产生量很大，占我国矿山尾矿总量的一半以上。铁矿尾矿砂化学性质稳定，颗粒级配合理，可以作为建筑用砂。

科研人员采用了首钢水厂选矿厂的铁矿尾矿砂，对其进行了系统的研究。首钢水厂选矿厂隶属于首钢集团总公司首钢矿业公司，位于河北省迁安市和迁西县交界处，年处理铁矿石1100万t左右，铁精矿产量330万t左右，产生废弃物800余万t，其中有大量的尾矿砂。

试验所用尾矿砂是首钢水厂选矿厂的铁矿尾矿砂，经过烘干、筛分后得到不同级配的尾矿烘干砂，共有10～20目、20～40目、40～70目、70～110目四种不同细度。科研人员分别对以上四种细度的尾矿砂按国家标准《建设用砂》GB/T 14684—2011的规定，进行了尾矿砂的颗粒级配、含泥量和泥块含量、松散堆积密度和压实堆积密度、坚固性、集料碱活性的测试，并将尾矿砂和普通水洗河砂作了对比研究，包括水泥胶砂强度试验、物相分析和显微结构分析等。

（1）颗粒级配

按国家标准《建设用砂》GB/T 14684—2011中第7.3条提供的方法，对尾矿砂的颗粒级配进行了测定，测定结果见表10-3-1。表10-3-1表明，不同细度的尾矿砂通过级配可以得到符合国家标准《建设用砂》GB/T 14684—2011中第6.1条规定的颗粒级配要求的产品，适合作为建筑砂浆用砂。

尾矿砂的颗粒级配 表10-3-1

累计筛余 方筛孔	级配区			
	10～20目	20～40目	40～70目	70～110目
9.50mm	0	0	0	0
4.75mm	0	0	0	0
2.36mm	0	0	0	0
1.18mm	30	0	0	0
600μm	100	25	0	0
300μm	100	100	73	0
150μm	100	100	100	100

（2）含泥量和泥块含量

按国家标准《建设用砂》GB/T 14684—2011中第7.4条和第7.6条提供的方法，对尾矿砂的含泥量和泥块含量作了测定，测定结果见表10-3-2。由表10-3-2可知，尾矿砂的含泥量和泥块含量都很低，符合国家标准《建设用砂》GB/T 14684—2011中第6.2.1条规定的Ⅰ类指标的要求。

尾矿砂的含泥量和泥块含量 表10-3-2

项　　目	指　　标			
	10～20目	20～40目	40～70目	70～110目
含泥量（按质量计），%	0.0	0.1	0.2	0.5
泥块含量（按质量计），%	0.0	0.0	0.0	0.0

（3）松散堆积密度和压实堆积密度

按国家标准《建设用砂》GB/T 14684—2011中第7.15条提供的方法对尾矿砂的松散堆积密度和压实堆积密度进行了测定，测定结果见表10-3-3。表10-3-3表明，尾矿砂的松散堆积密度和压实堆积密度符合国家标准《建设用砂》GB/T 14684—2011中第6.5条规定的要求。

尾矿砂的松散堆积密度和压实堆积密度 表10-3-3

项　　目	指　　标			
	10～20目	20～40目	40～70目	70～110目
松散堆积密度（kg/m³）	1364	1380	1452	1528
压实堆积密度（kg/m³）	1568	1588	1668	1720

（4）坚固性

按国家标准《建设用砂》GB/T 14684—2011中第7.13.1条提供的方法，对尾矿砂的坚固性进行了测定，测定结果见表 10-3-4。表 10-3-4 表明，尾矿砂符合国家标准《建设用砂》GB/T 14684—2011 中第 6.4.1 条规定的Ⅰ类指标的要求。

尾矿砂的坚固性 表 10-3-4

项　目	指　标			
	10～20 目	20～40 目	40～70 目	70～110 目
质量损失，%，＜	2.5	3.3	3.8	4.2

（5）集料碱活性检验（岩相法）

按国家标准《建设用砂》GB/T 14684—2011 中附录 A 中提供的方法，检验尾矿砂的碱活性集料。采用偏光显微镜分析尾矿砂的物相，尾矿砂的矿物相主要为石英，没有发现碱活性骨料物相，偏光显微镜照片见图 10-3-1 和图 10-3-2。

图 10-3-1　尾矿砂正交偏光显微照片

图 10-3-2　尾矿砂单偏光显微照片

（6）水泥-胶砂强度

按国家标准《水泥胶砂强度检验方法（ISO 法）》GB/T 17671—1999 的方法，对尾矿砂和水洗河砂进行了对比试验，水泥胶砂强度的试验结果见表 10-3-5。由表 10-3-5 可知，尾矿砂的抗压强度比水洗河砂高 3MPa 左右，抗折强度高 0.5MPa 左右。

尾矿砂的水泥-胶砂强度 表 10-3-5

项　目	抗压强度				抗折强度			
	3d	7d	14d	28d	3d	7d	14d	28d
水洗河砂	30.5	44.5	56.0	62.0	5.0	6.6	7.8	8.2
尾矿砂 1	35.5	49.5	61.0	66.0	6.0	7.2	8.3	8.8
尾矿砂 2	34.0	48.5	60.0	65.0	5.8	7.0	8.2	8.7
尾矿砂 3	34.5	50.0	59.5	64.5	5.7	6.9	8.2	8.5

图 10-3-3　河砂正交偏光照片

（7）尾矿砂与水洗河砂显微结构

采用偏光显微镜分别分析尾矿砂和水洗河砂，尾矿砂形态为不规则多棱角，物相主要为石英；水洗河砂形态为规则椭圆形，物相主要为石英和长石，其中含有微晶石英，是碱活性集料。偏光显微镜照片见图 10-3-1 和图 10-3-3。

综上所述，科研人员所选取的尾矿砂，较水洗河砂具有供应量稳定、化学成分稳定、含泥量低、有害成分含量少等优点，是优良的干拌砂浆骨料。但尾矿砂会因产地、矿床等多种因素而有所差异，在进行综合利用前必须进行系统的试验，尽量避免其应用于砂浆产品时产生不利的影响。

10.3.2.3　废纸纤维

废纸纤维是由废纸经粉碎制得，具有吸水性，可以替代砂浆中的价格昂贵的木质纤维，起到保水、抗裂和改善砂浆施工性的作用。

保温胶粉中掺加木质纤维可以改善施工性，降低导热系数，但是掺加量过多会影响抗压强度。科研人员对木质纤维和废纸的纤维作了对比研究，分别选取掺加量为 0.1%、0.3% 和 0.5%，测定了保温浆料的施工性，保温材料的导热系数和抗压强度，试验结果见表 10-3-6。由表 10-3-6 的试验结果可知，优选废纸纤维的掺量为 0.3%。

不同纤维掺量保温胶粉试验结果　　　　　表 10-3-6

项目	掺量	施工性	湿表观密度（kg/m³）	干表观密度（kg/m³）	抗压强度（kPa）	导热系数［W/(m·K)］
木质纤维	0.1%	好	400	215	240	0.058
	0.3%	好	390	208	220	0.056
	0.5%	好	375	185	195	0.051
废纸纤维	0.1%	好	405	217	240	0.058
	0.3%	好	396	210	226	0.057
	0.5%	好	385	195	203	0.054

10.3.2.4　废橡胶颗粒

废橡胶颗粒是由废旧橡胶轮胎粉碎制得，废旧轮胎难以降解，容易燃烧，大量堆积占用大量的土地，形成安全隐患，造成了严重的环境污染。据统计，全世界旧轮胎已积存 30 亿条，并以每年 10 亿条的数字增长。我国是世界轮胎生产大国和消费大国，2004 年中国轮胎产量达 2.39 亿条，居世界第二位，废旧轮胎的产生量约 1.2 亿条也居世界第二位，并以每年 12% 的速度增长。如何有效利用废旧轮胎已经成为一个世界性的难题。

干拌抗裂砂浆用于外墙外保温面砖饰面系统的抗裂防护层，要求施工性好，粘结强度高，耐水性好，收缩率小，厚抹不裂。科研人员以水泥-粉煤灰体系胶凝材料，尾矿砂骨料，优选可再分散乳胶粉、纤维素醚、憎水剂、流变助剂得到干拌抗裂砂浆的优化配方，其中为了解决其要求的厚抹不裂指标，试验中采用了废橡胶颗粒替代了部分尾矿砂，增加砂浆的柔韧性，提高其抗裂性。

研究表明，废橡胶颗粒代替砂石骨料应用于水泥基材料后，水泥基材料的强度下降，工作性、变形性能、抗裂性、抗冻性能得到改善，同时还具有防滑、消声、隔热等一系列优异的性能。科研人员用废橡胶颗粒等替代部分尾矿砂作试验，试验结果见表 10-3-7。由表 10-3-7 可知，随着废橡胶颗粒掺量的增加，干拌抗裂砂浆的压折比降低，砂浆柔韧性提高，但是同时砂浆的粘结强度也降低，最后优选废橡胶颗粒的掺量为 5%。产品的性能指标要求和优化配方产品试验测试指标见表 10-3-8。

不同废橡胶颗粒掺量干拌抗裂砂浆试验结果　　　　　表 10-3-7

废橡胶颗粒掺量%	粘结强度（MPa）	抗压强度（MPa）	抗折强度（MPa）	压折比
1	0.98	20.8	6.3	3.30
3	0.84	18.6	5.9	3.15
5	0.81	15.4	5.6	2.75
7	0.74	12.3	4.3	2.86

干拌抗裂砂浆产品性能指标   表 10-3-8

项　目		单位	指标	测试结果
可操作时间		h	≥1.5	2.25
与水泥砂浆粘结强度	原强度	MPa	≥0.7	1.20
	浸水后	MPa	≥0.5	1.35
压折比		—	≤3.0	2.8

10.3.2.5　砂浆产品中固体废弃物含量

本节对 18 种外保温系统的配套砂浆产品中固体废弃物的含量作了归纳总结，具体结果见表 10-3-9 和表 10-3-10。由表 10-3-9 和表 10-3-10 可以看出，外保温系统砂浆产品中粉煤灰的综合利用率在 30% 以上，尾矿砂的综合利用率在 40%～65% 之间，固体废弃物的综合率大部分在 60% 左右，最高达到了 80.25%。

外保温系统干拌砂浆产品中固体废弃物的含量   表 10-3-9

产品名称	固体废弃物含量（%）			
	粉煤灰	尾矿砂	其他	合计
保温胶粉	34	0	0.35	34.35
屋顶保温胶粉	40	0	0.30	40.3
粘结保温胶粉	39	0	0.50	39.5
抗裂砂浆Ⅰ	23	57	0.25	80.25
抗裂砂浆Ⅲ	15	42.5	5	62.5
面砖粘结砂浆	16	47	0.25	63.25
面砖勾缝料	25	57	0	81
建筑基层界面砂浆	39	27	0.40	66.4
聚苯板粘结砂浆	30.5	38.5	0.30	69.3

外保温系统剂类产品中固体废弃物的含量   表 10-3-10

产品名称	固体废弃物含量（%）			
	粉煤灰	尾矿砂	其他	合计
界面剂	32	0	0	32
柔性耐水腻子	40	0	0	40
模塑聚苯板界面剂	33	0	0	33
挤塑聚苯板界面剂	31	0	0	31
聚氨酯界面剂	0	34	0	34
抗裂砂浆Ⅰ（双组分）（水泥砂浆抗裂剂）	17	55	0	72
抗裂砂浆Ⅲ（双组分）（水泥砂浆抗裂剂）	12.5	55	0	67.5

10.3.3　外保温系统固体废弃物综合利用

外墙外保温事业在国内发展的数十年内，相继开发出了大量利用固体废弃物的外保温系统，如胶粉聚苯颗粒外保温系统（涂料饰面）、胶粉聚苯颗粒外保温系统（面砖饰面）、喷涂硬泡聚氨酯外保温系统（涂料饰面）、喷涂硬泡聚氨酯外保温系统（面砖饰面）、胶粉聚苯颗粒贴砌聚苯板外保温系统（涂料饰面）、胶粉聚苯颗粒贴砌聚苯板外保温系统（面砖饰面）、现浇混凝土无网聚苯板外保温系统（涂料饰面）、现浇混凝土无网聚苯板外保温系统（面砖饰面）、现浇混凝土有网聚苯板外保温系统（涂料饰面）

和现浇混凝土有网聚苯板外保温系统（面砖饰面）等。经过多年的发展，大掺量固体废弃物技术在外保温系统内的应用也趋于成熟，固体废弃物在外保温系统中的含量见表10-3-11，由表10-3-11可知，这10种外保温系统中粉煤灰、尾矿砂和废聚苯颗粒的综合利用率在50％以上。

外保温系统中固体废弃物的含量　　　　　　　　　　表10-3-11

系 统 名 称	固体废弃物的含量（wt%）			
	粉煤灰	尾矿砂	废聚苯颗粒	合计
胶粉聚苯颗粒外保温系统（涂料饰面）	30.48	19.47	3.68	53.63
胶粉聚苯颗粒外保温系统（面砖饰面）	21.49	32.45	2.01	55.95
喷涂硬泡聚氨酯外保温系统（涂料饰面）	22.72	25.05	5.91	53.68
喷涂硬泡聚氨酯外保温系统（面砖饰面）	16.36	37.17	0.47	56.34
胶粉聚苯颗粒贴砌聚苯板外保温系统（涂料饰面）	30.03	20.15	1.90	52.09
胶粉聚苯颗粒贴砌聚苯板外保温系统（面砖饰面）	21.08	33.06	1.03	55.16
现浇混凝土无网聚苯板外保温系统（涂料饰面）	27.03	25.40	1.07	53.50
现浇混凝土无网聚苯板外保温系统（面砖饰面）	18.07	37.80	0.49	56.36
现浇混凝土有网聚苯板外保温系统（涂料饰面）	25.66	24.11	1.02	50.79
现浇混凝土有网聚苯板外保温系统（面砖饰面）	17.65	36.91	0.47	55.03

10.3.4　综合评价

根据国家发展循环经济，建设节约型社会的要求，业内对粉煤灰、尾矿砂、废橡胶颗粒和废纸纤维作了系统研究，开发出大量利用固体废弃物的外保温系统产品，不仅有效解决了我国建筑节能外墙外保温行业快速发展带来的原材料紧缺的问题，而且处理了大量的固体废弃物，净化了环境，实现了废弃物的变废为宝，高效综合利用。

外保温系统产品由于可大量采用粉煤灰和尾矿砂等固体废弃物，降低成本，并可采用粉煤灰活性激发剂复掺技术，充分发挥粉煤灰的活性，使砂浆产品的性能提高。因此，在外墙外保温市场中具有广阔的市场和发展前景。外保温系统产品大量利用固体废弃物的技术，符合国家提出的发展利废建材、发展循环经济的要求，对我国外墙外保温领域实现资源的综合利用提供了有力的技术支持。

10.4　保温材料生产能耗和环境污染分析

目前，在建筑中应用的保温工艺主要有3种：外墙外保温、外墙内保温、外墙夹芯保温。近几年，外墙外保温的墙体保温形式占据了市场的主导地位，其中的保温材料制品也是多种多样，目前应用较为广泛的主要有EPS板、XPS板、聚氨酯、酚醛保温板、岩棉、无机保温砂浆和胶粉聚苯颗粒浆料等。

我国是一个能源短缺的国家，大力开展节能减排工作是我国目前的工作重点之一，而建筑节能环节中的外墙外保温，承担了的节能任务比重较大，但保温材料一方面有利于节能的实现，另一方面，在保温材料的生产过程中，也消耗了大量的能源、资源，不利于我国整体节能减排工作的开展，以下就几种较为常用的保温材料进行分析比较。

10.4.1　模塑聚苯板

采用可发性聚苯乙烯（EPS）颗粒为原料，经过预发泡、熟化和发泡模塑成型即可制得聚苯乙烯泡沫塑料板，具有质轻、极好的隔热性、吸水性小、耐低温等优点，主要用于建筑墙体、屋面保温、复合保温板材的保温层；车辆、船舶制冷设备和冷藏库的隔热材料以及装潢、雕刻各种模型等方面。

将可发性聚苯乙烯颗粒制造成泡沫制品，一般需经粒子预发泡、熟化、成型、产品熟化、热养护、切割等几道工序，生产过程所产生的废气、废水等污染较少，但在后期裁板过程中会产生一定量的边角料，约占总量的10%～20%，此类废料可以直接粉碎回收利用。

当前，制约EPS保温技术发展的一个重要问题是材料的可燃性。聚苯乙烯燃烧会产生苯、甲苯、乙苯、对二甲苯、邻二甲苯、间二甲苯和苯乙烯等分解物，表10-4-1分析聚苯乙烯在不同温度条件下的加热分解产物的种类和浓度，由表10-4-1可见，聚苯乙烯在80℃的加热条件下即可产生分解，生成苯和甲苯等有害气体；140℃时即产生溶熔现象，160℃以上分解速度加快，颜色发生变化，由无色透明→浅黄色→橙色→褐色→黑色。140℃时即可热解产生剧毒的大分子有机物苯乙烯，此后一直到260℃，苯乙烯的产量越来越大，但总的热解产物的种类不再发生变化。不同热解产物产生的速度不同：小分子有机物产生快，浓度高；大分子有机物产生慢，浓度低；温度越高，热解产生的大分子有机物种类越多，浓度也越大。

不同温度下聚苯乙烯（PS）加热分解产物的种类与浓度（mg/m³）　　　　表10-4-1

加热分解产物	温度（℃）									
	80	100	120	140	160	180	200	220	240	260
苯	0.11	0.16	0.21	0.24	1.22	2.98	4.12	6.78	9.10	12.60
甲苯	0.08	0.14	0.20	0.22	0.73	1.24	2.28	3.42	6.82	9.22
乙苯	未检出	未检出	未检出	0.18	0.38	0.66	1.06	1.31	2.56	5.81
对二甲苯	未检出	0.88	1.27	2.62	5.62	8.23	10.12	12.74	14.11	17.16
间二甲苯	未检出	未检出	未检出	未检出	0.14	0.38	0.74	0.98	1.56	3.42
邻二甲苯	未检出	未检出	0.34	0.88	1.38	3.18	4.88	6.38	8.24	10.62
苯乙烯	未检出	未检出	未检出	0.10	0.23	0.42	0.64	1.13	2.06	4.22

EPS板材的成型过程中，由于使用水蒸气发泡，没有发泡剂对环境的污染，其所造成的最大问题是使用后的回收，如果不能解决好，将会造成大量的白色污染。目前保温市场上流行的胶粉聚苯颗粒保温浆料技术，可以大量消纳废旧聚苯板，很好地解决了白色污染问题。

根据天津市地方标准DB 12/046.84—2008中的聚苯乙烯发泡制品单位产量综合能耗计算方法及限额，聚苯乙烯发泡制品单位产量综合能耗限额指标：聚苯乙烯发泡制品单位产量综合能耗应不大于3200kg（标准煤）/t。

可发性聚苯乙烯颗粒是由苯乙烯悬浮聚合，再加入液体发泡剂而制得的树脂。可发性聚苯乙烯颗粒对于环境的影响，主要在于苯乙烯的生产和液体发泡剂（戊烷），而液体发泡剂戊烷的ODP为0，对环境影响甚小。目前，世界上生产苯乙烯的路线有三条：一是乙苯气相催化脱氢工艺，以乙苯为原料，借助氧化铁-铬或氧化锌催化剂，采用多床绝热或管式等温反应器，在蒸汽存在下脱氢为苯乙烯；二是用丙烯、乙苯过氧化制备环氧丙烷时的副产物；三是从蒸汽裂解热解汽油中用抽提蒸馏回收。世界上90%的苯乙烯制备来自第一条路线，典型的乙苯脱氢工艺有巴杰尔法和罗姆斯法。在苯乙烯生产过程中，主要环境影响因素是存在苯、甲苯、乙苯、苯乙烯、氢氧化钾、甲醇等多种有毒化学物质。例如，某化工厂进行新建苯乙烯装置工程，设计年产苯乙烯50万t。采用传统工艺乙苯催化脱氢生产苯乙烯，即乙烯和过量的苯在烷基化催化剂作用下经烷基化反应生成中间产品乙苯和极少量的多乙苯，并根据巴杰尔的经典苯乙烯技术，乙苯在铁系氧化物等催化剂作用下，在约600℃气相状态下脱氢生成苯乙烯，在苯乙烯的生产过程中存在苯、甲苯、乙苯、苯乙烯、氢氧化钾、甲醇等多种有毒化学物质，苯乙烯工艺使用大量的苯作为原料，如苯输送管道等发生事故，可造成苯大量泄漏，在事故状态下，一旦发生泄漏存在接触大量苯蒸气的可能，极易造成人员苯急性中毒，甚至死亡。

由苯乙烯悬浮法制备可发性聚苯乙烯珠粒，对于环境的影响比较微小，主要是防止苯乙烯的泄漏和废水的排放问题，由于生产中一般采用高压蒸馏方法将未反应的苯乙烯从废水中蒸馏分离，实际上排放的废水一般都能达到标准要求，污染性较小。

10.4.2 挤塑聚苯板

聚苯乙烯挤塑（XPS）板是以聚苯乙烯树脂为原料，经由特殊工艺连续挤出发泡成型的硬质板材，其内部为独立的密闭式气泡结构，是一种具有高抗压、不吸水、防潮、不透气、轻质、耐腐蚀、使用寿命长、导热系数低等优异性能的环保型保温材料，广泛应用于墙体保温，平面混凝土屋顶及钢结构屋顶的保温、低温储藏、地面、泊车平台、机场跑道、高速公路等领域的防潮保温、控制地面膨胀。

生产 XPS 保温板的主要原材料聚苯乙烯树脂的平均分子量范围在 17～50 万之间，辅料包括添加剂、发泡剂等。

表 10-4-2 是国内外几家聚苯乙烯树脂生产公司生产指标数据，几家公司生产聚苯乙烯的工艺技术存在着各自的不足，例如，公司 A 的聚苯乙烯生产，主要原料苯乙烯的物耗定额比其他技术均低，但电耗较高。而从污染物的排放量来看，主要表现在废水中 CODcr 浓度，公司 A 所排废水含 CODcr 平均为 2561.4mg/L，其中尚有一半废水为清净下水。如果按清污分流要求分出清净下水，则排出的废水 CODcr 浓度必高达 4000～5000mg/L，而送至 ABS 厂进行废水处理时会对污水处理厂的进水水质带来冲击负荷，影响该厂出水达标。

国内外几家聚苯乙烯生产公司生产指标数据　　　　　　　　　　表 10-4-2

序号	指标项目	单位	公司 A	公司 B	公司 C	公司 D
1	生产规模	10^4t/a	12	10	10	10
2	产品中苯乙烯残留量	ppm	<700	<300	<500	<500
3	工艺技术	—	本体聚合	本体聚合	本体聚合	本体聚合
	原材料消耗					
4	苯乙烯	kg/t	906.25	915	965.5	934.0
	聚丁二烯橡胶	kg/	80.8	71.5	70.0	43.56
	溶剂和化学品	kg/t	22.95	31.2	21.2	34.75
	总原料单耗	kg/	1010	1017.7	1056.7	1012.31
	水耗					
5	新水	m^3/h	9.13	40	—	5
	循环水	m^3/t	—	67	58.5	37.5
6	电耗	kW·h/t	200	102	130	105.87
7	能耗（燃料）	kcal/t	$5.5×10^4$	$6.88×10^4$	$16.27×10^4$	$9.56×10^4$
8	废水排放量	m^3/h	9.05	23.35	—	19
9	废水中 CODcr 平均浓度	mg/L	228.8		—	336.8

由于蒙特利尔议定书的生效，目前绝大多数欧美厂商已经完成了 XPS 板生产中氟利昂类发泡剂的替代，其采用的发泡剂不含卤化碳，使用与空气置换速度较快的烃类发泡剂。这样既避免了对臭氧层的破坏，又保证在反应的初始阶段就大部分完成了与空气的置换，使施工后材料的导热系数的变化很小，除此之外，还新开发了利用 CO_2 作发泡剂的生产技术，表 10-4-3 是某厂采用 CO_2 发泡的材料用量表。

在发泡剂的使用方面，我国 XPS 泡沫行业广泛使用 HCFC-22 和 HCFC-142b 作为发泡剂，这两种发泡剂属于消耗臭氧层物质（ODS），同时也是很强的温室气体。因此，尽管 XPS 在中国可以被认为是一个循环经济产业，但在环保方面依然面临很大压力，如何停止使用对于环境不利的发泡剂，选择和使用切实有效的替换技术是全行业面临的一个主要问题。目前，绝大多数的国内 XPS 生产企业已经充分认识到 HCFC-22 和 HCFC-142b 是对大气臭氧层有破坏的温室气体，未来必将被禁止使用。基于此点考虑，大部分 XPS 生产企业普遍关注 HCFCs 的替代技术，但是对于国家政策、采用何种替代技术、该技术是否成熟可行、成本是否合理、是否需要改造或者重新购置生产设备、新替代技术对于板材性能的影响、能否达到现行国标的要求、采用新技术后板材的市场等诸多问题普遍存在疑虑和困惑。

某年产量 6 万 m³ XPS 板材生产线原辅材料用量一览表　　　表 10-4-3

	聚苯乙烯	1200t
XPS 生产线	CO$_2$	20t
	阻燃剂	70t

XPS 板材生产过程分为混合上料、熔融混合、挤出成型、冷却切割等过程。在 XPS 板的生产过程中，对于环境的污染主要在熔融塑化阶段，由于该段温度达到 200℃以上，在此温度下，易造成聚苯乙烯的热分解，尤其是剧毒性的苯乙烯含量的增加（见表 10-4-1）。部分发泡剂在此温度下也汽化散发到大气中，造成环境污染。

从本质上讲，XPS 板材原材料主要是聚苯乙烯，与 EPS 板材的原料是完全一致的，该材料燃烧的所带来的危害基本上等同于 EPS 的燃烧。但另一方面，由于 XPS 板采用熔融塑化挤出工艺，材料回收利用难度增大，不同于 EPS 板材的回收。目前还没有一种合适的方式回收废弃的 XPS 板材。

10.4.3　聚氨酯

聚氨酯硬质泡沫塑料是一种由多异氰酸酯（OCN-R-NCO）和多元醇（HO-R$_1$-OH）反应并具有多个氨基甲酸酯（R-NH-C-OR$_1$）链段的有机高分子材料，50mm 厚的聚氨酯硬质泡沫塑料的保温效果相当于 80mm 厚的 EPS、90mm 厚的矿棉。随着能源成本的大幅增加以及人们对环保要求越来越严，硬泡聚氨酯作为优异的保温材料在建筑节能保温上的应用越来越广泛。

硬泡聚氨酯的主要原料是多苯基甲烷多异氰酸酯和组合聚醚，俗称黑料和白料。多苯基甲烷多异氰酸酯（黑料）平均官能度在 2.7 左右，黏度约在 100～300mPa·s 之间，主要采用光气法制备，存在大量的易燃、易爆和高毒类物质，其生产工艺过程复杂，控制点多；为严格控制异氰酸酯生产过程中污染物的排放，国家制定了异氰酸酯行业准入标准，具体要求见表 10-4-4。

MDI 生产单位产品原料和动力消耗标准　　　表 10-4-4

序号	原料及动力名称	规格（折百）	单位	单耗
1	苯胺	100%计	t/tMDI	≤0.75
2	甲醛	100%计	t/tMDI	≤0.15
3	CO	100%计	NM3	≤195
4	液氯	100%计	t/tMDI	≤0.58
5	NaOH（含分解中和）	100%计	t/tMDI	≤0.165
6	电	380V	kW·h/tMDI	≤450
7	蒸汽	4.0MPa	t/tMDI	≤1.1
		1.0MPa	t/tMDI	≤1.2

目前，聚氨酯应用于外墙保温建筑保温材料主要有现场喷涂聚氨酯、现场浇注聚氨酯、预制聚氨酯保温板和空心砖填充聚氨酯等几种形式，不同施工对环境影响对比见表 10-4-5。

不同施工工艺带来的环境影响　　　表 10-4-5

序号	施工工艺	不同施工造成的环境影响
1	现场喷涂聚氨酯	料液飞溅，影响施工现场周边环境；损耗大，发泡剂挥发大；对人身体伤害较大
2	聚氨酯保温板	损耗较小，边角料可回收利用；施工车间异氰酸酯浓度高，对人体伤害大；车间裁剪粉尘大
3	现场浇注聚氨酯	原料损耗小，对环境污染较小
4	空心砖填充聚氨酯	原料损耗小，对环境污染较小

聚氨酯行业最大的环保问题主要来自发泡剂，尤其是喷涂聚氨酯行业的发泡剂替代问题，表10-4-6是应用于聚氨酯行业的几代发泡剂。自从1992年11月蒙特利尔议定书缔约方大会在哥本哈根召开，会议对《关于消耗臭氧层物质的蒙特利尔议定书》进行修正，形成了哥本哈根修正案，该修正案将含氢氯氟烃正式纳入了受控物质名单。2003年4月22日，中国在该修正案上签字，成为缔约国。2007年9月，《蒙特利尔议定书》第十九次缔约方大会通过了加速淘汰含氢氯氟烃物质（HCFCs）的决议，要求第五条款国家在2013年将HCFCs的生产和消费冻结在基线水平（2009和2010年平均值），2015年削减基线水平的10%，2020年削减基线水平的35%，2025年削减基线水平的67.5%，2030年除少量维修使用外，停止生产和使用HCFCs。

聚氨酯不同发泡剂的基本参数对比 表10-4-6

名称	分子量	沸点 ℃	闪点 ℃	气相热导率25℃ mW/m·K	ODP	GWP
F-11	137.4	23.7	无	8.23	1	4600
141b	116.9	31.7	无	10.1	0.11	630
365mfc	148	40.0	−27	10.6	0	890
245fa	134	15.3	无	12.2	0	950
环戊烷	70	49.5	−37	12.0	0	11
正戊烷	72	36	−56.2	15	0	11
异戊烷	72	27.8	−57	15	0	11
H_2O/CO_2	44	−78.4	无	16.6	0	1

随着全球气候的变化无常和加速变暖，环保问题已经成为重要事宜，尽管规定2030年全面停止HCFC的生产和消费，但随着全球经济的发展，141b发泡剂的替代已经显得很迫切。

同时，聚氨酯在燃烧过程中会产生许多有害气体和烟，其燃烧时产生的主要气体见表10-4-7。

聚氨酯燃烧时产生的主要气体 表10-4-7

聚氨酯类型	产生的主要气体
软泡	HCN、乙腈、丙烯腈、CO、CO_2、苯、甲苯、苄腈
聚酯型硬泡	HCN、甲醛、甲醇、CO、CO_2、CH_4、C_2H_4、C_2H_2
聚醚型硬泡	HCN、乙腈、丙烯腈、CO、CO_2、吡啶、苄腈

10.4.4 酚醛保温板

酚醛保温板系以酚醛树脂（PF）和阻燃剂、抑烟剂、固化剂、发泡剂及其他助剂等多种物质，经科学配方制成的闭孔型硬质泡沫塑料板材，适于建筑、化工、石油、电力、制冷、船舶、航空等诸多领域做保温、隔热、吸声材料之用。

酚醛保温板的生产过程，环境问题的主要矛盾体现在废水的排放上。如图10-4-1所示，通用级酚醛树脂排放的废水主要是聚合阶段分离的澄清液和真空脱水干燥时产生的冷凝水及冲泵水，废水中酚类和醛类物质主要来自于未反应的原料，此外，酚、醛反应中常常存在醇类物质，其浓度约为1%，譬如，甲醇的来源有：（1）甲醛原料中的甲醇残留；（2）甲醛储存过程中产生的甲醇；（3）作为稳定剂加入的

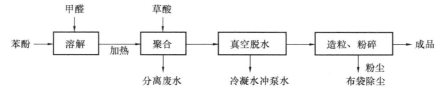

图10-4-1 酚醛树脂工艺流程及废水排放环节图

甲醇。据统计，生产 1 吨热塑性酚醛树脂需排出废水（含工艺废水和冲泵水）900～1500kg，生产 1 吨热固性酚醛树脂需排出废水 1200～1800kg，生产工艺和操作条件不同，产生的废水组成及浓度也不一样。酚醛树脂废水中的主要污染物是酚、醛和醇等物质，在未回收树脂之前，废水中酚类物质为 16～440g/L，醛类物质为 20～60g/L，醇类物质为 25～272g/L。

目前国外酚醛树脂生产废水处理技术主要有酚醛缩聚-回收法、酚醛缩聚-焚烧法、生物氧化法、化学氧化法、活性炭吸附法等，或者是生物氧化、化学氧化、活性炭吸附等数种方法结合起来的组合处理方法。而国内多采用延时缩合—生化法方法，下面主要对延时缩合—生化法作简单介绍。

延时缩合—生化法是目前国内酚醛树脂企业广为采用的一种废水处理方法，该方法由两次缩合、中和、厌氧、好氧等单项技术组合而成，其中缩合技术即是国外的酚醛缩聚技术，延时缩合为两次酚醛缩聚。目前我国酚醛树脂年生产量已达 30 万 t，产生的废水约为 52 万 m³，废水的平均苯酚浓度约为 300g/L、平均甲醛浓度约为 50g/L，则经延时缩合处理后，可回收低分子酚醛树脂 12500t，减排苯酚 15 万 t，减排甲醛 2.5 万 t，减排 COD 约 35 万 t。

国内绝大多数酚醛树脂生产企业均建立了废水处理设施，其中 80% 以上的大、中型酚醛树脂企业采用了延时缩合工艺，对废水中的酚、醛进行缩聚，回收低分子量的酚醛树脂；50% 以上的大、中型酚醛树脂企业采用了延时缩合—生化处理工艺，对废水进行综合处理。小型酚醛树脂企业由于废水水量较小，常常采用委托处理的方式，将高浓度含酚废水送污水处理厂或危险废物处理中心处理，也有部分小型酚醛树脂企业采用延时缩合或延时缩合—生化处理工艺，处理高浓度含酚废水。国内通用级酚醛树脂水污染物调研情况详见表 10-4-8。

国内通用级酚醛树脂水污染物调研情况一览表　　　　　　表 10-4-8

废水名称	水量（m³/t 产品）	COD（mg/L）	苯酚（mg/L）	甲醛（mg/L）	pH
工艺废水	0.65～0.95	300000～380000	250000～320000	25000～55000	1.5～1.8
冲泵废水	0.60～0.90	380～3400	120～200	15～35	5.5～5.9

10.4.5　无机保温砂浆

无机保温砂浆是一种用于建筑物内外墙粉刷的新型保温节能砂浆材料，以无机类的轻质保温颗粒作为轻骨料，由胶凝材料、抗裂添加剂及其他填充料等组成的干粉砂浆。该保温砂浆保温性能主要来自于其中的无机轻骨料，一般为膨胀珍珠岩或玻化微珠。

珍珠岩是一种天然酸性玻璃质火山熔岩非金属矿产，包括珍珠岩、松脂岩和黑曜岩，三者只是结晶水含量不同。在 1000～1300℃ 高温条件下其体积迅速膨胀 4～30 倍，形成膨胀珍珠岩。一般要求膨胀倍数 7～10 倍（黑曜岩＞3 倍，可用），二氧化硅 70% 左右。

玻化微珠，是一种酸性玻璃质溶岩矿物质（松脂岩矿砂），经过特种技术处理和生产工艺加工形成内部多孔、表面玻化封闭，呈球状体细径颗粒，是一种具有高性能的新型无机轻质绝热材料，主要化学成分是 SiO_2、Al_2O_3、CaO，导热系数为 0.028～0.048W/(m·K)，漂浮率大于 95%，成球玻化率大于95%，吸水率小于 50%，熔融温度为 1200℃。

玻化微珠和膨胀珍珠岩都是以珍珠岩为原材料，但生产玻化微珠的锅炉要比生产膨胀珍珠岩锅炉温度要求高，玻化微珠一般要 1400℃ 以上。

我国珍珠岩行业的产品，自 1966 年生产以来，在东北地区发展较快，约占全国总产量的一半以上，随着我国墙体材料改革，建筑节能标准不断提高，无机保温砂浆产品主要应用于以隔热为主的南方地区。

无机保温砂浆由胶凝材料、抗裂添加剂及其他填充料等组成。生产过程中的能源消耗除了一部分来自轻骨料的生产过程，还有一部分来自于水泥的生产过程，对环境影响主要表现在 CO_2 的排放以及生产过程的粉尘污染。

对我国 177 条新型干法水泥生产线统计，平均熟料烧成热耗为 828kCal/kg；每吨熟料电耗平均为69.34kW·h；每吨水泥综合电耗平均为 98.31kW·h，见表 10-4-9。

水泥综合能耗和 CO₂ 排放量 表 10-4-9

产品名称	综合电耗（kW·h）	CO₂ 排放量（t）
熟料综合能耗	69.34	0.89～1.22（约 1.00）
水泥综合能耗	98.31	约 0.12
合计	167.65	1.12

注：水泥生产过程中每生产 1t 水泥平均消耗 100kW·h 电能，若把由煤燃烧产生电能排放的 CO₂ 计算到水泥生产上，生产 1t 水泥因电能消耗排放的 CO₂ 约为 0.12t。

胶结料与玻化微珠质量体积比一般从 1kg：4.5L 至 1kg：8.0L 之间，配比不当会导致无机保温砂浆性能达不到相关标准的技术要求，为达到较高的性价比，国内无机保温砂浆以 1kg 胶结料：6L 无机轻骨料居多，水泥综合能耗和 CO₂ 排放量见表 10-4-10。

无机保温砂浆生产综合能耗和固体废弃物综合利用 表 10-4-10

产品名称	1000m² 耗量	水泥	无机轻骨料	固体废弃物含量
				粉煤灰
无机保温胶粉	13t	5.50t	5.00t	2.50t
能耗	—	922.10kW·h	1465.00kW·h	—
CO₂ 排放	—	6.16t	1.76t	—

注：1. 无机轻骨料生产过程中每生产 1t 无机轻骨料，电炉能耗约 293kW·h，若把由煤燃烧产生电能排放的 CO₂ 计算到无机轻骨料生产上，生产 1t 无机轻骨料因电能消耗排放的 CO₂ 约为 0.352t。

2. 保温层厚度为 50mm。

10.4.6 胶粉聚苯颗粒保温浆料

胶粉聚苯颗粒保温浆料由保温胶粉料与聚苯颗粒组成，两种材料分袋包装（聚苯颗粒体积不小于 80％），使用时按比例加水拌制而成。胶粉聚苯颗粒保温浆料的胶凝材料采用氢氧化钙、粉煤灰以及不定型的二氧化硅（其重量占 1/3 以上）等材料取代大量的水泥，在碱性激发剂的作用下，粉煤灰中的 SiO_2 与 $Ca(OH)_2$ 化合生成 C-S-H 胶体，在硫酸盐激发剂的作用下，粉煤灰中的 SiO_2 与 $Ca(OH)_2$ 化合生成 CAH 胶体，在石膏存在时进而形成稳定的钙矾石。C-H-S 胶凝体系在粉煤灰颗粒表面形成，并把体系内的各种微粒粘结在一块，而钙矾石填充孔洞，使水泥石中孔洞越来越致密，并逐渐产生微膨胀作用，改善水泥的性能。这种不以水泥和石膏为主的胶凝材料，一是综合利用了粉煤灰等工业固体废弃物，二是减少了水泥用量，降低了生产能耗。

综合来看，胶粉聚苯颗粒保温浆料中的能耗主要来源于胶结料中的部分水泥，国内胶粉聚苯颗粒保温浆料的胶结料与轻骨料比例一般为 1kg：6.5L 至 1kg：8L，综合能耗和 CO₂ 排放量见表 10-4-11。

胶粉聚苯颗粒保温浆料生产综合能耗和固体废弃物综合利用 表 10-4-11

产品名称	1000m² 耗量	水泥	固体废弃物含量（kg）	
			粉煤灰	废聚苯颗粒
保温胶粉	7.5t	4.35t	2.55t	0.60t
能耗	—	729.28kW·h	—	—
CO₂ 排放量	—	4.87t	—	—

注：保温层厚度为 50mm。

10.4.7 岩棉

岩棉保温板是以玄武岩及其他天然矿石等为主要原料，岩棉保温板经高温熔融成纤，加入适量胶粘剂，固化加工而制成的。

岩棉保温板以导热系数低、燃烧性能级别高等优势，可应用于新建、扩建、改建的居住建筑和公共建筑外墙的节能保温工程，包括外墙外保温、非透明幕墙保温和EPS外保温系统的防火隔离带。

表10-4-12和表10-4-13为《岩棉能耗等级定额》JC 522—1993中岩棉能耗等级定额，及格级的岩棉生产能耗，标准煤耗要小于560kg/t，综合电耗要小于400kW·h/t，可用于外墙的岩棉保温板，要有一定的抗拉强度，密度一般大于160kg/m³。按及格级的岩棉生产，每1m³的岩棉的能耗为标准煤89.6kg，综合电耗64kW·h。

可比岩棉标准煤耗等级定额　　　　　　　　表10-4-12

国家特级	国家一级	国家二级	及格级
300kg/t	380kg/t	450kg/t	560kg/t

可比岩棉综合电耗等级定额　　　　　　　　10-4-13

国家特级	国家一级	国家二级	及格级
310kW·h/t	330kW·h/t	350kW·h/t	400kW·h/t

10.4.8 综合评价

我国南方地区使用的外保温系统主要为无机保温砂浆和胶粉聚苯颗粒保温浆料外保温系统。若保温层厚度按照30mm计算，每1000m²的消耗量如表10-4-14所示。

1000m²无机保温砂浆和胶粉聚苯颗粒保温浆料能耗和CO₂排放量对比　　　表10-4-14

保温材料种类	能耗/kW·h	CO_2排放量/t
无机保温砂浆	1432.26	4.75
胶粉聚苯颗粒浆料	437.57	2.92

注：保温层厚度为30mm。

热工性能要求较高的北方采暖地区，无机保温砂浆和胶粉聚苯颗粒保温浆料单独使用难以满足建筑节能设计标准的要求，则可使用复合保温系统。按照1000m²的外墙保温施工面积计算，几种保温材料的、能耗和燃烧释放有害气体的综合评价见表10-4-15。

保温材料综合评价表　　　　　　　　表10-4-15

保温材料种类		保温层厚度/mm	生产能耗/kW·h	煤耗/t	石油耗量/t	燃烧释放有毒气体
EPS		95	304	—	0.38	苯、甲苯、乙苯、对二甲苯、间二甲苯、邻二甲苯、苯乙烯
XPS		70	1750	—	0.67	
聚氨酯（喷涂）		60	20	—	0.84	HCN、乙腈、丙烯腈、CO、吡啶、苄腈
酚醛保温板		85	144	—	1.28	苯酚及其衍生物、二噁英
岩棉		115	644	828	—	
胶粉聚苯颗粒复合EPS板	EPS	85	272	—	0.34	苯、甲苯、乙苯、对二甲苯、间二甲苯、邻二甲苯、苯乙烯
	胶粉聚苯颗粒浆料	25	365	—	—	

注：1. 外墙外保温的保温层厚度以北京节能65%工程为例计算；北京（寒冷B区）地区的外墙K（[W/(m²·K)]）限值为0.45、0.60或者0.70，执行标准《严寒和寒冷地区居住建筑节能设计标准》JGJ 26—2010。以K限值0.45[W/(m²·K)]为例，K=1/(0.04+R+0.11)。
2. 容重选定为EPS：20kg/m³，XPS：32kg/m³，聚氨酯：40kg/m³，酚醛保温板：60kg/m³，岩棉160kg/m³，其中岩棉采用《岩棉能耗等级定额》JC 522—1993中岩棉能耗等级定额中国家二级的等级定额。

有机保温材料的生产需要消耗大量石化制品，而无机保温砂浆和岩棉的生产过程，一是消耗了大量的能源，二是产生了大量的 CO_2 等气体，在节能的同时耗费了大量的能源，一定程度上阻碍了节能减排工作的进行。

胶粉聚苯颗粒浆料采用回收的废旧聚苯乙烯泡沫和大量粉煤灰等固体废弃物作为其原料，一方面，综合利用了大量固体废弃物，净化环境，变废为宝；另一方面，减少了建筑的能源消耗量，符合了国家节能减排的发展方向。

10.5 资源综合利用发展前景

固体废弃物种类繁多，产生量大，污染具有间接性和长期性。固体废弃物的直接污染程度远不及废水和废气，但固体废弃物污染具有很强的间接性，可以通过各种途径转化为其他污染物造成二次污染和重复污染；固体废弃物目前普遍采取无害化处理，按照国家标准在处置场分类贮存和处置，但是固体废弃物的长期堆放会对环境造成长期的污染，只有将其综合利用才能根除最终污染。

建材工业是工业部门中利用固体废弃物最多的产业，许多废弃物都可用作建材生产的替代原料和燃料。实现建材工业的可持续发展，就要逐步改变传统建筑材料的生产方式，调整建材工业产业结构，依靠先进技术，充分合理利用资源，节约能源，在生产过程中减少对环境的污染，加大固体废弃物的利用。而绿色建材是采用清洁生产技术，不用或少用矿物资源和能源，大量使用工业或城市固体废弃物生产的无毒害、无污染、无放射性，达到使用周期后可利用，有利于环境保护和人体健康的建筑材料。只有发展绿色建材，才能实现建材工业在节能、节约资源、环境保护及综合利用的可持续发展目标。因此，外墙保温行业实现节能减排，最终必将归结于发展绿色建材，降低建材生产能源消耗量，在实现建筑节能的同时，最大限度地进行资源综合利用，提高资源利用效率，发展循环经济，建设资源节约型、环境友好型社会。

11 外保温工程质量案例分析

11.1 模塑聚苯板外保温工程

模塑聚苯板（简称 EPS 板）薄抹灰外墙外保温系统具有优越的保温隔热性能，良好的防水性能及抗风压、抗冲击性能，能有效解决墙体的龟裂和渗漏水问题；该系统技术成熟、施工方便，性价比高，是国内外使用最普遍、技术最成熟的外保温系统，在欧美发达国家、我国各地，特别是严寒、寒冷地区都得到广泛的应用。德国 20 世纪 50 年代率先研究 EPS 薄抹灰外保温系统，并建成第一个外墙外保温工程，已经受了 50 多年的考验；我国 20 世纪 90 年代初建设的北京裕京花园别墅群，最早采用了 EPS 薄抹灰外保温系统，至今依然完好。EPS 板薄抹灰外保温系统在国内 20 多年的工程应用中，取得了良好效果。但也出现了一些问题，大风刮落 EPS 板的质量事故时有发生。

11.1.1 EPS 板脱落的案例

以下几个工程项目采用的是 EPS 板薄抹灰做法，出现了大面积 EPS 板脱落事故，不仅造成了较大的经济损失，而且引起了社会的广泛关注。

案例一：乌鲁木齐北京路科学一街科学院家属院的 18 号楼，其侧面墙 EPS 板从一楼窗户处至六楼屋檐下全部脱落，高约 15m，面积约 200m²。砸坏了三辆轿车，所幸并未伤人（图 11-1-1）。

图 11-1-1　EPS 板保温层脱落

案例二：江苏省常州市新北区奥林匹克花园小区 16 幢的 5 层和 6 层，其两层外侧墙体的 EPS 板脱落一大半，露出了灰色的水泥，另外还有一半也已与墙体分开，悬挂在半空（图 11-1-2）。

案例三：乌鲁木齐市诚盛花园小区 17 号楼 5 单元，大约有 40m² 的 EPS 板保温层散碎落在地上（图 11-1-3）。

11.1.2 EPS 板脱落的原因

EPS 板薄抹灰外墙外保温系统保温层的脱落大部分是因为粘贴方式及粘贴面积不符合设计及技术标准要求等因素造成的。如果粘贴面积过小，EPS 板和墙体基层之间粘接强度不够，或留有连通空腔，加之粘贴方式不规范，密封不好，使负风压对保温墙面的空腔影响较大。由风压引起的应力多集中在板缝处，因而易造成板缝处开裂，最终导致 EPS 板大面积脱落。

图 11-1-2　EPS 板保温层悬挂半空

图 11-1-3　被风"撕"掉的 EPS 板保温层

11.1.2.1　风压破坏

建筑物的风荷载是指空气流动形成的风遇到建筑物时，对建筑物表面产生的作用力。风荷载与风的性质（风速、风向），与建筑物所在地的地貌及周围环境，与建筑物本身的高度、形状等有关。风荷载作用于建筑物的压力分布是不均匀的。风荷载分为正风压和负风压。正风压对建筑物表面产生压力，负风压对建筑物表面产生拉力。外墙外保温系统必须具有抵抗负风压的能力，才能保证在负风压的作用下不脱落。

EPS 板外墙外保温系统粘贴方式分有空腔和无空腔。带连通空腔的 EPS 板外墙外保温系统，在负风压区，空腔内空气压强大于外界空气压强，从而对 EPS 板外墙外保温系统产生由内向外的推拉力，用纯点粘法施工的 EPS 板外保温系统最容易发生 EPS 板大面积脱落。无空腔的 EPS 板保温系统，因保温板与基层墙体满粘，抗负风压能力强，一般不会脱落。

当负风压对 EPS 板外墙外保温系统的作用力大于粘接砂浆与基层墙体或粘接砂浆与 EPS 板之间的粘结力时，EPS 板外墙外保温系统会出现脱落，表现为：负风压力在瞬间或者一次大风期间（即短时间内）将 EPS 板外墙外保温系统破坏，通常见到的 EPS 板外墙外保温系统被风吹掉的工程案例都是与负风压力作用有关，如图 11-1-4 和图 11-1-5。

建筑物的负压易发生部位通常在与风向平行的建筑两侧和背风一侧，其中以建筑两侧的负压最大，最容易造成负压破坏。风荷载作用随着建筑物的高度增加而增加，所以在高层建筑结构中，要特别重视风荷载对外保温系统的影响。可以通过风玫瑰图来确定某地区常年主风向，由此确定负压易发生区。

图 11-1-4 负风压破坏工程案例一   图 11-1-5 负风压破坏工程案例二

（粘接层与基层的界面破坏）   （点粘处与 EPS 板的界面破坏）

11.1.2.2 连通空腔

我国技术标准规定采用的 EPS 板与基层墙体的粘贴方法主要有条粘法和点框粘法两种。基层平整度较差时宜选用点框粘法。点框粘法是目前应用最多的粘贴方法。但在现场实际施工操作过程中，施工人员若没有按照点框粘工艺要求进行操作，将框的部分给予省略，即有点无框的"纯点粘"，便形成连通空腔，这是严重的质量事故。

采用纯点粘法时，由于 EPS 板的四个周边没有与基层粘接，使 EPS 板的变形没有约束支点，从受力角度看相当于简支梁变成了悬臂梁，在正负风压力的作用下，使 EPS 板变形幅度比点框粘法的要大得多，增加了大面积脱落的可能性；纯点粘法将点框法的闭合空腔变成了连通的大空腔，连通空腔产生的负风压便会以整体施力的形式，施加于粘接面积较小的薄弱的粘接部位，破坏其粘结力，会把各个胶粘剂点逐个击破，加上外保温防护面层无法束缚大空腔的外保温系统在垂直于墙面方向的自由度，从而导致 EPS 板大面积脱落。在负压易发生区位置，如果采用有连通空腔的保温层做法，负压产生的由基层墙体向 EPS 板的推拉力会集中在负压最大的位置，导致负压易发生部位的破坏，造成开裂或脱落（如图 11-1-6）。

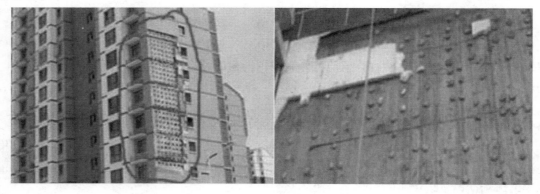

图 11-1-6 纯点粘法造成的脱落

11.1.3 防止 EPS 板脱落的措施

11.1.3.1 闭合小空腔构造

鉴于连通空腔的外保温系统在负风压的作用下容易脱落，国内外的技术标准都规定：EPS 板与基层墙体的粘接面积必须大于 40%，EPS 板与基层墙体的粘接面必须是闭合空腔，多采用点框粘法施工。

目前，EPS 板点框粘法大多采用 EPS 板尺寸是 1200mm×600mm 或 900mm×600mm（如图 11-1-7）。

虽然此类 EPS 板尺寸大，施工速度可以大幅度提升，但是当进行保温层施工时压板的一端很容易造成另一端翘起，引起另一侧的板面虚贴、空鼓，在粘贴时难以达到 100% 的饱满度。若采用闭合小空腔做法（如图11-1-8），其 EPS 板的规格尺寸为 600mm×450mm，不但便于工人施工操作，而且可以确保有效粘接面积，同时也可以防止连通空腔存在。每块尺寸 1200mm× 600mmEPS 板用粘结砂浆约 3.95kg，粘接率约 41%，其每平方米消耗量 5.49kg；每块尺寸 600mm×

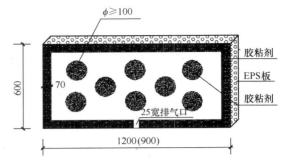

图 11-1-7　传统点框粘保温板粘接示意

450mmEPS 板用粘结砂浆约 2.04kg，粘接率约 56%，其每平方米消耗量 7.56kg；由此可见，闭合小空腔做法不但符合工人实际操作的把控，而且有效粘结面积大。闭合小空腔做法已编入北京、陕西省等地方标准中推广应用。

当采用的 EPS 板尺寸是 1200mm×600mm 施工时，若只打点不做框（如图 11-1-9），则每块板用粘接砂浆只需 0.85kg，粘接率也下降到约 8.70%，其每平方米消耗量只用 1.73kg。这种施工操作不但可成倍节约材料，而且也使施工速度大幅度提高，是典型的偷工减料做法，势必造成工程质量事故，是绝对不允许的。

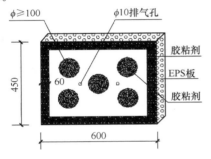

图 11-1-8　闭合小空腔保温板粘接示意

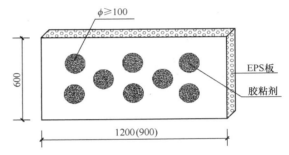

图 11-1-9　纯点粘法保温板粘接示意

11.1.3.2　无空腔构造

北京振利公司推广的"胶粉聚苯颗粒贴砌 EPS 板外保温系统"是无空腔构造做法，已编入行业标准《胶粉聚苯颗粒外墙外保温系统材料》JG/T 158—2013 以及北京市、山东省、吉林省、陕西省等地方标准中。这种做法技术成熟可靠，是解决 EPS 板脱落的有效方法。

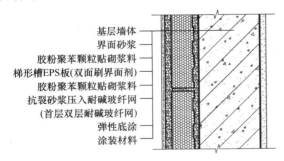

图 11-1-10　胶粉聚苯颗粒贴砌 EPS 板
外保温系统基本构造

"贴砌 EPS 板系统"的基本构造见图 11-1-10，采用 15mm 厚胶粉聚苯颗粒贴砌浆料抹于墙体表面，将开好横向梯形槽并预先涂刷界面剂的聚苯板粘贴砌筑好，EPS 板外表面再用 20mm 厚胶粉聚苯颗粒贴砌浆料找平，形成"胶粉聚苯颗粒贴砌浆料＋EPS 板＋胶粉聚苯颗粒贴砌浆料"的无空腔复合保温层；预留的 10mm 宽板缝用砌筑时挤出的胶粉聚苯颗粒贴砌浆料碰头灰填实并刮平；抗裂防护层采用抗裂砂浆复合涂塑耐碱玻纤网格布构成。该做法一方面相当于在每个 EPS 板周围增加了一圈胶粉聚苯颗粒贴砌浆料锚固件，进一步增强了系统整体粘结力和抗风压能力；另一方面又提高了 EPS 板保温层的水蒸气渗透能力；而最主要的还是能分解消纳 EPS 板胀缩时集中产生的应力，它可以将应力传递给胶粉聚苯颗粒贴砌浆料粘接层和找平层，然后再向面层逐层释放，可有效避免裂缝的发生；另外，EPS 板的六面全部被胶粉聚苯颗粒贴砌浆料包围，可在一定程度上限制 EPS 板的胀缩变形。贴砌 EPS 板做法充分考虑了 EPS 板上墙后陈化收缩的特性，通过粘接层、找平层和板缝处的胶粉聚苯颗粒贴砌浆料对产生应力限制、传递、分解、消纳，有效地解决了 EPS 板后收缩易导致板缝处裂缝的问题。

11.2 挤塑聚苯板外保温工程

挤塑聚苯板（简称挤塑板或 XPS 板）和模塑聚苯板（简称 EPS 板）的制作工艺不同，性能指标和适用范围也不同。与 EPS 板相比，XPS 板的密度大，强度高，导热系数小，吸水率和水蒸气渗透系数低，粘结性能和尺寸稳定性差，因此，在应用于外保温工程时，必须经过试验研究，采取有针对性的技术措施。有些外保温工程简单照搬 EPS 板薄抹灰外保温做法，造成了 XPS 板外保温工程开裂、起鼓、脱落、失火等严重质量安全问题。

11.2.1 XPS 板外保温质量问题案例

XPS 板外保温工程在外界环境变化引起的热应力的反复作用下，面层的开裂、脱落十分严重，如图 11-2-1、图 11-2-2。

图 11-2-1 XPS 板外保温饰面层开裂　　　　图 11-2-2 XPS 板外保温饰面层开裂及脱落

XPS 板外保温系统粘接层若形成了连通空腔，在负风压作用下更容易被破坏，会出现 XPS 板大面积脱落现象，如图 11-2-3。

XPS 板的表面很光滑，吸水率低，难与面层材料形成牢固粘接，因而容易造成饰面层脱落，如图 11-2-4。

图 11-2-3 连通空腔使 XPS 板大面积脱落　　　图 11-2-4 XPS 板吸水率低导致饰面层脱落

11.2.2 XPS板薄抹灰系统开裂起鼓原因分析

11.2.2.1 XPS板应变剧烈

组成保温系统材料的温度应变存在差异，温度变化时外保温材料之间会产生应力，容易引起裂缝，影响系统的耐久性。

从表11-2-1中EPS板应变的10组数据可以看出，在20℃时EPS板表面应变波动不大，平均值在24微应变左右；随着温度的升高，其应变波动变大，到达70℃后，应变峰值达到2670微应变，平均值也达到了2340微应变。

EPS板应变 表 11-2-1

温度	应变（$\mu\varepsilon$）										平均值
20℃	−78	−53	−11	10	23	40	60	62	77	109	24
70℃	2324	2510	2555	1999	2411	2670	1932	2503	2388	2109	2340

从表11-2-2中的XPS板应变的10组数据可以看出，XPS板的应变剧烈，20℃时峰值为159微应变，70℃时就达到4571微应变，应变平均值达到4036微应变，接近EPS板平均应变的2倍。当自然界的温度产生剧烈变化时，XPS板的体积会发生较大的变化，在用做墙体保温材料时，必须考虑到这种变化，选用适宜的保温构造和配套材料。

XPS板应变 表 11-2-2

温度	应变（$\mu\varepsilon$）										平均值
20℃	−120	−76	−55	3	12	42	45	95	126	159	23.1
70℃	3480	4027	4571	4329	3875	4262	3553	4085	3961	4221	4036

由以上结果可以看出，XPS板、EPS板在温度出现变化时的体积变化明显，抹面层砂浆若与这些保温板直接接触，在温度发生变化时，由于抹面层砂浆与保温板之间的温度应变差别十分显著，因此应采取相应的有效措施，才能保证墙面不会出现裂缝而影响系统的正常使用。由于在受到温度影响时，XPS板比EPS板的温度应变变化大，体积变形也比EPS板大，相对于EPS板更加不稳定，受到环境影响的变化更加复杂。因此，对抹面层砂浆的技术要求更高，抹面层砂浆若达不到相应的技术要求，则必然会因XPS板巨大的温度应变影响而开裂。

11.2.2.2 XPS板温差变形明显

在不同材料的界面上，温差变形在约束条件下产生剪应力。产生较大相对变形的前提是温差和两种材料的热膨胀系数差异都大，而产生较大应力的必要条件是它们之间存在较大的约束。在XPS板薄抹灰外保温系统中，XPS板内侧温度变化很小，基本上稳定在20~30℃，各界面上温差应力不大；XPS板外侧温差很大（夏季时，外墙表面温度可达到70℃左右，由于抗裂层和饰面层没有隔热作用，XPS板外侧温度也基本上可以达到70℃左右，而冬季时XPS板外侧温度可降至−20℃以下，年温差高达90℃，昼夜温差也达到50℃），XPS板抹面砂浆界面，热膨胀系数差异大，但XPS板弹性模量高（超过20MPa），它对抹面砂浆有很强的约束。因此，界面应力大，并且在板缝处产生大量的应力集中，导致板缝处应力状态极不稳定，引起开裂，图11-2-5为保温板不同季节受温差影响变

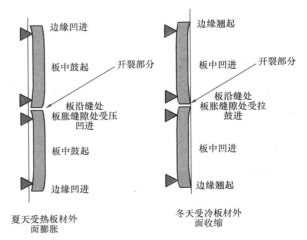

图 11-2-5 保温板不同季节受温差影响变形示意图

形示意图。

11.2.2.3　XPS板透气性差

XPS板内部为独立的蜂窝状密闭式气泡结构，板的正反两面都没有缝隙，使漏水、冷凝、冰冻和解冻循环等情况产生的湿气无法渗透，使得XPS板几乎没有透气性。

EPS板所采用的基本树脂与XPS板是相同的，但其生产工艺却不尽相同。EPS板是将聚苯乙烯树脂及其他添加剂进行合成反应制成球状的聚苯乙烯小球，再将小球送入蒸汽发泡机预发泡，经陈化干燥后入模，蒸汽加热膨胀融合压制成型，再切割成所需要的板材。尽管这些聚苯乙烯膨胀小球本身都充满着气体和具有闭孔式组织结构，而且小球壁与壁之间可以彼此融合，但采用这种生产工艺在小球之间会有未封闭的空间存在，这些空间就可能成为水分侵入的空间或路径，使得EPS板具备了较好的透气性能，给渗透的水气分子提供了扩散通道，使其渗透系数增大。而XPS板成形工艺确保了它具有十分完整的闭孔式的组织结构，在各泡囊之间基本没有空隙存在，它具有均匀的横截面和连续平滑的表面。XPS板与EPS板之间的结构不同，也决定了它们在物理化学性能上存在较大差异，尤其在透气性和粘接性能方面的差异（图11-2-6、图11-2-7）。

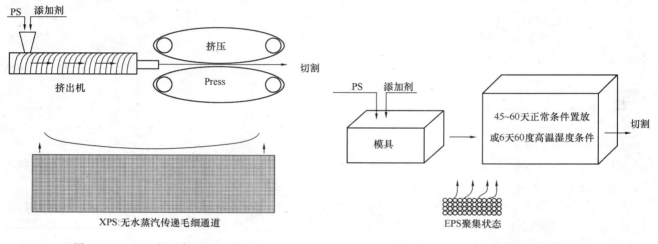

图 11-2-6　XPS板透气原理示意图　　　　　　　图 11-2-7　EPS板透气原理示意图

XPS板透气性差、吸水率低，而聚合物砂浆中的部分毛细孔被聚合物乳液封闭，增加了水汽在聚合物砂浆中的传湿难度，就使得大量水汽在聚合物砂浆与XPS板之间形成累积，最终造成涂膜起泡等物理性破坏。如果这些破坏作用互相叠加，会造成更大的破坏。通过微观分析发现聚合物膜吸湿膨胀，被水肿胀之后聚合物膜开始软化，降低了聚合物膜桥接的作用，最终聚合物膜由于降解失去粘结力，从而产生粉化、附着力丧失等致命性损坏（图11-2-8）。

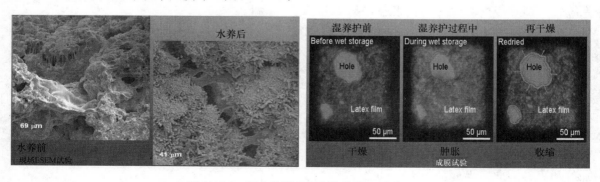

图 11-2-8　聚合物膜吸湿膨胀的微观形貌图

11.2.2.4 风压影响

1. 连通空腔

XPS 板薄抹灰外墙外保温系统的粘接方法主要是点框粘法，但在现场实际操作时，往往出现偷工减料等因素，点框粘往往会变成纯点粘，即有点无框，形成连通空腔。

在此情况下，采用纯点粘法时，由于 XPS 板的四个周边没有与基层粘接，使 XPS 板的变形没有约束支点，从受力角度看相当于简支梁变成了悬臂梁，在正负风压力的作用下，使 XPS 板变形幅度比点框粘法的要大得多，呈几何倍数地增加了开裂的可能性和裂缝程度；同时，纯点粘法将点框粘法的小空腔变成了贯通的大空腔，一块板的松动或开裂透风，连通空腔产生的负风压便会以整体施力的形式，施加于粘结力较为薄弱的粘结点，破坏其粘接力，会把各个胶粘剂点逐个击破，加上外保温防护面层无法束缚大空腔的外保温系统在垂直于墙面方向的自由度，导致从大面积来看粘接面积不够。在负压易发生区位置，如果采用有连通空腔的保温层做法，负压产生的拉力会集中在负压最大的位置，导致负压易发生部位的破坏，造成开裂或脱落。

XPS 板薄抹灰外墙外保温系统即便是采用条粘法或严格意义上的点框粘法施工，但由于 XPS 板表面光滑且强度高，一般的粘接砂浆很难与其粘贴牢固，在使用过程中也会发生存在整体贯通的空腔，而贯通空腔的存在更易受到风压的破坏。正负风压对保温墙面的挤压力或吸力的释放点均为板缝处，极易造成板缝处开裂。而在建筑物高处的背风面，会产生很大的负风压，在这些部位粘贴 XPS 板，即使采用了锚栓进行加固，也极有可能被负风压吸掉或撕坏，锚栓仅能保护住锚栓圆盘所覆盖的部位。

2. 板缝开裂

保温板薄抹灰外墙外保温系统施工规程规定，板材之间大于 1.5mm 的缝隙，需要用聚氨酯填缝剂或者其他材料密封，然而在实际施工中由于板缝处理费时费工，很多项目就忽略了板缝处理，使板缝处成为质量隐患的关键部位，不仅会在板材自身不稳定及热应力作用下被破坏，而且还会在风压作用下开裂。如图 11-2-9 所示，板材缝隙处是负风压作用集中部位，容易出现鼓起甚至开裂，进而造成保温板的脱落。

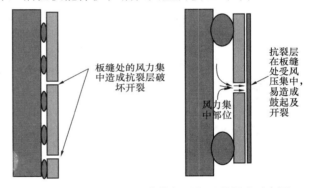

图 11-2-9　风压对外墙薄抹灰系统开裂影响示意图

11.2.2.5 结露影响

外墙中的结露是指当外墙某处的温度低于该处空气的露点温度时，该处水蒸气液化的现象。结露可能出现在外墙表面，也可能出现在水蒸气在迁移的过程中（即外墙内部）。当外墙的两侧存在水蒸气分压力差时，水蒸气分子将从压力较高的一侧通过外墙体向低的一侧迁移扩散。水蒸气在通过外墙时，如果外墙构造方式不具有热湿传递的合理性时，在材料的空隙中就会凝结成水，造成内部结露受潮。

采用 XPS 板薄抹灰外保温做法时，在夏季，内墙面温度远远大于空气的结露温度，不会出现结露现象。在冬季，XPS 板以内的温度均大于结露温度，也不会出现结露；但 XPS 板外表面温度低于结露温度，空气湿度较大时，容易在 XPS 板外表面抹面胶浆层产生结露，形成结露水。由于抹面胶浆层厚度很薄，能吸收的液态水量很少，抹面胶浆将处在液态水的长期反复浸润作用下而降低强度和粘结力；另外，干燥时还会产生干湿变形，极易引起空鼓和脱落现象。图 11-2-10 就是结露水对 XPS 板薄抹灰系统产生的破坏。

11.2.2.6 XPS 板的尺寸影响

目前 XPS 板点框粘法大多采用的尺寸是 1200mm×600mm，虽然这种尺寸可以提高施工速度，但

图 11-2-10　结露水对 XPS 板薄抹灰系统的破坏

是粘贴 XPS 板施工过程中按压板的一端时很容易造成另一端翘起，引起另一端的板面虚贴、空鼓。若采用 600mm×450mm 的 XPS 板，并采用闭合小空腔做法，不但便于工人施工操作，而且可以确保有效的粘结面积，同时也可以防止连通空腔存在。

图 11-2-11、图 11-2-12 为不同规格板材施工时操作的分析。图中 b 为双手的间距，该间距直接影响工人操作的舒适度，b 越大则工人操作时用力越不均匀，越易造成板材虚贴。一般 b 与人的肩膀宽度一致时，是操作最为合理的。如果板材的长度为 1200mm，双手的间距将大于肩宽，施工时易造成粘贴的按压不均匀；如果板材的长度为 600mm，双手的间距与人的肩膀宽度基本一致，操作舒适，按压的力量均匀，粘贴施工时可有效防止板材虚贴现象，同时，小尺寸的板材更容易控制板材与墙体的有效粘结面积，所以板材的尺寸不宜过大。

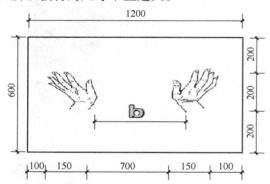

图 11-2-11　粘贴板材（尺寸 1200mm×600mm）时双手示意图

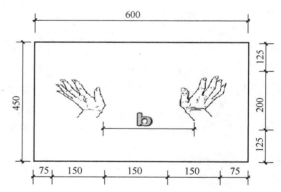

图 11-2-12　粘贴板材（尺寸 600mm×450mm）时双手示意图

另外，板材的宽度也影响工人操作。实践证明，人的手掌长度大于板材宽度的 1/3 时，对板材的按压和控制最有效，粘贴板材时最容易将板材压实。人的手掌长度约为 200mm，所以板材的宽度应小于 600mm 为宜。因此，选用 450mm 宽的板材是比较合理的。

11.2.3　XPS 板应用中存在问题的处理方法

在《胶粉聚苯颗粒外墙外保温系统材料》JG/T 158—2013 标准中，详细规定了 XPS 板外保温系统怎样做才能够保证稳定、不开裂、不脱落，才能确保外保温工程质量，具体措施如下：

（1）要选择合理的外墙保温系统构造。采用胶粉聚苯颗粒贴砌 XPS 板外墙外保温系统构造，可以有效解决 XPS 板的热应力变形，XPS 板与墙体之间的无空腔满粘可解决负风压的破坏。其具体构造做法如图 11-2-13。XPS 板沿长度方向的中轴线上宜开设两个垂直于板面的通孔，孔径 40～60mm，孔心距 200mm（图 11-2-14），这样有利于满粘施工，并可改善系统的透气性，减少空鼓。

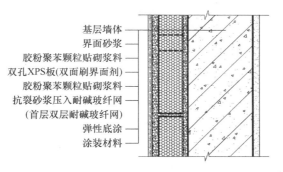
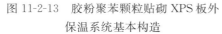

基层墙体
界面砂浆
胶粉聚苯颗粒贴砌浆料
双孔XPS板(双面刷界面剂)
胶粉聚苯颗粒贴砌浆料
抗裂砂浆压入耐碱玻纤网
(首层双层耐碱玻纤网)
弹性底涂
涂装材料

图 11-2-13　胶粉聚苯颗粒贴砌 XPS 板外
保温系统基本构造

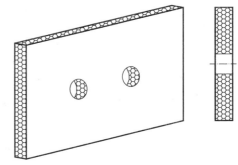

图 11-2-14　双孔 XPS 板

（2）板材尺寸不宜过大，最好为 450mm×600mm，由于 XPS 板比较硬，板材尺寸过大容易产生虚贴。

（3）在 XPS 板外侧用胶粉聚苯颗粒贴砌浆料进行找平过渡，厚度不宜小于 20mm，主要作用有：

①可满足 XPS 板外保温系统耐候性需求。通过耐候性试验验证发现，随着保温板外侧胶粉聚苯颗粒贴砌浆料找平层厚度的增加，系统耐候能力有明显的提升。

②XPS 板和抗裂防护层的聚合物砂浆不管是线膨胀系数，还是弹性模量都存在非常大的差距，当系统受温湿度影响时，相邻材料由于变形速度差过大，产生应力集中，当应力超过抗裂防护层聚合物砂浆的粘结强度时，系统就会出现开裂。而在 XPS 板外侧用胶粉聚苯颗粒贴砌浆料进行找平处理，可起到过渡作用（胶粉聚苯颗粒贴砌浆料的弹性模量处在二者之间），避免了 XPS 板与抗裂防护层的聚合物砂浆直接接触，降低相邻材料变形速率差，使各构造层的变形同步化，减小了由于变形速率差产生的剪应力，确保整个系统不会出现开裂、空鼓和脱落，保证了系统的安全性和耐久性。

③胶粉聚苯颗粒贴砌浆料找平层相当于水分散层构造层，它具有优异的吸湿、调湿、传湿性能，可以吸收因 XPS 板透气性差或结露产生的少量的水蒸气冷凝水，避免了液态水聚集后产生的三相变化破坏，提高了系统粘结性能和呼吸功效，保证了外保温工程的长期安全性和稳定性。

（4）采用 XPS 板进行外保温时，应严把施工质量关，严格执行施工工艺和质量验收标准，确保外保温工程质量。

11.3　现浇混凝土模塑聚苯板外保温工程

现浇混凝土模塑聚苯板外保温系统是指将 EPS 板或钢丝网架 EPS 板置于外模板内侧，混凝土现浇成型后与 EPS 板或钢丝网架 EPS 板结合成一体，在保温层外侧做抹面层、饰面层形成的外墙外保温构造，也称外模内置 EPS 板现浇混凝土外保温系统，按照 EPS 板的构造形式可分为现浇混凝土无网 EPS 板外保温系统和现浇混凝土网架 EPS 板外保温系统两种。现浇混凝土 EPS 板外保温系统做法使主体结构和保温层一次浇筑成型，保温板与基层墙体结合紧密，抗风压、抗震能力强，施工速度快，综合造价低，适用于中高层建筑。但该做法在工程实践中存在面层开裂等质量问题，而现浇混凝土网架 EPS 板外保温系统则更为严重。

11.3.1　质量问题案例

11.3.1.1　现浇混凝土无网 EPS 板外保温系统

图 11-3-1 是青岛某现浇混凝土无网 EPS 板外保温工程面层开裂的照片。从照片上可以看出面层裂缝十分明显，各个方向的裂缝都有，也存在明显的起鼓现象。

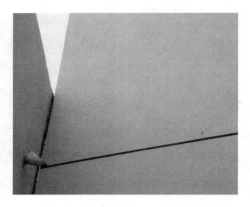

图 11-3-1　现浇混凝土无网 EPS 板外保温系统面层开裂

11.3.1.2　现浇混凝土网架 EPS 板外保温系统

现浇混凝土网架 EPS 板外保温工程面层开裂现象十分普遍。北京广安门地区某工程采用的是现浇混凝土网架 EPS 板外保温做法，工程经过几年的风吹雨打后，面层出现了大量裂缝和爆皮现象，如图11-3-2。

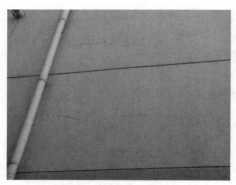

图 11-3-2　现浇混凝土网架 EPS 板外保温工程面层开裂爆皮

北京望京地区某高层建筑同样采用了现浇混凝土网架 EPS 板外保温做法，饰面层既有涂料，也有面砖，但没过几年：涂料饰面做法整个墙面均存在各种类型的裂缝，而面砖饰做法也存在将饰面砖拉裂的裂缝，如图 11-3-3。

图 11-3-3　现浇混凝土网架 EPS 板外保温工程涂料饰面开裂、面砖拉裂案例

图 11-3-4 为内蒙古呼和浩特某工程的照片，该工程采用了现浇混凝土网架 EPS 板外保温做法，饰面层粘贴面砖。该工程刚投入使用，就出现了饰面砖被拉裂、饰面砖脱落现象。

图 11-3-4 现浇混凝土网架 EPS 板外保温工程面砖拉裂、脱落案例

11.3.2 质量问题原因分析

11.3.2.1 现浇混凝土无网 EPS 板外保温系统

1. 平整度和垂直度较难控制

由于现浇混凝土时是分层施工，现浇时混凝土下部的侧压力比上部大，因此每层 EPS 板的下部受到的挤压力及压缩变形都比上部大，拆卸外侧模板后，EPS 板下部的回弹量要比上部的回弹量大，因此在各层 EPS 板相接处易出现台阶，造成表面平整度差。施工时通常在绑扎 EPS 板时采用上松下紧及调整模板倾角的办法来控制平整度，但其效果有限，个体差异较大，难以彻底解决问题。另外由于现浇施工表面平整度控制困难，工程通高垂直偏差较大，局部达到 40～60mm。为了保证最终的平整度和垂直度，施工单位通常会对 EPS 板打磨，这将造成 EPS 板厚度不均，整个墙面的热工性能存在差异，进而造成防护面层的温度不一致，也就会造成防护面层变形不一致而引起开裂；而且，打磨还会破坏聚苯乙烯颗粒的粘接性，并产生大量粉末，从而无法保障抹面砂浆与 EPS 板的粘结力。另外，还存在着利用防护面层来进行找平的问题，使得防护面层厚度不均而引起开裂。

2. 存在局部破损和污染

由于 EPS 板表面强度低，在支模和拆卸外模板时，EPS 板表面不可避免受到损坏，如阳角和外侧板的下支撑架处及穿墙螺孔等部位，混凝土在浇筑时难以避免出现漏浆而形成热桥，热桥的存在不仅会影响到墙体的热工性能，同样可能引起局部开裂。

11.3.2.2 现浇混凝土网架 EPS 板外保温系统

经调查分析发现，出现开裂和饰面砖断裂脱落的现浇混凝土网架 EPS 板外保温工程，其钢丝网架 EPS 板面层均采用普通水泥砂浆或掺有少量聚合物的水泥砂浆进行厚抹灰找平抹面，不符合行业标准《现浇混凝土复合膨胀聚苯板外墙外保温技术要求》JG/T 228 中"在 EPS 板或钢丝网架 EPS 板面层增加一定厚度的轻质防火保温浆料找平"的规定，因而存在着面层开裂的风险。

1. 抹面层厚度大，普通水泥砂浆或聚合物水泥砂浆自身易开裂

水泥砂浆自身易产生各种收缩变形而开裂，增加厚度时，更容易开裂。掺入聚合物时，可以改变水泥砂浆的柔性，起到相应的防裂效果，但若掺入量太少，砂浆柔性不够，也易开裂；但若加大掺入量，则会显著提高成本，经济效益差，不具有可操作性。钢丝网架 EPS 板中钢丝网片的网格比较大，钢丝的刚度也比较大，对应力的分散作用不大，因此是无法消除抹面层开裂现象的。

在现浇混凝土网架 EPS 板外保温系统中，采用普通水泥砂浆或聚合物水泥砂浆抹面时，其厚度将达到 20～30mm，较大的厚度将降低该构造层的柔性而引起开裂。另外，由于钢丝网架 EPS 板在浇筑过程中整个墙面的平整度和垂直度难以准确控制，这就会使抹面层厚度不均，造成抹面层局部收缩和温差应力不一致，从而引起开裂。由于普通水泥砂浆或聚合物水泥砂浆构造层处于钢丝网架 EPS 板保温层

外侧，将受到室外环境温度变化的影响而产生较大变形，在这种室外环境温度长期影响的作用下，会使普通水泥砂浆或聚合物水泥砂浆产生疲劳变形而开裂。

2. 荷载过大产生挤压开裂

在现浇混凝土网架 EPS 板外保温工程中，由于平整度较差，抹面层很厚，钢丝网架 EPS 板外侧每平方米荷载可高达 80kg 甚至 100kg 以上，在这样的荷载长期作用下钢丝网架 EPS 板会产生徐变，使整个硬质面层产生重力挤压造成裂缝。

3. 形成不合理的夹芯保温构造而引起开裂

采用至少 20mm 厚的普通水泥砂浆或聚合物水泥砂浆对钢丝网架 EPS 板找平抹面后，抹面层与钢筋混凝土基层墙体将 EPS 板夹在中间形成了类似夹芯保温的构造，而夹芯保温易开裂在第 2 章中已有论述。

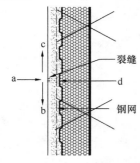

图 11-3-5　单面钢丝网架在砂浆中的位置

采用普通水泥砂浆或聚合物水泥砂浆对钢丝网架 EPS 板找平抹面后，若想以采用粘贴面砖的方法来掩饰裂缝也很难做到，由于保温层外表面年温差最高可达 80℃以上，保温层两侧的变形又不一致，钢丝网架外侧的抹面层砂浆强度过高，不可避免地会造成开裂现象，而且巨大的变形应力还会将饰面层粘贴的面砖拉裂，甚至造成面砖脱落。

4. 单面钢丝网架构造设计不合理引起开裂

正负风压、热胀冷缩、湿胀干缩、地震力等均产生两个方向的作用力，单面钢丝网架在砂浆中的位置见图 11-3-5。该种方式的配筋对抵抗和分散 a 方向的应力具有良好的效果，但对抵抗和分散 b、c、d 三个方向的应力作用十分有限，易产生裂缝。由于抹面层砂浆的收缩以及钢丝网架在抹面层砂浆中位置不一致等原因，造成抹面层开裂的现象十分普遍。由于抹面层产生裂缝处的变形应力较大，粘贴面砖时易引起此处面砖勾缝胶产生裂缝，甚至面砖也被拉裂。如果水从裂缝处渗入还会直接对钢丝网产生锈蚀，破坏将更加严重。

11.3.3　解决方案

按照行业标准《现浇混凝土复合膨胀聚苯板外墙外保温技术要求》JG/T 228 的规定，在 EPS 板或钢丝网架 EPS 板面层增加一定厚度的轻质防火保温浆料找平，可有效防止面层裂缝的产生，轻质防火保温浆料宜选胶粉聚苯颗粒贴砌浆料，厚度不宜低于 20mm。

11.3.3.1　现浇混凝土无网 EPS 板外保温系统

在现浇混凝土无网 EPS 板外保温系统中，根据平整度及垂直度差异可采用不低于 20mm 厚的胶粉聚苯颗粒贴砌浆料对 EPS 板外表面整体找平处理。该方法解决了上下层 EPS 板台阶、整体平整度及垂直度问题，可以方便地对门窗洞口、施工时留下的穿墙孔、EPS 板局部破损处进行保温和修补，同时对难以避免的"热桥"可以灵活地采用胶粉聚苯颗粒贴砌浆料作断桥处理。

板缝处是应力集中释放区，当板缝处出现台阶时由于抹面砂浆在此处存在厚度差异，易产生裂缝。采用胶粉聚苯颗粒贴砌浆料整体找平后，起到了均质化作用，避免了板缝易开裂的问题，具有良好的抗裂性能。

图 11-3-6 是青岛某工程同一工地、同一施工队、同一建筑构造外保温工程对比。（a）是浇筑 EPS 板后将 EPS 板不平整处打磨，然后在 EPS 板上直接抹抗裂砂浆复合玻纤网格布。该工程出现了较为严重的裂缝。（b）是浇筑 EPS 板后采用胶粉聚苯颗粒贴砌浆料找平，然后抹抗裂砂浆复合玻纤网格布，该工程未出现裂缝。

11.3.3.2　现浇混凝土网架 EPS 板外保温系统

在现浇混凝土网架 EPS 板外保温系统中，通常采用不低于 20mm 厚的掺有少量聚合物的聚合物水

(a)　　　　　　　　　　　　　　　　　　　　(b)

图 11-3-6　青岛某工程现浇 EPS 板工程对比照片

(a) 未用胶粉聚苯颗粒贴砌浆料找平（开裂）；(b) 采用胶粉聚苯颗粒贴砌浆料找平（未开裂）

泥砂浆进行找平和抹面，由于开裂现象较为普遍，因此几乎不敢做涂料饰面，而是采用粘贴面砖做法来遮盖裂缝，这样钢丝网架 EPS 板面层的荷载将增大，进一步加大了不安全性。而采用不低于 20mm 胶粉聚苯颗粒贴砌浆料进行找平，既可大大减少荷载，同时可阻断热桥，起到良好的补充保温作用，又减少了力矩，增加了安全性，同时由于胶粉聚苯颗粒贴砌浆料自身柔性好，不易开裂，能分散和消纳部分应力，可确保整个系统不开裂。

1. 消除热桥

表 11-3-1 是用聚合物水泥砂浆找平钢丝网架 EPS 板和用胶粉聚苯颗粒贴砌浆料找平钢丝网架 EPS 板时的热阻对比试验结果。钢丝网架 EPS 板的斜插丝与 EPS 板面层的钢丝网焊接在一起，并与基层墙体生根。因此，在 EPS 板表面找平层与墙体之间不可避免地会产生很大的热桥，使钢丝网架 EPS 板的实际保温效果下降。中国建筑科学研究院物理所根据三维传热理论研究证实，每根 Φ2 钢丝将造成 30～50mm 区域内的局部热桥，钢丝网架 EPS 板的保温效果将下降 50％左右，在物理所进行的热阻测试结果也证实了上述观点。

从表 11-3-1 可以看出，采用不保温的聚合物水泥砂浆找平钢丝网架 EPS 板时，表面热量可通过斜插钢丝传递，降低了保温材料的保温效果。而采用胶粉聚苯颗粒贴砌浆料找平时，可有效地阻断斜插钢丝造成的热桥影响，提高墙体的保温效果。

钢丝网架 EPS 板复合不同找平材料时的热工性能　　　　　　　　　　表 11-3-1

找平材料	聚合物水泥砂浆	胶粉聚苯颗粒保温浆料
基本构造	30mm 水泥砂浆作为墙体＋50mm 钢丝网架 EPS 板（嵌有 50mm×50mm 规格的钢网）＋20mm 聚合物水泥砂浆找平层＋3mm 抗裂砂浆压耐碱网布	30mm 水泥砂浆作为墙体＋50mm 钢丝网架 EPS 板（嵌有 50mm×50mm 规格的钢网）＋20mm 胶粉聚苯颗粒贴砌浆料＋3mm 抗裂砂浆压耐碱网布
热阻	$0.65(m^2 \cdot K)/W$	$0.94(m^2 \cdot K)/W$
传热系数	$1.25W/(m^2 \cdot K)$	$0.93W/(m^2 \cdot K)$

2. 提高抗裂性能

用具有很好的柔韧性的胶粉聚苯颗粒贴砌浆料作为钢丝网架 EPS 板外表面的找平层材料，可在一定程度上提高系统的抗裂性能；同时，在胶粉聚苯颗粒贴砌浆料外表面还有抗裂砂浆复合耐碱玻纤网构造进行防裂，耐碱玻纤网与 EPS 板上的钢丝网片形成的双网构造，完全能够消除和抵抗住各个方向存在的各种破坏力，使整个系统具有很好的抗裂性能，可有效防止裂缝的产生。

3. 降低面层荷载

聚合物水泥砂浆与胶粉聚苯颗粒贴砌浆料的干密度相差很大，而其粘接强度差值相对较小，由表

285

11-3-2可以看出胶粉聚苯颗粒贴砌浆料具有更好的抗剪切力。

胶粉聚苯颗粒贴砌浆料及聚合物水泥砂浆的干密度与粘接强度比　　　　　表11-3-2

材料 性能	干密度 （kg/m³）	粘结强度 （MPa）	粘接强度/干密度
胶粉聚苯颗粒贴砌浆料	300	0.12	4.0×10^{-4}
聚合物水泥砂浆	1800	0.4	2.2×10^{-4}
胶粉聚苯颗粒贴砌浆料与聚合物水泥砂浆的粘结强度/干密度的比值			1.82

从力矩的角度来分析，对于北京地区，按实现节能65％的要求，采用20mm厚聚合物水泥砂浆找平与用20mm厚胶粉聚苯颗粒贴砌浆料找平时所需钢丝网架EPS板的厚度及找平层通过斜插丝相对基层墙体的力矩见表11-3-3。

钢丝网架EPS板找平层力矩计算　　　　　表11-3-3

项　目	胶粉聚苯颗粒贴砌浆料找平	聚合物水泥砂浆找平
EPS板厚度（mm）	75	90
干密度（kg/m³）	300	1800
20mm找平层质量（kg/m²）	6	36
力矩（N·m）	4.5	32.4

从表11-3-3可以看出，若采用聚合物水泥砂浆找平，所需钢丝网架EPS板厚度会比采用胶粉聚苯颗粒贴砌浆料找平时大，因而力矩增加更加明显，这给整个保温系统的稳定性带来不良影响，若再贴面砖，荷载将更大，所产生的力矩也更大，稳定性将更差。

采用胶粉聚苯颗粒贴砌浆料找平，每平方米荷载将降低30kg，力矩降低也很明显，可显著提高系统的稳定性，即使粘贴面砖也可确保完全。由于EPS板上的钢丝网片对于外部的单向冲击力有一定的抵抗能力，而对于由热胀冷缩、正负风压、干湿循环、地震力等因素所产生的多方向破坏力的作用比较小，若再加一层钢丝网或耐碱玻纤网采取双向配筋的做法，则能显著地消除和抵抗住这种多向存在的破坏力。因此，粘贴面砖时必须在找平层外面再加一层热镀锌电焊网或耐碱玻纤网，并用塑料锚栓锚固将面层荷载传递到基层墙体上。

11.3.4　结语

无论是现浇混凝土无网EPS板外保温系统还是现浇混凝土网架EPS板外保温系统，在保温层和抗裂防护层之间增加一层轻质防火保温浆料（宜选用胶粉聚苯颗粒贴砌浆料）找平过渡层，均可起到不可低估的有益效果，不仅可提高整个保温系统的保温性能、防火性能，还可提高系统的耐候性能，增强系统的稳定性，有效控制裂缝。

锦州宝地曼哈顿项目外墙外保温工程（图11-3-7）于2010年开工，2011年陆续竣工。该工程采用的是现浇混凝土无网EPS板外保温系统，保温总面积约400万平方米，在保温层和抗裂防护层之间有

图11-3-7　锦州宝地曼哈顿现浇混凝土无网EPS板工程

20mm 厚的胶粉聚苯颗粒贴砌浆料找平过渡。该项目早期竣工的保温墙体已正常使用 3 年多，未发现开裂、空鼓、渗漏、饰面脱落等现象。

青岛鲁信长春花园共计 99 栋楼，建筑面积大约 99 万 m²，外墙外保温工程（图 11-3-8）采用的是现浇混凝土网架 EPS 板外保温系统。该工程采用钢丝网架 EPS 板与混凝土现浇一次成型，并用胶粉聚苯颗粒贴砌浆料对钢丝网架进行找平，提高了系统的防火透气及抗裂功能，有效解决了抹聚合物水泥砂浆易开裂、损坏等问题，并且减轻了面层荷载，阻断了由斜插丝产生的热桥。抗裂防护层采用抗裂砂浆复合热镀锌电焊网，由塑料锚栓锚固于基层墙体，抗震性能好；饰面层采用的专用面砖粘接砂浆及面砖勾缝料均具有粘结力强、柔韧性好、抗裂防水效果好的特点。该工程经过多年的应用，质量稳定，未出现开裂及脱落现象。

图 11-3-8　青岛鲁信长春花园现浇混凝土网架 EPS 板贴面砖工程

11.4　聚氨酯复合板外保温工程

聚氨酯复合板具有导热系数低、抗压强度高、吸水率低等优点，因而被广泛应用于新建居住建筑、公共建筑和既有建筑节能改造的外保温工程中。聚氨酯复合板是以硬泡聚氨酯为芯材，用一定厚度的水泥基聚合物砂浆包覆处理至少两个大面，在工厂预制成型的复合保温板。聚氨酯芯材闭孔率在 92％ 以上，封闭在孔中的气体压力随环境温度的变化而变化，如果泡壁的结构强度较小，其宏观尺寸会因孔中气体压力变化而产生低温收缩或高温膨胀，体积稳定性比较差，再加上聚氨酯复合板表面水泥基聚合物砂浆硬壳的影响，因而其物理性能与模塑聚苯板、挤塑聚苯板等相差很大，应用于外保温工程时不应照搬传统的模塑聚苯板薄抹灰做法，应对聚氨酯复合板的尺寸稳定性、系统构造及系统耐候性能进行综合研究后，找出合理的构造做法，以确保工程质量。

11.4.1　聚氨酯复合板尺寸稳定性研究

聚氨酯保温材料受使用环境温度变化的影响，其尺寸会发生一定的变化，尺寸变化率的大小与原料的类型、泡体的结构、芯材密度、成型工艺及发泡剂的种类等诸多因素有关。参照《硬质泡沫塑料　尺寸稳定性试验方法》GB/T 8811—2008，选取 4 种有代表性的聚氨酯复合板样品，经过在不同温度条件下分别进行芯材和复合板的尺寸稳定性测定，得到了表 11-4-1～表 11-4-4 的测试结果。

常温（23℃）条件下尺寸稳定性测试结果　　　　　　　　　　　　　　表 11-4-1

样品编号	长度尺寸变化率/%		宽度尺寸变化率/%		厚度尺寸变化率/%	
	芯材	复合板	芯材	复合板	芯材	复合板
a	0.1	0.1	0	0.2	0.9	0.4

样品编号	长度尺寸变化率/%		宽度尺寸变化率/%		厚度尺寸变化率/%	
	芯材	复合板	芯材	复合板	芯材	复合板
b	0.03	0.03	0	0.1	0.1	0
c	0.1	0.1	0.1	0.1	0.1	0
d	0.1	0.03	0.1	0.1	0.1	0.2

70℃条件下尺寸稳定性测试结果   表 11-4-2

样品编号	长度尺寸变化率/%		宽度尺寸变化率/%		厚度尺寸变化率/%	
	芯材	复合板	芯材	复合板	芯材	复合板
a	0.2	0.1	0.2	0.2	12.8	7.3
b	0.3	0.2	0.5	0.1	2.1	1.0
c	0.4	0.4	0.4	0.2	0.3	0.2
d	0.3	0.2	0.3	0.2	0.4	0.5

80℃条件下尺寸稳定性测试结果   表 11-4-3

样品编号	长度尺寸变化率/%		宽度尺寸变化率/%		厚度尺寸变化率/%	
	芯材	复合板	芯材	复合板	芯材	复合板
a	0.4	0.4	0.6	0.3	8.0	11.1
b	0.5	0.4	0.2	0.2	2.5	1.2
c	0.5	0.3	0.3	0.2	0.3	0.2
d	0.3	0.2	0.3	0.2	0.4	1.0

-18℃条件下尺寸稳定性测试结果   表 11-4-4

样品编号	长度尺寸变化率/%		宽度尺寸变化率/%		厚度尺寸变化率/%	
	芯材	复合板	芯材	复合板	芯材	复合板
a	0.1	0.03	0.1	0.03	1.4	0.8
b	0.1	0.1	0.1	0.2	0.3	0.1
c	0.2	0	0.03	0.1	0.1	0.3
d	0.03	0.03	0.1	0.1	2.7	0.1

从表 11-4-1～表 11-4-4 可以看出，无论是常温、高温还是低温状态下，聚氨酯复合板的尺寸稳定性都比较差，不仅其芯材的尺寸变化比较大，就是增加了保护层的复合板虽然尺寸稳定性比芯材要好一些，但尺寸变化也比较大，特别是在厚度方向上更加不稳定。在常温状态下，聚氨酯复合板在各个方向上的尺寸变化率一般在 0.1% 左右；但在 70～80℃，聚氨酯复合板在各个方向上的尺寸变化率就达到 0.2%～0.5%，极端情况下还超过了 10%；在低温（-18℃）时，聚氨酯复合板在各个方向上的尺寸变化率也在 0.1% 左右，极端情况下可达到 1%。由此可见，聚氨酯复合板的尺寸受温度变化影响较大，在有水泥基聚合物砂浆包裹处理后，其尺寸变化略微受到一些限制，但仍然变化比较大。

在寒冷地区的外保温系统中，保温板外侧若仅有薄抹面层保护，那么保温板外表面的温度夏季可达到 50℃ 左右，冬季可降到 -10℃ 左右，温差在 60℃ 左右。保温板随着温度的升高或降低，就会产生比较大的膨胀或收缩。保温板受热膨胀时将产生压应力（图 11-4-1），板缝会受到挤压，若保温板如聚氨酯复合板的尺寸稳定性比较差而变形量比较大时，则最终将导致板缝处起鼓，并可能引起粘接层受损脱落。保温板遇冷收缩时将产生拉应力（图 11-4-2），板缝会被越拉越宽，若保温板如聚氨酯复合板的尺寸稳定性比较差而变形量比较大时，则最终会将板缝处拉裂，这样也会使水和风进入粘接层而使粘接受到影响，在一定程度上引起板材脱落。

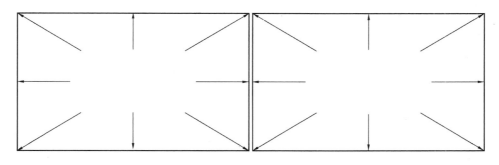

图 11-4-1 保温板受热膨胀受力示意图

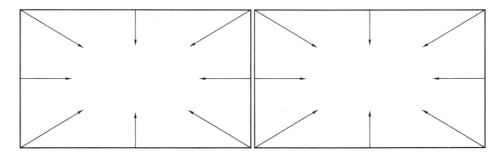

图 11-4-2 保温板遇冷收缩受力示意图

聚氨酯复合板导热系数很低。一般来说,保温板导热系数越低,热量就越难传递分散到其内部,这就造成保温板外表面的热量过于集中,使得保温板内外表面温差加大。保温板两侧温差越大,保温板的变形也就越大,对其外表面防护层材料的性能要求也就会越高,若在保温板与其防护层之间增加过渡层,过渡层材料导热系数界于保温板与防护层之间,可降低保温板外表面温度,减小保温板的变形量,缓解保温板对防护层的影响,延长防护层的寿命。

11.4.2 系统构造研究分析

11.4.2.1 常用构造做法

聚氨酯复合板用于外保温工程时,主要有 4 种比较典型的构造做法:(1)粘贴聚氨酯复合板薄抹灰做法(简称薄抹灰做法);(2)粘贴聚氨酯复合板双层玻纤网做法(简称挂双网做法);(3)粘贴聚氨酯复合板胶粉聚苯颗粒浆料抹灰做法(简称胶粉聚苯颗粒浆料过渡层做法);(4)粘贴聚氨酯复合板玻化微珠保温砂浆(简称玻化微珠保温砂浆过渡层做法)。

11.4.2.2 样板墙对比研究

针对聚氨酯复合板的 4 种典型做法,同时在同一墙面上作样板墙对比,9 月初测试各构造层的温度时,得到了表 11-4-5 所示的结果。

聚氨酯复合板外保温构造做法各构造层温度测试值　　　　　　表 11-4-5

构造做法	外保温墙外表面温度（℃）	抗裂防护层外表面温度（℃）	聚氨酯复合板外表面温度（℃）	聚氨酯复合板内表面温度（℃）
薄抹灰做法	67.25	70.00	70.70	29.95
挂双网做法	70.10	72.30	71.35	28.15
胶粉聚苯颗粒浆料过渡层做法（过渡层厚度 10mm）	69.35	69.15	64.60	29.40
玻化微珠保温砂浆过渡层做法（过渡层厚度 10mm）	68.85	69.80	66.60	28.30

从表 11-4-5 可以看出：

（1）不同构造做法中各构造层的最高温度均出现在抗裂防护层外表面。

（2）薄抹灰做法和挂双网做法的聚氨酯复合板外表面温度与抗裂防护层外表面温度差不多，相差约 1℃，而在聚氨酯复合板外表面增加 10mm 厚轻质保温砂浆过渡层后，聚氨酯复合板外表面温度可比抗裂防护层外表面温度降低 3℃ 以上（胶粉聚苯颗粒浆料的导热系数低于玻化微珠保温砂浆，聚氨酯复合板外表面降低的温度更多一些），若再加厚轻质保温砂浆过渡层，则聚氨酯复合板外表面温度降低幅度会更大，这样就可有效缓解聚氨酯复合板因温度变化而产生的变形，从而确保整个构造做法的稳定性。

（3）聚氨酯复合板内表面温度比较稳定，昼夜温差仅 4℃ 左右，这样主体结构墙体就能处于一个比较稳定的温度环境内，确保了主体结构稳定性。

观察 4 种做法的样板墙外观发现，在短期内，采用薄抹灰做法时，墙面都可见明显的板缝变形现象，而挂双网做法次之，也能见到较明显的板缝（见图 11-4-3）。增加有轻质保温砂浆过渡层的做法均未观察到板缝（图 11-4-4），墙面平整度比较好，墙面也未出现裂缝。可见，在聚氨酯复合板面层增加一定厚度的轻质保温砂浆过渡层可有效防止板缝开裂，轻质保温砂浆过渡层是聚氨酯复合板应用于外保温工程不可缺少的构造层。

图 11-4-3　薄抹灰做法和挂双网做法试验墙外观

图 11-4-4　增加轻质保温砂浆过渡层的试验墙外观

11.4.2.3　各构造层表面温度计算研究

利用稳态导热理论，外保温构造的导热热流密度可由式（1）计算。

$$q = \frac{t_1 - t_{n+1}}{\frac{\delta_1}{\lambda_1} + \frac{\delta_2}{\lambda_2} + \cdots + \frac{\delta_n}{\lambda_n}} \qquad (1)$$

外保温构造第 k 层与第 $(k+1)$ 层的接触面上的温度可由式（2）计算。

$$t_{k+1} = t_1 - q\left(\frac{\delta_1}{\lambda_1} + \frac{\delta_2}{\lambda_2} + \cdots + \frac{\delta_k}{\lambda_k}\right) \qquad (2)$$

式中
- q——热流密度，W/m^2；
- t_1——外保温构造外表面（高温面）温度，℃；
- t_{n+1}——n 层外保温构造中内表面（低温面）温度，℃；
- δ_1，δ_2，$\cdots$，δ_k，$\cdots$，δ_n——各构造层材料厚度，m；
- λ_1，λ_2，$\cdots$，λ_k，$\cdots$，λ_n——各构造层材料导热系数，$W/(m \cdot ℃)$；
- t_{k+1}——第 k 层与第 $(k+1)$ 层的接触面上的温度，℃。

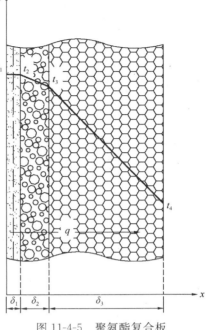

图 11-4-5 聚氨酯复合板外保温构造导热示意

如图 11-4-5 所示，假定聚氨酯复合板外保温构造中抗裂防护层外表面温度 $t_1 = 70℃$，聚氨酯复合板保温层内表面温度 $t_4 = 29℃$，聚氨酯复合板厚度为 40mm，根据式（1）和式（2）则可计算出聚氨酯复合板外表的温度 t_3，见表 11-4-6。

聚氨酯复合板外保温构造做法各构造层温度计算值　　　　　　表 11-4-6

构造层	构造做法	薄抹灰做法	挂双网做法	胶粉聚苯颗粒浆料过渡层做法		
抗裂防护层	厚度（mm）	5	7	5		
	导热系数计算值[$W/(m \cdot ℃)$]	0.93	0.93	0.93		
	外表面温度（t_1）/℃	70	70	70		
胶粉聚苯颗粒浆料找平层	厚度（mm）	0	0	10	20	30
	导热系数计算值[$W/(m \cdot ℃)$]	—	—	0.072	0.072	0.072
	外表面温度（t_2）/℃	—	—	69.86	69.87	69.88
聚氨酯复合板保温层	厚度（mm）	40	40	40	40	40
	导热系数计算值[$W/(m \cdot ℃)$]	0.029	0.029	0.029	0.029	0.029
	外表面温度（t_3）/℃	69.84	69.77	66.12	63.02	60.39
	内表面温度（t_4）/℃	29	29	29	29	29

由表 11-4-6 可以看出，聚氨酯复合板外表面有 10mm 厚胶粉聚苯颗粒找平层时，聚氨酯复合板外表面温度可降低 3℃；有 20mm 厚胶粉聚苯颗粒找平层时，聚氨酯复合板外表面温度可降低 6℃；有 30mm 厚胶粉聚苯颗粒找平层时，聚氨酯复合板外表面温度可降低 9℃。聚氨酯复合板的热膨胀系数为 $9 \times 10^{-5} m/℃$，对于 1.2m 长的聚氨酯复合板，若其表面有 20mm 厚的胶粉聚苯颗粒浆料找平层，则其外表面拉长将会减少 $9 \times 10^{-5} m/℃ \times 6℃ \times 1.2 = 0.7mm$。可见，在聚氨酯复合板外表面增加 20mm 厚的轻质保温砂浆过渡层时，聚氨酯复合板外表面的温度降低比较显著，超过 5℃，聚氨酯复合板外表面受热变形量减少超过 0.5mm，这对保护聚氨酯复合板是十分有利的；若仅为 10mm 厚的轻质保温砂浆过渡层，聚氨酯复合板外表面降温仅为 3℃，外表面受热变形量减少 0.3mm，这对保护聚氨酯复合板明显有些不足。

11.4.3 耐候性试验验证分析

针对 4 种比较典型的聚氨酯复合板外保温构造做法耐候性试验验证，在经过 80 次热雨循环和 5 次热冷循环后，剖开试验墙面，发现 4 种构造做法中聚氨酯复合板自身状况及板与板之间的缝隙差别很大，具体情况见表 11-4-7。

不同聚氨酯复合板构造做法耐候性试验测试后状况 　　　　　　表 11-4-7

构造做法	板自身状况	板缝变化情况	板缝照片
薄抹灰做法	有起鼓收缩现象	很大	
挂双网做法	无异常	较大	
胶粉聚苯颗粒浆料过渡层做法（过渡层厚度 10mm）	无异常	较小	
玻化微珠保温砂浆过渡层做法（过渡层厚度 10mm）	无异常	较小	

从耐候性试验的测试结果可见，薄抹灰做法破坏最严重，板缝也最大，而具有轻质保温砂浆过渡层的做法最稳定。薄抹灰做法中聚氨酯复合板自身有起鼓收缩现象，其他 3 种做法中聚氨酯复合板自身变化基本上都无异常；而板缝变化情况是薄抹灰做法大于挂双网做法，挂双网做法大于胶粉聚苯颗粒浆料过渡层做法和玻化微珠保温砂浆过渡层做法，胶粉聚苯颗粒浆料过渡层做法与玻化微珠保温砂浆过渡层做法在板缝变化方面基本上无差别，变化都很小。通过耐候性测试结果可见，过渡层可降低聚氨酯复合板因尺寸稳定性差而对保温系统产生的不良影响，降低聚氨酯复合板的温差应力。因此，采用过渡层做法可提高聚氨酯复合板外保温系统的热稳定性，可有效防止起鼓、开裂、脱落等不良现象发生。

11.4.4 防火性能验证分析

11.4.4.1 聚氨酯复合板的氧指数测试分析

氧指数是反映材料燃烧性能的一项指标，在对 4 种有代表性的聚氨酯复合板样品进行氧指数测试时，得到表 11-4-8 所示的结果。

聚氨酯复合板氧指数测试结果　　　　　　　　　　　　表 11-4-8

样品编号	氧指数/%	是否达到 B_1 级要求
a	21.5	否
b	28.3	否
c	29.7	否
d	30.3	是

从表 11-4-8 可以看出，聚氨酯复合板的氧指数要想达到燃烧性能等级 B_1 级的要求还是比较困难的，4 种样品中仅 d 样品刚好满足要求，而 a 样品的氧指数连燃烧性能等级 B_2 级 26％的要求也未达到。由于聚氨酯是有机材料，即使其燃烧性能等级达到了 B_1 级的要求，在大火作用下也极易被点燃，在其面层加上一薄层水泥基聚合物砂浆保护层后，同样也易被大火攻击。因此，采用聚氨酯复合板薄抹灰做法，在没有别的防火构造措施的情况下，也存在着较大的火灾安全隐患，应在聚氨酯复合板外表面增加一定厚度的防火保护过渡层来降低这种隐患。

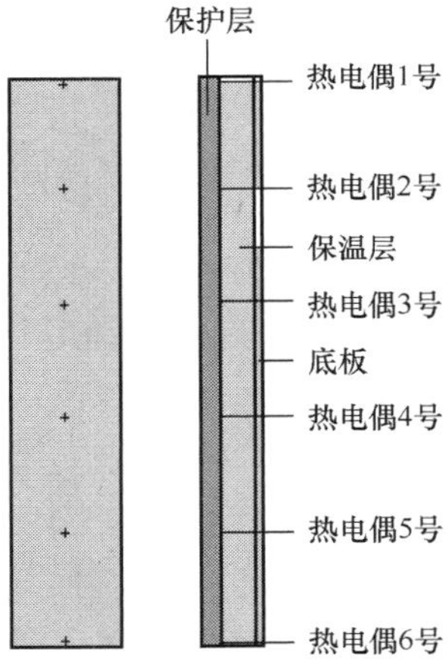

11.4.4.2 燃烧竖炉试验分析

燃烧竖炉试验按照《建筑材料难燃性试验方法》GB/T 8625—2005 规定进行，其中甲烷气的燃烧功率约为 21kW，火焰温度约为 900℃，火焰加载时间为 20min。沿试件高度中心线每隔 200mm 应设置 1 个接触防火保护层的保温层温度测点，如图 11-4-6 所示。试验过程中，施加的火焰功率恒定，热电偶 5、6 号的区域为试件的受火区域。

图 11-4-6　燃烧竖炉试验试件热电偶布置图

采用 A 级胶粉聚苯颗粒浆料作为聚氨酯保温板外表面的防火保护层，按照表 11-4-9 的构造要求制作试件，进行燃烧竖炉试验后，得到了表 11-4-10 所示的测试结果，试件剖开后的状态见图 11-4-7。

聚氨酯保温板燃烧竖炉试验试件构造要求　　　　　　　　表 11-4-9

试件编号	胶粉聚苯颗粒浆料防火保护层厚度(mm)	抗裂层+饰面层厚度(mm)	聚氨酯保温板厚度(mm)	底板厚度(mm)
PU-1	0	5	30	20
PU-2	10	5	30	20
PU-3	20	5	30	20
PU-4	30	5	30	20

(PU-1)   (PU-2)   (PU-3)   (PU-4)

图 11-4-7　燃烧竖炉试验后各试件剖开状态

聚氨酯保温板各试件燃烧竖炉试验测试结果　　　　　　　　表 11-4-10

编号	热电偶测点最高温度(℃)						燃烧剩余长度 (mm)
	热电偶6号	热电偶5号	热电偶4号	热电偶3号	热电偶2号	热电偶1号	
PU-1	453.0	566.9	428.8	216.4	121.8	81.3	350
PU-2	92.2	386.5	330.1	95.4	91.3	74.4	500
PU-3	102.5	192.2	91.1	94.7	94.0	71.8	750
PU-4	96.3	95.0	45.1	95.9	34.5	31.2	1000

从燃烧竖炉试验结果可以看出：随着防火保护层厚度的增加，保温层测点的温度呈降低趋势，而保温层的烧损长度也随之减小。在没有专设的防火保护层时，聚氨酯保温板的燃烧剩余长度仅为 350mm；增加 10mm 厚的胶粉聚苯颗粒浆料防火保护层后，聚氨酯保温板的燃烧剩余长度为 500mm，刚好达到原长度的一半；而胶粉聚苯颗粒浆料防火保护层厚度增加到 20mm 时，聚氨酯保温板的燃烧剩余长度超过 750mm；胶粉聚苯颗粒浆料防火保护层厚度增加到 30mm 时，聚氨酯保温板的燃烧剩余长度为 1000mm，即基本上无烧损。综合考虑经济、施工及其他因素，聚氨酯保温板面层的防火保护层厚度宜不低于 20mm。

11.4.5　工程案例分析

通过工程现场考察和问卷调查发现，工程中采用的聚氨酯复合板外保温做法主要是薄抹灰做法，而胶粉聚苯颗粒浆料过渡层做法、玻化微珠保温砂浆过渡层做法比较少见，原因是这两种做法多了过渡层而增加了工序，延长了工期，并且增加了造价。但从工程质量上看，照搬模塑聚苯板薄抹灰做法的聚氨酯复合板外保温工程，出现工程质量问题的概率比模塑聚苯板薄抹灰做法要大得多，达到 80% 以上。绝大部分聚氨酯复合板薄抹灰外保温工程都存在明显的板缝，板缝处起鼓明显(图 11-4-8)；由于聚氨酯复合板尺寸稳定性比较差，其面层的防护层又很薄。因此，外界热量很容易传递到聚氨酯复合板表面而使聚氨酯复合板温度显著升高而变形，从而引起保护面层开裂(图 11-4-9)。采用了足够厚度(10～

图 11-4-8　薄抹灰做法板缝起鼓的工程照片　　　　　图 11-4-9　薄抹灰做法面层开裂的工程照片

15mm)胶粉聚苯颗粒浆料过渡层或玻化微珠保温砂浆过渡层的聚氨酯复合板外保温工程质量比较好,看不到聚氨酯复合板的板缝,也未出现裂缝问题(图11-4-10)。过渡层厚度超过 20mm 时,工程质量表现最稳定,表面平整度好,不存在开裂、起鼓等问题,见不到聚氨酯复合板板缝;但若过渡层太薄(小于10mm),也会看到比较明显的聚氨酯复合板板缝(图11-4-11)。

图 11-4-10 过渡层厚度足够的工程照片   图 11-4-11 过渡层厚度太薄的工程照片

聚氨酯复合板薄抹灰外保温工程出现起鼓、开裂等质量问题的主要原因是聚氨酯复合板尺寸稳定性差,变形应力比较大,采用薄抹灰做法时热量可迅速通过薄薄的保护层传递到聚氨酯复合板的外表面,从而使聚氨酯复合板的尺寸产生比较大的变化,形成的变形应力也只能通过板缝处释放并传递到保护层,使保护层的板缝处出现起鼓、翘曲、开裂等不良现象,严重时还会引起板材脱落。同时,聚氨酯复合板厚度方向上变形的不均匀性会引起面层材料平整度差异和面层应力不均从而导致开裂。

11.4.6 结语

聚氨酯复合板由于尺寸稳定性比较差,面层的柔韧性与模塑聚苯板相差很远,因此,不宜采用类似于模塑聚苯板薄抹灰的构造做法。在聚氨酯复合板面层增加一定厚度的轻质保温砂浆过渡层,可有效防止板缝开裂,避免起鼓,考虑到防火安全等因素,其最佳厚度不宜小于 20mm。轻质保温砂浆宜优先选用柔性比较好的胶粉聚苯颗粒浆料,这样可使聚氨酯外表面的温度降低更多,更有利于防止外保温系统面层开裂,延长外保温工程使用寿命。

11.5 酚醛板外保温工程

酚醛板是由酚醛树脂和固化剂、发泡剂、抑烟剂、阻燃剂等制成的热固性闭孔型硬质泡沫塑料保温板。酚醛板具有导热系数低、难燃、低烟、耐高温等优点,但其本身又存在着易降解粉化、弯曲变形小、尺寸稳定性差、吸水率高、抗拉强度低等缺陷,与 EPS 板的性能相差比较大(表11-5-1)。因此,若不进行酚醛板材料改性和系统构造研究,照搬 EPS 板薄抹灰做法,用在外墙外保温工程中容易出现质量事故。

酚醛板与 EPS 板基本性能对比   表 11-5-1

项 目	单 位	EPS 板	酚醛板
表观密度	kg/m³	≥18	≥45
导热系数	W/(m·K)	≤0.039	≤0.033
垂直于板面抗拉强度	MPa	≥0.10	≥0.08
压缩强度	kPa	≥100	≥100
弯曲变形	mm	≥20	≥4.0

项 目	单 位	EPS 板	酚醛板
尺寸稳定性(70℃，2d)	%	≤0.3	≤1.0
线膨胀系数	mm/(m·K)	0.06	0.08
蓄热系数	W/(m²·K)	0.36	0.36
吸水率	%	≤3	≤7.5
水蒸气渗透系数	ng/(Pa·m·s)	4.5	8.5
弹性模量	MPa	9.1	16.4
泊松比	—	0.1	0.24
燃烧性能等级	—	不低于 B₂ 级	不低于 B₁ 级

11.5.1　酚醛板外保温工程质量事故分析

11.5.1.1　酚醛板吸水率高

酚醛板的化学组成和孔隙率决定了酚醛板具有较高的吸水率，吸水后的酚醛板干燥后质量降低，粉化降解加速，其压缩强度会变小，粘接性能也会受到影响，并会影响到酚醛板的保温性能。同时，酚醛板吸水后，降解粉化现象也会加剧。图 11-5-1 是用于外保温工程中的酚醛板由于保护面层开裂后水分进入保温层侵蚀到酚醛板，致使酚醛板发生了降解粉化现象，进一步导致了保护层的大面积脱落，严重影响了工程质量。

11.5.1.2　酚醛板强度低

酚醛板强度比较低，易被外力撕裂损坏。图 11-5-2 是某采用酚醛板保温装饰一体化工程，装饰板和酚醛板出现了大面积脱落事故，酚醛板也被撕裂损坏。装饰板与酚醛板由于温度变化产生了变形破坏，而酚醛板自身强度低不能保证粘接的可靠性，在构造上存在连通空腔时，受到负风压吸力时就会发生脱落事故；对于粘结力强的地方，酚醛板就会被撕裂破坏。

图11-5-1　酚醛板被水侵蚀发生降低粉化破坏

图11-5-2　酚醛板强度低遭外力破坏

11.5.1.3　酚醛板尺寸稳定差

酚醛板的尺寸稳定性比较差，泊松比比较大，其尺寸变化率为 EPS 板的 3.3 倍，泊松比为 EPS 板的 2.4 倍。因此，酚醛板用于外保温工程中在急冷急热的条件下，板材易发生变形，其体积不稳定，累计变形量大，而在未发生塑性变形前，酚醛板的横向变形量比纵向变形量要大得多，这就易造成酚醛板热涨挤压脱落，而面层也易出现开裂现象。图 11-5-3 是某酚醛板外保温工程照片，从照片中可以看出，由于板材尺寸稳定性差，泊松比大，其各方向尺寸变形过大，造成了板材挤压脱落破坏现象，并导致面层开裂，从而使液态水侵蚀进保温层。

图 11-5-3　酚醛板尺寸稳定性差引起挤压破坏

11.5.1.4　酚醛板弹性模量大

弹性模量可视为衡量材料产生弹性变形程度的指标，其值越大，材料发生一定弹性变形的应力也越大。酚醛板弹性模量比较大，因而产生的应力也比较大。当酚醛板用于外保温工程中时，若构造不合理，极易因弹性变形应力过大而造成装饰面层起鼓、开裂和脱落，严重时还会引进保温脱落，图 11-5-4 是某工程中采用酚醛板作为保温层，因其弹性模量过大造成装饰面层破坏的照片。

图 11-5-4　酚醛板弹性模量大引起装饰层破坏

11.5.1.5　酚醛板弯曲变形小

酚醛板弯曲变形小，脆性高，易碎，柔性较差。因此，其吸收内应力和释放变形的能力均比较差，应用于外墙外保温工程中时，酚醛板易断裂破坏，从而引起保护面层开裂而使外部液态水进入酚醛板，更进一步的导致酚醛板破坏。图 11-5-5 是某酚醛板外保温工程照片，可以清晰地看到，脱落的抹面胶浆里面的酚醛板断裂严重，形状尺寸大小不一。同时由于酚醛板脆性高，在施工过程中极易被破坏，施工难度大，材料浪费严重。

11.5.1.6　酚醛板保温构造存在缺陷

图 11-5-6 是某酚醛板外保温工程因构造缺陷而被负风压大面积刮掉脱落的照片。从图中可以看出，

图 11-5-5　酚醛板弯曲变形小易被破坏

该工程中酚醛板采用的是纯点粘做法，在酚醛板与基本墙体之间存在着明显的连通空腔，这就给负风压的形成提供了相应的条件。因此，在负风压强大的吸力作用下，酚醛板不可避免地被从基本墙体上刮掉或被撕裂。在负风压易发生区，这种现象更为明显。由此可见，酚醛板用于外保温工程中，若构造存在缺陷，极易发生质量事故。

11.5.1.7　酚醛板质量不合格

酚醛板应用于外保温工程中时，由于其自身存在着许多缺陷，若再不重视酚醛板的质量，使用不过关的酚醛板，在冻融、风力、热应力等的作用下，则极易引起质量事故，酚醛板或其防护面层成片脱落也只是时间问题。图 11-5-7 是辽宁某酚醛板外保温工程脱落照片，该工程本为辽宁某市重要的对外窗口，但现在却成了"楼纸纸"，酚醛板大面积脱落，从照片上看以看出，一团团的粘接砂浆仍牢牢地粘贴在墙上，部分酚醛板断裂，说明酚醛板的质量存在问题，难以与粘接砂浆有效结合。而从辽宁另一工程照片（图 11-5-8）可以看出，酚醛板外保温系统的防护面层大面积脱落，部分酚醛板也已脱落。在该工程中，粘接面积满足施工规范要求，与基层墙面的粘贴的十分牢固，酚醛板也涂刷了界面剂，并使用了锚栓辅助固定酚醛板，但仍出现质量事故。很显然，该工程中酚醛板的质量不过关是主要因素，因为劣质酚醛板的泡粒不是很紧密地熔结在一起，出现粉化等不良现象，致使酚醛板与抹面胶浆难以有效结合，稍有外力，就会导致防护面层脱落，并可撕裂酚醛板，甚至将酚醛板拔掉。

图 11-5-6　连通空腔致使酚醛板大面积被大风刮掉

图 11-5-7　酚醛板大面积脱落工程　　　　　　图 11-5-8　酚醛板防护面层被破坏

图 11-5-9 是北京的某酚醛板外保温工程照片。该工程应用两年多就出现了大面积酚醛板脱落现象，未脱落部分空鼓也十分严重。该工程中酚醛板涂刷了相应的界面剂，但仍然无法使抹面胶浆、粘接砂浆与酚醛板形成有效粘接，而据国内某著名外保温专家介绍，该工程的粘接砂浆和抹面胶浆不存在问题，未脱落部位的抹面层及饰面层也未出现裂缝，这充分说明问题出现在酚醛板上，酚醛板质量不过关，不能满足外保温工程对保温板的要求。从照片上可以看出，粘接砂浆与基层墙面的粘贴十分牢固，酚醛板也采用了锚栓辅助固定，但仍未逃脱大面积脱落的命运，锚栓仅能锚固住锚栓盘覆盖的区域，而随着大面积的脱落，部分锚栓也会被拔掉（图 11-5-10）。

图 11-5-9 酚醛板大面积脱落撕裂

图 11-5-10 锚栓连带防护导脱落

11.5.2 防止质量事故的措施

11.5.2.1 设置热应力阻断层

酚醛板的导热系数比较小，而抗裂防护层材料的导热系数比较大，二者之间相差比较大，因而两者之间会产生比较大的热应力差，对抗裂防护层材料的性能要求比较高。只有抗裂防层材料能够忍受这些热应力差时，才不会出现空鼓、裂缝、脱落等现象。在实际外保温工程应用中，这是很难达到的，若在酚醛板和抗裂防护层之间增加一个过渡层，则可比较容易地解决这个难题。行业标准《胶粉聚苯颗粒外墙外保温系统材料》JG/T 158—2013 和北京市地方标准《硬泡聚氨酯复合板现抹轻质砂浆外墙外保温工程施工技术规程》DB11/T 1080—2014 中均提出了过渡层做法，目的就是为了降低相邻材料层之间的热应力差。

按照表 11-5-2 的构造做法和相关参数，以胶粉聚苯颗粒贴砌浆料作为找平过渡层时，计算条件为室内温度为 $t_i = 20℃$，室外深颜色外饰面表面温度为 $t_e = 70℃$，外墙表面平均温度为 28℃，可计算出北方夏季酚醛板表面的温度变化情况。

胶粉聚苯颗粒贴砌浆料找平酚醛板外表面做法相关参数   表 11-5-2

构造层	厚度 δ (mm)	导热系数 λ [W/(m·K)]	热阻 R [m²·K/W]	蓄热系数 S [W/(m²·K)]	热惰性指标 D	外表面蓄热系数 Y [W/(m²·K)]
钢筋混凝土	180	1.740	0.10	17.06	1.76	17.06
酚醛板	60	0.033	1.47	0.36	0.58	0.66
胶粉聚苯颗粒贴砌浆料	20	0.070	0.23	0.95	0.34	0.75
抗裂砂浆	3	0.93	0.003	11.37	0.04	1.14
合计	263	—	1.96	—	2.72	—

经计算，抹厚度 20mm 的胶粉聚苯颗粒贴砌浆浆料后酚醛板外表面温度振幅为 34.7℃，酚醛板表面平均温度为 26.8℃，酚醛板表面最高温度为 61.5℃，与不抹胶粉聚苯颗粒贴砌浆料的酚醛板外表面温度 70℃相比降低了 8.5℃，温度波的延迟时间估算为 1.15h。

酚醛板外表面伸长 $\Delta L = \alpha (t_2 - t_1) L = 3mm$，酚醛板外表面引起的应力为 $\sigma = E\varepsilon = 22659Pa$，抹胶粉聚苯颗粒贴砌浆料比不抹时表面应力降低（$27300 \sim 22659$）/$27300 = 17\%$。

因此，在酚醛板上抹胶粉聚苯颗粒贴砌浆料过渡层，当墙体外表面为70℃时，酚醛板外表面在1.15h以后达到最高温度61.5℃。由此可见，当抹灰厚度为20mm的胶粉聚苯颗粒贴砌浆料后，表面温度大幅下降，温度应力大幅下降，并将高温发生时间向后延迟1.15h，较好地缓解了酚醛板热应力的急剧变化，为外墙外保温提供了较好的耐候性能。

11.5.2.2　设置水分散构造层

系统构造设计过程中，各层材料均应有一定的水蒸气渗透性，允许气态水排出建筑，平衡建筑墙体的含水率。

在外保温系统中设置一层水分散构造层，能够吸收保温板透气性差产生的少量水蒸气冷凝水，系统内不存在流动的液态水。例如，在酚醛板容易结露侧设置胶粉聚苯颗粒贴砌浆料作为水分散层，系统内部水蒸气向外排放，遇到外界温度较低，而在抗裂防护层内侧冷凝时，具有吸湿、调湿、传湿性能的胶粉聚苯颗粒贴砌浆料层可以吸收产生的少量冷凝水，分散在构造层，避免液态水聚集后产生的三相变化破坏力，提高了系统粘结性能和呼吸功效，从而保证了外墙外保温工程的长期安全可靠性和表观质量长期稳定性。

11.5.2.3　设置防水透气层

在外墙外保温系统构造中设置一道高分子弹性底涂层，置于抗裂防护面层之上，在保持水蒸气渗透系数基本不变的前提下，大幅度地将面层材料的表面吸水系数降低，避免了当水渗入建筑物外表面后，冬季结冰时产生的冻胀力对建筑物外表面的损坏；同时保证了面层材料的透气性，避免了墙面被不渗水的材料封闭，从而妨碍墙体排湿，导致水蒸气扩散受阻产生膨胀应力对外保温系统造成破坏。通过合理的外保温构造及材料选择，实现系统具有防水透气功能，从而提高外保温系统的耐冻融、耐候及抗裂能力，延长建筑物保温层使用寿命。

11.5.2.4　设置分仓贴砌构造

传统的薄抹灰构造主要采用"点框粘"辅助锚栓的方式将保温板固定于墙面，但由于酚醛板存在各种性能缺陷，仅采用这种方式固定酚醛板，是远远不能满足质量安全要求的。

通过实验室的研究以及试点工程的实际验证，采用胶粉聚苯颗粒贴砌浆料以"满粘＋分仓贴砌"的方式固定酚醛板比较合理。"分仓贴砌"是指在酚醛板的四个侧面采用胶粉聚苯颗粒贴砌浆料填充，并采用胶粉聚苯颗粒贴砌浆料粘贴和找平酚醛板，胶粉聚苯颗粒贴砌浆料将对酚醛板六个面形成包裹保护。"满粘"的优点不用多说。"分仓贴砌"的优点在于可消纳因酚醛板的形变对保温系统的影响；将原有大面积的保温系统，划分成仅有酚醛板单位大小的面积（通常尺寸为600mm×450mm），降低了外保温系统整体垮塌的风险；纵向分仓贴砌可防止每一块酚醛板对相邻酚醛板的挤压破坏，并且在火灾发生时，可防止火焰的横向蔓延；横向分仓砌筑相当于在每一层酚醛板之间设置"托架"构造，对酚醛板起到支撑作用，胶粉聚苯颗粒贴砌浆料的剪切强度在50kPa以上，在胶粉聚苯颗粒贴砌EPS板系统中，10mm的"分仓贴砌"构造完全满足性能要求，但在酚醛板贴砌系统中，考虑到酚醛板的自重是EPS板的2.5倍；所以，在该保温系统中，"分仓贴砌"的板缝宽度宜在20mm以上较为安全。

11.5.2.5　选择质量可靠的酚醛板

选择质量可靠的酚醛板是保证酚醛板外保温工程质量的关键。因此，在外保温工程中，应层层把关，严禁选用劣质酚醛板。

11.5.3 结语

选择 20mm 厚的胶粉聚苯颗粒贴砌浆料作为酚醛板的热应力阻断层、水分散构造层，采用胶粉聚苯颗粒贴砌浆料粘贴砌筑酚醛板，可以比较好地避免酚醛板材料自身存在的缺陷，有效解决酚醛板在外保温工程应用中由于构造设计不合理造成的空鼓、开裂、脱落等质量事故，使酚醛板可以安全地应用到外墙外保温工程中，其基本构造见图 11-5-11。目前，胶粉聚苯颗粒贴砌酚醛板系统已经在工程中得到应用，并且有很好实际效果。该系统还应该在今后的长期使用中观察，并通过大型耐候性试验的验证。

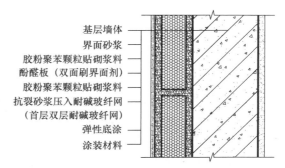

图 11-5-11　胶粉聚苯颗粒贴砌酚醛
板外保温系统基本构造

11.6　岩棉板外保温工程

近年来，随着对建筑外墙外保温工程防火要求的提高和相关政策的出台，岩棉板作为一种性能优良的 A 级不燃保温材料而备受关注，并在实际工程中大量应用。但由于试验研究不充分，岩棉板自身及系统存在缺陷，岩棉板外保温工程质量事故时有发生。

11.6.1 岩棉板外保温工程质量问题案例

图 11-6-1 中外保温工程采用的是岩棉板薄抹灰外保温做法，岩棉板采用胶粘剂粘贴在基层墙体上，并用锚栓辅助固定岩棉板，但该工程未能经受住外界作用力的影响，一场大风就使 55m 高处的岩棉板脱落坠地，留在墙面上的岩棉板也被撕裂。大风经过时，与基层墙体结合力小的岩棉板就从墙面上飞落（图 11-6-2），大风过后，岩棉板散落一地（图 11-6-3）。

图 11-6-1　岩棉板从外墙上脱落

图 11-6-2　大风起时岩棉板从外墙上飞落

图 11-6-4 为沈阳某工程照片，该工程采用的是岩棉板薄抹灰外保温做法，岩棉板面层采用聚合物水泥砂浆抹灰，从照片中可以看出，该工程墙面上裂缝比较明显，部分裂缝还很宽，水分足以通过这些裂缝渗入保温层，严重影响保温效果。

图 11-6-5 为江苏常州某工程照片，该工程保温层为岩棉板，采用薄抹灰做法，工程刚投入使用就出现了大量裂纹而不得不进行修补，照片中的白色条纹是修补墙体裂缝的涂料，形成了不堪入目的"绷带楼"现象。

图 11-6-3 大风过后岩棉板散落一地　　　　　图 11-6-4 岩棉板薄抹灰做法面层开裂

图 11-6-5 岩棉板薄抹灰做法面层开裂严重

11.6.2 岩棉板外保温工程质量问题原因分析

11.6.2.1 岩棉板自身缺陷

　　岩棉板与其他保温板相比，性能相差比较大，其强度低、易剥离分层、吸水率高、憎水性差、易吸湿膨胀，用于外保温工程中存在着一定的缺陷，易引起质量问题。

　　目前市场上岩棉板主要是采用摆锤法工艺生产的，该工艺可使岩棉纤维部分呈竖向分布，可提高岩棉板的压缩强度和层间结合强度，压缩强度可达到 40kPa，抗剥离强度也可达到 14kPa，垂直板面的抗拉强度可超过 7.5kPa，但要用于外保温工程时，这种强度还远远不够。

　　岩棉板在自然环境特别是湿热条件下尺寸很不稳定。岩棉板主要由横向分布的纤维丝构成，纤维遇水后吸水分层，变形严重，劣质岩棉板更为明显（图 11-6-6）。

　　岩棉板纤维与纤维之间存在着连通空气，在热胀冷缩和负风压作用下极易蓬松、鼓胀（图 11-6-7）。

岩棉板应用于外墙工程中时，其面层难以抵御鼓胀的应力变形，上墙后势必造成外饰面效果不佳，并出现鼓包、板缝明显等现象（图 11-6-8）。

图 11-6-6　岩棉板吸水后膨胀变形明显

图 11-6-7　岩棉板蓬松鼓胀

11.6.2.2　风压破坏

由于岩棉板构造疏散，垂直板面方向的抗拉强度低，同时其密度比较大。因此，无法直接采用胶粘剂将其粘贴固定在基层墙体上，必须用一定数量的锚栓来固定岩棉板。若岩棉板与基层墙体的结合力不够大，无法满足最大负风压作用时，必然会被刮落。同时，由于岩棉板强度比较低，也易被大风撕裂。

若锚栓直接锚固在岩棉板上，在巨大的负风压力作用下，锚栓仅能保护住锚栓盘所覆盖的部位，岩棉板会直接被拔掉（图 11-6-9）。若锚栓质量不过关，则锚栓也会被破坏，锚栓杆会被拉弯（图 11-6-10）；锚栓与基层墙体结合力不够时，锚栓也被直接拔出。

图 11-6-8　岩棉板上墙后板缝明显

采用钢网配合锚栓来固定岩棉板时，若锚栓数量不够，也无法满足抵抗风压的作用，同样会造成岩棉板连带钢网一起脱落事故（图 11-6-11）。在混凝土剪力墙中钢筋较多，钻头在墙面钻孔时极易碰到螺纹钢受到损坏，锚钉的锚固深度和锚固数量难以保证。

图 11-6-9　锚固岩棉板的锚栓已失去作用

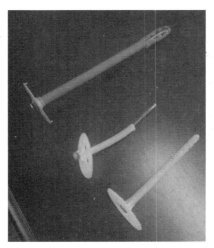

图 11-6-10　锚固岩棉板的锚栓遭到破坏

图 11-6-11　钢网辅助固定岩棉板大面积脱落

11.6.2.3　构造设计不合理

出现面层开裂的岩棉板外保温工程通常采用的是直接在岩棉板外表面做薄抹面层，即抹聚合物水泥砂浆复合耐碱玻纤网来增强抗裂防护效果。但是，由于岩棉板强度低、易吸水、易分层，板材柔软且具有弹性，与聚合物水泥砂浆相比，二者的弹性模量、线膨胀系数等物理指标以及热工性能相差很大。因此，若直接采用水泥砂浆或聚合物水泥砂浆等密度比较大、偏刚性的材料对岩棉板抹面处理，则易使面层发生开裂、起鼓、脱落等不良现象。同时，由于岩棉板面层纤维易断裂脱落，与抹面层材料的结合度很差，也会引起抹面层开裂甚至脱落现象。另外，岩棉吸湿膨胀或受热膨胀也会致抹面层遭到破坏。岩棉板的易吸水性还会导致抹面砂浆中的水分易被岩棉板夺走，造成抹面层快速失水而得不到有效养护而开裂。

11.6.3　解决方案

11.6.3.1　完善构造设计

1. 采用合理有效的岩棉板固定措施

由于岩棉板自身强度不大，且岩棉纤维也极易从岩棉板上脱落，而岩棉板质量比较大，因此，仅靠胶粘剂难以将岩棉板牢固地固定在基层墙体上，胶粘剂只能对岩棉板起到临时固定作用。因此，对岩棉板的固定主要靠锚栓的锚固作用，锚栓的数量和锚固力必要满足抗风荷载要求。由于岩棉板强度不高，易被外力破坏，锚栓直接锚固在岩棉板上时，锚栓只能保护锚栓圆盘周围很小的区域，无法对整个岩棉板起到保护作用。因此，应在岩棉板外表面加铺增强网，将锚栓锚固增强网上，通过增强网来均衡锚栓的锚固力，使岩棉板与基层墙体有效连接。增强网应选用钢网，而不宜选用玻纤网，因为岩棉板强度低、质软，玻纤网也为软网，无法将锚栓的锚固力均匀分散。

2. 设置柔性的找平过渡层

在岩棉板外表面直接做抹面层，难以防止开裂现象发生，在岩棉板保温层和抹面层之间增加一层性能介于二者之间的找平过渡层，厚度不宜小于 10mm，则可有效防止裂缝的发生。要克服面层开裂的不良现象，保证整个岩棉板外保温工程的稳定性、持久性，找平过渡层材料宜选择一种密度、比强度、导热系数等都与岩棉板接近，弹性模量相差不大、对火及热量的隔绝有益的轻质找平材料，以进一步提高岩棉板外保温工程的可靠性，而胶粉聚苯颗粒浆料（胶粉聚苯颗粒保温浆料或胶粉聚苯颗粒贴砌浆料）正好能满足这些要求。胶粉聚苯颗粒浆料干密度小，不会给岩棉板带来过大的面层荷载负担；具有保温和防火功能；而其较高的憎水性、极佳的透气性能可以改善岩棉板保温层外表面的湿度环境，使之处于一个相对稳定的状态中，减少水汽对岩棉板保温层的影响，从而确保了整个保温系统的稳定性。

3. 基本构造

经过合理设计的岩棉板外保温系统基本构造如图 11-6-12 所示，岩棉板采用胶粘剂点框粘或条粘，锚栓锚固在钢网上，锚栓数量应根据风压计算确定。钢网与岩棉板之间设置有垫盘，使钢网不会紧贴在岩棉板上，确保找平过渡层材料与钢网能形成良好的握裹力。

4. 耐候性验证

按图 11-6-12 的基本构造制作耐候性试验墙，饰面层选用 4 种涂料，在经过 80 次热雨循环和 20 次热冷循环的耐候性试验后，试件表面未出现裂纹、空鼓、脱落等破坏。饰面涂层未出现起泡、粉化、剥落等破坏现象，岩棉板内也未发现吸水现象（图 11-6-13）。试验后，系统的抗冲击强度在 10J 以上，远远超过了标准规定的要求；找平过渡层与岩棉板间的拉拔强度为 0.1MPa，破坏部位位于胶粉聚苯颗粒浆料层内。

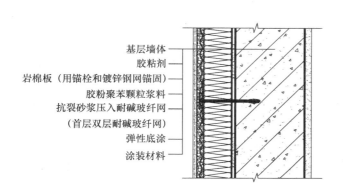

基层墙体
胶粘剂
岩棉板（用锚栓和镀锌钢网锚固）
胶粉聚苯颗粒浆料
抗裂砂浆压入耐碱玻纤网
（首层双层耐碱玻纤网）
弹性底涂
涂装材料

图 11-6-12　岩棉板外保温系统基本构造

图 11-6-13　岩棉板外保温系统耐候性验证

11.6.3.2　改进岩棉板

在现有的岩棉板生产技术上，难以生产出岩棉纤维垂直于墙面的岩棉板，但我们可以将横丝岩棉板切割成岩棉条，再重新组合成岩棉纤维垂直于墙面的岩棉板，并将板材长度方向上的四个面用砂浆复合玻纤网包裹好，制成增强竖丝岩棉复合板（图 11-6-14）。增强竖丝岩棉复合板改变了岩棉纤维分布方向，提升了板材的抗拉强度和尺寸稳定性；避免了岩棉纤维易脱落问题，并增强了板材的表面强度；同时，改善了板材的吸水性能，解决了岩棉与抹面层争夺水分的问题。

增强竖丝岩棉复合板通过玻纤网复合防护砂浆的四面包覆，每一块板材形成一个相对独立的受力单元，由于玻纤网整体受力，板材受力的整体性会大大提高。若采用玻纤网复合防护砂浆四面包覆横丝岩棉，虽然能增强其表面强度和防水性，但板材垂直于墙面方向的抗拉强度得不到提升，应于外保温工程中时存在着一定的质量隐患。若仅对岩棉板的两个大面采用玻纤网复合防护砂浆进行增强，则根本无法解决板材易分层的问题，受到悬挑力作用时，容易产生分层滑坠的现象。图 11-6-15 为几种岩棉板材上墙后的受力分析图，从图中可以看出，增强竖丝岩棉复合板不同于两面增强的岩棉板或普通岩棉板，其除了受到自身重力和向上的粘结力之外，还受到玻纤网向上的拉力和向墙体方向的拉力的保护，其安全性最高，板材最不易被破坏。

图 11-6-14　增强竖丝岩棉复合板

305

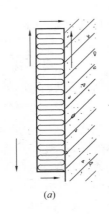 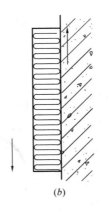 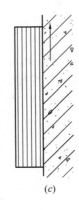

(a) (b) (c)

图 11-6-15　几种岩棉板的受力对比分析

(a) 玻纤网四面包裹的增强竖丝岩棉复合板；(b) 玻纤网两面增强的岩棉板；(c) 普通岩棉板

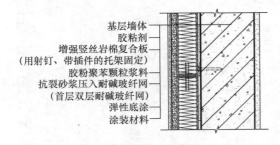

基层墙体
胶粘剂
增强竖丝岩棉复合板
（用射钉、带插件的托架固定）
胶粉聚苯颗粒浆料
抗裂砂浆压入耐碱玻纤网
（首层双层耐碱玻纤网）
弹性底涂
涂装材料

图 11-6-16　粘贴锚固增强竖丝岩棉复合板构造

增强竖丝岩棉复合板用于外保温工程中时，既可以选用粘贴锚固构造（图 11-6-16），又可以选用贴砌构造（图 11-6-17）。为了确保系统的稳定性，提高系统的耐候防裂性能，增强竖丝岩棉复合板面层宜采用 10～20mm 厚的胶粉聚苯颗粒浆料找平过渡。为防止增强竖丝岩棉复合板下坠，并提升板材与基层墙体的结合力，在每块增强竖丝岩棉复合板的下侧用射钉安装两个"L"形托架，托架水平间距 300mm，将双"U"形插件的长端插入托架合适的插孔中（图图 11-6-18），使双"U"形插件的两端均插入上下两层保温板的厚度中央位置；"L"形托架和"U"形插件由金属材料制成。

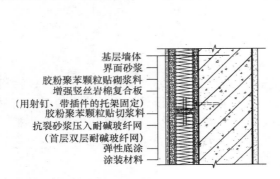

基层墙体
界面砂浆
胶粉聚苯颗粒贴砌浆料
增强竖丝岩棉复合板
（用射钉、带插件的托架固定）
胶粉聚苯颗粒贴切浆料
抗裂砂浆压入耐碱玻纤网
（首层双层耐碱玻纤网）
弹性底涂
涂装材料

图 11-6-17　贴砌增强竖丝岩棉复合板构造

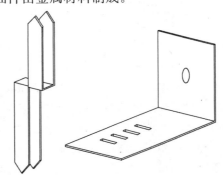

图 11-6-18　双 U 形插件和 L 形托架

11.7　岩棉防火隔离带外保温工程

由于近年来多起建筑外保温施工火灾事件的发生，引发了各界对外保温系统防火的思考，外保温系统的防火性能引起了业内各界的高度重视。为此，住房和城乡建设部和公安部于 2009 年 9 月 25 日联合发布了《民用建筑外保温系统及外墙装饰防火暂行规定》（公通字［2009］46 号），而新的国家标准《建筑设计防火规范》GB 50016—2014 也于 2014 年发布，这些文件均要求外保温系统未采用 A 级不燃保温材料时，应根据不同建筑高度设置不燃保温材料的防火隔离带。因此，岩棉板作为一种不燃无机保温板材，就被广泛应用于外保温防火隔离带工程中。但是，在有机保温板薄抹灰外保温系统中，直接采用岩棉裸板作为防火隔离带材料，由于岩棉与相邻的保温材料性能差异很大，再加上岩棉自身的一些缺陷，出现了不少岩棉防火隔离带质量问题。

11.7.1 工程案例分析

岩棉裸板强度太低，表面易损坏，受热后会变形、鼓泡，淋雨后易吸水脱落。同时，岩棉裸板与相邻保温材料的性能差异较大，因此，用岩棉裸板做防火隔离带时存在质量隐患。岩棉裸板一般均为横丝，材料强度低易剥离，与基层墙体和抗裂防护层均不能形成有效粘接。因此，岩棉裸板作为防火隔离带材料施工上墙后，容易造成岩棉脱落、面层剥离等质量问题。另外由于岩棉裸板易吸水、易受潮，会导致保温效果降低，其吸水膨胀后也会造成抗裂防护层起鼓。

在图11-7-1中，岩棉裸板防火隔离带因与相邻保温材料热膨胀不一致，导致防火隔离带部位出现明显的鼓泡变形现象。

图11-7-2中，因岩棉裸板吸水后膨胀，从而致使防护层砂浆起鼓后脱落。

图 11-7-1 岩棉裸板防火隔离带变形、鼓泡　　　图 11-7-2 岩棉裸板吸水膨胀致防护层脱落

图11-7-3中，因岩棉裸板强度太低，其表面已经严重破坏，表面憎水性能丧失，易被雨水冲刷掉（图11-7-4），而水分也很容易侵入相邻保温材料中，从而造成保温层破坏。

图 11-7-3 岩棉裸板强度太低、表面损坏　　　图 11-7-4 淋雨后岩棉裸板吸水脱落

11.7.2 解决方案

11.7.2.1 选择增强竖丝岩棉复合板作为防火隔离带材料

防火隔离带材料采用增强竖丝岩棉复合板（图11-7-5）代替岩棉裸板是一种比较好的选择。

增强竖丝岩棉复合板是指以岩棉纤维垂直于墙面的岩棉带（条）为芯材，板材长度方向四个面具有玻纤网砂浆防护层的预制保温板材。生产增强竖丝岩棉复合板所采用的岩棉带或岩棉条由岩棉板或岩棉带切割而来，岩棉板或岩棉带是以玄武岩或其他天然火成岩石为主要原料，经高温熔融、离心喷吹制成的矿物质纤维，加入适量的热固型树脂胶粘剂、憎水剂等，经摆锤法压制、固化并裁割而成的纤维平行

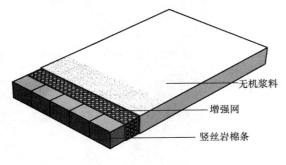

图 11-7-5　增强竖丝岩棉复合板

于墙面的板状保温材料（岩棉板）或纤维垂直于墙面的带状保温材料（岩棉带）。增强竖丝岩棉复合板改变了岩棉纤维的方向，并在板材的四个面增加了保护层，使整个板材的性能得到提高，其抗拉强度高，整体性好，施工方便无污染，与基层墙体可牢固粘贴，使岩棉裸板存在的遇水沉降、分层滑坠、抗拉强度低等问题得到了解决，并解决了岩棉纤维伤害皮肤等问题，起到了良好的劳动保护作用。增强竖丝岩棉复合板与岩棉裸板施工性能对比见表 11-7-1。

增强竖丝岩棉复合板与岩棉裸板施工性能对比　　　　　　表 11-7-1

项目	增强竖丝岩棉复合板	岩棉裸板
施工操作	工厂定制加工，质量可靠，现场剪裁量少，对施工人员无伤害，不污染环境，工人好操作	需现场剪裁，手工操作难以保证剪裁效果，材料破损率高，对施工人员身体有一定伤害，污染环境
外观效果	面层平整线条清晰，无须进行面层处理，外墙观感好	因剪裁难以规矩，且表面不平整，故面层处理困难且效果较差，直接影响外墙观感
系统构造性能	表面保护层极大地提高了材料的憎水性，与基层、面层粘结性能好，剥离强度高，抗冲击性能好；施工后不易脱落、不易受潮、不易变形、受损，耐久性耐候性好	材料易剥离、强度低，与基层、面层粘结强度较低，施工后易造成材料脱落、面层剥离等质量问题，表面憎水层易被破坏，易吸水、受潮导致保温效果降低

11.7.2.2　设置找平过渡层

由于防火隔离带材料与相邻保温材料的性能差异比较大，仅靠 3～5mm 厚的抹面层（或抗裂防护层）是很难消除这种影响的，而在保温层与抹面层（或抗裂防护层）之间增加 10～20mm 厚的胶粉聚苯颗粒浆料找平过渡层则可解决这一难题。一定厚度的胶粉聚苯颗粒浆料不仅可消除防火隔离带材料与相邻保温材料性能差异产生的不利影响，消纳防火隔离部位的不同变形差异，还可使抹面层（或抗裂防护层）直接接触的是性能均一的构造层，确保了整个系统的稳定性。

11.7.3　耐候性验证

粘贴保温板做法采用增强竖丝岩棉复合板作为防火隔离带材料，面层采用胶粉聚苯颗粒浆料找平过渡的外保温系统，经大型耐候性试验后（图 11-7-6），面层无开裂、起泡、剥落等现象，系统抗拉强度为 0.070～0.10MPa，抗拉强度和抗冲击性符合标准要求。由此可见，采用增强竖丝岩棉复合板替代岩棉裸板作为防火隔离带材料，并在保温层外侧设置一定厚度的胶粉聚苯颗粒浆料找平过渡层是可行的，能够经受住各种气候变化的影响。

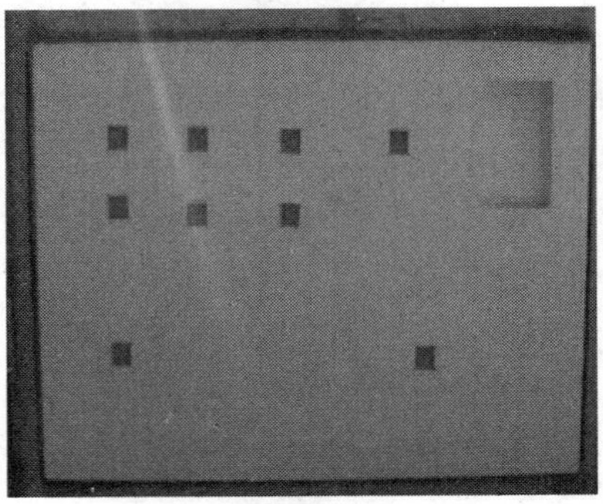

11.7.4　工程应用

图 11-7-6　增强竖丝岩棉复合板
系统耐候试验示意图

11.7.4.1　粘贴保温板做法

在粘贴保温板做法中，采用增强竖丝岩棉复合板作为防火隔离带时，应在防火隔离带部位将增强竖丝岩棉复合板用胶粉聚苯颗粒砌浆料或胶粘剂满粘在基层墙体上，并采用锚栓辅助固定，增强竖丝岩棉复合板及其所有保温板面层均用胶粉聚苯颗粒贴砌浆料找平过渡处理，见图 11-7-7。增强竖丝岩棉复合板的厚度应与保温板的厚度相同。

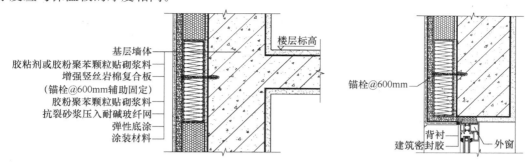

图 11-7-7　粘贴保温板做法增强竖丝岩棉复合板防火隔离带基本构造

　　施工时，先由下至上粘贴外墙保温板，粘贴高度达到防火隔离带位置时，再由墙体一端的墙角处粘贴增强竖丝岩棉复合板。增强竖丝岩棉复合板对头缝之间应拼接严密，并与整体墙面的保温板齐平。增强竖丝岩棉复合板粘贴好后，应用锚栓对其进行辅助固定（图 11-7-8），锚栓间距 500～600mm。保温板及防火隔离带用增强竖丝岩棉复合板粘贴完毕后，抹胶粉聚苯颗粒贴砌浆料整体找平过渡，然后作抗裂防护层处理，完工后的效果见图 11-7-9。

图 11-7-8　锚固增强竖丝岩棉复合板　　　　图 11-7-9　抗裂防护层完工后效果

　　北京王四营廉租房工程和天津万丽园香兰嘉园工程的粘贴聚苯板做法，均采用了增强竖丝岩棉复合板作为防火隔离带，保温面层采用胶粉聚苯颗粒贴砌浆料找平过渡。北京王四营廉租房工程建筑面积 202000m²，建筑高度 60m，使用增强竖丝岩棉复合板防火隔离带 13602 延米；天津万丽园香兰嘉园工程保温面积 45000m²，使用增强竖丝岩棉复合板防火隔离带 12000 延米。两工程施工完成后系统安全可靠，耐候能力强，经过两年多的时间均未出现任何问题。

11.7.4.2　现浇混凝土聚苯板做法

　　在现浇混凝土聚苯板做法中，采用增强竖丝岩棉复合板作为防火隔离带时，其基本构造见图 11-7-10。

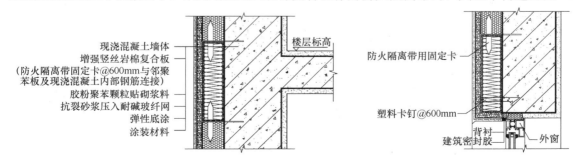

图 11-7-10　现浇混凝土聚苯板做法增强竖丝岩棉复合板防火隔离带基本构造

增强竖丝岩棉复合板与相邻的聚苯板及钢筋混凝土采用防火隔离带固定卡（图 11-7-11）连接，间距 500～600mm，防火隔离带固定卡由金属材料或硬质塑料制成。在窗上口部位，应采用塑料卡钉（图 11-7-12）进行辅助固定增强竖丝岩棉复合板，间距 500～600mm。

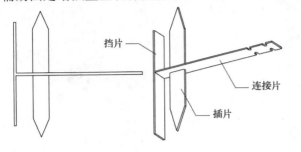

图 11-7-11 防火隔离带固定卡

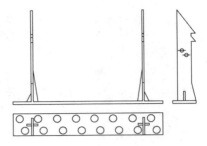

图 11-7-12 塑料卡钉

现场施工时，当下层聚苯板和防火隔离带部位的增强竖丝岩棉复合板安装好后，可将防火隔离带固定卡插片的一侧尖端插入增强竖丝岩棉复合板上侧边中，使其连接片朝向钢筋一侧，挡片要紧贴增强竖丝岩棉复合板，见图 11-7-13；然后安装上层聚苯板，使防火隔离带固定卡插片的另一侧尖端插入聚苯板中，挡片紧贴聚板，见图 11-7-14；增强竖丝岩棉复合板和聚苯板安装好后，将防火隔离带固定卡的连接片与钢筋绑扎牢固，见图 11-7-15。浇筑混凝土后的墙体效果见图 11-7-16。

图 11-7-13 安装防火隔离带固定卡

图 11-7-14 用防火隔离带固定卡安装聚苯板

图 11-7-15 绑扎固定防火隔离带固定卡

图 11-7-16 浇筑完混凝土后的墙体效果

新疆维吾尔自治区工商行政管理局集资房工程，采用的是现浇混凝土复合聚苯板外墙外保温系统，防火隔离带为增强竖丝岩棉复合板，保温面层采用胶粉聚苯颗粒贴砌浆料进行找平过渡。该工程保温面积 40000m²，使用增强竖丝岩棉复合板防火隔离带 3500 延米，经过一年多的考验，工程平整度好，系统安全可靠，耐候能力强，防火隔离带部位未出现任何质量问题。

12 结 论

12.0.1 中国外墙外保温经验十分丰富

我国从 20 世纪 80 年代学习国外的粘贴 EPS 板薄抹灰外保温系统开始，经过不断自主开拓创新和引进吸收，已经发展出多个外保温系统，其材料、构造、工艺各有差别，目前至少出现了五大类几十种做法，其中有较大应用量的系统有：粘贴保温板薄抹灰系统，轻骨料保温浆料系统，现浇混凝土内置保温板系统，现场喷涂或浇注保温材料系统，保温装饰板系统等，这些外保温技术各有其特色与应用范围。随着节能要求的逐步提高，外保温已经成为我国节能墙体保温的主要形式，技术最为成熟，应用最为广泛，特别以采暖地区最为普及，每年新增的应用面积以亿平方米计，在世界上首屈一指。外保温产业也基本上能够满足当前和近期发展的需要。实践证明，大多数外墙外保温工程是很成功的，许多早期建造的外保温工程至今仍然保持完好，为国家的建筑节能事业作出了重大贡献。但是，也有部分工程出了各种各样的质量问题，其中包括：忽视局部热桥保温，保温层与墙体结构连接安全性差，外部水分容易向墙内渗入，内部水蒸气向外渗透受阻，增强网耐久性差，保温面层抗裂性能不良，系统开裂、空鼓、甚至脱落，特别是贴面砖的脱落问题更为严重，而且发生过多起保温材料在施工现场被点燃，或者上墙后着火燃烧等事故，引起各方面的关切。

应该说，经过多年的实践，中国外墙外保温工程正反两方面的经验都是十分丰富的。

12.0.2 外墙外保温是一种最合理的外墙保温构造方式

保温外墙体由多个功能层构成，包括承重受力的基层墙体和粘接在墙体上的保温层，表面还有抹面层、装饰层等。保温外墙包括外保温、内保温、夹芯保温与自保温几种类型，各有其自身的特点。其中保温层位于外墙外侧的外保温技术，以其诸多的优势在国内外得到了最为广泛的应用。

外墙外保温是由于建筑节能和热舒适的需要发展起来的，又因为节能要求还在进一步提高，外墙外保温越来越受到重视。由于保温层设在墙体结构层外侧，外墙外保温层优越的隔热、隔冷效能使结构层内温度变化及其梯度均小得多，温度相当稳定，从而在结构层内产生的温度应力及其变化大为减小。也就是说，外保温层有效地保护着主体结构，能够延长结构的寿命。结构寿命是建筑寿命的根本，结构寿命的延长，其经济效益和社会效益之大，实在难以估计。外墙外保温做法使得结构热桥部位的热损失大减，并能避免冬季热桥内表面温度过低造成的局部结露、霉变。由于用重质材料筑成的墙体结构层热容量大，在外保温层的包覆下，墙体结构层蓄存的热量很大，有较强的自动蓄热-散热功能，使建筑外围护结构能够适应外界气候环境的变化动态地调节，使室温稳定，生活舒适度提高，带来居民身体健康和生活条件的改善，从而充分利用建筑本体节能。在对既有建筑进行节能改造期间，加做外保温时，对住户带来的干扰会少得多。由此可见，外墙外保温具有诸多的优势，是一种最合理的外墙保温构造方式。

12.0.3 外墙外保温工程必须能耐受多种自然因素的考验

外墙外保温层本身暴露在建筑最外层大气中，不免要受到多种自然因素的长期侵蚀影响。自然条件是在不断变化着的，有季节轮回、昼夜交替，还有晴阴、冷热、风雨、冻融等诸多气候变化，有时还会十分严酷，这些自然因素会夜以继日地反复地作用于外保温层，保温层内部的温度、湿度、应力状态也必然随之不断发生变化。天长日久，日积月累，待其应力达到某个临界点时，会导致外保护层和保温层产生破损，这种损伤是不可逆的。初始的裂缝又会由于不断涨缩冻融而逐渐扩展，以致造成大范围的破坏。此外，还有可能产生难以预料的突发因素，如在我国广大地区就可能发生地震，地震对于外保温系统和外贴面砖会产生破坏；在施工过程中及建筑使用时还有可能发生火灾，火势会蔓延，可将保温层烧毁。因此，必须在建造时就有针对性地从多方面采取有效的应对防护措施，使外墙外保温工程耐受得住自然界的各种考验和挑战，使外保温系统的寿命延长。所采取的措施，必须是综合的，而不是单一的；必须是经济的，而不是不计代价的；必须是耐久的，而不是短命的。我们知道，如果保温层日后损坏，就不得不拆除重做，这特别对于高层建筑，其代价之大，可以想见；而在建造外保温工程的过程中，采用先进的可靠的技术，按照标准严格采取措施，以举手之劳，即可换来好几十年的安宁与节约。孰轻孰重，一清二楚。

12.0.4 外保温墙体内的湿传递必须得到控制

自然界中的水分进入外保温墙体内，会产生多方面的影响。雨水或水蒸气的侵入将侵蚀保温材料，降低墙体保温效能，增加建筑能耗。冬季水分结冰，由于冰比水的体积增加约 9%，会产生冻胀应力，对墙体造成破坏，特别是发生在面砖系统内时，冻融破坏造成的后果更加严重。水还会引发系统各层间粘结力的衰减，使系统耐候性能降低，加速保温材料的老化，进而影响建筑的耐久性能。如果保温层位置设置不当，系统构造不合理，水汽扩散受阻，会导致保温层吸湿受潮，降低保温效果，使墙体冬季结露，严重时会使外墙内表面出现黑斑、发霉、甚至淌水等现象。这些霉菌长期在潮湿环境下形成的污染物，通过气流扩散，会损害室内空气质量；水汽流的侵入，还会降低居住的热舒适性。由此可见，控制外保温墙体内部的水分是十分必要的。

由于水在保温层内的存在为多种形式破坏因素的产生提供了必要条件，这就需要在保温层的聚合物抗裂砂浆表面，设置一道具有呼吸功能的高分子弹性底涂防水保护层，以阻止液态水进入，并允许气态水排出，在保证保温系统水蒸气渗透系数适当的前提下，大幅度降低系统及保温材料的吸水量，减少水对外保温系统的影响，避免在寒冷地区冻胀力对外保温系统的破坏，也避免长期在潮湿条件下提供碱环境对聚合物砂浆粘结力的破坏，使建筑结构处于相对稳定的状态，从而提高外墙外保温系统的安全可靠性和结构墙体的长期稳定性。

12.0.5 采用柔韧性过渡层可以分散热应力起到抗裂作用

为了确保各种外保温系统的使用寿命，在正常应用前必须通过大型耐候性试验的检验。耐候性试验时，模拟冬夏严酷气候条件的反复作用，对大尺寸的构件加速气候老化。剧烈的温度变化会引起外保温系统各层材料变形不均导致系统内部应力变化，当应力超出限值就会引起该部位开裂破坏，从而降低外保温系统的寿命。大型耐候性试验结果与实际工程的相关性良好。不少外保温系统经不起耐候试验的考验，遭到淘汰，证明其耐候性差，不能在工程中使用。有些做法也可以通过耐候性试验发现问题，采取措施使该项技术得到改进。

例如，为解决 XPS 板保温存在的诸多问题，通过试验证明，用胶粉聚苯颗粒浆料满粘复合 XPS 板，以 10mm 板缝贴砌，相当于为每块 XPS 板设置了六面满粘浆料增固构造，增强系统整体粘结力，约束板体变形，又提高了水蒸气渗透能力，同时分散消纳了 XPS 板胀缩时产生的应力，减小开裂的可能性；在 XPS 板中开孔可提高系统的透气性，改善整体粘结力。又如，通过试验证明，为了改善喷涂聚氨酯的耐候性，在喷涂聚氨酯施工完成后，静置一段时间，使聚氨酯充分变形，体积趋于稳定后，复合一层胶粉聚苯颗粒浆料，可以起到找平与防裂的双重作用。

胶粉聚苯颗粒浆料是有机和无机材料的复合体，其线膨胀系数和弹性模量在聚苯板和抗裂砂浆之间。采用胶粉聚苯颗粒浆料作为过渡层，即增加了一道柔韧性过渡层，起到分散热应力的作用，使整个系统柔性渐变，有利于逐层释放变形量，减小相邻材料之间的变形速度差，大幅度提高系统的耐候性能，从而解决 XPS 板和聚氨酯系统开裂的通病。

12.0.6 施工现场防火与保温系统整体构造防火是外保温防火安全的关键

目前，在我国有许多新建建筑包括高层，甚至超高层建筑，其保温材料约有 80% 为聚苯乙烯泡沫和聚氨酯硬泡等有机可燃材料，曾发生过多次施工火灾事故，为电焊火花或用火不慎所致。因此，施工现场必须严格用火管理，有机材料保温施工现场应该严禁使用电焊及明火。

研究表明，国内外广泛应用的聚苯板薄抹灰系统的防火性能相对较差，特别是不按技术标准施工的点粘聚苯板做法（粘贴面积通常不大于 40%）的工程，系统内部存在连通的空气层，火灾发生时会很快形成"引火风道"，使火灾迅速蔓延。燃烧时的高发烟性又使能见度大为降低，给人员逃生和消防救援带来困难。而且这种系统在高温热源作用的体积稳定性也非常差，尤其当系统表面为瓷砖饰面时，发生火灾后系统遭到破坏时的情况将更加危险，带来更大的安全隐患，而且楼层越高这个问题就越加突出。

防火安全是外墙外保温技术应用的重要条件和基本要求。现阶段对于建筑外墙外保温防火安全性能的评价，应以防火试验的结果为依据，而大尺寸模型火试验方法更接近于真实火灾的条件，与实际火灾状况相关性较好。大量防火试验结果证明，通过合理的构造设计，完全可以做到有机材料高效保温与系统防火安全两者兼顾。只要外保温系统构造方式合理，其整体对火反应性能良好，就可以做到建筑外保温系统的防火安全性能满足要求。此处所指的构造包括：粘接或固定方式（有无空腔）、防火隔断（分仓或隔离带）的构造、防火保护面层及面层的厚度等。具备无空腔粘接、防火分仓、防火保护面层厚度足够的构造措施的系统，防火性能优越，在试验过程中无任何火焰传播性；防火隔离带构造具有阻止火焰蔓延的能力，防火性能较差的聚苯板薄抹灰系统通过设置防火隔离带，可以有效阻止火焰蔓延，提高适用的建筑高度。

对保温材料燃烧性能的要求，是达到现有相关标准所要求的技术指标，这是确保外保温施工和使用的防火安全的必要条件。但材料的燃烧性能并不等同于外保温系统的防火性能；试验中 B_1 级的 XPS 板薄抹灰系统仍具有传播火焰的趋势，而使用材料燃烧等级为 B_2 的 EPS 板并采取合理的防火构造措施，其系统的整体防火性能却表现良好。

12.0.7 负风压可能导致带空腔的外保温系统脱落

外墙外保温系统是附着在墙体基层上的非承重结构，外保温系统与基层之间采用胶粘剂或再辅以锚栓固定在基面上。采用纯点粘时，系统存在整体贯通的空腔，当垂直于墙面上的负风压力大于外保温系统组成材料或界面的抗拉强度时，外保温系统就会被掀掉，此种事故，屡有发生。

按照技术标准施工的带封闭空腔构造的外保温系统，其抗风压安全性要求是能够满足的。但是，如果施工措施不当，工人缺乏责任心，或者监管不力。例如，用纯点粘的方式粘接保温板、保温板粘接面积过小、粘接材料强度不足、缺少必要的界面层等，就会导致在该处产生负风压力破坏外保温系统现象。而外保温系统无空腔或小空腔构造做法具有抗风压能力强，系统整体性好，应力传递稳定，安全性好等优势。因此，为了避免此种问题的发生，必须严格认真按照技术标准施工，或者采用无空腔系统。

12.0.8 外保温粘贴面砖必须采取妥善的安全措施

由于面砖饰面有装饰效果好、抗撞击强度高、耐沾污能力强、色泽耐久性好等优点，贴面砖装饰外墙受到很多房地产开发商和住户的喜爱，新建建筑用面砖作为外饰面的比例较高。但是，日后饰面砖空鼓、脱落的问题时有发生，安全隐患突出，因此，外保温不宜采用面砖饰面的意见相当普遍。但实际情况是，外保温工程中仍然大量使用面砖饰面，甚至在高层、超高层建筑中也用得很多。如何保证面砖饰面工程安全与质量，已成为摆在我们面前的一道难题。

为了满足建筑节能设计标准对外墙保温性能的要求，外墙外保温系统一般以密度、强度、刚度、防火性能远低于基层墙体材料的软质有机泡沫塑料为保温层。由于节能减排形势发展的需要和建筑节能设计标准要求的提高，保温层的厚度正在逐步增加。同时，由于面砖置于外保温系统的外层，冷热、水或水蒸气、火、风压、地震等自然因素直接作用于其表面，使系统内部的应力相应发生很大变化，这就需要采取相应的安全加固措施，使建筑物和保温系统本身保持必要的安全性，防止出现饰面砖起鼓、脱落等质量事故。由于外保温系统中采用面砖饰面的安全问题已经日益突出，我们认为，外保温系统还是应该尽量避免使用面砖饰面，以确保安全；而在实在需要使用面砖饰面时，必须采取一系列妥善的安全措施，决不可有任何疏忽大意。

外饰面粘贴瓷质面砖时，应采用增强网加强抗裂防护层，将密度小、强度低的保温层与面砖装饰层连接起来，使不适宜粘贴面砖的保温层基面过渡到具有一定强度、又具有一定柔韧性的防护层上。外保温瓷砖胶的可变形量应小于抗裂砂浆而大于面砖的温差变形量，在确保其粘接强度的同时，改善柔韧性，以使面砖能够与保温系统牢固结合，并消纳外界作用效应尤其是热应力与地震力的影响。还要用柔性的勾缝材料，允许面砖有足够的温度自由变形。外保温饰面砖应采用粘贴面带有燕尾槽的产品并不得附着脱模剂。

12.0.9 采用柔韧性连接构造缓解地震对外保温系统的影响

外墙外保温系统应具有一定的变形能力，以适应主体结构的位移，对于抗震设防区的建筑，当主体结构在较大地震荷载作用下产生位移时，外保温系统不致产生过大的应力和不能承受的变形。一般说来，外保温系统各功能层多属柔性材料，当主体结构产生不太大的侧位移时，外保温系统能够通过弹性变形来消纳主体结构位移的影响。但外墙外保温系统是一种复合系统，通过一定的粘接或机械锚固固定在结构墙体上，当地震发生时，外墙外保温系统各功能层之间的连接以及与主体结构的连接要能可靠地传递地震荷载，能够承受系统的自重。为了避免主体结构产生的位移使外墙外保温系统破坏，中间连接部位必须具有一定的适应位移的能力。

在外保温面层粘贴面砖，必须考虑保温材料面层的荷载能力、面砖胶粘剂的粘接能力以及在地震作用下的抵抗剧烈运动的柔韧性变形能力。由于外保温基层墙体与饰面层面砖是通过保温材料进行柔性连接的，因而在受力时基层墙体与饰面层面砖不能看成一个整体，其受力状态各有不同，所以要选用与保温材料相适应的具有适当柔韧性的面砖胶粘剂，从而形成一个柔性渐变、逐层释放变形量的系统。面砖胶粘剂的可变形量小于抗裂砂浆而大于面砖的变形量，可通过自身的形变消除两种质量、硬度、热工性能不同的材料的形变差异，使每块面砖像鱼鳞一样独立地释放地震作用力，不致由于地震作用发生变形而脱落。

12.0.10 胶粉聚苯颗粒复合外保温技术是符合我国国情、满足不同地区建筑节能设计要求的先进适用技术

在国外，粘贴聚苯板薄抹灰系统和胶粉聚苯颗粒浆料抹灰系统最早是德国于 20 世纪 50、60 年代研究和应用；在国内，这两个系统最早是北京于 20 世纪 90 年代研究和应用。但与国外胶粉聚苯颗粒浆料外保温技术停滞不前、使用数量不大的情况不同的是：北京振利公司结合我国国情，坚持创新发展，以科学研究引领工程应用，运用材料复合理论和从试验研究与工程实践中总结出来的外保温技术理论，使得北京的胶粉聚苯颗粒浆料外保温技术从单一的保温浆料系统发展为保温浆料与高效保温板材相结合的"三明治"系统，充分发挥了保温、隔热、防火的综合优势，适应了不断提高的建筑节能和防火标准对外墙外保温的要求，形成了具有自主知识产权，从北方严寒、寒冷地区到南方夏热冬冷、冬暖地区都能适用的胶粉聚苯颗粒复合型外保温技术。这套技术共包含 7 种胶粉聚苯颗粒外保温系统，即：贴砌聚苯板系统、现浇混凝土聚苯板系统、粘贴聚苯板系统、喷涂聚氨酯系统、锚固岩棉板系统、贴砌增强竖丝岩棉复合板系统和保温浆料系统，全面反映了近 20 年来胶粉聚苯颗粒复合型外墙外保温技术的科学研究成果和工程实践经验，也体现了当今外墙外保温技术研究应用的新成果和新发展，为我国保温隔热行业的科技进步和建筑节能工作广泛深入地开展作出了重要贡献。

北京胶粉聚苯颗粒复合型外墙外保温技术在技术理论方面，创造性地提出了外墙外保温的三大技术理念和五种自然破坏力，丰富和发展了我国的外墙外保温技术理论；在技术发展方面，以欧洲技术为基础，充分考虑我国地域广阔、气候复杂等因素，自主研发，创新发展，形成了能满足不同气候区建筑节能要求的外保温成套技术，已超过国外同类系统（产品）技术水平；在技术应用方面，已成为我国工程应用范围最广、试验验证最充分的成熟适用技术，迄今为止，这套技术已在我国 20 多个省市 5000 多个工程上成功应用，建筑面积达 1 亿多 m²，使用效果良好。在工程应用中，经各省市检测机构对系统和组成材料几万次检测，进一步证明了这套技术的成熟可靠，值得信赖，使用范围不断扩大，使用数量不断增加。

12.0.11 以固体废弃物为原料是发展保温技术的一个重要方向

目前，我国墙体保温技术的大规模应用，需要消耗大量聚苯板和聚氨酯等有机保温材料以及矿物资源，生产这些材料也需要消耗大量能源。发展不与能源争资源的建筑节能产品和技术，是节能减排的一项重要任务。以工业固体废弃物为原料的外墙外保温系统，既节约了自然资源，降低了废弃物对环境的污染，在生产过程中又减少了能源消耗，是节能技术发展的一个重要方向。

聚苯乙烯泡沫塑料包装废弃物甚多，其化学性质稳定、密度小、体积大、耐老化、抗腐蚀，不能自行降解；粉煤灰和尾矿存量极大，大量堆积，占用土地，污染空气和地下水源；废旧轮胎难降解，易燃烧。这些工业废弃物造成了严重的环境污染和安全隐患。但是，聚苯乙烯泡沫颗粒具有优良的保温性能，粉煤灰具有潜在火山灰活性，废纸纤维能够起到保水、抗裂和改善砂浆施工性的作用，废橡胶颗粒可改善水泥基材变形、抗裂与抗冻性能，都具有开发利用的可能性。

经过多年系统的研究，大掺量固体废弃物技术在外墙外保温系统内的应用已趋于成熟。在胶粉聚苯颗粒浆料系统中，适量采用回收的废聚苯乙烯泡沫颗粒和粉煤灰、尾矿砂以及废橡胶颗粒、废纸纤维等为原料，充分发挥不同材料内在的特殊性能，可分别用于保温、粘接、找平、界面、勾缝、抗裂、腻子、贴砌等不同方面。固体废弃物在多种外墙外保温系统中的综合利用率已达 50% 以上。这样，既高效地综合利用了大量固体废弃物，净化环境，变废为宝，又有效地解决了我国建筑节能外墙外保温行业快速发展带来的原材料紧缺的问题，降低了材料成本，减少了建造能耗，符合国家发展循环经济、建设节约型社会和节能减排战略的要求。

12.0.12 外墙外保温技术是在总结正反两方面的经验教训的基础上通过试验研究、开拓创新才取得不断发展的

外保温技术与其他事物一样，发展过程中既有成功，也会有失败，总结成功的经验固然重要，总结失败的教训并转化为成功则更加重要。北京振利公司在研究外保温技术的过程中，十分注意收集和研究外保温工程质量问题，进行理论分析，找出发生问题的原因，并开展试验研究，找出解决问题的办法，"把坏事变成好事"。本书列举的 7 个工程质量案例具有一定的代表性，即便是技术成熟最早、应用最多的 EPS 板薄抹灰系统，也不乏被风吹落的质量事故；其他保温板机械地照搬 EPS 板薄抹灰做法，出现空鼓、裂缝、脱落的情况也不少发生。在发生质量问题外保温工程中，带有普遍性的原因有两条：一是保温板与基层墙体的粘接不牢固或存在连通空腔，抗不住负风压的影响；二是保温板稳定性差、抗裂砂浆质量差，造成整个系统柔性差，抗不住热湿荷载的反复作用。于是开展研究，"对症下药"，一是采用无空腔粘结，用胶粉聚苯颗粒贴砌浆料将保温板满粘于基层墙体；二是在保温板与抗裂砂浆之间增设胶粉聚苯颗粒贴砌浆料过渡层；通过工程实践，这些技术措施取得良好效果，丰富和发展了外保温技术，并编入国家行业标准和地方标准，进而推动外保温工程应用。近几年，盲目封杀有机保温材料导致盲目发展岩棉生产线，又导致岩棉外保温工程仓促上马，造成了岩棉板被风吹落和保温面层开裂、保温功能衰减等质量事故。北京振利公司对岩棉外保温早有研究和应用，对岩棉外保温的质量问题提出了科学合理的解决方案，并创造性地研发了增强竖丝岩棉复合板。该复合板是将横丝岩棉板切割成岩棉条，再重新组合成岩棉纤维垂直于墙面的岩棉板，并将板材长度方向上的四个面用聚合物砂浆复合玻纤网包裹后制成的。其创新点：一是大大提升了岩棉板的抗拉强度和尺寸稳定性，可与基层墙体牢固粘贴；二是增强了岩棉板的表面强度，解决了岩棉纤维易脱落问题；三是提高了岩棉板的防水性能，解决了岩棉吸水、保温失效的问题；四是实现了施工方便无污染，解决了长期以来存在的岩棉纤维污染空气、伤害工人皮肤的难题。在此基础上研发的增强竖丝岩棉复合板综合应用技术（包括：防火隔离带、外保温系统和外保温复合聚苯颗粒泡沫混凝土轻质墙体）是外墙外保温技术的新发展，为建筑节能事业做出了新贡献。

参 考 文 献

[1] 蒋志刚，龙剑．复合外墙内外保温的传热特性研究．制冷．2006年02期

[2] 王金良．复合外墙内外保温的传热分析与应用探讨．建筑节能与空调．2004年12月

[3] 建筑部标准定额研究所．建筑外墙外保温导则．北京：中国建筑工业出版社，2006

[4] 俞宏伟．我国外墙外保温技术的应用安全分析．住宅科技．2005.10

[5] 陈佑棠．实现三步节能的优良墙体——现浇发泡夹芯保温墙体．天津建设科．2005 NO.4

[6] 李志磊，干钢．考虑辐射换热的建筑结构温度场的数值模拟．浙江大学学报．2004，38(7)

[7] 华南理工大学．建筑物理．广州：华南理工大学出版社．2002

[8] G. Weil, Die Beanspruchung der Betonfahrbahnplatten, Strassen und Tie- fbau, 17, 1963.

[9] 温周平，王丹．东北地区高层建筑外墙外保温体系的研究．中国住宅设施．2004年05期

[10] 王甲春，阎培渝．外墙外保温系统的应用效果分析．砖瓦．2004年第7期

[11] 王宏欣．节能保温墙体的技术要求与措施．节能技术．2002(03).

[12] F. S. Barber, Calculation of maximum temperature from weather reports, H. R. B. bull, 168(1957).

[13] 庞丽萍，王浚，张艳红．复合保温墙体传热研究．低温建筑技术．2003(04)

[14] 王甲春，阎培渝，朱艳芳．外墙外保温复合墙体热工计算与分析．建筑技术．2004，35(10)

[15] 杨春河．砌体结构温度场及温度应力分析．江苏建筑．2005，(2)

[16] 李红梅，金伟良．建筑维护结构的温度场数值模拟．建筑结构学报．2004，25(6)

[17] Yunus Ballim. A numerical model and associated calorimeter for predicting temperature profiles in mass concrete, Cement & Concrete Composites 26（2004）695-703.

[18] 彦启森，赵庆珠．建筑热过程．北京：中国建筑工业出版社．1986.

[19] 罗哲乐．专威特外墙外保温饰面系统技术．化学建材．1998，(6)

[20] 铁木辛柯．沃诺斯基，板壳理论，北京：人民交通出版社．1977

[21] Westergaard H M. Analysis of stress in concrete pavements due to variations of temperature. 6th Ann Meeting, Hwy. Res. Board, Washington, D. C., 201-215.

[22] 顾同曾．应大力研发和应用单一保温墙体节能体系．中国建材．2006(2)

[23] 王武详．再生EPS超轻屋面保温材料的研制．山东建材．2003，(04)

[24] 彭家惠，陈明凤．EPS保温砂浆研制及施工工艺．施工技术．2001，30(8)

[25] 彭志辉，陈明凤．废弃聚苯乙烯泡沫(EPS)外墙外保温技术砂浆研究．重庆大学建筑学报．2005，27(5)

[26] Bazant Z P, Panula L. Practical Prediction of Time Dependent Deformation of Concrete. Materials and Structures, Part I and II：Vol. 11，No. 65，1978 pp307-328；parts III and IV：Vol. 11，No. 66，1978，pp415-434；Parts V and VI：Vol. 12，No. 69，1979，pp 169-173

[27] Bazant Z P, Murphy W P. Creep and Shrinkage prediction model for analysis and design of concrete structures-model B3, Materials and Structures, 1995，28，357-365

[28] 王甲春，阎培渝．外墙外保温复合墙体节能分析．保温材料与建筑节能．2004(6)

[29] 朱伯芳，大体积混凝土温度应力与温度控制．北京：中国电力出版社．1999

[30] 张瑜．保温墙面裂缝原因与对策的浅谈．西部探矿工程，2005(8)

[31] 滕春波，张宇耀．复合墙体外保温维护层裂缝分析．黑龙江水利科技．2005(5)

[32] 建设部科技发展促进中心，北京振利高新技术公司．外墙保温应用技术．北京：中国建筑工业出版社．2005

[33] 孙振平，金慧忠，蒋正武，于龙，王培铭．外墙外保温系统的构造、工艺及特性．低温建筑技术．2005(6)

[34] Kim, J. K., 2001. Estimation of compressive strength by a new apparent activation energy function. Cement and Concrete Research，31(2)，217-225

[35] Gutsch, A. W., 1998. Stoffeigenschaften jungen Betons-Versuche und Modelle. Doct. Th., TU Braunschweig

[36] 徐梦萱，韩毅．外墙外保温技术的技术与经济性分析．煤气与热力．2005(10)

[37] IPACS. Structual Behaviour：Numerical Simulation of the Maridal culvert. REPORT BE96-3843/2001：33-8

[38] Timm，D. H. and Guzina，B. B.，Voller，V. R.，2003. Prediction of thermal crack spacing. International Journal of Solids and Structures 40，125-142

[39] 张君，祁锟，张明华．早龄期混凝土路面板非线性温度场下温度应力的计算．工程力学，24(11)

[40] 涂逢祥等．坚持中国特色建筑节能发展道路．北京：中国建筑工业出版社．2010.03

[41] 黄振利，张盼．固体废弃物在建筑外墙外保温中的利用．建设科技．2007 年 6 期

[42] 北京振利节能环保科技股份有限公司，住房和城乡建设部科技发展促进中心．墙体保温技术探索．北京：中国建筑工业出版社．2009.3

[43] 李欣．我国发展绿色建材的主要途径及政策．21 世纪建筑材料．2009，1(06)

[44] 何少明．建筑节能中对保温材料的常见认识误区．商业价值中国网．2008

[45] 曹民干，曹晓蓉．聚氨酯硬质泡沫塑料的处理和回收利用．塑料．2005，34(1)

[46] 林华影，张伟，张琼等．气相色谱-质谱法分析聚苯乙烯加热分解产物．中国卫生检验杂志．2009，19(9)

[47] 王勇．中国挤塑聚苯乙烯(XPS)泡沫塑料行业现状与发展趋势．中国塑料．2010.24(4)

[48] 朱吕民等．聚氨酯泡沫塑料[M]．第 3 版．北京：化学工业出版社．2005

[49] 马德强，丁建生，宋锦宏．有机异氰酸酯生产技术进展[J]．化工进展．2007，26(5)

[50] 王超．太阳能热水器行业 HCFC-141b 替代解决方案[A]．第三届聚氨酯发泡剂替代技术研讨会 2010 会议论文集[C]．北京：山东东大聚合物股份有限公司

[51] 《酚醛树脂工业水污染物排放标准》编制组．酚醛树脂工业水污染物排放标准编制说明．2008.03

[52] 周杨．中国、印度、日本 NSP 系统能耗指标比较．中国水泥．2007.08

[53] 刘加平．建筑物理(第四版)．北京：中国建筑工业出版社．2009

[54] 刘念雄，秦佑国．建筑热环境[M]．北京：中国建筑工业出版社．2005

[55] 苏向辉．多层多孔结构内热湿耦合迁移特性研究，南京航空航天大学硕士论文．2002

[56] 季杰．严寒地区建筑墙体湿迁移对能耗影响的研究．哈尔滨建筑大学．1991

[57] 卡尔塞弗特．建筑防潮．周景得，杨善勤译．北京：中国建筑工业出版社．1982

[58] 徐小群．建筑围护结构内表面吸放湿对室内湿度及湿负荷的影响．北京：中南大学硕士论文．2007

[59] 赵立华，董重成，贾春霞．外保温墙体传湿研究．哈尔滨建筑大学学报．2001

[60] 郑茂余，孔凡红．北方地区节能建筑保温层的设置对墙体水蒸气渗透的影响．建筑节能．2007

[61] 李朝显．多层复合外围护结构的热湿迁移．中国建筑科学研究院物理所硕士论文．1984

[62] 朱盈豹．保温材料在建筑墙体节能中的应用．北京：中国建材工业出版社．2003

[63] 沙圣刚．外墙涂料水蒸气透过率的测试方法及试验分析．瓦克化学投资(中国)有限公司．2007

[64] 史淑兰．聚合物砂浆性能的微观研究．国民化学投资(中国)有限公司．2005

[65] 刘振河，徐向飞，郑宝华．围护墙体墙面裂缝脱落原因．辽宁省建设科学研究院．2011

[66] 孙顺杰．建筑表面用有机硅防水剂的制备及性能研究．汕头经济特区龙湖科技有限公司北京技术中心．北京．2007

跋

　　由于建筑节能的需要，外墙外保温技术上世纪后期从发达国家传入，在中国已有20多年研究和发展的历史，现在聚苯乙烯、聚氨酯、保温浆料等高效保温材料已经得到了十分广泛的应用，外墙外保温技术进步十分迅速，呈现出百花齐放的良好势头。

　　我国外保温技术发展到今天，离不开方方面面为之奋斗的专家学者志士能人，他们在大量调查、试验、研究和工程实践的基础上，认真总结分析我国外墙外保温技术的基本经验，吸取教训，争取找出一些规律性来，使中国的外墙外保温技术从理论和实践相结合中得到发展和提高，使中国优质的外墙外保温工程让世界刮目相看。

　　本书的作者们正有志于此，大家深入研究五种自然因素对保温墙体的作用，重视外保温墙体的安全和寿命。书中用有限差分法建立温度场和热应力的数学模型进行数值模拟，对外保温、内保温、夹芯保温、自保温等保温形式的墙体进行对比；分析墙体内的湿迁移现象、产生的危害和应对措施；分析了大量大型耐候性试验、抗震试验和大尺寸模型火试验的结果，还针对不同构造的防火性能、负风压对空腔结构的破坏作用，以及防止外贴面砖的脱落措施做了专门研究，对各地墙体外保温层脱落事故进行实例分析，得出了一系列科学结论，并且尝试了外保温防火等级的划分，提出了外保温系统整体构造防火的理念，编制了防火设计软件；还研究出多种工业废弃物在保温墙体中广泛应用的途径。作者们付出了自己的心血和精力，艰难而执着地探索前行。是不是可以说，这种人应该是中国外墙外保温技术的脊梁。有了众多的骨干做脊梁，大家齐心协力，中国外墙外保温技术的进一步发展就大有希望。

　　外墙外保温技术融汇了许多学科的研究成果，包含了众多专家丰硕的建树。由于我国建筑规模宏大，随着节能减排事业的继续深入，外保温技术的研究和发展任重道远，必将前途无量。本书的作者们作为外保温事业的积极参与者，尽管在理论和实践方面都做了不懈努力，尽可能总结长时间多方面的试验研究成果，探索控制多种自然因素对保温外墙作用的途径，期望能为建筑节能技术的发展竭尽绵薄之力，但限于各种条件，书中内容仅涉及部分外保温系统，难免为一家之言，有挂一漏万之虞，可能还会有一些错讹之处，希望得到同行们的批评指正和积极补充。我国外墙外保温技术发展迅速，已涌现出穿行于多个学科之间众多的专家，开发出多种先进技术，把这些成果总结并发表出来，将使我国外保温技术园地呈现出百花争艳的盛世美景。

　　今日世界，处于即将发生以节能减排为特征的新的科技革命和产业革命的前夕，时不我待，我们必须警醒，必须奋起，决不能再与这场革命失之交臂。我国建筑节能人才济济，外墙外保温技术成果累累，应抓紧节能技术创新，研究前沿技术，改善产业结构，发展外保温产业群，涌现出一大批领军人物和企业，把外保温产业建设成为一个新兴的战略性产业，力求在外墙外保温技术领域早日走到世界建筑节能技术的最前列，占领一批未来发展的战略制高点，大幅度提高众多建筑的用能效率，把外墙外保温工程普遍建成为长寿工程，把我国建成为外墙外保温技术和产业的强国，使国家建筑节能事业持续健康发展。

涂逢祥

再 版 跋

在《外保温技术理论与应用》第二版付梓之时，回顾外保温技术理论与实践的二十多年的历程，感慨万千。

在中国建筑节能领域，几种保温方式优劣的争论由来已久。其实，这不仅关系到建筑造价、保温效能，最重要的，还在于建筑结构寿命。

众所周知，作为建筑节能的四种保温做法，其初始的目的都是为了节能降耗，各自有着独特的优点，并分别有各自的应用条件。随着建筑节能内在规律的深入总结分析，人们在对建筑温度场的基础理论研究中发现，保温层处在建筑结构的不同位置，由于外部环境温度的变化，会对建筑物内部的温度分布造成很大的影响，这种不同的温度分布状态，又会使建筑物本身产生了不同的运动变化。

外保温对建筑结构全面包覆，使结构各部位处于基本均一的温度环境，大大消减了结构各部位的昼夜温差变化，从而避免了因温差造成的结构形变产生的应力破坏，这就大大延长了结构寿命。这项研究成果，使人们认识到，延长结构寿命上升为外保温的主要效能。

含在建筑结构内部的保温层，如夹心保温、内保温、自保温等构造，因外界环境温度的变化，以及保温层材料对热的阻隔作用，使建筑结构的不同部位产生温差。这种温差会因保温效果的设计而不同，采用的节能标准越高，保温材料热阻越大，外界环境温度的变化越剧烈，造成保温材料两侧的结构温差就越明显。根据计算，这种结构自身温差有可能高达八倍以上。这些不合理的保温层的构造位置设计直接造成了建筑结构热稳定性差，导致经常反复发生热应力破坏，直接影响建筑结构的寿命。

一般对钢筋混凝土建筑结构设计寿命为七十年，增加外保温做法可延长到百年以上，夹心保温、自保温、内保温等构造设计寿命为五十年。目前根据国家法规，我们取得的房产使用权是七十年。

外保温的工作原理，是用保温层保护结构以延长结构寿命。其他几种保温构造的工作原理，则是用结构去保护保温层材料，从而缩短结构寿命。

如果外保温层发生破坏，很容易修复，属于正常的建筑维修，而用结构去保护保温层则极易造成结构失稳破坏；结构提前损坏了，建筑使用寿命就停止了。随着建筑百年理念普及的需要，也随着建筑节能标准的提升，对那些采用夹心保温、内保温、自保温构造的工程再增加一遍外保温做法，是件很容易、很必然的事情。

建筑节能发展的最高表现是控制结构温度，是减少结构年温差；使结构稳定、延长建筑结构寿命是最根本的节能。外保温在建筑保温墙体节能各种技术构造设计中，能兼顾消除其他三种墙体保温构造给建筑结构带来的弊端，理所当然，唯此为大。

值此，在新书出版之际，感谢多年来，给予外保温事业支持的专家、学者和领导；感谢为本书出版做出贡献的诸君，更感谢与我一起坚持不懈奋斗了几十年的同人。但愿本书的出版，能够为中国建筑节能事业添砖加瓦，实现我们的梦想，是为再版跋。

黄振利
2015/6/18